2nd Edition

认知神经科学导论（第二版）

Introduction to Cognitive Neuroscience

沈政　林庶芝　方方　杨炯炯　王莉　编著

图书在版编目(CIP)数据

认知神经科学导论 / 沈政等编著. -- 2 版. -- 北京：北京大学出版社，2025.2. -- ISBN 978-7-301-35855-9

Ⅰ．B842.1

中国国家版本馆 CIP 数据核字第 2025JF4480 号

书　　　名	认知神经科学导论（第二版）
	RENZHI SHENJING KEXUE DAOLUN（DI-ER BAN）
著作责任者	沈　政　林庶芝　方　方　杨炯炯　王　莉　编著
责任编辑	赵晴雪
标准书号	ISBN 978-7-301-35855-9
出版发行	北京大学出版社
地　　　址	北京市海淀区成府路 205 号　100871
网　　　址	http://www.pup.cn　新浪微博:@北京大学出版社
电子邮箱	zpup@pup.cn
电　　　话	邮购部 010-62752015　发行部 010-62750672　编辑部 010-62752021
印　刷　者	北京市科星印刷有限责任公司
经　销　者	新华书店
	787 毫米×1092 毫米　16 开本　23 印张　彩插 6　517 千字
	2010 年 5 月第 1 版
	2025 年 2 月第 2 版　2025 年 2 月第 1 次印刷
定　　　价	69.00 元

未经许可，不得以任何方式复制或抄袭本书之部分或全部内容。
版权所有，侵权必究
举报电话：010-62752024　电子邮箱：fd@pup.cn
图书如有印装质量问题，请与出版部联系，电话：010-62756370

前　言

　　认知神经科学是用神经科学的手段研究心理活动的认知过程及机制的学科,是国际科学研究的热点领域。自 2010 年以来,包括我国在内的各国政府先后制订了相应的国家级脑研究计划。所以,认知神经科学的基础理论不仅是心理学和脑科学的核心问题,而且与国家科技前沿发展密切相关。此外,随着社会经济和精神文明的发展,现实生活中的许多方面都存在着与认知神经科学密切相关的问题。例如,少年儿童的基础教育问题、脑与行为障碍问题、脑发育和老化问题等,认知神经科学的基础知识能够帮助我们准确应对各类现实问题。本次改版的宗旨是跟踪认知科学发展前沿的同时,注重联系现实社会生活问题。

　　本次改版明确将全书分为三篇。第一篇由三章组成,分别介绍认知科学、神经科学,以及二者结合的认知神经科学的形成过程、基本理论概念和当代国际前沿发展的态势。第二篇分为六章,介绍人脑认知加工的基本过程,是全书的主体部分,具体包括:知觉和意识,注意,学习和记忆,语言,思维和智力,社会情感认知神经科学,脑发育、衰老和心理发展。第三篇,现实生活中的认知神经科学问题,由五章组成,分别介绍了基础教育中的认知神经科学问题、儿童神经发育障碍的认知神经科学基础、毒瘾和行为瘾、精神疾病的脑科学基础,以及说谎与测谎的认知神经科学基础。与第一版相比,第一篇的内容由两章扩展为三章,增加了近十年的新成果和发展趋势的介绍。例如,第 1 章是新写的对认知科学主要组成学科的介绍,包括认知心理学的基本理论概念、三代人工神经网络和人工智能的学科发展。第 2 章介绍了近几年迅速发展起来的分子神经生物学对脑细胞类型的研究。第 3 章介绍的脑高级功能的新理论和国际前沿研究计划,都是近几年国际科学前沿的新发展趋势。

　　第二篇中,"知觉和意识"一章增加了特征绑定的内容,这是作者方方教授课题组 2019 年在《美国国家科学院院刊》上发表的实验研究成果。在"学习和记忆"一章内,杨炯炯副教授介绍了记忆巩固的三种理论:经典理论、多重痕迹理论和痕迹转换理论,是心理学在该领域研究的新进展。"注意"一章删除了注意的调节过程,代之以背、腹侧注意系统理论,该理论于 2011 年得到 1000 名被试脑影像数据的有力支持。"脑发育、衰老和心理发展"一章增加了脑个体发生和成年期获得性问题行为的表观遗传机制的新知识,以便与下一章"基础教育中的认知神经科学问题"相呼应。

　　第三篇增加了"基础教育中的认知神经科学问题"一章。一方面,对民办教育领域中的流言给予科学澄清,如右脑开发、关键期和 90% 脑潜能尚未开发等说法;另一方面,明确指出,人脑功能的终身可塑性,为教育工作者提供了大有作为之天地。"儿童神经发育障碍的认知神经科学基础"一章由王莉副教授编写,吸收了近年国际研究的新成果。"毒瘾和行为瘾"一章增加了对新型毒品的介绍,并讨论了行为瘾的治疗途径。"精神疾病的脑科学基础"一章新增了对精神疾病治疗学发展的曲折历程和新趋势的讨论。在"说谎与测谎的认知神经科学基础"的章节中,作者不但介绍了多导生理记录仪测谎、脑波测谎、磁共振测谎和多导光电测谎技术,还介绍了国内外关于说谎与测谎的认知神经科学理论。

从上述改写的内容不难看出,本书改版后紧跟认知神经科学的国际发展前沿,更新了一些理论概念,扩展了联系现实社会问题的范围,既有助于开阔读者的科学视野,又有助于正确对待一些现实问题。我想特别指出的是,本次改版加入了三个值得读者品味的专栏,分别是:① 温寒江先生领导的基础教育研究队伍,在学习问题上的理论突破;② 2019 年至 2022 年我国学者在脑理论和人工智能研究中取得的新成果;③ 关于人类同性性行为的概述。这三个小专栏虽然文字简短,但对科学和社会发展有着重要的现实意义。

本书不但可作为各高校本科相关专业的教材,也可作为教育工作者和年轻人扩展知识结构的读物,适用于心理学、脑科学、生物学和精神医学等专业;对于计算机理论、人工智能和人工神经网络的专业人员和爱好者,也是一本不错的读物。

本书由林庶芝撰写第 2 章第一节,方方撰写第 4 章,杨炯炯撰写第 6 章,王莉撰写第 11 章,其余章节由沈政撰写,全部作者均为北京大学心理与认知科学学院教师。写作中的不足之处,请读者指正!

沈 政
2022 年 10 月于北京大学
2024 年 8 月有修改

目　录

第一篇　认知科学及其重要组成学科的基本理论概念

第1章　认知科学的重要组成学科及其发展 ……………………………………（3）
　　第一节　认知心理学的基本理论概念：人脑信息加工的特性 …………（4）
　　第二节　人工神经网络 ……………………………………………………（10）
　　第三节　人工智能 …………………………………………………………（13）
　　第四节　认知科学的基本理论 ……………………………………………（19）

第2章　神经科学及其基础知识 ………………………………………………（23）
　　第一节　神经系统的形态结构与基本功能 ………………………………（24）
　　第二节　神经信息的传递 …………………………………………………（38）
　　第三节　大脑的电活动 ……………………………………………………（45）
　　第四节　分子神经生物学基础 ……………………………………………（48）
　　第五节　计算神经科学 ……………………………………………………（55）

第3章　认知神经科学总论 ……………………………………………………（60）
　　第一节　认知神经科学的脑功能理论 ……………………………………（60）
　　第二节　认知神经科学的方法学 …………………………………………（66）
　　第三节　认知神经科学的发展 ……………………………………………（71）
　　第四节　当代国际前沿研究领域 …………………………………………（77）

第二篇　人脑认知加工的基本过程

第4章　知觉和意识 ……………………………………………………………（83）
　　第一节　知觉 ………………………………………………………………（83）
　　第二节　意识 ………………………………………………………………（95）

第 5 章　注意 ·· (108)
第一节　从朝向反射理论到模式匹配理论 ···································· (108)
第二节　选择性注意的心理资源分配理论 ······································ (111)
第三节　背、腹侧注意系统 ·· (117)
第四节　注意过程的多重动态信息流 ·· (120)

第 6 章　学习和记忆 ·· (122)
第一节　学习、记忆与大脑 ·· (122)
第二节　工作记忆 ·· (125)
第三节　陈述性记忆 ·· (130)
第四节　非陈述性记忆 ·· (138)
第五节　学习记忆的分子生物学机制 ·· (142)

第 7 章　语言、思维和智力 ·· (146)
第一节　语言的认知神经科学基础 ·· (146)
第二节　思维 ·· (153)
第三节　智力 ·· (158)

第 8 章　社会情感认知神经科学 ·· (164)
第一节　情绪的认知神经科学基础 ·· (164)
第二节　目标行为及其监控 ·· (171)
第三节　人际交往和相互理解的脑功能基础 ·································· (175)
第四节　社会交际性化学物质：烟、酒、茶 ·································· (178)

第 9 章　脑发育、衰老和心理发展 ·· (182)
第一节　脑的发生和发育 ··· (182)
第二节　脑的衰老 ·· (188)
第三节　心理发展 ·· (194)

第三篇　现实生活中的认知神经科学问题

第 10 章　基础教育中的认知神经科学问题 ·································· (217)
第一节　认知神经科学的理论概念对基础教育工作的启示 ················ (217)
第二节　"神经神话"对教育工作的误导 ······································ (226)
第三节　性与性别差异的生物学基础 ·· (233)

第11章 儿童神经发育障碍的认知神经科学基础 (240)
第一节 孤独症谱系障碍 (240)
第二节 注意缺陷/多动障碍 (249)
第三节 特定学习障碍 (255)

第12章 毒瘾和行为瘾 (259)
第一节 毒品成瘾 (259)
第二节 行为瘾 (269)

第13章 精神疾病的脑科学基础 (273)
第一节 精神疾病 (274)
第二节 精神分裂症疾病性质的研究进展 (285)

第14章 说谎与测谎的认知神经科学基础 (294)
第一节 多导生理记录仪和传统测谎技术 (295)
第二节 基于事件相关电位的测谎研究 (308)
第三节 现代脑成像测谎技术 (321)
第四节 说谎和测谎的心理生理学假说 (324)

参考文献 (331)

第一篇
认知科学及其重要组成学科的基本理论概念

本篇含三章内容,分别介绍认知科学、神经科学和认知神经科学的基本理论概念。认知科学(cognitive science)的名词,最早由美国科学家 R. L. Higgins 于 1973 年在一个跨学科研究项目中采用,其含义是能揭示智能活动的心理学和神经科学基础的学科。1975 年,美国一家私人基金会支持了这个跨学科的研究计划,并于 1977 年创办了《认知科学》(*Cognitive Science*)杂志。1980 年年初,一些有影响的大学设立了认知科学中心,其中圣迭哥加州大学的认知科学中心和麻省理工学院的认知科学中心建立较早,也最有影响力。1987~1990 年,麻省理工学院出版社先后推出本科生和研究生的基础课教材——《认知科学导论》,该书较全面地总结了认知科学,介绍其研究领域的进展。认知科学是研究智能实体与其环境相互作用产生智能的原理的科学。所谓智能实体,是人类、动物和智能机的泛称。因此,也可以说认知科学研究的是人类、动物和机器智能及其与环境相互制约的关系。研究人类智能的学科有心理学、心理语言学;研究动物智能的有动物心理学和比较心理学;研究机器智能的有计算机科学,特别是人工智能,以及人工神经网络的研究。此外,在宏观水平上,概括研究智能的表征、计算及其内部结构与功能关系,则成为计算认知科学和认知哲学的重要命题。总之,认知科学是一大类科学的总称,主要包括心理语言学、心理学、人工智能、人工神经网络、计算认知科学和哲学认识论等。

1

认知科学的重要组成学科及其发展

H. Simon 把认知心理学看成是认知科学第一个重要组成学科,然后才是人工智能、语言学、哲学、神经科学等。心理学的发展刚刚走过了 140 余年的历史,与数学和物理学相比,属于年轻的学科;但是在认知科学的家族中,算是有点资历的成员。人工神经网络(artificial neural network,ANN)的研究始于 1943 年,至今刚满 80 年;人工智能(artificial intelligence,AI)研究始于 1956 年,至今只有 68 年的历史;心理语言学专著发表于 1957 年,不过 67 年。自认知科学一词提出至今也不足 50 年。心理学是研究人类和动物心理活动规律的科学;认知科学则是研究自然智能实体和人造智能实体与环境相互作用,如何产生智能及其运作规律的科学。电子机器人(electricity-based robot)和蛋白质基的动物(protein-based animal)以及基于社会的人类个体(society-based human individual),虽然均属于智能实体,但三者之间有着不可逾越的重大差异(沈政,2017),其智能的差异和共性值得认知科学家深思。

认知科学一经诞生,就把心理学和心理语言学纳入自己的家族中;而心理学看到认知科学在人类社会发展中所蕴含的潜力,也把它纳入麾下。所以,在过去的 10 多年间,国内各高校的心理学院先后更名为"心理与认知科学学院"。

威廉·冯特于 1879 年在德国莱比锡大学创建了世界上第一个心理学实验室,他也是世界上第一本《生理心理学基础》专著的作者(1874 年),他将心理学定义为"采用内省法研究意识的科学"。1913 年,心理学家约翰·华生将心理学定义为:"心理学是利用刺激-反应(S-R)的原则,研究行为的科学。"定义的改变体现了心理学的学科发展。在此期间,经典神经生理学确立了脑反射原理,神经生理学家谢灵顿的猫脊髓反射研究(1906 年)和巴甫洛夫的狗条件反射研究(1927 年),为脑反射论提供了坚实的基础。随后,阴极射线示波器被引入神经生理学实验室(1922 年),记录和分析神经细胞电活动的研究方法迅速发展起来,科学家发现了脑细胞不仅具有符合数字编码规则的动作电位,还有符合模拟编码原则的突触后电位。这样,人脑功能基本原理与信息论所描述的通信系统和分子热力学所描述的热力熵变化规律之间存在着许多共性。由此,细胞神经生理学的研究,使脑科学从反射论跨越到信息论的范畴。唐纳德·赫布提出的赫布理论以及语言学家乔姆斯基的心理语言学著作《句法结构》(Syntactic Structures),触发心理科学走出刺激-反应的行为主义方法学框架,开拓了信息加工的认知心理学体系,认为"心理学是研究人脑信息加工过程的科学"。因此,20世纪60~70年代,信息和信息加工的概念,成为心理科学、神经科学和认知科学融合的基础。那么,心理学研究的人脑信息加工与通信科学处理的信息有何不同呢?上一代学者在翻译"information processing"时,在通信科学和信息技术领域中译为"信息处理",在心理学领域内则译为"信息加工",巧妙地体现出人脑对信息的主动加工;而工程技术中的信息则需要人去处理。下面,我们先介绍人脑信息加工的特性,再介绍人工神经网络和人工智能这两个认知科学的主要组成学科。

第一节 认知心理学的基本理论概念:人脑信息加工的特性

心理学研究人脑信息加工时,由于不得使被试受到任何损伤,只能利用反应时和正确率等客观指标。随着无创性生理参数记录技术的发展,才逐渐采用多导生理记录仪、脑电图、事件相关电位记录仪和功能性磁共振等技术,测试伴随认知作业的多种生理参数,分析认知加工过程的脑机制。所以,认知活动的时序性、心理容量有限性和两类加工过程的区别,是人脑信息加工的最基本特性,我们先介绍这些基本参数的变化规律。

一、认知活动的时序性

Meyer 等人(1988)系统论述了现代心理时序测量(mental chronometry)的历史渊源及其基本模型和存在的问题。M. W. Ven der Molen 等人于1991年深入地论述了认知活动的时序性原理。由于篇幅所限,这里只能简要地加以介绍。

认知活动的时序性概念至今已有160多年的发展历程,从最初的神经肌肉反应时,到现代对复杂认知活动的时序性分析,学者们提出过许多法则和模型,反映了时序性的不同侧面。然而,时序性原理至今仍面临许多难题,有待继续发展解决。

(一) 减法法则

F. C. Donders 将被试对刺激的反应,从简到繁分为 A、B、C 三类:A 类反应是单一刺激引起的单一反应,可记录到简单反应时(simple reaction time,SRT);B 类反应是被试对两类刺激分别做出不同的反应,记录到的是复杂反应时(complex reaction time,CRT);C 类反应是被试只对多种刺激中的一种做出反应(go reaction),对其他刺激均不反应(nogo reaction),可记录到选择反应时(Go/Nogo RT)。减法法则(subtraction method)是建立在两个假设的前提之下,对这三类反应之间时序性关系进行概括的规则。首先,假设在复杂的认知反应中包括刺激辨别、反应选择和反应执行等一系列顺序进行的串行过程,前一阶段不完成就无法进入下一阶段。其次,假设这些串行过程可以简单地"纯插入"(pure insertion)或取消,且不因此改变其他串行过程的时间特点。例如,从复杂反应中可以减去刺激辨别和反应选择过程,而不影响刺激-反应的简单反应时。

（二）加因素法

许多认知活动并不符合减法法则的两个前提，有些认知活动可以同时进行，有些认知活动增加某一环节，就会明显影响另一些环节的加工速度。为克服减法法则的不足，Sternberg(1969)删除了减法法则中的"纯插入"假设，提出了加因素法（addictive factor method）。这一法则的运用可以使我们发现信息加工的阶段性，以及影响这些加工阶段的因子。这一法则的逻辑是简单而明确的。假设某一信息加工过程是由按一定顺序进行的串行加工各阶段组成，这些阶段之间没有重叠，则每一阶段都可能存在着特异的因子对其产生影响，则它们对该过程反应时的影响是其作用的总和；反之，如果因子 1 和因子 3 共同作用于同一阶段，则其共同作用的结果，并不等于各自作用之和。利用这一法则可以判断信息加工过程的阶段性，S. Sternberg 采用两条推论规则。如果我们的实验数据中，发现两个或多个因素对某一认知过程发生作用时，该过程的平均反应时变化等于各因素单独作用之和，就可以判定这一认知过程是由两个以上的信息加工阶段所组成的；相反，这些因素作用的效应是交互的，反应时变化不等于各个因素单独作用之和，则至少可以断定这些因素作用于某一共同加工阶段。由此可见，加因素法不需要对比简单与复杂反应过程的减法法则，仅对同一认知过程发生影响的各因子效应进行计算，就可以判断出该信息加工过程的阶段性。运用这一法则的基本前提是，信息加工过程是由彼此在时间上不重叠的一些离散的串行阶段所组成的。因此，它的应用范围具有很大的局限性。为克服这一局限性，许多学者做了多种尝试，试图更好地解决既不是严格串行，又不是严格离散的认知加工过程的时序特性。由此，在 20 世纪 70~80 年代间出现了两类时序特性模型，即栅格模型和连续模型。

（三）层次模型

为了克服加因素法的不足，McClelland(1979)设想几个信息加工过程可以同时并行性进行，这种并行加工系统与串行离散系统相比，有许多特点。首先，这个系统有许多加工层次，每个层次可以连续激活达到适宜程度并向下一层次输出；其次，一个层次的输出是单向性逐级进行的，其信息总为下一层次有效地利用；再次，末级输出可激活一种反应机制，或在几种可能的反应中进行识别和选择性激活；最后，在这一系统中，唯一进行离散性反应的是输出执行环节。由此可见，J. L. McClelland 的层次模型（cascade model）仍保持着信息加工过程的单向阶段性原则。他设想每个加工层次都由许多处理单元组成，这些单元的激活是连续的量变过程，这些单元激活值的线性积分，决定了该层次信息加工的结果。他认为，这一模型可以较好地解释影响反应时各因素的交互作用。这种层次模型适用于非严格的串行离散加工过程，使其对影响平均反应时的各因子呈现加因素法所揭示的规律。所以，这种层次模型实际上扩大了加因素法的适用范围。

（四）连续信息流模型

为克服加因素法只能用于离散串行加工过程的局限性，Eriksen 和 Schultz(1979)

在其视觉信息加工的实验数据基础上,提出了连续信息流(information flow)的加工模型。这一模型建立在两个前提假设之上,并推出一个重要的结论。首先,他们假设刺激信息在视觉系统中有一个逐渐级量地累积发展过程;其次,当刺激首次呈现时,就引起该系统各个组成成分同时对其进行加工,加工的结果连续地向反应系统传递,在反应系统中启动了较广泛的反应单位矩阵。随刺激的反复呈现或持续性存在,以及知觉信息的积累,视觉系统的输出范围就会越来越小,这种范围缩小的过程最终引发了特异的反应。总之,该模型认为视觉信息加工过程既是并行的又是连续的,目标刺激和背景噪声刺激可同时引起视觉系统广泛性兴奋。刺激的连续性积累是个量变过程,最终导致目标刺激引起的兴奋,达适宜值产生知觉反应。因此,目标刺激特性和背景(或噪声)特性对认知反应时都有影响。目标与背景刺激引起的效应在视觉系统中竞争性激活,是由对刺激信息加工的时间分布方式决定的。这种模型可较好地解释背景或噪声对平均反应时的影响,这使它优于加因素法的串行离散模型。

(五) 非同步离散编码模型

前面分别介绍了两类认知时序模型。减法法则和加因素法适用于串行离散阶段性认知模型,层次模型和连续信息流模型代表一类连续量变的并行认知加工过程。为了在这两类模型之间架起桥梁,Miller(1982,1988)提出并用实验证明了一种非同步离散编码模型(asynchronous discrete coding model)。这一模型主张刺激的各种属性在许多层次或阶段的加工过程中,非同步地通过各层次或阶段,各自离散地传递到反应机制中,分别启动反应机制的"准备效应"(response preparation effect)。同时,各层次或阶段上的信息加工未完成之前,也能传递到下一阶段或层次上对其产生启动效应。因此,某一认知过程的总平均反应时,不可能像严格离散串行阶段模型那样,等于各阶段耗费时间的总和。即便某一因素在某一阶段上延长了反应时,也可能同时启动了下一阶段的反应发生代偿作用,总反应时未必延长。所以,各加工阶段或层次上的离散编码机制在传递过程中非同步地达到下一阶段,结果造成多种复杂的结果,使总平均反应时的预测变得十分困难。这一模型在信息加工多种模型间架起了一座桥梁,其一端分析粒度为零,使之成为连续变化的过程;另一端分析粒度为 1,使该过程成为典型的离散过程。因此,非同步离散编码模型的同步差异大于或等于 1 时,则接近离散阶段模型;同步差异小于或等于零时,则符合连续模型。

认知活动时序概念的上述五个模型,是逐渐形成的,模型之间的差异反映了时序概念的发展历程。由简到繁,时序性原理的发展越来越使认知心理学和实验心理学家感到困扰,仅依靠反应时和正确率能否准确推断信息加工的过程。一些认知心理学家认为,反应时和正确率只是认知活动的最后表征方式,而无法揭露其中间过程。所以,他们把希望寄托于心理生理学参数的时序性,可能生理参数的时序性对认知过程能给出更多的科学资料。认知活动的时序性模型成为心理生理学分析信息加工结构特性的重要基础。串行还是并行、离散性还是连续性问题,都是加工过程的结构属性。与此不同,心理容量或心理资源的概念则与信息加工的效率有关,是认知心理生理学的另一个重要理论概念。

二、心理容量有限性

心理容量(mental capacity)、心理资源(mental resource)或能量(energic)在文献中常常作为同义词相互代替。这一概念最早出自威廉·詹姆斯的著作《心理学原理》。20世纪50~60年代,工程心理学和认知心理学赋予其新的含义,20世纪80年代起成为认知心理生理学的重要理论概念。

在工程心理学中,Knowles(1963)提出了人类作业的操作模型。他认为,作为操作者的人好像是容量有限的资源库(limited capacity resource),面对一些工作任务时,这种资源可以被分配利用。20世纪70~80年代,工程心理学热衷于测量不同工作负荷时,已经利用的和可以利用的能量,以及这种测量的主观心理参数和客观生理指标。Kahneman(1973)明确指出,注意的容量模型是指完成心理操作时可以利用的能量。Norman和Bobrow(1975)分析了双任务作业中容量或资源分配问题,提出了作业-资源函数中资源限定(limited-resource)的加工过程和数据限定(limited-data)的加工过程。Wickens(1984)在总结资源或容量概念发展的历史资料时,概括出单资源论(single-resource theory)和多资源论(multiple-resource theory)的理论观点,指出工作负荷测试必须综合地分析主任务和次任务参数(primary and secondary task parameter)、生理测量和主观心理测验等结果,并综述了许多致力于寻求心理容量、资源、心理能量与生理和物理能量间相互关系的研究报告。他指出瞳孔径、心率、区域性脑血流量、脑区域性葡萄糖代谢率和平均诱发电位等生理参数,均可作为心理资源分配的重要生理学参数指标。同时,他也指出,没有一项生理指标可以完全代替心理资源的全面分析。Brow(1982)指出心理负荷(mental load)是多维度的,任务要求可能是感觉、知觉、注意、知觉运动等多方面的,随时变化的。心理负荷和心神耗费(mental effort)并非完全一致,前者常用任务的难易程度加以度量,后者用执行任务者的主观努力程度加以度量。然而,面对同一难度的任务,不同的人可能采用不同策略,心神耗费的程度也相差很大。除了个人能力、技能的不同,还有动机因素的不同。总之,心神耗费、任务要求和动机水平三者相互制约,决定了心神耗费的测量是十分困难的问题,必须同时进行任务分析、主观评定,还应对双重任务中,心理资源的分配和适当的生理指标等加以综合分析。Eysenck(1982)认为,动机、唤醒水平、人格特质等变量,对于完成某项作业所需的心理资源或心神耗费的程度均有一定关系。对引导性刺激作用的分析,是研究这种复杂关系的较好途径。他概括了这类刺激对作业的八种影响:① 增强选择性注意这一控制加工过程;② 加速内部信息加工过程和外部的行为反应率,但往往降低作业质量;③ 影响内部动机状态,也常引起动机水平的波动或焦虑状态;④ 常常不利于作业的持久性改善,因为它降低了动机水平;⑤ 较强的引导性刺激降低并行共享的信息加工水平；⑥提高唤醒水平；⑦与作业成绩的关系是曲线性的；⑧可能会分散注意力。在这八种影响中，较为重要的是⑤，信息并行加工水平的降低可导致信息的有效利用率降低，这是引起作业成绩变差的主要原因。刺激与作业成绩的曲线关系可能最初改善作业成绩，是由于其增强选择性注意的信息控制加工过程。随后由于它引起自动加工过程的并行处理变差，以及动机的波动或焦虑状态，因此又引起作业成绩的下降。

通过上述讨论，我们不难理解心理容量的一般属性。首先，心理容量具有有限性，这种有限性常常决定了认知活动或心理操作的效率。知觉通道的容量有限性、短时记忆的容量有限性、选择性注意的容量有限性，分别决定了知觉、记忆和注意功能的效率。除了有限性以外，容量的共享性和可分配的灵活性是两个息息相关的属性。人们在同时执行几项认知任务时，这些性质不同的任务可以共享心理容量。而心理容量能灵活地主动分配到这些认知任务中，以确保主要任务的精细完成，同时兼顾次级任务。

三、自动加工过程和控制加工过程

在认知心理学中，心理容量的概念与两种信息加工过程的研究密切相关。Posner 和 R. Snyder(1975)最先提出了关于信息加工中的自动激活概念，指出了这一概念的三个操作标准：不是在意识控制下进行的，主体对此过程一无所知，该过程并不干扰其他心理活动。Posner(1978)进一步指出：自动激活的信息加工过程是以往学习的结果，是内在编码及其联结在重复刺激作用下的激活。他还提出，与此相对应的是注意过程，其特点为容量有限性(limited capacity)。Schneider 和 Shiffrin(1977)明确而完整地提出了信息加工中控制过程和自动过程的概念，用以对选择性注意、短时记忆搜索和视觉搜索等心理过程进行综合解释。Schneider 和 Damais(1984)进一步指出，自动过程是一种快速的并行传入过程，也是一种不费心神、不受短时记忆容量限制、不受主体意识直接控制的加工过程。自动加工过程是主体对同一刺激多次重复应用而发展起来的，是熟能生巧的基础。与此相对应的控制加工，是一种缓慢的串行传入过程，也是耗费心神、容量有限的加工过程，又是主体对不断变化的刺激进行反应的过程。因此，控制过程由主体随意加以调节。Kahneman 和 Treisman(1984)明确总结出自动加工过程的三个标准：非随意性、不需意志参与即可自动开始，一旦开始也无法随意终止；自动加工过程不耗费精力，它既不受其他随意活动的干扰，也不干扰其他随意活动；几种自动加工过程可以同时并行性地进行，彼此没有干扰，没有容量限制，无意识地进行着。

Hasher 和 Zacks(1979)将记忆的耗费心神的加工过程和自动加工过程(effortful and automatic processes in memory)作为研究记忆的理论框架。他们将耗费心神的加工过程，称为意识的控制过程，是练习和精细的记忆活动，它的发生常常干扰其他认知过程。与耗费心神的意识控制过程不同，自动加工过程从有限容量的注意机制中吸取较小能量的心理操作，它的发生不干扰其他认知活动的进行。他们将自动加工过程分两类：一类是制约于遗传性的自动加工过程，另一类是随着学习和实践而不断提高的加工过程，是熟练技能的重要基础。Johnson 和 Hasher(1987)又将自动加工过程称为非意识的、无策略的加工过程和无策略的加工记忆(memory without strategic processing)。

有意识的学习(intentional learning)与无意识的学习(incidental learning)，外显的(explicit)或自觉的记忆测验与内隐的(implicit)或不自觉的记忆测验之间的不一致，已成为研究记忆的焦点。通过重复启动效应，即对刺激的加工由于受到经历过的同样刺激的影响而得到促进的现象，揭露了内隐记忆的许多规律。Friedrich、Henik 和 Tzelgov(1991)研究了词汇存取过程中的自动过程。他们认为，语义启动机制中视觉的、语音的和语义表征间的编码，存在着固有联结性、自动激活或扩散性激活，这种联结性会造成完全自动的启动效应。这种扩散性激活的完全自动的启动效应对记忆过程来说，是一种快速的易化机制。基于与主词相关的目标期望词所引起的注意过程参与下，可能实现一种非自动启动机制。这种非自动启动机制在注意分配变化时需要一定的时间，所以是一种慢过程，既包括相关词提取的易化过程，也包括无关词提取的抑制过程。自动和非自动语义启动机制均发生在词汇存取之前。启动词和目标词之间的语义匹配，则是词汇决策之后发生作用的机制。由此可见，对于语词记忆启动效应的研究，引出自动加工和非自动加工过程间的复杂关系，这也是当前记忆研究中的核心问题。

两种加工过程的概念在知觉理论中的意义，可以通过三种知觉理论加以分析，即特征结合理论、RBC 理论(recognition-by-components, RBC)和拓扑计算理论。特征结合理论由 Treisman 和 Gelade(1980)提出，10 年后加以修正，近年仍在深入研究，继续完善之中。这一理论将知觉形成过程分为两个阶段：前注意(preattentional stage)和注意阶段(attentive stage)。前注意阶段对物体各种特征进行搜索，各种特征形成多维向量，如颜色维度、方向维度、位置维度等。这种搜索过程不需注意参与，因此是自动加工过程。注意参与下的串行加工过程，可将各维度上的特征加以结合，实现特征结合的目标。注意集中参与的控制过程，才能很好地实现特征结合，否则注意分散就会造成知觉模糊或错觉(错觉性特征结合)。当某一维度上的目标或特征非常明显，则注意引导的搜索过程很快指向该特征。目标必须确定地与其他特征分离出来，才能保证不发生错误结合。否则在许多搜索任务中，特征结合可能是错误的。由此可见，这种知觉理论强调资源有限的注意过程在特征结合中的重要作用，而自动加工过程只为控制过程提供可选择性结合素材。在 A. M. Treisman 的特征结合理论的基础上，Duncan 和 Humphreys(1989)明确地将视觉搜索的加工过程分为三个阶段：不受资源限制的并行性自动加工阶段、竞争性匹配阶段和视觉短时记忆阶段。第二、三阶段是注意资源有限的过程。可见，后两个阶段都是控制加工过程。对于不受注意资源和记忆容量限制的、自动激活的无意识的知觉过程，又称为阈下知觉，对它的研究大大地丰富了知觉理论。

四、串行加工方式与并行加工方式

在现实生活中,外部刺激常常是多种刺激同时点阵式地出现,如果认知主体进行串行信息加工,每一瞬间只能处理一项刺激。相反,采取并行加工方式,可在同一瞬间加工多项刺激。如果被试的反应时不随刺激项目数增多而增长,则被试采用的是并行加工方式;相反,随着刺激项目的增多,被试的反应时增长,则说明被试采用了串行加工方式。但是,在心理学实验中,影响被试反应时的因素还包括,在被试长时记忆中,与外部现实刺激物类似的项目数量,以及被试在长时记忆中进行搜索的速度。

时序性、心理容量、并行与串行加工方式以及自动与控制加工过程,是心理学关于人脑信息加工的重要参数,也是其重要的基本理论概念(沈政,林庶芝,1995)。正是依据这些概念,心理学于20世纪80年代,才扩展了自己的研究领域。科学心理学从"研究意识的科学",变为研究人脑意识信息加工和无意识信息加工过程,即内隐知识和外显知识形成过程的科学。

第二节 人工神经网络

人工神经网络研究有着曲折的发展道路,先后开发了三代人工神经网络模型。在世界人机大赛中,1997年和2012年两次创造了机器胜过智人的奇迹,为人工神经网络和人工智能领域的发展赢得了盛誉。

一、第一代人工神经网络模型

模拟人脑功能,研发智能化计算机,是计算机科学工作者的目标。20世纪40年代初,一批著作问世,奠定了信息科学的理论基础,包括信息论、控制论等。当时神经生理学界也刚刚利用细胞电生理学技术,记录到动物神经电活动。神经细胞活动以神经脉冲方式发放,得到了普遍证实。W. S. McCulloch和他的助手W. Pitts于1943年在《数学生物物理学通报》上发表其开创性论文,首次描述了"人工神经网络"及其进行逻辑运算的机制,第一句话就写道:"因为神经细胞活动的'全或无'特性,完全可以用命题逻辑处理神经事件及其间的关系。"随后他们用10个定理从数学上定义了计算原理并描述其科学意义。最后他们写道:全部组成单元的活动特性和任意时刻的输入刺激特性,都确定着网络的状态。这篇论文开创了利用二态开关器件模拟神经活动的研究模型。1949年,心理学家赫布在《行为的组织》(*The Organization of Behavior*)一书中描写道:"在两个邻近的神经细胞中,在A的轴突足以令B细胞兴奋,并且持续地或重复地引起后者发放,一些生长过程或代谢变化就会发生在一个或两个细胞中,这便增加了A令B兴奋的效率。"1958年,F. Rosenblatt提出的"感知器"(perceptron)的网络模型,体现了知觉过程具有统计分离性,是世界上第一个人工神经网络。1961年,

E. R. Caianiello提出神经元方程,用布尔代数描述了二态器件网络的动力学,形成了第一代 ANN 的开发高潮。

1969 年,M. Minsky 和 S. Papert 出版专著《感知器》(*Perceptrons*),以异或函数为例,证明当时火热的线性人工神经网络研究是一种没有价值的游戏,因为它对异或函数的线性分割都无法实现。由于在理论上受到打击,很多基金会停止了对人工神经网络研究的资助,导致该研究中止。事后不久发现,异或函数是非线性函数,它的分割不是一条线,而是面。所以,在有隐含层的人工神经网络内,可以解决它的分割问题。1982 年和 1984 年,J. J. Hopfield 先后在《美国国家科学院院刊》上发表了两项人工神经网络模型的研究。模型的基本单元具有激活函数,网络由学习方程和存储方程组成,并由能量函数作为其运行的动力。1983 年,具有隐含层的大规模并行网络问世,后来被称为玻尔兹曼学习机,成为向第二代人工神经网络发展的过渡。

二、第二代人工神经网络

1986 年,D. E. Rumelhart 和 J. L. McClelland 出版专著《并行分布加工》(*Parallel Distributed Processing*),并在第一届国际人工神经网络大会上推广该专著中的理论,把并行分布加工(PDP)作为神经计算,其特点是具有众多隐含层的并行分布式连接的前馈网络,其核心算法是误差逆传播。

第二代人工神经网络之所以受到如此厚爱,在全世界广泛传播,是由于 20 世纪 80 年代中期人工智能的发展遇到了瓶颈,人们把希望寄托在 PDP 技术原理之上。虽然,随后的 10 多年陆续试用了误差传播式学习、联想式学习、概率式学习、竞争式学习和自组织学习算法,取得了不小的进展,但总的效果并不如所期望的那样理想。在这些年中,反而是计算机科学在软件开发和硬件制造上的进步,特别是中枢处理器、图像处理器和内存容积的迅速提高,发展出大数据计算和云计算等技术。这种计算速度和存储量的优势为实施大规模卷积计算和一系列降维算法提供了条件,从而使连接网络的实施迈上了新的台阶,深度神经网络和深度学习很快得到发展。2012 年在世界图像网络竞赛大会上,由 6.5 万个人工神经元组成,可实施 5 层卷积计算(还有巨大的池层资源)和 3 个全连接层以及 1000 路输出功能的 Alex 深度神经网络,在图像识别竞争中,在对每个图像具有 6000 万个参数的 120 万高分辨率图像的识别中,以前 5 位错误率降到 15.3% 的成绩赢得第一名,远远高于第二名 26.2% 的错误率。这样的竞赛成绩震惊了世界,深度人工神经网络盛名远扬。然而,人工神经网络的基本单元特性、网络构建原理、算法原理、网络运行动力学等与 25 年前第一届国际人工神经网络大会相比,并没有根本性改变,仍然是第二代网络。所以,第二代人工神经网络包括两阶段的成果,即连接网络(connection network)或称 PDP 网络,以及深度神经网络(deep neural network, DNN),它们的基本理论概念和网络构建原理都是相同的。深度人工神经网络和深度学习算法实质上是 PDP 理论的延续,误差逆传播算法的基本原理并无新发展。只是因为计算速度和存储容量增加，可以实现依靠大量器件的高速运算，不计高耗能的资源以及设计输入集和模板的人力资源，换取了新的业绩。这样的技术发展路线，值得推敲。

由于计算技术的进步和有了专门的图形处理单元，神经网络改进了一系列技术，如初始化、预训练、正则化、归一化、输入统计学设计、网络架构、学习算法、训练方案或模板。这些技术的进步推动了这一领域进入了一个新的阶段——深度神经网络和深度学习。所有这些技术上的改进，是非常有效的。目前的深度神经网络在 AlexNet 之后，已经增加了深度，从 16 层到 152 隐含层（He et al., 2016）。

深度学习算法（deep learning algorithm）是文献中出现概率比较高的术语，它是人工神经网络多种算法的集成，在多层人工神经网络中，可以实现连接强度的自动跨层传递。所以，它的学习效率比较高，但是目前还不知道跨层次传递的具体机制。概括地说，深度学习算法由两大步计算组成，对输入的多维变量进行普遍性和发散性连接，也就是各个维度输入变量间进行连续乘法运算（卷积算法），结果造成输入变量间的子空间迅速倍增，每次迭代都导致子空间数量增加。为使网络达到收敛状态，展开第二步的降维算法。有非常多的降维算法可以选择，小波分析（wavelet analysis）、因数分析（factor analysis）、主成分分析（principal component analysis）和流形（manifold）分析等。现在最流行的前沿算法是在隐含层之间采用卷积算法（convolutional algorithm）；而在隐含层和输出层之间采用降维算法，如流形。流形是局部具有欧式空间性质的空间，包括各维度的曲线和曲面，如球体、弯曲的平面等。流形是局部欧式空间的同构体，是线性子空间的一种非线性推广。从拓扑学角度来说，多维集合的局部区域线性，与低维欧式空间拓扑同胚，也就是说经连续变换，最后都能变成一样的两个物体，称为同胚（homeomorphism）。从微几何角度，有重叠图的光滑过渡，称为一个 chart，也就是把流形的任何一个微小的局部，看作欧几里得空间。

这些算法能够实施，主要取决于计算机中枢处理器计算速度的提高和存储容量的快速增长，为大数据处理提供了硬件条件，此外还有图形处理单元的改进和矩阵与矩阵快速相乘的特殊硬件，韦伯尺度数据集被用于网络的学习和训练，预训练、启动、调节和正则化等技术上的改进，以及近些年在机器学习多个领域的进展，如引入整流线性器件和多种前馈和循环的网络结构以及将深度学习作为机器学习的核心技术等。

自 2012 年以来，深度神经网络和深度学习领域有了许多新进展。深度神经网络已经主导了人工智能的一些领域，如计算机视觉、机器学习、语音识别和机器翻译等。在视觉处理领域，深度卷积前馈网络实现的分类性能基本达到人类水平。无论深度神经网络有多大的发展，无论它在全球范围内的影响多大，它的弱点有时会自发地产生对立的网络效应，产生一些奇怪的结果，从而败坏了它的声誉。此外，深度神经网络在面对一个稍微复杂的问题，需要的神经单元太多、参数太大，会影响其在实际问题中的应用。第三代神经网络可能是当代发展的新趋势，因为脉冲时间编码的神经网络在减少组成的单元数量方面和节能方面具有优势。

三、第三代人工神经网络

20年前,人们还在热衷于PDP时,部分有远见的业界学者,把目光转向神经生物学界对突触传递神经信息机制的探索和对赫布突触原理的思考。几年之后,对赫布突触的修正和补充方案被提出,除了两个神经细胞在空间上的邻近之外,两个神经元兴奋的时间关系,即神经脉冲的时间耦合(coincide),也是神经信息传递的重要因素。所以,突触传递并不像经典赫布突触那样,是确定性事件;而是含有很大机遇性的随机事件。因为每一小块突触后膜周围都布满大量的突触前末梢,而每个突触前和突触后神经细胞的兴奋时程是十分短促的。只有那种时间耦合较好的突触前、后成分之间,才会有较好的兴奋传递效率。这便是脉冲时间编码(spike-time encoding)的基本原理,请进一步参考第2章有关内容。最近几年,这种编码原理已被神经生物学界和电子器件产业共同接受,关于传统数字电子器件和脉冲时间编码的神经网络,2019年清华大学施路平教授带领团队研发的"天机"芯片是这类脉冲时间编码器件和普通数字电子器件混合使用的新产品(Pei et al., 2019)。

第三节 人 工 智 能

1956年,心理学家H. Simon和A. Newell把黑箱原则用于研究比简单运动行为更为复杂的智能活动。他们把握住输入和输出之间的逻辑关系,发展出问题解决的理论,并编制了人类历史上第一个人工智能软件"逻辑理论家",从而开辟了人工智能研究的新领域。不久,他们发现了这个软件的不足之处,于是加以修改,1972年终于形成人工智能领域的经典程序"一般问题解决者",采用了手段-结果-分析的解决问题策略,把起始状态和目的或目标状态加以比较,从中变换出一些中间状态,一步一步地从始态逼近目标状态,从而使问题得以解决。在进行分析和变换时,可以从始态到目标进行正向分析,也可以从目标到始态进行反向(后向)分析。总之,这项经典工作所奠定的人工智能研究路线,可直接分析人类解决问题的逻辑过程,无须考虑大脑内部发生的神经生物学过程。因此,人工智能研究把人类智能活动的物质本体——大脑置之度外。用人的认知规律编制计算机程序,再由计算机运行这些程序,模拟人类认知过程,这就是人工智能研究的宗旨,是认知心理学和计算机科学两个领域的交会点。

我们可以把人工智能在以往半个世纪的发展历程分为三个阶段,即采用弱方法、强方法和综合方法三个阶段。从1956年到1976年的20年左右,人工智能以弱方法(weak method)为基础,研究了定义明确问题(well definite problem)的解决途径,为人工智能科学奠定了理论基础,形成了学科体系。这个体系就是物理符号系统,以离散符号表征知识。在问题空间中,以搜索匹配为智能活动方式,采用启发式策略解决定义明确的问题;以模式识别的方法解决知觉记忆等低层次智能问题。从 20 世纪 70 年代中期到 80 年代中期的 10 多年间,人工智能采用知识工程的强方法(strong method)开发解决复杂问题的专家系统。到 20 世纪 80 年代为止,人工智能的研究成果显赫,国际人工智能学会组织出版了三卷本《人工智能手册》(*Handbook of Artificial Intelligence*),以下简要介绍人工智能的研究内容。

一、知识表征

(一) 逻辑表征:命题表征和谓词表征

用逻辑表达事物的形式,称为逻辑表征,分为命题表征和谓词表征两种形式。

命题表征(propositional representation)是指用能够判断真伪的陈述句,表达事物或情节的知识表征方式。每件事或每个情节都是一个命题,也是知识表征的最小单位。把表征命题的句子联系起来,就形成多个命题的关系。这种关系不外乎"与""或""非""等值"和"如……则"五种,数理逻辑用五种符号对命题之间的关系加以表示和变换的过程,称为命题演算。

谓词表征(predicate representation)中的谓词是命题的扩展,是对事物的状态及其与其他事物的关系的表达形式。谓词不同于命题,它含有全称和特称两种量的标记符,分别表示该事物的全体还是该事物的一部分。将许多谓词之间的关系用形式逻辑联系起来进行推理的过程,称为谓词演算(predicate calculus)。

(二) 程序表征

程序表征是指将拟解决的问题和相关知识以模块的形式存储在数据库中,再利用一种控制程序,按一定顺序从数据库中提取和运用这些知识。其特点是符合启发式或产生式人工智能原理,缺点是效率较低。

(三) 语义网络表征

语义网络是由许多节点和其间的连接线形成的网络,每个节点代表一种对象、概念或情节,节点间的弧表征这些节点的关系。这种知识的表征形式便于符号处理,但经常会出现无效或非真实的节点间联结,占用机时和存储空间。

(四) 产生式系统

产生式系统的知识表征由产生式规则、上下文联系和解释器三部分组成。产生式规则是一些条件和结果句子的集合体,例如,"若……则……"或"如……和……,那么……"。上下文联系又称为数据或短时记忆缓冲器,每一时刻只允许产生式规则中的一个条件短语进入,激发或送出一个结果短语。解释器由一些程序组成,其任务是对输入和输出关系进行判断并决定下一步该处理哪类产生式句子。产生式系统是效仿人类思维和解决问题的方式提出的。

(五) 模拟表征

模拟表征是指按事或物的原样加以表征,优点是较少畸变或歪曲并易于理解,但是当许多信息之间的关系并不明确时,难以用该方式进行表征。

(六)语义词素表征

语义词素表征主要用于对自然语言理解任务中的语言材料进行表征,将一段话语或短句分离成若干个部分,称为语义词素,包括具有确定性、可理解性、独立性、非循环重复性的成分,分别进行表征。这种表征随语言材料不同效果不同。

(七)框架与脚本

框架与脚本是由框架、接口槽和槽值三部分组成的知识表征系统,其中框架是定型化的有序知识结构,接口槽是与外部发生信息交换的部位,槽值是与框架发生交换关系的信息特征或属性与类别等。启动框架与脚本必须还要由一类数据结构或一些事件作为触发器,启动框架与脚本与之进行信息交换。

(八)模糊表征与近似推理

模糊表征与近似推理主要用于具有不确定性、不完整性和不一致性的知识表征,就是将模糊知识进行多次转换,使其变成标准命题,这一过程被称为测试-得分的语义转换过程,通常使用 FRIL 语言或 MILORD 语言进行表征。

(九)面向对象的表征

某种事物或对象的全部属性及其可能向周围发出的信息与对周围信息的反应方式,总体储存在计算机内一个可标识的存储区域内,该对象可进行信息发送和信息专一化两种相辅相成的过程,以保证面向对象的表征在不同环境中,都有相对的鲁棒性(robustness)。Borland C++语言和 Turb C++语言都是面向对象的程序设计语言。

(十)虚拟表征与内隐式表征

数学形态学将复杂物体的表征分为两类,即外显式和内隐式表征。与内隐式表征相比,已表征的外显知识存储所耗费的存储空间至少高出一个数量级,所以虚拟表征与内隐式表征是成本较低的知识表征形式。

二、搜索

搜索是计算机进行工作的前提,搜索系统由数据库、运算子和控制策略三部分组成。数据库存储着知识表征;运算子在控制策略的指导和控制下,对数据进行顺序搜索,提取出所需要的知识,再进行加工或运算,以便最终得到问题的解;搜索策略可分为前向、后向、双向、限定性、启发性和组合优化性几种。根据知识表征形式、数据库和搜索策略不同,大体有以下四种搜索方式。

(一)无线索性状态空间搜索

如果数据库中的知识是命题表征或谓词表征的,通常是采用无线索性状态空间搜索,类似销售员行销路线问题或河内塔问题,没有线索也不知正确答案是什么,其搜索策略可以是单向性、双向性的,也可以采用深度优先或横向优先的搜索策略。

(二) 启发状态空间搜索

经验、知识和求解线索都可能成为问题解的启发性信息，利用启发性信息进行启发式状态空间搜索通常采用组合优化算法（optimazation）或弛张优化求解法（relaxing optimal）。

(三) 内隐搜索

由于内隐搜索更节省存储空间，因此在搜索时以内隐搜索的方式进行，然后将得到的结果映射为外显知识表征，是较为理想的策略。

(四) 面向对象的搜索

面向对象的搜索是对每个对象的存储区进行总体搜索，搜索分为三个层次：面（facet）、对象（object）和过程（process）。面是数据和控制程序的最小单位，也是共享数据的最小单位；对象是许多面的集合，蕴含着许多内隐信息单元；过程是将许多面正交到某一对象全部动作的集合。面对对象的搜索是个复杂且灵活的过程。

三、计算机视觉

计算机视觉的基本研究任务，是根据二维图像理解景物，包括图像信号处理、分类（模式识别）和景物理解三部分。

(一) 图像信号处理

处理图像信号之前必须先作图像预处理，把二维图像信号转化为最小图像单位——像元的二维点阵，删除多余的信息，压缩信息，提高信噪比。然后从多种空间编码、变换编码和混合编码技术中选择恰当的方法对图像进行编码，以便对图像进行存储、传输或识别。这些统称为第一代图像处理技术，都来自传统通信领域和工程技术领域，没有考虑人类视觉系统的生理特性。20世纪80年代初，受到神经生理学中的视觉感受野和功能柱理论的启发，研究者创造了第二代图像处理技术，包括局域性操作器编码、面向图形轮廓-质地的编码和基于区域生成的编码以及基于方向解码的编码技术。第二代编码技术大大提高了图像处理的效率，可以把图像信息量压缩到原来的 1/80 而不失真，相比之下，第一代编码技术最多只能压缩到原来的 1/8~1/4。第二代图像处理技术使图像的存储、传输和显示，变得更为有效。

(二) 分类与景物理解

根据二维图像的特征，理解其对应的三维立体结构，并对该物体进行分类或识别，是计算机视觉研究的主要目的。人工智能早期采用自下而上的研究策略，结果很不理想。随后采用自上而下的策略，先后发展了语义解释、目标驱动、三维物体识别和图像理解等程序，以及金字塔算法、四分树算法、语言分析法和弛张法，结果发现，每种方法只适用于满足一定约束条件的图形。直到21世纪初，才从三角测量原理、知识约束法和透视形态学原理中得到较好的算法。

四、自然语言理解

计算机和人类进行直接的言语交流,是人工智能研究的目标之一。目前,人工智能在语音识别和语言理解两方面取得了巨大进展。

(一) 语音识别

语音是人类自然言语的基本载体,语音识别是言语和语言理解的前提。语音识别由三个阶段组成:声学信号的前处理、模板匹配和语言构建。声学信号的前处理包括声-电信号转换、滤波和切音等技术环节。模板匹配阶段以数模转换开始,再进行快速傅里叶转换(fast Fourier transformation,FFT),将声-电时域信号转换成频域信号,并从中取三段带宽相差八度音高的频谱,分析三段频谱的各种参数,进行过零检测和主频检测后放入计算机内存作为模板。至少建立 40 个基本音素的模板以及在此基础上形成的某种语言词汇语音模式的模板系统,才能对该种语言进行语音识别。实际上除了 FFT 之外,还需要许多信号处理技术,如功率谱、倒谱、线性预测、小波分析、相关分析、相干分析和主成分分析等。

(二) 语言理解

在语音识别的基础上,受到乔姆斯基心理语言学的启发,研究者编制句法和语义分析软件,对进入机器的句子或话语进行句法树或功能结构表征的处理,以便实现语言理解。

五、学习和推理

研发具有学习和推理能力的计算机或机器人是人工智能领域所追求的较高理想,与人工神经网络不同,人工智能领域的研究者认为,具有学习能力的机器至少应由内存知识库、外在环境条件、学习架构和操作过程组成。所以,人工智能领域的学习和推理是基于知识的过程。知识必须在形式上具有表达性、推理性、可变性和扩展性,在内容上应能被用于理解环境所提供的信息,形成假设,检验和完善假设。

(一) 基于知识的学习

根据知识、环境和操作三者关系的不同,人工智能将学习分为四类。

(1) 机械式学习(rote learning):为环境提供的知识可直接为操作过程所利用,例如,下棋的程序机就是机械式学习的代表。

(2) 告知式学习(learning by being told):系统得到一些含糊不清或一般原则性的知识,必须将这些知识转变为操作过程可以利用的知识。高级语言程序表达的"劝告",必须编译成可执行的目标程序,这种告知式学习才能完成。

(3) 样本式学习(learning from samples):给予机器一个实例,使其从中学习操作的过程。在这里,样本是特殊的知识源,必须将其概括为更普遍的、更高层的知识,才能更好地为机器所使用。

(4) 模拟式学习(learning by analogy)：从其他知识中得到相似的或相关的知识，并将之转变为可用以解决当前问题的知识。医学诊断的专家系统采用此类学习模式。

以上四类基于知识的学习，对机器的要求相差甚远，是人工智能研究中最薄弱的领域。所以，人工神经网络无须知识为前提的机器学习研究，显得格外重要。

(二) 推理和问题解决

推理和问题解决是人工智能领域最核心的和最受关注的问题，也是人工智能领域的立足点，围绕这一问题形成了心理学派和逻辑学派，分别提出了产生式推理规则和归结推理规则。

1. 心理学派的产生式推理规则

1956 年，H. Simon 和 A. Newell 两位学者把心理学的黑箱原则，用于解决智能中的推理规则问题，并编制了历史上第一个人工智能软件，称为"逻辑理论家(LT)"。1972 年他们又修改了 LT 软件，使之成为人工智能领域中的经典著名程序——"一般问题解决者(GPS)"。GPS 采用了手段-结果-分析的解决问题策略，把起始状态和目标状态加以比较，从中变换出一些中间状态，一步步地从起始态逼近目标状态，从而使问题得以解决。GPS 是人工智能解决问题的经典代表，其运用的推理规则较为简单，称为产生式推理规则。它以人类解决问题的一般方法和技巧为基础，只能进行命题表征与形式逻辑推理等简单的智能活动，对复杂问题则难以解决。

2. 逻辑学派的归结式推理规则

1965 年，J. A. Robinson 提出了一项建立在谓词演算基础上的推理系统，其合一替换的推理规则，能保证一对子句是母句的逻辑结果。换言之，两个句子的结果由逻辑一致的某个句子表述，则两个句子可由后一个句子合一替换。这一规则简单明了，且有完善的形式逻辑表达式和推理方法，成为人工智能的有力工具。但是在演绎过程中，常产生大量无用的句子，所以还是无法解决对复杂问题的推理。

六、知识工程和专家系统

无论是产生式系统还是归结推理系统，都只能解决简单的智能推理问题，或证明一些普遍定理，满足不了科学技术对高层次智能机的需求。所以，20 世纪 70 年代后期，人工智能开展了知识工程和专家系统的研究。

专家系统由三部分组成：知识库、知识管理器和人机接口。知识管理器又包括解释器、控制结构和推理机等部分。专家系统绝非少数人能建立起来的，实际上是些巨大的知识工程。

七、软件开发环境、工作平台和工具箱

由于编制专家系统的成本高昂、花费时间较长，20 世纪 80 年代，人工智能又开展

了改善开发环境，创建软件工作平台或工具箱的研究工作。沿着这一方向发展了PROLOG、LISP、OPS等适用于编制专家系统的语言，还设计出广泛用于软件编制的软件开发环境、工作平台和工具箱。例如，面向对象的程序编制工作平台等。

虽然20世纪80年代人工神经网络的复兴和PDP原理的传播，一时间缓和了人工智能开发的压力，但是实际上并未能如其所愿。建立在数字计算基础上的人工智能还是靠编程语言的发展和大量编程平台的创立而不断成长。在20世纪末和21世纪初，在众多高级编程语言发展中，C++语言家族得到较为广泛的运用和发展，出现了C♯和.net编程语言，提高了编程效率。但是随着整个信息领域的科学和工程技术的快速发展，各大企业和公司分别制定自己的标准和编程工具。为了减少不同语言和编程平台之间的排他性，美国犹他大学教授Beebe(2017)出版了近千页的专著《编程用数学函数计算手册》，这也是高级编程领域的重要工具书。

第四节　认知科学的基本理论

认知科学旨在探索自然智能实体和人工智能实体与环境相互作用产生智能的规律和机制，其基本理论分别来自人工智能研究和自然智能研究领域。物理符号论来自人工智能研究，连接理论和模块论来自人工神经网络研究，生态现实论来自心理学，脑定位和整体论来自神经科学。由此可见，认知科学还没有形成统一的理论体系，有待进一步发展。

一、物理符号论和特征检测理论

物理符号论是在人工智能研究中形成的认知科学理论，信息加工学说是认知心理学的基本理论，特征检测理论是在神经生理学发展中出现的理论学说，三个领域的理论一脉相通。20世纪50年代计算机科学和人工智能诞生后不久，就试图用物理符号表达人类智能，再转化为机器语言，以便在机器运行这些程序中实现人工智能。心理学家以产生式原理为基础，用"如果……那么……"的符号形式表达了人类解决问题的思维过程；而逻辑学家用数理逻辑符号表达了人类的认知过程，两者分别形成了人工智能的心理学派和逻辑学派。认知心理学家则吸收物理符号论的原理，把人类认知活动视为信息加工过程。

20世纪上半叶，在心理学中占主导地位的是行为主义，它注重刺激及其引起的行为反应，而忽略了人们头脑中的加工过程。当时，实验心理学主要研究的也是简单的感觉、运动和记忆等心理过程。20世纪50年代末，计算机科学和信息科学的迅速发展，特别是在1956年，以H. Simon和A. Newell为先导的人工智能领域，以及乔姆斯基为代表的心理语言学的诞生，都极大地促进了心理学的变革。50年代末就形成了利用信息加工的概念，改造传统心理学的发展趋势，形成认知主义的理论思潮。1967年，U.

Neisser 出版了名为《认知心理学》的专著，标志认知心理学的确立。这本专著将认知心理学划分为视认知、听认知和记忆、思维高层次心理过程三大部分。随后，传统实验心理学也采用信息加工的理论观点，研究感觉、运动、记忆、知觉等心理过程。高层次心理过程的研究，如概念形成、问题解决、语言运用等，也在信息加工理论下迅速开展起来。到 80 年代，完整的认知心理学体系已经建成。H. Simon 把认知心理学看成是认知科学第一个重要组成学科，然后才是人工智能、语言学、哲学、神经科学等。认知心理学与认知科学在理论和方法学上有许多共同之处，其差别仅在于认知心理学以人类认知过程为研究对象，而认知科学面对各种智能系统（人、动物和机器等智能系统）。

认知心理学认为，人类认知过程的本质就是信息加工。那么，什么是信息？计算机处理的信息是数据和文本，是来自外部输入的离散的物理符号。人类认知过程的信息加工则是对内、外部刺激的决策与选择所得到的内部表征。因此，人类认知加工的信息寓于认知主体之中，经过 40 多年的研究，认知心理学发现人类认知活动所加工的信息相当复杂，并不能简单地使用信息"熵"进行计算。人类认知加工的信息有许多特性，包括可描述性、层次性、方向性、阶段性和实体包容性。

认知心理学在对认知过程研究中，经常使用信息加工的名词，形成了两类加工过程的基本概念，即自动加工过程和控制加工过程。相应地，还提出信息加工时序性、心理资源有限性和心理资源分配的概念。这些基本概念都是通过知觉、注意和短时记忆的研究，针对反应时的变化和认知作业成绩的实验事实提炼出来的。除了描写信息加工的性质之外，还在分析加工形式上使用了串行加工、并行加工、连续加工、离散加工、自下而上加工和自上而下加工等基本概念。总之，认知心理学根据严格控制的实验设计，依靠行为或操作数据，以上述基本概念为基础，对认知微结构进行推论或巧妙构思。

神经生理学家研究认知过程的脑结构与功能基础问题，提出了特征检测器和功能柱理论。在神经生理学领域中，20 世纪 50~80 年代利用细胞微电极记录的方法，在视觉功能研究中，逐渐形成特征检测器和功能柱理论，为人工智能的物理符号论和信息加工的心理学理论提供了生理学基础。视觉生理心理学研究发现，在视网膜、外侧膝状体和大脑皮质中，存在一些专门对线段、方位敏感的细胞，并将其称为特征检测器。随后在皮质上又发现对颜色进行选择性反应的颜色检测细胞。在大脑皮质上，对外界视野同一空间部位发生反应的这些不同特征检测细胞聚集在一起，形成垂直于皮质表面的柱状结构，称为功能柱，它是皮质功能和结构的基本单元。在视皮质内存在着许多视觉特征的功能柱，如颜色柱、眼优势柱和方位柱。利用细胞微电极技术和脱氧葡萄糖组织化学技术，可以证明一些功能柱的存在。方位柱不仅存在于初级视皮质（枕叶 17 区），也存在于次级视皮质中，它们对视觉刺激在视野中出现的位置和方向的特征进行提取。

尽管特征提取的功能柱理论可以很好地解释颜色、方位等某些视觉特征的生理基础，但外界千变万化的诸多视觉特征，是否都有与之相应的功能柱呢？对于这一问题，特征提取功能柱理论无法给出答案。然而，空间频率柱理论试图对这一难题给出理论解释。

与上述特征提取功能柱模型不同,视觉空间频率分析器理论认为视皮质的神经元类似于傅里叶分析器,每个神经元敏感的空间频率不同,例如,与视网膜中央区 5 度范围相对应的大脑皮质 17 区细胞和 18 区细胞之间敏感的空间频率显著不同,前者为 0.3~2.2 周/度,后者仅为 0.1~0.5 周/度。那么,什么是图像的空间频率呢?概括地说,每一种图像的基本特征在单位视角中重复出现的次数就是该特征的空间频率。例如,室内暖气设备的散热片映入人的眼内时,在单位视角中出现的片数就是它的空间频率。显然同一物体中某种特征出现的空间频率与其对人的距离和方位有关。当我们观察暖气片时,随着我们站的距离和方位不同,映入眼内单位视角中的片数就有差异。一般地说,由远移近地观察同一客体时,其空间频率变小;反之,则空间频率增大。像暖气片这种以相等距离规律性重复排列的景物,类似于周期性正弦波,更多的景物特征不规则排列形成的图形可以用傅里叶分析,将其分解为许多空间频率不同的正弦波式的规则图案,由不同的皮质神经元按其发生最大反应的频率不同,分成许多功能柱,称为空间频率柱。空间频率柱成为人类视觉的基本功能单位,对复杂景物各种特征的空间频率进行并行处理和译码,是视觉的基本生理心理学基础。

综上所述,人工智能中的物理符号论,认知心理学中的信息加工学说和神经生理学中的特征检测与功能柱理论,大体都始于 20 世纪五六十年代,在 80 年代初达鼎盛期,其中特征检测器和功能柱理论代表人物 David H. Hubel 和 Torsten N. Wiesel 于 1981 年获诺贝尔生理学或医学奖。人工智能创始人之一 H. Simon 于 1986 年获美国总统颁发的美国国家科学奖。

二、联结理论、并行分布处理和群编码理论

与人工智能中离散物理符号论不同,联结理论始于 20 世纪 40~60 年代的人工神经网络研究,在沉寂了近 20 年之后,于 80 年代中期再度兴起。这一理论认为,认知活动本质在于神经元间联结强度不断发生的动态变换,它对信息进行着并行分布式处理,这种联结与处理是连续变化的模拟计算,不同于人工智能中离散物理符号的计算,因而又称为亚符号微推理过程。这种连续模拟计算的基础就形成了一定数量神经元的并行分布式群编码。由此可见,认知心理学从人工神经元间群编码的理论中吸收其信息加工的并行分布式处理的概念,神经生理学则吸收了神经元群编码的理论概念,遂使三个领域一脉相通,在神经元活动的时空构型中找出认知活动的神经基础。这里值得指出是,在 20 世纪末,心理学取得的重大研究进展就是内隐认知过程的实验分析,包括内隐知觉、内隐学习、内隐记忆和内隐思维等。这些无意识的自动加工过程似乎是以并行分布式的连续计算为基础;外显的有意识的认知活动是以控制性加工过程以及离散物理符号表征为主。

三、模块论或多功能系统论

受计算机编程和硬件模块的启发，Fodor(1983)提出认知的模块性(modularity)，认为人脑在结构与功能上都是由高度专门化且相对独立的模块(module)组成，这些模块复杂而巧妙地结合，是实现复杂精细认知功能的基础。20 世纪 80～90 年代，模块思想已发展为多功能系统理论，特别是在记忆研究中获得了较多科学发现的支持。

四、基于环境的生态现实理论

1993 年年初，认知科学领域掀起环境作用与物理符号理论的大讨论，一批年轻的心理学家与人工智能物理符号理论大师 H. Simon 之间展开论战。20 世纪 50 年代以后，认知科学家一直把认知过程看成是发生在每个人头脑内或智能机内部的信息加工过程。而环境作用(situated action)的观点则认为认知取决于环境，发生在个体与环境交互作用之中，而不是简单发生在每个人的头脑之中。1994 年，Gibson 的生态现实理论在美欧复兴。J. J. Gibson 于 1979 年前出版了几本专著：《视觉世界的知觉》《生态光学》和《视知觉的生态理论》等，认为生物演化中外界环境为生物机体提供了足够的信息，使之直接产生知觉，故而将生物机体的知觉看成是直接的不变性知觉，不需要对环境中诸多物理特性逐一检测。脑功能区、模块的分化、细胞发育和生物化学与生物物理学机制的发展，无不与生态环境变迁有关。

五、机能定位论与整体论相统一的理论

1861 年，布罗卡医生发现运动性失语症是左额下回后 1/3 的脑结构受损所致，使脑的机能定位理论指导了当时对脑高级功能的研究。1929 年，K. S. Lashley 发表了《脑功能整体性》专著，其理论被称为"脑机能等位论"。以后的近百年间，通过解剖学和生理学方法，试图在脑内为每一种高级功能找到一个中枢，或一种特异的细胞。20 世纪 80 年代前后，学界曾以半讽刺的方式，否定了祖母细胞(grandmother cell)是识别熟悉面孔的特异细胞。如今，古老的机能定位论，由于有了无创性脑成像技术的帮助，再度复兴。用脑激活区作为机能定位的客观指标，用细胞电生理方法和脑成像相结合的途径，21 世纪之初确定了额、顶、颞叶皮质中有一种镜像细胞(mirror cell)，这成为人类社会交往的脑科学基础。因此，科学的发展走了一条否定之否定的螺旋式发展道路。十几年后，又有文章否定镜像细胞的存在。脑定位论和等位论，两种理论各反映了脑功能特性的一个侧面，两者是不可分离的对立统一理论，详情请参阅本书第 3 章。

综上所述，当代认知神经科学在阐明认知过程的脑机制中，存在多元化的理论观点，可以分别用于分析不同层次的机制，它们之间并无根本对立或排他性；但有些理论观点则很难相容。例如，神经元理论中特化细胞与群编码观点就各有自己的实验事实依据。因此，如何建立统一的认知神经科学理论是认知神经科学发展的重大问题。

2

神经科学及其基础知识

神经科学是一大类学科的总称,这些学科均以"分析神经系统的结构和功能,揭示各种神经活动的基本规律,在各个水平上阐明其机制,以及预防、诊治神经和精神疾患的机理"作为基本研究内容,包括神经生理学、神经解剖学、神经胚胎学、神经组织学、神经组织化学、神经细胞学、神经超显微结构学、神经生物化学、神经生物物理学、神经药理学、精神药理学、行为药理学、神经遗传学、神经免疫学、神经行为学、比较心理学、生理心理学、心理生理学、神经心理学、比较神经学、神经病学、神经外科学、精神医学、脑肿瘤学和颅脑影像学等。这些学科彼此渗透,相互支持,新技术、新概念层出不穷,日新月异,使神经科学成为当代生物医学发展的前沿学科之一。

神经科学的发展历史可以追溯到公元前几世纪的自然哲学时期,我国最早的医学典籍《黄帝内经》中也有述及。当代神经科学的开端是 1958 年在莫斯科召开的国际脑研究进展的学术会议。在这次会议上,许多国家的代表都希望能成立一个非政府间的跨国机构,目的在于组织脑研究的学术交流活动,这就是 20 世纪 60 年代初建立的国际脑研究组织(International Brain Research Organization,IBRO)。IBRO 成立以来,与国际科学理事会(International Council of Scientific Unions,ICSU)和世界卫生组织(World Health Organization,WHO)建立了密切的协作关系。在 IBRO 成立的最初几年里,组建了七个传统的学部,均冠以"神经"二字,包括神经解剖学、神经化学、神经胚胎学、神经内分泌学、神经药理学、神经生理与行为学和神经语言与通信学。

进入 21 世纪以来,神经科学在各个研究领域取得了很大进展。神经解剖学提供了脑细胞数量及其在脑内精确分布的数据,弥散张量成像技术提供了脑白质精细结构的数据。电生理学扩展了脑电活动的研究视野,挖掘出有节律的神经电活动的功能意义。这些进展为脑认知功能的研究提供了坚实的科学基础。

科学技术部和国家自然科学基金委员会在"八五"攀登计划中,就把脑研究课题列为重点,中国神经科学学会主办的学术会议自 1992 年开始定期召开,近年还制定了我国第一个国家级脑研究计划。为期 15 年(2016~2030 年)的国家级脑研究计划,包括基础神经科学、脑疾病和类脑智能机"三位一体"的发展计划,又称为"一体两翼"计划。"一体"是指理解认知活动的神经基础并开发脑研究技术平台,"两翼"是指开发类脑智能技术和对脑疾病早期有效的诊断和干预方法。

当代脑科学研究已经积累了不同层次的脑知识,包括宏观的行为水平和神经系统水平及其脑网络的认识,微观的细胞水平和分子水平的认识;但是对介于两者之间的神经回路研究却存在较大的知识缺口。我国的脑研究计划正是瞄准这一介观认识(mesoscopic cognition)的知识缺口,在宏观和微观之间采用介观研究策略,通过单细胞核糖核酸排序技术(single-cell RNA sequencing,scRNA-Seq)所给出的蛋白质表达图,鉴别神经元类型。一旦确定了细胞类型,则该类神经元内的特异性分子探针表达,就可以给出神经回路的介观图(mesoscopic mapping of neural circuits)及其活动模式,用来检测或干预它的活动并仔细分析认知和行为的脑回路机制。scRNA-Seq是一类全基因组mRNA转录量化技术,可以提供细胞及其分子回路的大量信息。目前主要用于肿瘤研究,寻找神经细胞的蛋白标记探针,再从荧光生物技术中选用可以大视野显示细胞形态的限定性启动光转换技术(confined primed conversion),可显示单个神经元及其轴突和树突分支形态。这一设想已于2019年实现,具体请参阅由骆清铭和罗敏敏教授指导的课题组所发表的研究论文(Sun et al., 2019)。

这种单个神经元介观图,对于分析非人灵长类动物的自我认知(cognition of self)、非自我认知、共情(empathy)和心理理论能力(theory of mind,ToM)等脑回路机制,将发挥重要作用。我国具有丰富的非人灵长类动物资源,利用这些资源,可以预期恒河猴脑回路的介观结构图和介观功能研究,将得到丰富的成果,这对于加深理解人类被试脑成像研究所积累的宏观数据具有特殊意义。2017年年底,中国科学院神经科学研究所、脑科学与智能技术卓越创新中心实现了世界上第一个体细胞克隆猴的科学设想,为下一步研究打下坚实的基础。

此外,"一体两翼"计划中对于开发脑疾病早期诊断和有效治疗方法的"一翼",主要涉及发育障碍(自闭症和精神发育迟滞)、神经精神障碍(抑郁症和物质成瘾)和神经退行性疾病(阿尔茨海默病和帕金森病),特别重视从中国传统医学中吸取资源发展对这些疾病的治疗手段。开发类脑智能技术"一翼",涉及人工智能、人工神经网络、机器学习、智能芯片设计和认知机器人学等领域的发展。在此基础上,拟重点开发智能化人机接口,研发的认知机器人既能理解人的意向,又能给出机智的反应,还能从理解人的意向和决策中,学习和积累经验,具有共情和心理理论能力。

第一节 神经系统的形态结构与基本功能

神经系统(nervous system)是产生心理现象的物质基础,随着神经系统的进化,心理活动也越来越复杂。因此,要了解心理现象的产生,必然要了解神经系统的结构与功能。神经系统是结构复杂、机能高超的系统,在整个宇宙中没什么已知的其他东西能够与之相比。神经系统之本是神经组织。

一、神经组织

神经组织由神经细胞(nerve cell)与胶质细胞(glial cell)组成。神经细胞是神经系统最基本的结构与功能单位，又称为神经元(neuron)。神经系统的一切机能都是通过神经元实现的。

(一) 神经元

人脑内大约有 10^{12} 个神经元，它们虽然在形态、大小、化学成分和功能类型上各异，但是在结构上大致相似，都是由胞体(soma)、轴突(axon)、树突(dendrite)组成的。胞体与树突颜色灰暗，所以在中枢神经系统内神经元的胞体与树突聚集的地方，称为灰质或神经核团。神经元的轴突(神经纤维)由于负责传输神经信息，外面覆盖一层脂肪性髓鞘，故颜色浅而亮，所以将其聚集的地方称为白质或纤维束。

1. 神经元的结构与功能

神经元有独特的外形，由胞体伸出长短不同的胞浆突，称树突和轴突。树突是胞体向外伸出的多个树状突起，即树突干。树突干像树枝样反复分支成丛状，枝端表面有很多小刺，被称为树突棘(dendritic spine)。轴突粗细均匀、表面光滑，刚离胞体段为始端，后为神经纤维。纤维末端有若干分支，称为神经末梢，末梢终端膨大形成扣状，称为突触终扣(synaptic terminal button)或突触小体。

多数情况下树突接受其他神经元或感受器传来的信息，并将信息传至胞体。胞体聚合多个树突分支传入的神经信息，再经过细胞质内的信号传导，通过轴突传出整合后的神经信息至下一个神经元。神经元之间没有实质性的联系，那么神经信息是怎样从一个神经元传到下一个神经元的呢？是通过一个微细的结构——突触来完成的。

2. 突触

突触(synapse)是神经元之间发生联系的细微结构，如图 2-1 所示，在胞体和树突上密集地布满了亿万个突触。经电子显微镜放大后可见，由突触前膜(轴突末梢)、突触后膜(下一个神经元的树突或胞体)和突触间隙(前、后膜之间的缝隙)三个部分组成。突触间隙因突触的种类不同而宽窄不一。电突触间隙为 10~15 nm；化学突触间隙较宽，为 20~50 nm。化学突触前膜——终扣内含有许多线粒体和大量囊泡，囊泡内含有神经递质。线粒体含有大量合成神经递质和能量代谢的酶。当神经冲动传至神经末梢时，神经递质就从小囊泡释放出来，进入突触间隙，与突触后膜上的受体结合，使膜对离子的通透性改变，从而出现局部电位变化，称为突触后电位。神经递质种类很多，但其作用只有两种：一种能引起兴奋性突触后电位，这种电位达到一定强度可使下一个神经元发放神经冲动；另一种能引起抑制性突触后电位，这种电位使突触后膜兴奋性降低，阻碍下一个神经元发放神经冲动。

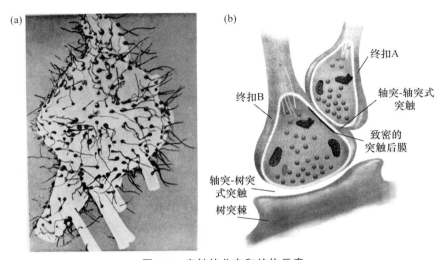

图 2-1 突触的分布和结构示意
（引自(a) Eccles, 1953; (b) Carlson, 1998）
(a) 显示神经元表面布满了密集的突触, (b) 是放大的突触结构。

突触传递的特点: ① 神经冲动在神经纤维上的传导是双向的, 而突触的传递只能从突触前膜向突触后膜传递, 这种单向传递保证了神经系统有序地进行活动。② 突触延搁。神经冲动通过突触时, 传递的速度较缓慢。③ 时间和空间总和效应。突触后膜在一定的空间范围内和一定时间内相继出现的突触后电位加以总和, 只要达到单位发放的阈值, 就会导致这个神经元产生动作电位。④ 抑制作用。兴奋和抑制是神经元活动的两种基本形式。神经系统的抑制作用主要是通过突触活动实现的, 是突触很重要的机能。抑制可发生在突触前膜上, 称为突触前抑制; 也可发生在突触后膜上, 称为突触后抑制。⑤ 对药物敏感性。突触后膜上的受体对神经递质有很高的选择性, 因此, 使用受体拮抗剂或激动剂可能阻止或增强神经冲动在突触间的传递, 从而改善或提高脑的信息处理能力。

3. 神经元类型

根据神经元对神经信息传递的作用, 将神经元分为两大类: 投射神经元和中间神经元。投射神经元又可分为感觉神经元(sensory neuron)和运动神经元(motor neuron), 前者将感受器传来的信息, 传向中枢神经系统; 后者从中枢神经系统, 将信息带给肌肉、血管和腺体。投射神经元都是兴奋性神经元, 合成、存储和释放兴奋性神经递质。与此不同, 中间神经元(interneuron)又称为联络神经元, 它们将从感觉神经元中获得的信息, 传给其他中间神经元或运动神经元; 中间神经元都是抑制性神经元, 合成、存储和释放抑制性神经递质。每个神经元都通过自己的树突和轴突与数以千计的其他神经元发生联系, 形成庞大的神经网络。

(二) 胶质细胞

在神经系统庞大的神经元网络中，还有与神经元数量相当的胶质细胞。但是，不同脑结构中神经元和胶质细胞的比例大不相同。例如，大脑皮质内神经元总数为160.34亿个，胶质细胞总数为600.84亿个，胶质细胞数是神经元数的3.75倍；而在小脑内神经元总数为690.03亿个，胶质细胞总数为160.04亿个，胶质细胞数仅是神经元数的23.2%（Azevedo et al., 2009）。

胶质细胞的主要功能是形成支持神经元分布的框架，并为神经元提供营养。胶质细胞还在脑内发挥清洁工的作用，吸收过量的神经递质，及时清理受损或死亡的神经元；形成血脑屏障，使毒物和其他有害物质不能进入脑内；还可能对信息传递必需的离子浓度有所影响，特别是对一氧化氮逆信使的代谢发挥重要作用。近年认为，胶质细胞之间，以及胶质细胞与神经元之间，存在着多时间尺度的信息交流的并行网络，因而认为胶质细胞也参与复杂的认知活动。

(三) 大脑皮质的水平分层和垂直柱状结构

根据人类大脑皮质神经细胞排列的层次不同，可将其分为古皮质、旧皮质和新皮质。古皮质只见于大脑半球内侧缘的海马结构（胼胝体上回、束状回、齿状回、海马回沟的一部分）；旧皮质见于大脑内侧缘与底面的前梨状区（外侧嗅回与环周回）和内嗅区。古皮质和旧皮质只有分辨不清的三层神经细胞。除古皮质和旧皮质，其余90%以上的大脑皮质都是新皮质。在新皮质中，神经细胞按水平方向排列成十分清楚的六层，如图2-2所示。六层组织结构分别是：

(1) 分子层（Ⅰ）：含有少量的水平细胞和颗粒细胞，较多的成分是第Ⅳ和Ⅴ层神经细胞的顶树突的分支。

(2) 外颗粒层（Ⅱ）：主要由大量的颗粒细胞和小型锥体细胞组成。

(3) 外锥体细胞层（Ⅲ）：主要由大、中型锥体细胞组成。

(4) 内颗粒层（Ⅳ）：密集的颗粒细胞。

(5) 内锥体细胞层（Ⅴ）：主要由大量的大、中型锥体细胞组成。

(6) 梭形细胞层（Ⅵ）：以梭形细胞为主，还有颗粒细胞等。

大脑皮质分层结构生理学意义的研究，是最近几年神经生物学的生长点，逐渐成为认知神经科学的新研究领域。通过跨学科综合运用神经生物学、显微形态学和电生理学的技术，揭示各层之间的形态差异和电生理反应的差异，加深了对神经微回路结构和功能变化规律的认识，特别是对脑电活动节律和神经信息的振荡编码机制具有重要意义。在下面分子神经生物学介绍中，还会提到这个问题。

最初，大脑皮质的柱状结构是在视皮质中发现的，具有相同感受野的视皮质神经元在垂直于皮质表面的方向上呈柱状分布，它们是视皮质的基本功能单位，被称为功能柱。功能柱内的神经元对同一感受野中图像和景物的某一特征进行信息编码，是产生主观感觉的重要神经基础。产生某一感觉的功能柱,进一步组合成超柱,是知觉产生的细胞学基础之一。在运动皮质中,某一运动功能柱内的所有锥体细胞,支配同一关节内执行同一运动模式的肌肉群。无论是感知觉相关的功能柱还是运动功能柱,都贯穿于整个六层大脑皮质,其直径在0.25~1 mm之间,每个柱内含2500~4000个神经元。

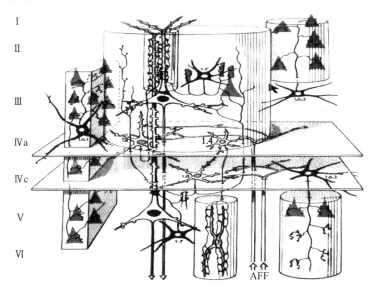

图2-2 大脑皮质的柱状结构与水平六层关系的模式
(引自 Eccles,1980)

在第Ⅲ层和第Ⅴ层各有一个锥体细胞,其顶树突上升至第Ⅰ层,其轴突向下离开皮质。右下方可见两个特殊传入纤维(AFF),其丰富的分支向上达到几层中锥体细胞的顶树突。在第Ⅳa层内的胶质细胞1.4起下行的轴突达到第Ⅵ层的马丁诺提细胞(Martinotti cell)。

大脑皮质的柱状结构主要存在于感知觉皮质和运动皮质,而不在前额叶和联络区皮质。所以,神经元的柱状分布主要对于外部世界特征的提取和物体识别相关的感知与运动功能具有重要意义。

(四) 白质

R. D. Fields 曾评论道:虽然白质是由百亿神经元轴突形成的纤维束所构成,实现着神经元之间的联系,但在过去除对一些脑疾病患者之外,从未关注白质在正常人心理活动和认知功能中的作用。神经纤维覆盖的脂肪性髓鞘是由少突胶质细胞生成的,围绕在神经细胞轴突的神经纤维膜之外,多达150层。它的作用是保证神经冲动在神经纤维内快速传递下去。人脑内的白质体积约410 cm³,全部轴突总长度约160万千米,分布密度达每平方毫米30万根。

浅层白质紧贴在大脑皮质之下,实现着近距离大脑皮质之间的神经联系。弥散张量成像研究发现,男性的浅层白质比女性的发达,这与男性的皮质神经元密度大、细胞总数多于女性的有关。

深层白质位于大脑半球深部,实现着长距离大脑皮质之间的神经联系和两半球之间以及皮质与皮质下之间的神经联系,主要包括胼胝体、内囊、钩束、上纵束和下纵束等(图2-3)。胼胝体是主要的深部纤维联系,实现着大脑两半球间的联系;内囊将各种感觉信息汇聚并送入大脑感觉皮质;钩束在智力活动中联系额、颞叶皮质的功能协调;上纵束联系额极和枕极,下纵束联系颞极和枕极实现全脑的协调。

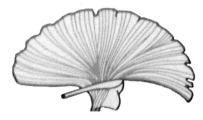

(a) 放射冠(从间脑上传的各种感觉信息)

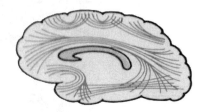

(b) 主要联络纤维,包括钩束、上纵束和下纵束等

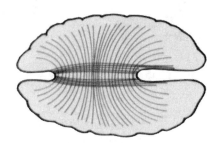

(c) 胼胝体(两半球间信息交流)

图2-3 脑深层白质
(引自 Fincher,1984)

二、神经系统的解剖结构

神经解剖学将神经系统分为两大部分,即中枢神经系统(central nervous system,CNS)和周围神经系统(peripheral nervous system,PNS)。

(一) 中枢神经系统

中枢神经系统由颅腔里的脑和椎管内的脊髓组成。颅腔里的脑分为大脑、间脑、脑干和小脑四个部分(图2-4),外层有硬脑膜、蛛网膜和软脑膜。脑干又分为中脑、脑桥和延髓三个部分。

1. 脑结构与功能

(1) 大脑。

大脑(cerebrum)覆盖在其他脑区之上,略呈半球状,大脑顶端的正中纵裂将其分为左、右两个半球。正中纵裂的底是连接两半球的胼胝体,胼胝体由两半球间交换信息的神经纤维(白质)组成。大脑表面有许多皱褶,凸出来的称为回,凹下去的称为沟或裂。

大脑表层神经元密集,呈灰色(灰质)的为大脑皮质;大脑深层多由神经纤维占据,呈亮白色(白质)的为大脑髓质,在髓质内还有一些核团(灰质),称为基底神经节。

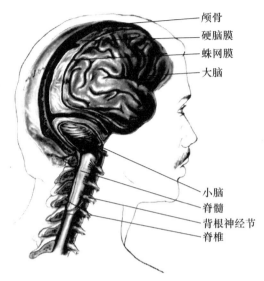

图 2-4 中枢神经系统各组成部分
(引自 Carlson,1986)

大脑半球背外侧面(图 2-5):大脑半球按皮质沟、裂的走向,可分为若干个脑叶和回。大脑半球背外侧面的皮质从前向后分为四个叶:额叶、顶叶、颞叶和枕叶。

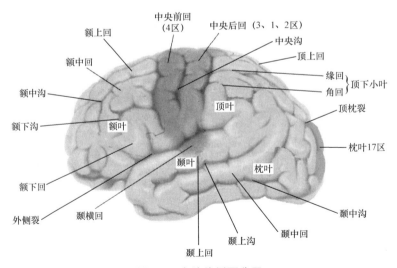

图 2-5 大脑外侧面分区

位于中央沟前方、外侧裂上方的皮质为额叶（frontal lobe），其中直接靠着中央沟前面，并与中央沟平行的回，称为中央前回。中央前回的机能是直接管理肌肉运动，称为运动区。额叶具有调节高级认知活动和控制运动的功能，如筹划、决策和目标设定等功能。因意外事故损伤额叶，能影响人的行为能力和改变人格。位于顶枕裂前方，中央沟后方的皮质为顶叶（parietal lobe），其中紧靠中央沟并与中央沟平行的回称为中央后回。中央后回是接受全身躯体感觉信息的感觉区，所以顶叶负责躯体的各种感觉。位于顶枕裂与枕前切迹连线的后方皮质为枕叶（occipital lobe），是视觉中枢。位于外侧裂下部的皮质为颞叶（temporal lobe），与听觉关系密切。此外，在大脑外侧裂的深部皮质为岛叶，与味觉有关。

大脑半球的内侧面（图2-6）：围绕半径的环状回称为边缘叶（limbic lobe），包括胼胝体下回、扣带回、海马回和海马回深部的海马结构。胼胝体下回与其前方的旁嗅区组成隔区（septal area），内含伏隔核（nucleus accumbens）。

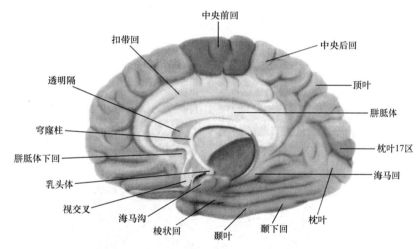

图2-6　大脑内侧面（矢状正中切面）主要分区

大脑半球底面皮质：大脑纵裂两侧的嗅沟中，有嗅球和嗅束。嗅束向后移行于嗅三角。嗅三角发出两条灰质带，一条向内移行于大脑半球内侧面的隔区，称为内侧嗅回；另一条向外移行于梨状区，向后移行于环周回，称为外侧嗅回；嗅沟的内侧为直回，外侧为眶回。

大脑半球髓质：又称为大脑白质，由有髓鞘的纤维组成。根据纤维的起止、行程可分为三类：投射纤维、联络纤维和连合纤维。投射纤维是大脑皮质与皮质下中枢间的上、下行纤维。除了嗅觉投射纤维外，绝大部分感觉投射纤维经过内囊向大脑皮质投射。内囊是一个较厚的白质层，位于豆状核、尾状核与丘脑之间。联络纤维，是指联络同一半球各叶和各回间的纤维。连合纤维包括连接两半球新皮质的胼胝体，连接两侧旧皮质和古皮质的前连合和海马连合。

大脑半球髓质深部的神经核团(图2-7～图2-9)，称为基底神经节，包括尾状核、豆状核、杏仁核和屏状核。豆状核分内、外两部分，外部为壳核，内部为苍白球。尾状核与豆状核组成纹状体。尾状核和壳核又称为新纹状体。尾状核与豆状核对机体的运动功能具有调节作用；杏仁核在嗅觉、情绪控制和情绪记忆形成中具有重要作用。

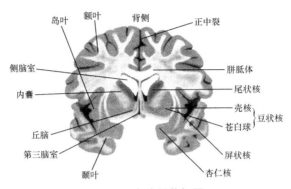

图2-7 大脑冠状切面

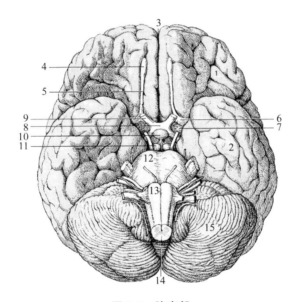

图2-8 脑底部
(引自 Kahle & Frotscher, 2002)
1额叶，2颞叶，3大脑纵裂，4嗅球，5嗅束，6嗅三角，7前穿质，8视交叉，9视神经，10脑下垂体，11乳头体，12脑桥，13延髓，14小脑蚓部，15小脑半球。

大脑皮质的每个功能区，如运动区、躯体感觉区、视觉区和听觉区等，都有层次结构(图2-10)，由三级组成，即初级皮质区(一级皮质区)、次级皮质区(二级皮质区)和联络皮质区。初级区为投射中心，直接接受皮质下中枢传入的信息或向皮质下发出的信息，与感受器或效应器之间保持点对点的功能定位关系,对外部刺激实现简单而原始的感觉功能或发出简单的运动信息。次级区分布在初级区周边,只接受初级皮质传来的信息,与皮质下中枢没有直接的特异联系。次级感觉皮质将初级感觉皮质的信息联合加工为复杂的单感觉性的知觉,运动性次级皮质区的神经信息实现复杂序列性运动功

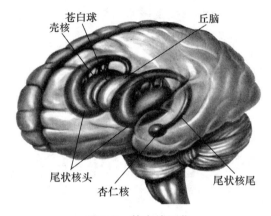

图 2-9　基底神经节
(引自 Carlson,1986)

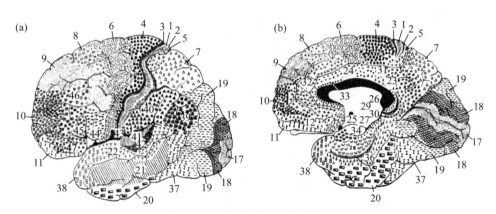

图 2-10　大脑皮质布罗德曼分区
(引自 Eccles,1980)

(a) 大脑外侧面观,在布罗德曼功能分区(Brodmann Area, BA)中,BA3、BA1、BA2 是初级躯体感觉区,BA5、BA7 是次级躯体感觉区;BA17 是初级视皮质区,BA18 和 BA19 是次级视皮质区;BA41 是初级听皮质,BA42 和 BA22 是次级听皮质;BA4 是初级运动皮质区,BA6 和 BA8 是次级运动皮质区。近年研究发现,BA8、BA6、BA9、BA10 和 BA47,以及顶叶的 BA39 在逻辑推理中激活,在思维功能中具有重要作用;BA6、BA44、BA46 和 BA40 构成人脑中的镜像神经元系统,在观察、模仿和理解他人社会行为以及人际交往中,具有重要作用。

(b) 大脑矢状正中切面观,大脑内侧面 BA24、BA32、BA9、BA10、BA11、BA25 构成内侧前额叶皮质,在情绪、情感活动和目标监控,以及执行功能中具有重要作用。

能。次级感觉区和次级运动区都失去了点对点简单空间定位的特性。联络皮质区是次级皮质之间的重叠区,实现着各种皮质功能区之间的联系。在大脑皮质中有两个联络皮质区:一个位于顶、枕、颞叶的结合点上,它是躯体感觉、视觉、听觉感觉的重叠区,对外来的各种信息进行加工,综合为更高级的多感觉性的知觉,并加以储存;另一个联络区位于额叶前部,它同皮质所有部分发生联系,综合所有信息做出行动规划,通过对运动皮质进行调节与控制完成复杂活动。

(2) 间脑。

间脑(diencephalon)居于大脑与中脑之间,被大脑半球所遮盖(图 2-11)。间脑外侧与内囊相邻,内侧面为第三脑室,间脑分丘脑、上丘脑、底丘脑和下丘脑四个部分。

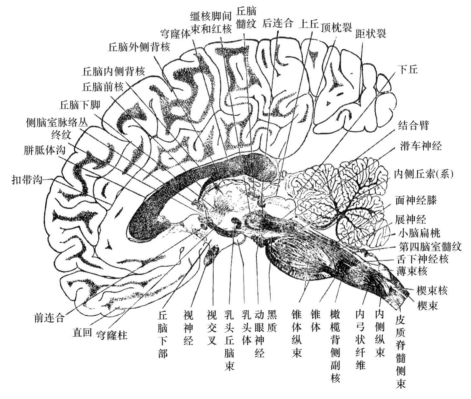

图 2-11 脑矢状正中切面
(引自威理格尔,1954)

丘脑(thalamus)是一对卵圆形的灰质团块,其前端较窄,后端膨大。丘脑内侧面第三脑室侧壁上有中央灰质,内含中线核。丘脑外侧面有丘脑网状核,与内囊相连。丘脑内有一白质板为内髓板,将丘脑分为若干核团。据核团之间的纤维联系,可将丘脑诸核分为感觉中继核、皮质中继核、联络核等,感觉中继核包括外侧膝状体、内侧膝状体和腹后核。它们接受来自周围脑、脊神经传入的各种特异的感觉冲动,经过整合后点对点地投射到大脑皮质初级区,如外侧膝状体传送视觉信息至枕叶初级视皮质区(BA17区);内侧膝状体传送听觉信息到颞叶初级听皮质区(BA41区);腹后核传送躯体感觉信息至顶叶初级躯体感觉区中央后回(BA3,BA1,BA2区)。皮质中继核包括前核、腹外侧核和部分腹前核。它们接受特定的皮质下结构传入的信息,经过整合后再投射到特定的皮质区。如前核接受下丘脑与海马的信息至扣带回,与内脏活动有关;腹外侧核接受苍白球和黑质来的纤维至额叶和前岛叶皮质,另外还接受脑干网状结构的上行纤维以及内髓板和中线核来的纤维。这些纤维联系表现出非特异系统的特征。丘脑腹外侧核接受小脑和苍白球来的纤维至中央前回,对运动机能起重要作用。联络核,只接受丘脑其他核团的信息,再一次整合形成复合信息,再投射至联络区皮质(颞、顶枕联络区,额叶联络区),也有少量纤维投射至颞、枕叶。这类核位于丘脑背侧和后部,包括背内侧核、背外侧核、后外侧核和枕核。根据丘脑诸核的特点,不难看出丘脑不仅是信息传递的中继站,还是大脑皮质下除嗅觉外所有感觉的重要整合中枢。

上丘脑(epithalamus)位于丘脑背尾侧。在两侧上丘脑之间有松果体,是比较重要的内分泌腺,与发育、血糖浓度调节、生物钟现象有密切的关系。此外,上丘脑还是嗅觉的皮质下中枢。

下丘脑(hypothalamus)位于丘脑腹侧。它包括第三脑室下部的侧壁和底,及其底上的一些结构:视交叉、乳头体、灰结节、漏斗以及垂体。下丘脑是神经内分泌、内脏功能和本能行为的调节中枢。

底丘脑位于丘脑腹侧。它包括红核和黑质的顶部、丘脑底核、未定带和底丘脑网状核。刺激底丘脑可提高肌张力,并促进反射性和皮质性运动,是锥体外系的组成部分。

(3) 脑干。

脑干(brain stem)自下而上依次由延髓、脑桥和中脑三个部分组成(图2-12)。脑干腹侧多为白质,由脊髓与大脑之间的上、下行纤维构成,占据脑干背侧面的多为灰质,上下排列着12对脑神经核。中脑背侧有四个突出体组合为四叠体,即一对上丘和一对下丘,分别对视、听信息进行加工。脑干背、腹之间称为被盖,由纵横交错的神经纤维和散在纤维中的许多大小不一、形态各异的神经细胞组成,即脑干网状结构,其上、下行纤维弥散性投射,调节脑结构的兴奋性水平。此外,延髓分布着调节呼吸、血压、心率的中枢,是维持生命必需的脑结构。

(4) 小脑。

小脑(cerebellum)位于脑桥与延髓的背侧,其结构与大脑相似,外层是灰质,内层是白质,在白质的深层也有四对核,称为中央核。小脑的主要功能是调节肌肉的紧张度以便维持姿势和平衡,顺利完成随意运动。研究表明,小脑在程序性学习中具有重要作用。

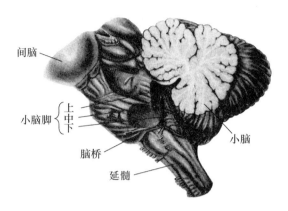

图 2-12　脑干侧面观
（引自 Carlson,1986）

2. 脊髓结构与功能

脊髓(spinal cord)各节段内部的特点虽不尽相同,但概貌大体一致。在脊髓的横切上(图 2-13),中央有一小孔为中央管。中央管周围为 H 形灰质,外侧为白质。灰质前端膨大为前角,其内以大型运动神经元为主,该神经元的轴突组成腹根(运动神经);灰质的后端狭窄为后角,其内主要聚集着感觉神经元,接受来自背根纤维的信息(感觉神经)。在胸髓和上三节腰段,在灰质的前、后角之间有侧角,其内以植物神经元为主,该细胞轴突进入前段,形成交感神经节前纤维。脊髓的白质是由密集的有髓纤维组成的,按传递方向可分为上行、下行纤维束。每束纤维都有特定功能、起止和行程,一般纤

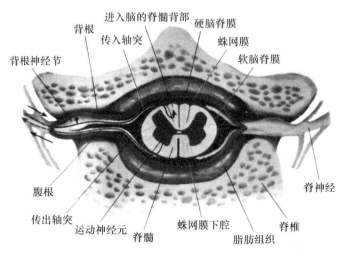

图 2-13　脊髓横切
（引自 Carlson,1998）

维束均按它的起止和部位命名。脊髓是中枢神经系统的原始部分,来自躯干、四肢的各种感觉,通过脊髓上行纤维传至脑进行分析和综合;脑通过下行纤维束调节脊髓前角运动神经元的活动。因此,在一般情况下脊髓的活动是受脑控制的。不过脊髓本身也可完成一些反射活动,如膝跳反射等。

(二)周围神经系统

周围神经系统由12对脑神经(图2-14)和31对脊神经组成,它们分别传递头部、面部和躯干的感觉与运动信息。在脑、脊神经中都有支配内脏运动的纤维,分布于内脏、心血管和腺体中,称为自主神经或植物神经系统(autonomic nervous system,ANS)(图2-15),它们维持机体的生命过程。根据自主神经中枢部位与形态特点,将其分为交感神经与副交感神经,在功能上彼此相辅相成地发挥作用。交感神经支配应付紧急情况下的反应,唤起战斗或逃避危险的准备,如心率加速、呼吸急促、肌肉充血、胃肠蠕动减缓等;当危险过去后,副交感神经兴奋减缓这些过程。副交感神经维持正常情况下的常规活动,如排出体内的废物,通过瞳孔的收缩与流泪保护视觉系统、持久性地保护体内能量。

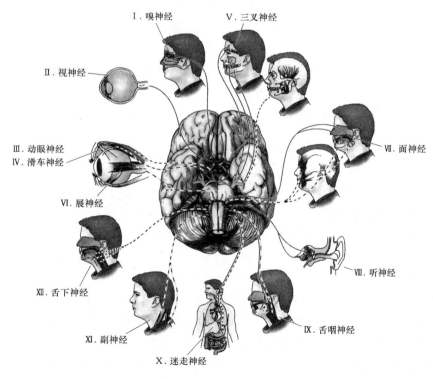

图2-14　12对脑神经
(引自Carlson,1986)

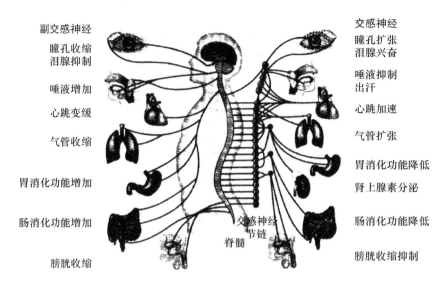

图 2-15 自主(植物)神经系统
(引自 Levinthal,1990)

第二节 神经信息的传递

一、神经信息的电学传递

兴奋与抑制这两种基本神经过程,是神经系统反射活动的基础。利用电生理学技术能够记录动作电位或神经冲动的发放,作为兴奋和抑制两种神经过程在细胞水平上的表现。一般来说,神经元单位发放的频率增加是兴奋过程的电生理指标;神经元单位发放的频率降低是抑制过程的电生理指标;细胞膜上的级量反应负电位幅值增高,是兴奋性增强的表现;正后电位幅值增高是抑制活动增强的指标。下面介绍这些基本概念。

(一) 单位发放

刺激达到一定强度,将导致动作电位的产生,神经元的兴奋过程,表现为其单位发放的神经脉冲频率加快,抑制过程为单位发放的神经脉冲频率减慢。无论频率加快还是减慢,同一个神经元的每个脉冲的幅值不变。换言之,神经元对刺激强度是按照"全或无"的规律进行调频式或数字式编码。这里的"全或无"规则是指每个神经元都有一个刺激阈值;对阈值以下的刺激不反应,对阈值以上的刺激,不论其强弱均给出同样高度(幅值)的神经脉冲发放。

(二) 级量反应

与单位发放规律相对应的是级量反应,其电位的幅值随阈上刺激强度增大而变高,反应频率并不发生变化。突触后电位、感受器电位、神经动作电位或细胞的单位发放后的后电位,无论是后兴奋电位还是后超级化电位都是级量反应。在这类反应中,每个级量反应电位幅值缓慢增高后缓慢下降,这一过程可持续几十毫秒,且不能向周围迅速传导出去,只能局限在突触后膜不超过 $1\mu m^2$ 的小点上,但能将邻近突触后膜同时或间隔几毫秒相继出现的突触后电位总和起来(空间总和与时间总和)。如果总和超过神经元发放阈值,就会导致这个神经元全部细胞膜去极化,出现整个细胞为一个单位而产生 $70\sim110\ mV$ 的短脉冲(不超过 1 ms),这就是快速的单位发放,即神经元的动作电位。

神经元的动作电位可以迅速沿神经元的轴突传递到末梢的突触,经突触的化学传递环节,再引起下一个神经元的突触后电位。所以,神经信息在脑内的传递过程,就是从一个神经元"全或无"的单位发放到下一个神经元突触后电位的级量反应总和后,再出现发放的过程,即"全或无"的变化和"级量反应"不断交替的过程。那么,这一过程的物质基础是什么呢?50多年前,细胞电生理学家根据这种过程发生在细胞膜上,就断定细胞膜对细胞内外带电离子的选择通透性,是膜电位形成的物质基础。

(三) 静息电位

在静息状态下,细胞膜外钠离子(Na^+)浓度较高,细胞膜内钾离子(K^+)浓度较高,这类带电离子因膜内外的浓度差造成了膜内外 $-70\sim90\ mV$ 的电位差,称为静息电位(极化现象)。

(四) 动作电位的产生过程

当这个神经元受到刺激从静息状态变为兴奋状态时,细胞膜首先出现去极化过程,即膜内的负电位迅速消失的过程。然而这种过程往往超过零点,使膜内由负电位变为正电位,这个反转过程称为反极化或超射。所以,一个神经元单位发放的神经脉冲迅速上升部分,是膜的去极化和反极化连续的变化过程,这时细胞膜外大量 Na^+ 流入细胞内,将此时的细胞膜称为钠膜;随后细胞膜又选择性地允许细胞内大量 K^+ 流向细胞外,此时的胞膜称为钾膜。这就使去极化和反极化电位迅速相继下降,构成细胞单位发放或神经干上动作电位的下降部分,又称为细胞膜复极化过程。细胞膜的复极化过程也是个矫枉过正的过程,达到兴奋前内负外正的极化电位($-70\ mV$ 的静息电位)后,这个过程仍继续进行,使细胞膜出现了大约 $-90\ mV$ 的后超极化电位(AHP)(图 2-16)。后超极化电位是一种抑制性电位,使细胞处于短暂的抑制状态,这决定了神经元单位发放只能是断续地脉冲,而不可能是连续恒定增高的电变化。综上所述,神经元单位发放或神经干上的动作电位,其脉冲的峰电位上升部分由膜的去极化和反极化过程形成,膜处于钠膜状态;峰电位的下降部分由复极化和后超极化过程形成,此时膜为钾膜状态。

虽然在50多年以后的今天，未能推翻这些经典假说，但现代电生理学和分子神经生物学研究表明，神经元单位发放是个机制非常复杂的过程，绝非简单膜选择通透性所能概括的复杂机制。

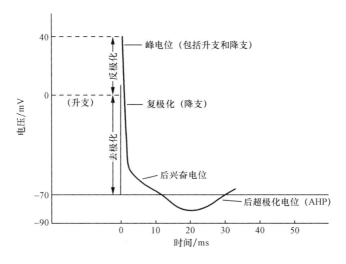

图 2-16　典型动作电位示意

（五）细胞电活动的编码

1. 率编码

神经元单位发放多数情况下是以脉冲串（spike train）的形式出现，并以其平均频率为指针，作为神经元兴奋性的判断标准，称为率编码（rate encoding）。

2. 对脉冲比编码

有时神经元发放的脉冲串并不总是等高度的脉冲，特别是前两个脉冲的高度相差较明显，被称为对脉冲（a pair of pulse），这两个脉冲高度之比，被称为对脉冲比（PPR），如图 2-17(b)所示，作为神经元兴奋性水平的指标。根据记录到的发放脉冲串的情况，可选上述两种编码的任一种指标，作为神经元兴奋性的指标。

3. 脉冲时间编码

脉冲时间编码（spike-time encoding）是采用发放的神经脉冲串中两个相邻的脉冲间隔时间的长短，作为神经信息的指标。

以上三种细胞电活动编码的调节机制十分复杂，如图 2-17(c)所示，至少存在 10 个调节位点（Zucker & Regehr, 2002）。

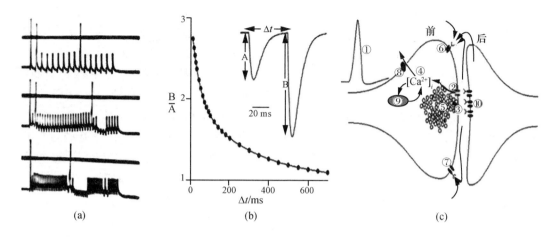

图 2-17 率编码、对脉冲比编码和脉冲时间编码及其调节位点

(a) 表示强刺激引发的细胞内编码,根据刺激强度不同,其发放频率可表现为 150 Hz、300 Hz 和 450 Hz。粗的水平黑线是静息电位 72 mV。(引自 Eccles,1954)

(b) 表示模拟实验中,许多突触诱发对脉冲,两个邻近脉冲幅值的比(PPR)是神经信息的表达,图中的 PPR=B/A。

(c) 短时程突触可塑性的 10 个调节位点。① 后电位波形(AP),② 钙离子通道激活,③ 随时触发可释放神经递质的储存池,④ 残留$[Ca^{2+}]_i$,⑤ 储备池,⑥ 促代谢性自感受体,⑦ 促离子自感受体,⑧ Ca^{2+}-ATP 酶,调节残留$[Ca^{2+}]_i$ 的增加,⑨ 在后紧张电位(PTP)形成中,对残留$[Ca^{2+}]_i$ 的线粒体调节,⑩ 突触后受体的脱敏。(b)和(c)均引自 Zucker 和 Regehr(2002),在作者的允许下使用。

二、神经信息的化学传递

当代分子神经生物学研究发现,至少有数以百计的生物分子,参与神经信息的传递和加工过程。根据这些分子的作用,可以分为神经调质(neuromodulator)、神经递质(neurotransmitter)、受体蛋白(receptor protein)、离子通道蛋白(ionchannel protein)、细胞内信使(messenger in the neuron)、逆信使(reverse messenger)等。当一个神经细胞受到刺激,处于兴奋状态时,其细胞膜内外发生离子交换,大量 Na^+、Ca^{2+} 流入膜内,促进神经末梢释放神经递质。释放出来的神经递质通过突触间隙,与突触后膜上的受体结合,激发了突触后膜上的通道门或 G 蛋白偶联受体,引发细胞内第二、第三信使和逆信使的合成与释放。细胞内信使的激活,造成离子通道门开放,突触后细胞单位发放,神经信息继续向下一个神经元传递。与此同时,逆信使迅速扩散到突触前神经元,调节其神经递质的合成与释放过程。一些神经调质在突触前神经元中合成,并对该神经元神经递质的释放加以调节。由此可见,在神经信息传递过程中,这些生物活性分子发生着复杂的相互作用。以下我们将对这些生物活性物质进行简要的介绍。

(一) 神经递质与神经调质

神经递质是一些小分子或中分子的化学物质，由突触前末梢释放。越过突触间隙（30~50 nm），作用于突触后膜。神经调质作用于释放神经递质的神经元胞体或稍远的神经末梢，调节自身的生成和释放速率。神经递质和神经调质的释放过程有两种机制：一是量子释放（quantal release），只要释放就将末梢囊泡内所含神经递质一次性全部放出；另一种是级量释放（graded release），释放速度取决于神经冲动发放的频率。神经递质对突触后细胞的兴奋作用，即神经递质的作用有两种方式，离子通道型（ionotropic）和代谢型（metabotropic）。前者作用快速（10 s 之内），后者作用时程长。每个神经元主要接受一种神经递质传来的信息，但也有许多神经元可接受多种神经递质传来的信息。根据神经递质的化学结构，可将之分为如下几类，如表 2-1 所示。

表 2-1 神经递质的分类

类别	神经递质
胆碱类	乙酰胆碱（acetylcholine, ACh）
单胺类（monoamine）	儿茶酚胺类（catecholamine）：多巴胺（dopamine）、去甲肾上腺素（norepinephrine）、肾上腺素（epinephrine）、章胺（octopamine）
	吲哚胺（indoamines）：5-羟色胺
氨基酸类（amino acid）	兴奋性神经递质：谷氨酸、天冬氨酸（aspartic acid）
	抑制性神经递质：甘氨酸（glycine）、γ-氨基丁酸（γ-aminobutyric acid, GABA）
肽类（peptide）	阿片样肽（opioid peptide）：脑啡肽（enkephalin）、p-内啡肽（p-endophin）、强啡肽（dynorphin）
	神经垂体激素类（neurohypophyseal）：血管升压素（vasopressin）、催产素（oxytocin）、垂体后叶运载蛋白（neurophysins）
	快速激肽类（tackykinins）：P 物质（substance P）、K 物质（substance K）、神经激肽 B（neurokinin B）、鲟胫肽（eledoisin）
	肠激肽类：肠激肽（enterokinin）、胆囊收缩素（cholecystokinin, CCK）
	生长抑素（somatostatin）：生长抑素-14、生长抑素-28
	胰高血糖素相关物质（glucagon related）：血管活性肠肽（vasoactive intestinal peptide, VIP）
	胰岛相关物质（pancreatic related）：神经肽 Y（neuropeptide Y）
内生大麻素信号系统（endocannabinoid signal system, eCB system）	大麻素（anandamide）或花生四烯酸乙醇胺（N-arachidonoylethanolamine, AEA），2-花生四烯酸甘油酯（2-arachidonoylgylcerol, 2-AG）。它们的受体都是具有七个跨膜结构域的 G 蛋白偶联受体，现在已经分离出两种受体蛋白，分别称 CB1R 和 CB2R。

(二) 通道蛋白与受体蛋白

20世纪70年代末至80年代,迅速发展起来的膜片钳(patch clamp)电生理学技术,可用来精细记录每种单一带电离子通过细胞膜引起膜电流的微小变化(即 10^{-12} A 的数量级)。根据多种离子通过膜的电流变化值计算,发现细胞膜上存在着十多种离子通道门,有快速启闭的,有缓慢启闭的,有对电压敏感而启闭的,也有对化学物质敏感而启闭的,还有两态、三态门……不一而足,十分复杂。电生理学上的这些发现与分子神经生物学的发现彼此验证,证明细胞膜上多种离子通道都是由结构形态和功能各异的蛋白大分子,即离子通道蛋白组成。由此可见,神经生理学知识与神经生物化学知识是彼此关联的。

受体蛋白是镶嵌在突触后膜上的大蛋白分子,对相应配体分子具有特殊的选择敏感性,并与配体分子相结合,产生相应的生理效应。根据配体的性质不同,可分为神经递质受体、激素受体和药物受体,所有受体都是大蛋白分子,存在着四级结构及其立体构象的变化。四级结构表现为一个分子由几个亚基组成,例如,N型乙酰胆碱蛋白质由5个亚基组成,只有α亚基才是与乙酰胆碱结合的活性基。受体分子的三级结构表现为三维立体构象,由亲水基、疏水基与介质间相互作用,以及离子键、范德瓦耳斯力的综合作用而形成。一级和二级结构表现为分子内氨基酸排列顺序和氢键等形成的肽链折叠、螺旋和网格状扭转等结构变换。受体蛋白的四级结构构型变换,正是受体生物效应的基础。20世纪80年代初,对受体的分类是按与之结合的神经递质或神经调质命名的,如多巴胺受体、胆碱能受体。但随受体结合生物机制的研究成果,到90年代初,已将其按受体作用机制分为三大类。

1. 配体门控受体家族与配体门控离子通道

配体门控受体家族都是大蛋白分子,由4~5个亚基组成,多段跨膜并构成离子通道,所以,又是化学门控离子通道蛋白分子。这种受体接受相应配体——神经递质、神经调质等。当它们发生结合时,蛋白分子即变构,同时导致离子通道开启或关闭,所以从受体结合到产生电学变化的过程较快。N型乙酰胆碱受体(nAChR)、A型GABA受体、甘氨酸受体、兴奋性氨基酸受体等,都是配体门控受体。这里对最后一类受体稍加解释:因为计算神经科学中有些研究报道,兴奋性氨基酸受体是根据其受体激动剂或受体拮抗剂(引起受体活性增强或减弱的化学物质)而命名的,可分为四类受体:K受体(激动剂为海人藻酸,kainic acid)、Q受体(激动剂为使君子氨酸,quisqualic acid)、L-AP受体(拮抗剂为 L-2-氨基-4-磷酸正丁酸,L-2-amino-4-phosphor-nobutyrate)和NMDA受体(激动剂是 N-甲基-D-天冬氨酸,N-methyl-D-aspartate)。

2. 电压门控离子通道

电压门控离子通道也是镶嵌在突触后膜上的多种大蛋白分子;与受体蛋白不同之处在于,它们只对邻近的突触后膜内外电压差十分敏感,没有相应的配体分子。这类电压门控离子通道包括钙离子通道、钾离子通道、钠离子通道和氯离子通道等数十种。在突触后细胞膜上,这些密集的离子通道的电位,发生空间与时间总和而出现的电学现象称为离子通道电导(ion channel conductance)。

3. G蛋白偶联受体

G蛋白是一类与细胞膜相结合的具有鸟苷三磷酸(GTP)酶活性的蛋白质。1984年,在视网膜的光化学反应中首先发现G蛋白的存在。G蛋白偶联受体包括:β-肾上腺素能受体(β-adrenergic receptor,β-AR)、M型乙酰胆碱受体(mAChR)、B型GABA受体和K物质受体(substance K-receptor,SKP)。这些受体除其活性依赖于G蛋白外,分子结构和作用机制相似,多为细胞膜表面受体,含有7个穿膜区。

(三)细胞内信号转导系统

细胞内信号转导系统是神经递质与受体结合之后所激发的,由在细胞内信息传递过程中发挥作用的一系列生物化学活性物质组成,包括20世纪80年代所说的第二、第三、第四信使分子。第四信使本身有时就是离子通道蛋白。第二信使(second messenger)包括环磷酸腺苷(cAMP)、环磷酸鸟苷(cGMP)、肌醇三磷酸(inositol triphosphate,IP_3)、二酰甘油(diacylglycerol,DAG)、磷脂酰肌醇(phosphatidylinositol,PI)、钙离子(Ca^{2+})、钙调素等。第三信使(third messenger)是蛋白激酶(protein kinase),分为蛋白激酶A、蛋白激酶C、蛋白激酶G和钙调蛋白的蛋白激酶。它们平时处于不活动状态,细胞内第三信使可使之激活。

(四)细胞核内的基因调节蛋白——CREB

细胞内信号转导系统中的第二信使Ca^{2+}/钙调蛋白(Ca^{2+}/calmodulin),随外部刺激的重复,会出现三种过程:

(1)激活腺苷酸环化酶,从而导致cAMP依赖性蛋白激酶(如PKA)的激活,PKA的四个亚基分离,其中催化亚基携带高能量进入细胞核,使核内的cAMP反应元件结合蛋白(CREB-1)激活。

(2)PKA的催化亚基还募集促分裂原活化的蛋白激酶(mitogenactivated protein kinase,MAPK)与之一道进入细胞核,在激活CREB-1的同时,移除CREB-2。CREB-2对CREB-1具有抑制作用。当CREB-1激活后,首先触发即刻早基因表达形成CAAT区/增强子结合蛋白(C/EBP),由C/EBP诱导基因晚表达合成新蛋白质,并导致新突触的生长。

(3)基因表达的抑制作用,包括钙调磷酸酶(calcineurin)和磷酸化酶抑制素,后者作用于细胞核内的CREB-2,使其抑制和约束新突触的生长。由此可见,在细胞核内的信息分子的生物学机制中,存在着抑制性的约束环节,CREB-2的激活和移除的两种环节:一方面,当钙调素过剩,在细胞质内引起钙抑素形成,导致细胞质磷酸化酶Ⅰ激活,当其移入细胞核内,不是激活CREB-1的活性,而是激活CREB-2,从而抑制CREB-1的活性。另一方面,PKA与MAPK协同作用于细胞核,不仅激活CREB-1,还会移除CREB-2。

(五) 逆信使

本节前面所介绍的内容是神经信息从一个神经元向下一个神经元传递的化学机制,概括地说是神经信息从前一个神经元轴突末梢到下一个神经元的细胞核之间的化学传递链条,它的特点是沿着神经信息传递的方向传递。但是还有一种反方向的化学传递物质,称逆信使。

20世纪90年代初,有实验室报道,根据利用NADPH黄素酶(NADPH diaphorase)组织化学法和一氧化氮合酶(nitric oxide synthase,NOS)免疫组织化学法,对一氧化氮(NO)合成位点、分布和作用靶的研究的发现,提出了逆信使的概念。

NO一直被看成有毒的简单无机分子,即神经毒剂芥子气。在组织间具有极强的扩散能力,从其生成到发生作用的半衰期只有几秒钟。然而,研究表明,当突触后膜上的受体被激活,钙离子通道门开启,大量Ca^{2+}流入突触后细胞内,使胞内Ca^{2+}浓度从平时自由钙水平(约50 nmol/L),迅速上升到$0.1\sim 1\ \mu mol/L$时,在钙-钙调素作用下,活化一氧化氮合酶,在还原型辅酶Ⅱ(NADPH)的参与下,细胞内的精氨酸转化为瓜氨酸,并释放出NO。生成的NO迅速扩散,其作用靶是突触前的鸟苷酸环化酶(guanyly cyclase,GC),与此酶活性基团上的铁离子结合,使之活化,促使磷酸鸟苷酸环化为第二信使——cGMP。随后cGMP调节蛋白激酶、磷酸二酯酶和离子通道等信息传递的生化机制。由于NO合成和发挥作用所要求的Ca^{2+}浓度不同,决定其在兴奋的突触后细胞内生成,再扩散到具有自由钙水平的突触前成分,发生激活GC的生理效应。NO逆神经信息传递方向发挥作用,故称之为逆信使。NO在周围神经内是一种新型神经递质,也是从突触前神经末梢释放的。

第三节 大脑的电活动

一、大脑的电现象

大脑的电现象可分为自发电活动和诱发电活动两大类,两类脑电活动变化都在大脑直流电位的背景下发生。大脑的前部对后部、两侧对中线都有一恒定的负电位差,约几十毫伏,这就是大脑直流电现象。除病理状态,一般在心理活动中,大脑直流电并不发生相应变化,所以对其研究较少。

(一) 脑电图

在大脑直流电背景下的自发交变电变化,经数万倍放大以后所得到的记录曲线,就是通常所说的脑电图(electroencephalogram,EEG)(图2-18)。当人们闭目养神,内心十分平静时记录到的EEG多以8~13 Hz的节律变化,为主要成分,故将其称为基本节律或α波。如果这时突然受到刺激或内心激动起来,则EEG的α波会立即消失,被14~30 Hz的快波(β波)所取代。这种现象被称为α波阻抑或失同步化。表明此时大脑内出现了兴奋过程。20世纪末研究者发现,正常人类被试在高度集中注意或进行复杂认知作业时,可出现40～120 Hz的高频脑电活动,称为脑电活动的γ节律。相反,当安静闭目的被试变得嗜睡或困倦时,α波为主的脑电活动为4～7 Hz的θ波所取代。当被试陷入深睡时,θ波又可能为1～3 Hz的δ波所取代。这种频率变慢,波幅增高的脑电变化,被称为同步化,从β变为α波的过程亦属同步化。相反,脑电活动变为低幅、快波被称为失同步化或异步化。从宏观角度,异步化表明脑内出现了兴奋过程。疲劳、困倦、脑发育不成熟的儿童和某些病理过程均可出现θ波为主的脑电活动。δ波常出现在深睡、药物作用和脑严重疾病状态。脑电技术的发明人,是一位德国的精神科医生H. Berger,他的本意是想用之诊断精神病,但至今未能成功。因为这种记录技术对于微妙的心理活动来说,实在是太粗糙了。

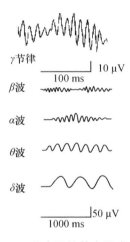

图2-18 脑电图的基本组成成分

γ节律近年受到较大重视,因为它可能是大脑神经元发放的神经冲动总和的结果,与复杂高级功能关系更为密切。Roux和Uhlhaas(2014)综述了近年关于γ节律的研究文献,认为γ节律振荡代表脑内工作记忆处于活动状态;θ波-γ节律之间的耦合代表对工作记忆内容进行整理和排序;α波-γ节律之间的耦合代表对与任务无关信息的主动抑制。与γ节律不同,传统的α、β、θ和δ波是脑静态和意识清醒或警觉状态的指针,由大量脑细胞突触后级量反应的慢电位总和而成,特别是大脑皮质锥体细胞顶树突上的突触后电位总和的结果,很难表征心理活动与脑细胞兴奋之间的精细关系。此外,由于近年通过静息态功能性磁共振成像技术(R-fMRI)发现,脑的静息态血氧水平相关信号(BOLD)自发波动频率极慢,小于0.1 Hz。所以,脑电技术的发展,面临扩展仪器频带的问题,应达到每通道的频率响应0.001～200 Hz。此外,当前把自发脑电活动和平均诱发电位分割开来的研究,也带来许多问题。事实上,任何诱发活动都是在自发活动背景上产生和变化的,受刺激瞬间,各导联电活动之间的相位关系必然发生重组,脑电信号发生下面四类与事件相关的反应(event-related EEG responses)：事件相关电位(event-related potential, ERP)、事件相关去同步化(event-related desynchronization, ERD)、事件相关的同步化(event-related synchronization, ERS)和事件相关的相位重组(event-related phase resetting, ERPR)。如何将刺激重复呈现所引起的这四类脑电变化及其蕴含的脑功能信息分别加以提取，正是这一技术领域的前沿课题，今后若干年的研究，对脑的事件相关反应会有更准确的分析技术问世。

（二）平均诱发电位

20世纪60年代以来，在计算机叠加和平均技术的基础上，对大脑诱发电位变化进行了大量研究。大脑平均诱发电位(average evoked potential, AEP)是一组复合波，刺激以后10 ms之内出现的一组波称为早成分，代表接受刺激的感觉器官发出的神经冲动，沿通路传导的过程；10～50 ms的一组波称为中成分；50 ms以后的一组波称为晚成分（图2-19）。根据每种成分出现的潜伏期不同，对早成分用罗马数字标定，分别命名为Ⅰ波、Ⅱ波等；对中成分按出现时间顺序及波峰极性，分别命名为N0、Na、Nb或Pa、Pb波等。按电位变化的方向性和潜伏期对晚成分进行命名，例如，潜伏期50～150 ms出现的正向波称P100波，简称P1波；潜伏期150～250 ms的负向波称N200波，简称N2波；潜伏期250～500 ms的正向波称P300波，简称P3波。

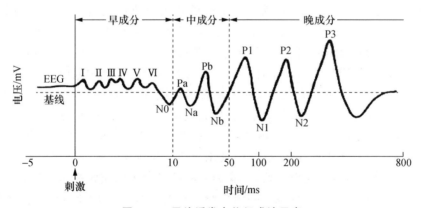

图2-19　平均诱发电位组成波示意

平均诱发电位的晚成分又称为事件相关电位(ERP)，它的变化与心理活动的关系是当代心理生理学的热门研究课题。迄今，ERP的每个波在脑内的起源仍不明了。因此，脑平均诱发电位虽比自发电活动更能反映出心理活动中脑功能的瞬间变化，但对于真正揭露心理活动的机制来说，仅是一种十分粗糙的技术。1992年功能性磁共振成像技术问世，它的空间分辨率较高，不但没有代替事件相关电位技术，反而使它获得了新生，向提高空间分辨率的方向发展。通过ERP数据的源分析可以与功能性磁共振图像结果加以比对，提高了研究结果的可信度。

第四节 分子神经生物学基础

进入后基因组时代以来,分子神经生物学成果为认知神经科学的发展带来了全新的方向。最初,还只是发现在记忆存储过程中伴有新蛋白质合成,体现出基因表达与认知功能的关系。而今,我们对脑细胞功能及其分类的崭新研究领域正在迅速形成,为揭开人脑奥秘开拓一条全新的道路。这条路就是揭示人脑细胞的分子生物学基础,以及每类脑细胞的主要蛋白质及其结构和功能特点。

一、蛋白质、核酸与脑的高级功能

蛋白质是脑的主要组成物质,它的合成代谢受核酸的控制与调节。核酸是遗传的物质基础,也是蛋白质合成的模板。蛋白质和核酸都是心理活动的物质基础。研究表明,在某些认知活动中,蛋白质和核酸的代谢非常活跃,因此讨论认知活动和脑功能的分子生物学基础时,首先应了解脑蛋白质和核酸的基本知识。

（一）脑蛋白质

脑蛋白质是神经组织的主要组成成分,在不同的脑解剖部位和发育的不同阶段,其所占的质量百分比各有不同。大脑皮质灰质所含蛋白质最高,占 51%;坐骨神经的蛋白质仅占 29%。脑内有许多特殊蛋白质,具有特殊结构和功能意义。如 S100 酸性蛋白与基本神经过程的传递和代谢物质传输有关;钙调蛋白在神经信息传递中,与第二信使功能调节有关;纤维状蛋白质是神经元内微管和微丝的主要构成成分,与神经递质的传输有关;髓鞘蛋白质是神经纤维髓鞘的重要组成成分,与神经冲动传导功能有关。

脑蛋白质不断进行着合成与分解代谢,其代谢率相当高,脑蛋白质转换的速度,经测定,半衰期为 13.7 ± 4.1 天,也就是说,几乎平均每个月,脑内的蛋白质都会更新一次。当然,蛋白质转换速率并不相同,依其化学结构和所在的脑解剖部位不同而异。大脑和小脑中的蛋白质转换速率最快,脊髓和周围神经的蛋白质转换速率较低。此外,基本神经过程对脑蛋白质代谢率也有一定影响。兴奋过程可以加速脑蛋白质的转换率;抑制过程减慢脑蛋白质的转换率。就神经细胞的超显微结构而言,神经细胞特有的核外染色体——尼氏体,对脑蛋白质的转换有重要意义。

蛋白质分解代谢的基本过程是肽链经水解酶作用而断裂,由蛋白分子变为肽和氨基酸,可以发挥一定生理作用,也可能被转化为糖类参与脑的能量代谢过程,还可能再为脑利用,合成新的蛋白质。脑蛋白质的合成过程较为复杂,必须在核酸的参与下,以脱氧核糖核酸(DNA)为模板,合成核糖核酸（RNA）,再在 RNA 参与下合成新的蛋白质。

（二）核酸

核酸由五碳糖、磷酸,以及嘌呤和嘧啶组成,可分成两类,即 DNA 和 RNA。DNA

分布于神经元细胞核内,是遗传的分子基础;RNA 存在于细胞质内,对细胞蛋白质的合成和信息传递产生决定性作用。

DNA 的分子结构是由多脱氧核苷酸链组成的双螺旋体。每个脱氧核苷酸都是由脱氧核糖、磷酸、嘌呤或嘧啶组成的。组成 DNA 的嘌呤和嘧啶有四种,所以形成了四种主要的脱氧核苷酸:鸟嘌呤脱氧核苷酸(G)、胞嘧啶脱氧核苷酸(C)、腺嘌呤脱氧核苷酸(A)、胸腺嘧啶脱氧核苷酸(T)。四种碱基形成的四种脱氧核苷酸以磷酸-脱氧核糖作为骨架,靠其碱基之间的氢键连成方向相反的两条长链,围绕着同一轴心,形成向右旋转的双螺旋。右旋 DNA 根据其与水结合的差异,又可分为 A-DNA 和 B-DNA。在右旋 DNA 的结构中,每 10 对脱氧核苷酸构成螺旋的一周,螺旋距为 34 Å(1 Å 等于 10^{-10} m)。

在双螺旋结构中,鸟嘌呤和胞嘧啶之间形成了三个氢键(G≡C)。腺嘌呤和胸腺嘧啶之间形成两个氢键(A=T)。四种脱氧核苷酸在 DNA 分子的螺旋结构中的排列顺序构成遗传密码,如 TAG、TGA 等。DNA 在细胞内多与组蛋白结合成脱氧核糖核蛋白(DNP),以核蛋白的形式存在。DNP 主要存在于细胞核,是核仁与核染色体的主要成分。核染色体在细胞有丝分裂中发生复杂变化,DNA 携带着遗传密码,而遗传密码的转录和翻译决定着蛋白质的结构与特性,从而影响着机体代谢的主要方面。核仁 DNA 是蛋白质合成的密码模板,控制着蛋白质的合成。

RNA 的分子结构与 DNA 相似,是由四种核糖核苷酸组成的长链状分子。其结构的差异在于,RNA 分子中的核糖的第二位碳原子上比 DNA 上的五碳糖多一个氧原子,所以后者称为脱氧核糖。RNA 和 DNA 的结构的另一个不同之处是其中的一种碱基不同。RNA 分子中没有胸腺嘧啶(T),取代它的是尿嘧啶(U)。在脑内,RNA 的四种核糖核苷酸中,鸟嘌呤核苷酸(G)的含量最高,是脑内 RNA 与其他器官 RNA 的不同之所在。

RNA 主要分布在神经元的粗面内质网与尼氏体中。在细胞核内也存在 RNA。根据化学结构、分布和生物功能,又可将参与蛋白质合成的 RNA 分为三种:核糖体 RNA(rRNA)、信使 RNA(mRNA)和转移 RNA(tRNA)。rRNA 占 RNA 总量的 80%,主要分布在细胞质的粗面内质网上。高等动物的细胞核和细胞质的线粒体内也存在少量 rRNA。rRNA 主要是在核仁内合成的,其合成速度较慢,大约 3 天才能完成。每周都有新合成的 rRNA 取代原来的 rRNA。核糖体是蛋白质合成的舞台,细胞内蛋白质的合成都是在核糖体参与下进行的。mRNA 是指导蛋白质合成的模板,遗传信息保存在核苷酸序列中,每三个碱基组成一个密码子,故又称为三联体密码;四种碱基不同的排列顺序决定了合成蛋白质时氨基酸的排列顺序。mRNA 代谢速度较快,有人推断,mRNA 可能参与学习和记忆等心理活动。tRNA 在蛋白质合成中是活性氨基酸的载体,它存在两个功能部位,一个功能部位是存在特征性反密码子环,这里的 3 个相邻的单核苷酸组成的反密码子与 mRNA 的三联体密码配对。反密码子决定了 tRNA 的专一性。另一个功能部位称为氨基酸臂。在这里,tRNA 与活性氨基酸相连接。由此,把氨基酸转移到核糖体进行蛋白质的合成。

(三) 蛋白质合成的主要途径

氨基酸是蛋白质合成的主要原料,人类从食物中摄取的氨基酸有 20 种。氨基酸合成蛋白质时,必须由三磷酸腺苷(ATP)提供能量,在专一氨基酸激活酶的作用下变成活性氨基酸,再与 tRNA 氨基酸袢部位结合,形成氨酰 tRNA。每种氨基酸都有专一的激活酶,每种活性氨基酸和 tRNA 的结合也都有严格的对应关系。它们之间如何相互识别,至今尚不十分明确。以下列反应式简单概括这一过程:

$$氨基酸 + ATP + tRNA \longrightarrow 氨酰 tRNA + AMP + 磷酸$$

这是合成蛋白质的准备阶段,tRNA 作为氨基酸的载体发挥作用。

蛋白质合成的真正开端是作为合成蛋白的模板的 mRNA 结合到核糖体上,随即以 mRNA 的三联体密码与氨基酸的载体 tRNA 的密码相结合,这样就把活性氨基酸依次拉到核糖体上,不断延长肽链。肽链的延长过程中把已形成肽链末端的羧基与下一个 tRNA 所携带的氨基酸的氨基形成肽链,以肽酰 tRNA 的形式结合在 rRNA 上。这一过程必须在特殊的肽链延长因子参与下才能完成。肽酰 tRNA 移位,新的氨酰 tRNA 进入核糖体中开始新的肽链合成,就这样使已合成的肽链向前移动,当肽链延长到 mRNA 的终止密码子时,肽酰 tRNA 水解,多肽完全从核糖体上解离下来,完成了合成过程,核糖体与 mRNA 也分离开来。蛋白质合成过程,需要多种酶的参与和能量供应。氨基酸激活的能量由 ATP 提供,而合成开始,肽链延长和终止必须有相应的特殊因子参与下,由三磷酸鸟苷(GTP)供给能量才能完成。

mRNA 是以细胞核染色体 DNA 为模板转录的,DNA 也是以一条 DNA 链为模板合成的。所以,在一定条件下,DNA 的复制和 RNA 转录的模板,在遗传和蛋白质合成中起决定性作用。

(四) 蛋白质、核酸在脑高级功能中作用

神经元间的突触在某些心理活动中也发生不断的变化,形成新的神经网络。因而,作为突触的物质基础——蛋白质的合成代谢非常活跃。研究发现,放射性磷(^{32}P)标记的氨基酸,在动物建立条件反射的过程中,大量进入脑内突触的磷酸蛋白中。在脑内,各氨基酸和多肽的排列顺序异常多,大约 19.2 万种变换。Kandel(2001)的综述也指出,肝内 RNA 分子结构的排列顺序为 1~2 万种,脑内至少是此数的 4 倍,而且脑内发生作用的 mRNA 通常是其他器官所不具备的。例如,其他器官合成蛋白质的密码 mRNA 几乎总是 poly[A]$^+$-mRNA,脑内蛋白质合成时,多数 mRNA 不带有 poly(A)$^+$ 的尾部游离基,而是 poly[A]$^-$-mRNA。进一步研究发现,poly[A]$^-$-mRNA 并不是生来就占多数的,而是在出生后的生活环境影响下,在个体发育过程中逐渐增多的。这自然使人想到 poly[A]$^-$-mRNA 负责合成的多种蛋白质,可能与复杂的行为有关。E. R. Kandel 还指出,在如此多的 DNA 分子排列顺序中,大约 30% 是脑所特有的。脑在核酸和蛋白质合成方面还有更特殊的机制,如 mRNA 变换的处理机制;蛋白质前体变换的处理机制;蛋白质某些共价变换机制,包括磷酸化、甲基化、糖基化(glycosylation)。由于这些机制使脑内蛋白质和多肽种类增多,使神经信息传递得更准确、更精细。神经分子遗传学正是从遗传学角度试图阐明脑内蛋白质合成基因调控的根本机制。

二、单个神经元在脑内分布的界观显示

对脑细胞的形态学研究,圣地亚哥·拉蒙-卡扎尔(Santiago Ramón y Cajal)等学者主要借助经典的脑切片和光学显微技术,只能局部观察细胞形态,无法直接看到一个完整的神经元结构在脑内的分布情况。21 世纪初,采用各向同性筛分技术(isotropic fractionator,IF)之后,虽能对较大面积脑组织的细胞进行分类计数的研究,但仍然无法进行全细胞的界观观察。特别是 IF 操作的繁杂性,很难用于小鼠全脑细胞分类的研究。Kim 等人(2015)使用该技术首先完成了对小鼠的实验报告。我国学者骆清铭、罗敏敏等领导的协作组,2019 年在《自然》杂志上发表了对小鼠脑内侧前额叶皮质抑制性神经元传入通路的全脑显示图(Sun et al.,2019)。

三、神经分子遗传学

神经分子遗传学研究基因控制的神经生物学过程,包括发育过程中神经元数量的基因调控,突触形成的调控,各类神经递质合成过程的调控,受体蛋白和离子通道蛋白生物合成的基因调控。这些蛋白分子生物合成所制约的神经元、突触形态及其神经信息传递功能,都由种属特异性的遗传基因调控机制所决定。近年来,新的遗传学研究领域——表观遗传学(epigenetics)的研究成果被广泛接受,除了基因编码遗传方式外,还有一种非基因编码遗传,特别是个体的行为变化的获得性遗传,多半通过非基因编码方式传递给下一代。本书将表观遗传学的基本知识放在第 9 章中进行介绍,这里只讨论基因编码遗传学原理。

基因编码遗传机制大体由五个分子遗传学环节组成:基因组控制、转录控制、转录后修饰、翻译控制和翻译后修饰。分子遗传学研究分别在原核细胞(prokaryocyte)和真核细胞(eukaryocyte)中展开。细菌、蓝绿菌都是原核生物。通过对大肠杆菌的透彻研究,已经阐明了原核细胞基因表达的调控机制。对真核生物基因表达的调控机制也通过对模式生物的研究取得诸多进展。两种生物体遗传信息传递方式有所不同,原核生物遗传基因重组以无性繁殖,如接合、转化等方式进行;真核生物遗传基因重组在有丝分裂和减数分裂中进行。

1. 基因组控制

基因组控制(genomic control)即 DNA 排列顺序的控制,主要发生在胚胎期或发育早期。理论上遗传基因可能发生信息放大或丢失的变化,但实际发现的基因组控制方式主要为扩增作用。例如,受精卵发育的早期,需要合成大量蛋白质,其基因组将信息

放大 4000 多倍,以保证形成足够量的核糖体用以合成蛋白质。

2. 转录控制

转录控制(transcriptional control)指由 DNA 模板转录为 mRNA 过程的控制,无论对原核细胞还是真核细胞,它都是遗传信息调控的主要环节。一个机体内不同器官的细胞有不同的转导调控方式。由于脑是机体各器官中细胞与组织分化最复杂的部位,脑内含有多种神经细胞和胶质细胞,所以脑内的转录方式是其他器官的3～5倍。利用原核细胞做实验材料,对转录控制过程了解得较为详细。细菌 DNA 分子有四段转录功能不同的位点,即调节基因(regulatory gene)、启动子(promotor)、操纵序列(operator sequence)和结构基因(structural gene)。真核生物遗传机制比原核生物更为复杂。在不同条件下,染色体基因调控发生不同变化,某一段 DNA 会变为控制转录的关键位点。神经分子遗传研究发现,神经细胞膜上的离子通道蛋白基因组含有不止一段启动子序列。脑内不同区神经细胞的通道蛋白基因启动子序列的数量和分布有很大差异。因此,脑遗传信息表达过程中,从 DNA 模板转录为 mRNA 的过程有很多方式。

3. 转录后修饰

对于脑和脊髓中的重要神经递质 P 物质的生物合成,转录后修饰(post-transcriptional control)机制研究得较为清楚。合成 P 物质的基因称为前速激肽原(preprotachykinin,PPT)基因,以这一基因为模板,转录出两种 mRNA,即 α-PPT mRNA 和 β-PPT mRNA。α-PPT mRNA 可以合成 P 物质(11 肽),β-PPT mRNA 则合成一种多肽,再剪裁为两段短肽,分别是 P 物质和 K 物质。β-PPT mRNA 的功能就是通过转录后修饰环节形成 P 物质。转录后修饰的意义,在神经系统的降钙素(calcitonin)和降钙素基因相关肽(calcitonin-gene related peptide,CGRP)的合成中看得更清楚。这两种多肽的合成由共同的基因控制。这种基因由 6 个外显子和 5 个内含子相间排列,经转录为 mRNA 以后,分别在甲状腺、垂体和神经细胞内发生不同的转录后修饰,结果就导致两种神经肽,即 CGRP 和降钙素的出现,可见转录后修饰机制在神经系统中具有重要意义。

4. 翻译控制

将遗传信息由 mRNA 翻译成多肽链的过程称为翻译。这一过程的复杂性不仅在于必须有三种核糖核酸,即 mRNA、rRNA、tRNA 的参与,还必须有大量的启动因子、延伸因子、终止因子的参与。翻译控制(translational control)可发生在任何环节上。在神经细胞内,许多蛋白质或多肽的合成受控于第二信使。第二信使激发第三信使蛋白激酶促使蛋白磷酸化。这一细胞内的信息传递过程,既是神经信息传递的基本机制,也是蛋白合成的遗传信息传递过程的机制。例如,球蛋白的合成正是通过细胞内信使的作用,激活其 mRNA 翻译的启动因子,才启动其合成过程的。

5. 翻译后修饰

翻译过程中根据 mRNA 遗传信息而合成的蛋白质或多肽,必须经过一定的剪裁和修饰，才能成为具有特定生物活性的蛋白质或多肽分子，这一过程就是翻译后修饰（post-translational control）。人胰岛素基因在翻译过程中形成 110 个氨基酸残基的多肽链，称为前胰岛素原（preproinsulin），其 N 端有 24 个氨基酸残基组成的信号肽，信号肽引导前胰岛素原多肽链穿过粗面内质网膜，完成穿膜过程后，信号肽被切除。使 110 个氨基酸的肽链变成 86 个氨基酸肽链，称为胰岛素原（proinsulin）。胰岛素原由于二硫链作用折叠成较稳定的分子构型，再经蛋白酶作用剪裁掉 35 个氨基酸残基，并形成由二硫链连接的两个短的肽链，最终形成由 51 个氨基酸组成的双链结构的胰岛素。由此可见，从 110 肽的前胰岛素原到 51 肽的胰岛素，经历了复杂的翻译后修饰过程。在分子遗传神经科学研究中，发现了神经肽的形成要经过较多的复杂多变的翻译后修饰过程。在 mRNA 遗传信息的翻译过程中，形成了两个常见的脑啡肽前体，即前脑啡肽原 A 和 B。前脑啡肽原 A（preproenkephalin A）含有六个甲硫氨酸脑啡肽（met-enkephalin）和一个亮氨酸脑啡肽（leu-enkephalin）；前脑啡肽原 B（preproenkephalin B）仅含三个亮氨酸脑啡肽，在翻译后修饰过程中，由翻译后修饰酶作用下经两次剪裁后，最终生成有生物活性的脑啡肽。内啡肽合成中的翻译后修饰更为复杂，这是由于 mRNA 中所形成的前阿黑皮素原（pro-opiomelanocortin，POMC）是较长的大肽链（265 个氨基酸分子）。翻译后修饰不仅使 POMC 生成 α-内啡肽、β-内啡肽，还能生成几种垂体激素，如促肾上皮质激素（ACTH）、α-促黑素（α-MSH）和 β-促黑素（β-MSH）。

我们从上述遗传基因表达的五个环节中不难看出，神经系统的遗传基因表达过程较为复杂，这正是神经细胞多样化、神经系统功能复杂性的分子遗传学基础之所在。

四、神经分子进化论

在分子水平上，特别是在某些生物活性分子结构与功能的演化中，阐明神经系统的进化过程，是神经分子进化论的基本命题。尽管神经分子进化论的思想和研究任务早已提出，但神经分子进化论的研究领域于 20 世纪 80 年代才发展起来。这是由于核酸和蛋白分子测序以及 DNA 重组技术为这一命题的研究提供了可靠的方法学基础。这些新技术的应用，使分子遗传学的基础知识在 20 世纪 80 年代以来迅速增长。有关遗传信息的传递环节及其逆转录过程的知识，有关真核细胞 DNA 由具有遗传信息意义的外显子和无意义的内含子相间排列的知识，有关点突变和染色体突变机制的知识，有关蛋白分子进化的知识，有关基因变异中插入序列（insertion sequence，IS）和转座子（transposon，Tn）并存的知识，都为神经分子进化论的研究奠定了良好的基础。

（一）点突变

点突变（point mutation）是指在 DNA 分子中，某一对碱基发生变化的遗传变异现象。强化学因素（如硝酸）、物理因素（如 X 线、紫外线）的作用可导致点突变。DNA 分子也有天然点突变的趋势。DNA 分子的点突变是生物进化的重要基础，没有点突变，生物就不可能进化。现以鸟嘌呤（G）和胞嘧啶（C）碱基对为例，说明 DNA 分子自发的点突变特性。在 DNA 分子长链内 C≡G 碱基对的重复过程中,每隔约 10^4 或 10^5 次,就会出现一次自发的变异,由 C≡G 经 C*=A 到完全由 T=A 取代 C≡G 碱基对。如果这种碱基对变异出现在遗传三联体密码第一或第二位上,对新蛋白质合成的影响就很大。点突变引起具有相同物理化学性质的功能基团的替换,如一种疏水基团为另一疏水基团取代,则这种变异是可以接受的,称保守性替代(conservative substitution);相反,点突变引起不同物理化学性质的功能基团的替换,如一个疏水基团为一个亲水基团取代,则称根本性替代(radical substitution),这种点突变就难以被接受。所以,基因的自发性点突变发生率仅有 $1/10^9$,即亿分之一的概率。根据四种碱基替代关系,可将点突变分为两种类型:转换(transition)和颠换(transversion),前者是嘧啶取代嘧啶、嘌呤取代嘌呤的点突变,自然发生率较高;而后者是嘧啶与嘌呤之间的取代,自然发生率极低。除了结构基因这两种点突变外,点突变还可能发生在内段与外段之间,或它们与调节物(regulator)之间的替代。这类点突变发生率更小,但它的出现却是生物界物种突变的基础。核糖核酸聚合酶体系参与的校对和修复机制(proofreading and repair mechanisms)对点突变自然发生率进行控制。在哺乳动物细胞内存在五种 DNA 聚合酶(α、β、γ、δ 和 ε),均具有 $5'→3'$ 聚合酶活性。DNA 聚合酶也具有外切酶活性,使 DNA 分子的多核苷酸链断裂。在点突变时,DNA 双螺旋链中的胞嘧啶脱氨成为尿嘧啶;尿嘧啶 DNA 糖苷酶识别出这种脱氨的碱基,并清除糖苷键。清除后出现的无嘧啶位点(apyrimidinic site),再由内切酶识别,并将之切割,在 DNA 链上形成切口(nick)。DNA 聚合酶在这一切口以完整的 DNA 链为模板进行复制修复。最后,由 DNA 连接酶形成新的磷酸二酯键。上述这一复杂过程,就是 DNA 复制中阅读、校正和修饰机制,也是点突变的修复过程。但是,在物种进化过程中,点突变还是以非常小的概率,逃过酶的识别而进入 DNA 的复制中。

(二)染色体突变

染色体突变(chromosome mutation)是染色体数目或结构上的改变,主要发生在有丝分裂的基因复制过程中。例如,有丝分裂时,染色体不分离造成一个子核完全没有染色体,另一个子核出现双倍染色体。前者无法生存下去,后者则可能存活。

(三)跳跃基因

除了点突变和染色体突变,还有一种可以导致突变的是跳跃基因(jumping gene)。跳跃基因的分子生物学过程有两种方式:插入序列和转座子。插入序列跳跃发生较短 DNA 链的变异,仅使同一遗传基因组内的基因从一部分转移到另一部分;转座子则是较长 DNA 链的跳跃,不仅可以改变一种遗传基因组的排列顺序,还可带来新的结构基因。典型的转座子还含有转座酶(transposase)和解离酶(resolvase),可在转移过程中对转座子自行裁剪和再插入。转座子的每一端都有可识别的核苷酸顺序(20～40 个碱基对),以便插入适当的基因组之中。

有了上述分子遗传学知识,便可讨论神经分子进化论的基本命题,即脑内蛋白质和特殊生物活性分子的系统发生和种属差异问题。在神经系统内存在着数以千计的蛋白质和生物活性分子,神经分子进化论研究较多的是球蛋白和神经肽,特别是N型乙酰胆碱受体球蛋白(nAChRs)和阿片样肽(opioid peptide)的分子进化问题。

nAChRs是神经组织内的蛋白质超家族(protein superfamily)。这些球蛋白分子有相似的一级结构(氨基酸顺序相似性较高)和相似的四级结构(其分子均由五个亚基组成),它们均作为神经信息传递的重要受体而发挥其神经生物学功能。利用银环蛇毒素(α-bungarotoxin)与nAChRs特异性结合的特点,对nAChRs提纯分析,发现不同种属的nAChRs分子虽均由五个亚基组成,但在进化树上,高等动物比低等动物的亚基模式更复杂多样。例如,美洲蟑螂(*Periplaneta americana*)神经组织内的nAChRs蛋白分子的五个亚基完全相同,都是α亚基;大鼠脑内nAChRs分子由三个α亚基和两个β亚基组成($α_3$,$β_2$);人脑内的nAChRs则由两个α亚基和另外三种亚基(β、γ、δ)组成,即$α_2$、β、γ、δ。其中$α_2$亚基是受体功能基团,β、γ、δ亚基发挥调节亚基的功能。这说明随系统发生与生物进化,nAChRs分子的调节亚基种类和数量增多。个体发育研究表明,胚胎期神经组织内的nAChRs分子也重现着系统发生过程,从单一种5个α亚基组成的分子,向成熟期多种亚基组成的分子($α_2$、β、γ、δ)发展。与nAChRs分子不同亚基进化过程相平行,还发生着单一基因复制的进化过程,包括简单重复或倍增、单一DNA链外显子的复制和外显子滑动(exon sliding)等多种方式,这些蛋白质合成基因的进化方式,造成生物体内蛋白分子的多样性。在神经系统内,G蛋白偶联受体蛋白家族、离子通道蛋白分子和多种神经肽分子进化过程的研究都取得了一些新进展。

第五节 计算神经科学

与神经网络理论不同,计算神经科学是神经科学的分支,以神经生物学实验所得到的数据为基础建立脑功能的数学模型,是这一学科的研究任务。2006~2015年,欧洲"蓝脑计划"虽然没有完成全部研究任务,却实现了人造脑细胞的模拟设想(Markram et al.,2015)。计算神经科学的研究工作有如下特点。

一、计算神经科学的基本工作原则

(一)神经科学实验是计算神经科学的基础

计算神经科学不同于人工神经网络的理论研究,必须以当代神经科学实验研究为基础。只有密切关注神经科学各层次研究的新技术和新成果,从中吸收建立模型的实验数据作为计算的基础,才能做出有意义的贡献。人工神经网络的研究者从神经生理学、神经解剖学教科书中就可以为自己的网络研究工作找到生物学理论依据;计算神经科学研究者则必须从神经科学最新研究成果中寻找自己的课题。典型的计算神经科学研究者既从事计算研究,又进行某一领域的神经科学实验。虽然计算机技术可以帮助他们更好地处理实验数据,进行计算研究,但计算机的应用并不是计算神经科学研究者所必需的工作条件。计算神经科学研究者通过对已有实验数据建立数学模型,不但可以预测新理论或给出新的实验设计,还可以给出实验难以得到的科学数据。计算神经科学研究的这些优势,必须是建立在最新的实验基础上才能发挥出来。

(二) 智能活动的涌现特性是计算神经科学研究的主题

计算神经科学不同于理论神经生物学、计算神经生物学、数学生物学和生物物理学。首先,它立足于对智能或认知活动涌现(emergence)特性的计算分析上。因此,那些基于神经冲动的生物物理过程或神经生理学数据之上的计算,或对神经系统功能的模拟研究并不属于计算神经科学的范畴。只有围绕认知活动或行为的涌现特性所进行的计算和模拟研究,才是真正的计算神经科学。

Hopfield 将人类、动物和机器这三种智能系统,统称为实体系统(physical system)。智能活动的基本特点是涌现的集合计算能力(emergent collective computational ability)。显然,还原论的方法学原理与计算神经科学的发展要求背道而驰。所谓涌现特性,是指智能由其各组成成分的总体活动产生的,不能由各部分相加得到,而是超越各部分之和的那些新特性。如将智能系统分解开来,这种涌现特性将不复存在。所以,计算神经科学对知觉或特征识别进行计算和模拟研究的基本原理,是并行分布式信息加工原则。由此产生两个学科特色:计算分析围绕特征识别或模式识别问题,而不是神经或神经元生理功能的生物物理与物理化学机制;运用并行分布式计算原理,虽然常常使用脑的简化模型,但必须提供建立模型的理论框架、算法及约束条件。

简化模型中的算法及约束条件,往往可通过现代数字计算机或神经计算加以实现。计算神经科学对计算机的使用,与高能物理学、流体力学、天文学、气象学不同,不是运用简单程序或算法进行大量重复运算,也不像计算分子生物学、计算化学那样,在具体实验和结果的计算分析中反复提高得到一种新理论。计算神经科学并不意味着大量计算,也不意味着一定要使用现代计算机,而是要对认知过程进行表征,对其信息加工和信息存储过程在与计算机比较中得到新的概念和数学表达。例如,Hopfield 模型的出现,并没有借助计算机进行大量的数字计算,但这种数学模拟仍是计算神经科学的一个组成部分。这是因为 Hopfield 模型有助于对大脑获取信息(学习)和提取信息(记忆)过程的理解。相反,即使应用现代计算机对生物体某一器官的解剖学或化学成分进行十分精细的大量计算,由于它和认知功能无关,缺乏对智能活动等行为水平和细胞、分子水平关系的新认识,所以不属于计算神经科学的研究范畴,只能是计算生物学领域的研究。因此,计算神经科学中的"计算",无论是在整体、细胞和分子水平上,都必须立足于行为和智能的涌现特性之上,寻求理解智能活动基础的概念、新算法,并在新算法及其约束条件与当代各类计算机的类比中,发现智能化计算机、智能化机器人设计的新原理。

(三) 多种算法的比较研究是计算神经科学发现科学真理的重要途径

在神经科学最新实验数据基础上,计算神经科学围绕着智能活动的涌现特性进行计算研究时,虽然运用并行分布式计算原理,但计算方法应多样化。比较各种算法所得到的结果,才能较深刻地揭露生物脑智能活动的规律与特性。Linsker(1990)为我们树立了一个典范,他用四层局域性转变成有序的认知内容,这就是系统的自组织作用。对于这种自组织作用,他们采用 Hebb 方程、Hopfield 能量函数、主成分分析、最小平方法和信息计算等多种算法,比较其间的共同特性。利用 Hebb 方程将网络功能表达为四个方程式:

$$M^\pi = a_1 + M_j L_j^\pi C_j \tag{1}$$

$$(\Delta C_i)^\pi = a_2 L_i^\pi M^\pi + a_4 M^\pi + a_5 \tag{2}$$

$$C_i = \sum_j Q_{ij} C_j + \left[R_1 + (R_2/N) \sum C_j \right] \tag{3}$$

$$Q_{ij} = \left[(L_i^\pi - \bar{L}) \times (L_j - \bar{L}) \right] \tag{4}$$

式中 $a_1, a_2, a_3, a_4, a_5, R_1, R_2$ 均为任一常数,C_j 是第 j 个输入单元与输出 M 单元的连接权重,式(1)(2)是两个独立方程。

二、计算模型

(一) 知觉的计算模型

在知觉研究领域中,从 20 世纪 60～70 年代的特征提取理论,到 80 年代的新拓扑理论和知觉整合理论,越来越强调知觉中的搜索过程以及注意的作用问题。特别是 A. M. Treisman 关于知觉搜索中的维度和竞争性结合理论,不但正确解决了注意与知觉的关系,还解释了错觉形成的机制。关于知觉的认知心理学理论和研究方法,将在后面有关章节中详细讨论。这里简要地举例说明知觉计算研究的发展趋势与意义。Tsotsos(1990)在近年知觉心理学理论影响下,使用复杂性水平的计算方法,分析视觉问题。所谓复杂性水平分析,就是将一个问题的计算要求和给定资源匹配起来的组合优化算法。复杂性系列可分为 P 和 NP 两类,P 类(polynomial)是所有可控问题的复杂性,NP 类是非可控问题的复杂性。复杂性水平分析可使一个 NP 问题找到一个多项式 $P(n)$,使此问题由时间复杂性为 $O(2^{P(n)})$ 的算法来解决。视觉匹配反应时,可以反映出视觉机制与系统算法的复杂程度。所以,视觉搜索匹配过程也可分为两类:一是事先有明确靶子的界定搜索(bounded visual search),是注意机制参与的视觉搜索过程,另一类仅隐含描述靶子的非界定性视觉搜索(unbounded visual search)。非界定的视觉匹配任务以象元数或刺激复杂性为指数关系,即 $O(I^2)$。非界定性视觉搜索匹配是 NP 完全性问题,界定搜索是 P 类有线性的时间复杂性问题。复杂性水平分析算法,就是要寻求使非界定 NP 完全性问题,转换为界定搜索的条件。假设一套知觉图形(image)由四维坐标 x、y、j、m 表示,x、y 是欧几里得坐标值,f_n 是图形类别指标的集合,如颜色、运动、深度等,由离散的正整数 j 表示。如果 $i_{x,y,j} = m$ 中,j 不是 m 中的元素或 x、y 值超出图的矩阵,则 $i_{x,y,j} = 0$。视觉搜索靶子 T(target)也是四维坐标,与 I 一一对应,但未必相等。两者匹配是指:

$$\sum_{P\in I'}\mathrm{diff}(P) = \sum_{p<I'}\Big[\sum |t_{x,y,i} - I_{x,y,i}|\Big] \leqslant Q$$

式中 Q 为差别的绝对阈值。此式表明每次匹配的差别总和小于阈值 Q 时，才可完成一个圆形的匹配。如果图像系列由许多图像子集所构成，则这些子集匹配的相关总和大于甲以上，才认定两者是最佳匹配。其相关性由下式表示：

$$\sum \mathrm{corr}(P) = \sum_{P\in I'}\Big[\sum_{f\in M_i} |t_{x,y,i} - I_{x,y,i}|\Big] \geqslant \varphi$$

只有同时满足上面两个数学方程式的要求，才可认定完全匹配。怎样满足这两个匹配方程式的要求呢？至少有三种办法：① 从高层次开始选择匹配参数中影响最大的参数，优先进行组合优化，即优化和逼近的策略；② 降低匹配标准，提高匹配效率；③ 引入注意机制，首先抑制无关成分，很快选择空间域使指数复杂性降低为线性时间复杂性。总之，对视觉搜索的复杂性水平计算与传统算法的不同之处是在自上而下的策略中引入注意机制、复杂性降低的算法原则。

（二）小脑结构与机能模拟

小脑对运动功能的调节作用及其结构的有序性，很早就引起计算神经科学研究者的重视。著名学者 D. Marr 于 1969 年提出了小脑皮质的理论，并对小脑网络进行了模拟。他认为小脑网络的功能在于接通适当的"运动命令"。小脑位于上下行神经通路之巅，对运动功能具有重要作用。形态学上小脑的最大特征是数以万计的颗粒细胞与一个攀缘纤维同时聚合在一个浦肯野细胞上。所以，D. Marr 的理论核心在于攀缘纤维和平行纤维的同时兴奋，可引起颗粒细胞与浦肯野细胞间突触的变化，正是这类突触存储着传入冲动及其应激活的传出冲动间的关系。到 20 世纪 80 年代，D. Marr 的理论推断在蛙的实验研究中得到证实。L. M. Chajlakhian 等人于 1989 年在此基础上对小脑浦肯野细胞网络的学习能力进行了计算机模拟。他们的网络模型由 1 个浦肯野细胞，20 000 个颗粒细胞和 700 根苔状纤维组成。这些参数来自大鼠小脑解剖学研究。平均 5 根苔状纤维聚合到 1 个颗粒细胞上。反之，每根苔状纤维均可与大约 143 个颗粒细胞发生连接。在这个网络中进行了两类模拟试验：① 记录兴奋的苔状纤维，② 在浦肯野细胞中提取记录过的信息。结果发现平行纤维与浦肯野细胞间的突触效率

$$E = I/N \times \log 2g$$

式中 I 为信息容量，N 为连接强度变化的突触数目，g 为突触效率的状态数。在这一模拟条件下突触状态只考查未学习的和学习的两种状态。E 的值总是小于 1。这种结果意味着浦肯野细胞的树突膜在接受传入冲动的特性上缺乏特异选择性，既不纯粹是主动活性的，又不纯粹是被动性的，大量树突之间存在着零协同性，浦肯野细胞大量树突之间关系类似噪声，缺乏方向性，缺乏记忆信息的能力，这有利于自然选择。

Braamhof(1991)根据小脑浦肯野细胞对传入脉冲刺激的时域编码特性和其树突上大量存在的钙依从性钾离子通道和钙离子通道活动的时间特性，对小脑空间时间相关特性

进行数学模拟。他发现浦肯野细胞与前额叶皮质细胞、听皮质细胞和基底神经节细胞一样，具有高维时间空间相关的非线性运算能力和学习能力。其数学模型由下列微积分方程和 S 型函数表达：

$$Ca_{ij}(t) = \int_0^t a_{Ca} V_{ij}(u) e^{-\frac{u}{K_{Ca}}} \cdot \frac{1}{K_{Ca}} du + \theta_K$$

$$K_{ij}(t) = \int_0^t [a_K V_{ij}(u) + aK_{Ca} \cdot S_{Ca,ij}(t)] e^{\frac{u}{k_k}\frac{1}{K_K}} du + \theta_K$$

$$S_{Ca,ij}(t) = f Ca_{ij}(t)$$

$$V_{ij}(t) = \beta S_{Ca,ij}(t) - rf[K_{ij}(t) + W_{ij} S_j(t)]$$

$$O_t(t) = f \sum_j^{Ca_{ij}} [V_{ij}(t)]$$

$Ca_{ij}(t)$、$K_{ij}(t)$ 分别代表钙、钾离子通道的开状态，V_{ij} 代表相关的连接强度，θ_{Ca}、θ_K 分别代表钙、钾通道导通阈，K_{Ca} 和 K_K 代表钙离子通道和钾离子通道的开关时间，在 50～300 ms 之间，离子通道对 V_{ij} 效应由微分方程和 S 型函数所模拟，钾离子通道导通降低 V_{ij}，钙离子通道导通增加 V_{ij}，V_{ij} 与两种离子通道开启的关系是线性的，$S_{Ca,ij}$ 描述游离钙离子浓度及其对钙依存性钾通道开启的作用。系统的输出 $O_i(t)$ 是各部分权重总和的 S 型函数。

从小脑模拟研究中可以看出，研究的层次从结构形态、细胞神经生理学特性到细胞膜上的离子通道特性的模拟，逐渐深化、发展，在理论上从小脑运动控制功能、随机选择零协同性到时间空间多维相关对学习功能的模拟，也是个不断提高的过程。一方面，我们看到小脑模拟研究的这种发展提高过程；另一方面，我们必须认识到计算神经科学的这种模拟研究与细胞神经生理学进展还存在一段距离，神经生物学对小脑学习研究的新事实和科学数据，还没有吸收到计算研究的范畴。

三、人造脑细胞

Markram 等人(2015)的课题组完成了人造脑细胞的设想，通过人脑细胞电生理学参数、细胞形态学参数和细胞组成蛋白质表达特性的综合运用，合成了(0.29±0.01) mm³ 的人造大脑组织块，内含 31 000 个人造神经元，用客观生理学方法可鉴别出其中有 55 个细胞在形态上具有新皮质分层特点，用电生理膜片钳方法分辨出 207 个细胞亚型（图 2-20，见书后彩插）。

3

认知神经科学总论

本章介绍认知神经科学产生的历史背景和过程及其基本理论概念和方法学,并对它在过去20多年间所取得的研究进展和目前发展趋势进行概括性介绍。

第一节 认知神经科学的脑功能理论

如前所述,"认知科学"一词最早出现于1973年,1987~1988年间,欧洲认知科学界由35位著名科学家组成的科学技术发展预测和评估委员会(FAST),经过反复研究后,建议出版一套认知科学研究指南,倡导五个领域的研究工作:认知心理学、逻辑和语言学、认知神经科学、人机接口和人工智能。认知神经科学作为该系列出版物的第四卷已于1991年出版,标志着认知神经科学在欧洲作为一门科学分支已经得到认可。但严格地说,直到1995年《认知神经科学》一书问世,才标志着认知神经科学作为一门成熟的科学分支,立于世界科学发展的前沿。麻省理工学院出版社1995年推出的大部头专著《认知神经科学》,由著名科学家、裂脑研究专家M. Gazzaniga教授主编,170多位国际著名学者分别为全书11篇、92章撰文,全书1400多页、200多万字,百余张插图和27张彩图。这本巨著全面描绘了认知神经科学是研究人类心灵脑机制的科学,把它确立为一门崭新的独立学科。这门科学为人类揭示神经组织和脑结构怎样通过其生理过程,产生知觉、注意、记忆、语言思维、情感和意识等精神活动的奥秘。

虽然我国的认知科学研究起步较晚,但发展却很快。20世纪80年代初,推动我国认知科学发展的三个源头都显示了无限的生命力。首先,著名科学家钱学森倡导系统论与思维科学的研究活动,并出版了一系列论文集和著作。其次,认知心理学理论研究在国内外的交流与发展中,逐渐成为心理科学的主流,在国内形成一支研究力量,包括中国科学院心理研究所、各高校心理学系,并出版了一批代表性著作。最后,国内外计算机科学的发展产生对人工智能与神经网络理论研究的迫切需要,并形成庞大的研究队伍。20世纪80年代末期,先后建立了中国科学院自动化研究所的模式识别实验室,北京大学视觉、听觉信息处理实验室和清华大学智能信息处理实验室。自1990年起,我国八个一级学会联合召开中国神经网络首届学术会议以后,跨学科研究队伍不断扩大。1993年,在国家"八五"计划中,将"认知科学若干前沿领域"列为国家高科技攀登计划的重大项目,并同时将"有神经网络功能的非线性动力学研究"作为重点课题投入工作。总之,无论国内还是国外,20世纪80~90年代,认知科学都是受到高度重视的高科技新领域。近年我国已制定国家级脑研究计划,"一体两翼"研究正在迅速推进。

一、脑机能定位性与等位性相统一的原理

脑机能定位理论最初所依靠的主要研究手段是临床观察法、手术切除法、电刺激法、解剖学和组织学方法,发现了脑和脊髓的特异性神经传导通路和周围神经系统与脑中枢间点对点的投射关系。随着细胞电生理学技术的应用,20世纪40~50年代发现脑内还存在着网状弥散投射的非特异系统,包括脑干和丘脑网状结构,广泛接受各种传入刺激并调节大脑皮质的普遍唤醒水平。与临床医学相关的领域中,20世纪70年代神经心理学对裂脑人的研究发现,提供了基于人脑功能直接观察的结果。近40多年,以无创性脑成像技术为基础的研究,也可以看作脑机能定位思想的继续和发展;但所应用的方法已大大超越了经典脑解剖学和电生理学的范畴。正是基于多年跨学科的研究和人脑影像的验证,21世纪初确认了脑默认网络和前额叶皮质为核心的社会认知系统。所以说,脑机能定位的基本理论和研究思路,一直延续到现在。至今,我们可将人脑看作由经典特异神经系统、网状弥散投射系统、脑默认网络和社会认知系统四大部分组成的复杂系统。

与脑机能定位观点相对应的是脑等位论,心理学家K. S. Lashley提出这一观点的主要依据是大鼠脑切除法对其学习行为的影响,由此决定了该理论的局限性。20世纪50年代,脑外科手术病人H. M.大脑两半球内侧颞叶和海马的切除导致的顺行性遗忘症,在随后的30多年中成为海马是记忆中枢的主要证据;但到80年代以后,认知心理学的大量科学事实证明,人脑具有多重记忆系统,包括工作记忆、外显记忆和内隐的无意识记忆等。内侧颞叶和海马仅仅对情景记忆具有存储功能,对于知识、事实的语义记忆还有更多新皮质的参与。无论情景记忆还是语义记忆,内容的提取必须由额叶皮质主动性激活。此外,内隐的无意识记忆由脑的许多结构,包括皮质下深部结构的自动激活或兴奋扩散所实现。简言之,记忆是全脑细胞的普遍功能,记忆性质或记忆系统不同,参与的脑结构不同。所以,就记忆的脑功能而言,既具有脑等位性和整体性,也具有定位性,两者是统一的。由此可见,脑机能定位观点和脑等位论观点,都不是绝对正确或绝对错误的,它们各自揭示了脑功能特点的不同侧面。从机能解剖学角度看,现在认为人脑至少含有四大共同作用或交替变换的功能系统。

(一)经典特异神经通路和非特异弥散网络共同作用的功能原理

20世纪初,谢灵顿和巴甫洛夫利用生理学实验分析法,研究了中枢神经系统的功能,得到了脑反射理论(reflective theory)。他们认为,每种先天的反射活动都有遗传固定的脑反射弧作为其结构基础。反射弧由传入-中枢-传出三个环节组成,而个体习得性条件反射是依赖于反射中枢间的暂时联系而实现的。简言之,脑经典特异神经通路

是动物行为的结构基础。

几十年后,随着阴极射线示波器的出现,利用微电极记录神经细胞电活动的生理学研究迅速发展。这类研究根据神经冲动变化的时间和空间关系,发现某些脑结构的兴奋可引起许多其他脑结构更为广泛的功能变化。换言之,弥散网络的点与面或点与立体的弥散投射关系,实现非特异弥散调节功能,对脑的唤醒水平具有重要调节作用。在神经生理学中形成了关于脑干网状结构是睡眠与觉醒中枢的理论,以及丘脑网状非特异系统对感知、注意和大脑节律电活动的调节机制的理论。因此,经典特异神经系统和网状非特异弥散网络共同作用,是脑功能的普遍性原理。

(二)默认网络与认知功能网络间交替变换原理

正如应用阴极射线示波器进行细胞电生理学研究的十几年后,在20世纪40年代发现了脑内网状非特异系统的存在,进而认识到脑干网状结构是调节睡眠和觉醒的重要中枢,在应用功能性磁共振成像技术对人脑进行无创性研究不到10年间,发现了人脑内存在一类特别的默认网络(default-mode network,DMN)。利用R-fMRI技术记录和分析脑内BOLD信号的动态变化时发现,有些脑结构的BOLD信号,以低于0.1 Hz的频率缓慢自发波动,与其他具有特定认知功能的脑结构不同,每当被试处于没有认知任务的清醒安静状态时,这些DMN脑结构内BOLD信号缓慢波动的幅值较高,其能量波动约占全脑能量的90%。相反,被试面临认知任务时,DMN的缓慢波动的幅值迅速变低。认知任务相关的脑网络能量变化与DMN的能量变化相差180度。换言之,人脑在睡眠和觉醒状态间转换中,存在着脑干网状结构为主的调节系统;而在是否面对认知任务的转换中,存在着DMN与认知系统的转换。DMN的功能不仅与注意调节、情感和心境,以及意识等有关,还与多种脑疾病相关。近年关于DMN的研究,已成为脑研究的热点领域。

(三)社会认知和人际交往的功能系统

20世纪50年代确认了脑经典特异系统和网状非特异系统的结构和功能之后,面对人脑最发达的前额叶皮质,电生理学家们束手无策,因为这部分脑细胞对声、光和引起疼痛的各种物理刺激,不产生灵敏的电生理反应。所以,当时将这部分脑组织称为脑的沉默区。20多年后,特别重视非人灵长类动物行为研究的人类学家和儿童心理学家共同努力,发现非人灵长类动物个体和儿童个体,存在一种心理理论能力。通过观察外界环境、情境和其他个体的动作,可以预测出其他个体的行为意向,或预测到其他个体某个动作或行为的能力。这种通过观察和推理相结合,才能表现出来的能力被称为心理理论。随后,电生理学家设计出一种复杂的刺激模式,在猴子面前,饲养员取一颗花生米,做出拟将之送入口中的动作模式。此时发现,猴脑额叶皮质(F5区)神经元的神经发放明显增强,于是将这类神经元称为镜像神经元(mirror neuron)。利用fMRI,对儿童被试乃至成人被试的研究,发现不仅在F5区,还在人脑的顶叶和颞上沟,以及部分前扣带回与岛叶皮质,都存在着镜像神经元,研究者把它们统称为社会镜像神经元系统。该系统实现了对他人心态的理解，包括认知过程和情感过程的统一理解和预测。理解他人的能力(mentalization)是社会交往的重要前提，对痛苦的自身体验与对他人痛苦的共情(empathy)也是人际交往的重要情感基础。

事实上，不只是非人灵长类动物和儿童发展研究，还有大量脑损伤和脑疾病病人的研究，都对前额叶皮质功能的认识积累了大量科学证据，证明前额叶皮质在情绪调节、工作记忆、执行功能、冲突监控和执行控制等方面，具有十分显著的作用。所以，不只是脑内的社会镜像神经元系统，还有占全脑质量29%的前额叶，是人脑独特的发达部分。相比之下，猫的脑前额叶只占全脑的3.5%，狗占7%，恒河猴占8.5%，大猩猩占11.5%，类人猿占17%。人脑的内侧前额叶对社会认知行为比任何其他脑结构都重要，内侧前额叶皮质的功能是复杂的、多种多样的，并且规则地分布。从后向前对动作和行为的监控，包括从动作本身到对其后果的预测性监控，从认知成分到情感成分，从局部人际关系到社会道德以及个人荣誉相关问题的监控。人与猿之间除了脑结构上的差别，还有4岁以上儿童才发展出来的心理理论，成为人脑不同于动物脑的重要证据。心理理论是人类个体在社会认知活动中积累的知识库。只有利用这些知识才能理解他人和复杂社会情景中发生的事情，这些社会认知规则或知识的运用，使人顺利完成社会认知任务，这是动物所不具备的。

二、神经信息加工机制的理论

对神经信息的传递、处理(加工)和储存，是神经系统各种功能的基础。神经信息以电学和化学两种彼此交融的形式表达，其中电学形式的表达又有数字编码和模拟编码两种方式；而化学表达形式多种多样，其中神经递质与受体的结合、细胞内信号转导和对细胞核内基因调节蛋白的激活等，是最主要的表达方式。

(一)数字信号处理和模拟信号处理机制并存的脑网络原理

除神经冲动传导的"全或无"规律之外，细胞神经生理学还发现了突触后电位的"级量反应"规律。换言之，脑不仅具有数字化信息处理机制，还具有模拟信号处理的机制。神经元发放的"全或无"规律，也就是神经细胞兴奋性变化的率编码规则，与现代数字计算原理完全吻合；突触后电位变化的"级量反应"规律，与模拟计算原理相似，也就是说，表征神经元之间连接强度的突触后电位是连续的模拟变量。如此一来，人脑功能基本原理与信息论所描述的通信系统和分子热力学所描述的热力熵变化规律之间存在着许多共同性。由此，20世纪60年代细胞神经生理学的发现，使脑科学从反射论跨越到信息论的范畴，其中突触的概念和心理语言学的问世，使心理科学走出刺激-反应(S-R)的行为主义理论框架，开始发展信息加工的认知心理学体系。然而，刚刚起步的信息科学，特别是人工神经网络的研究领域，却在1969年停滞，直到1986年认知科学面对人工智能理论发展所遇到的瓶颈，才拾起丢弃近20年的人工神经网络研究，并从自然脑活动原理中总结出并行分布式的神经计算原理，使这一研究领域得以复兴。

(二) 多重信息加工过程和多重信息流并存的脑功能原理

人脑作为信息加工器官的观点,得到了神经科学和心理科学的认可,成为认知科学、脑科学和心理学三大学科交叉结合点。经过 20 多年的磨合,到 20 世纪 80～90 年代,心理学率先总结出人脑信息加工的两类加工过程和两种加工方式,即自动加工和控制加工过程以及串行和并行加工方式,并在此基础上总结出两类性质不同的心理活动,即外显的意识活动和内隐的无意识活动。意识活动以串行方式的控制加工过程为基础,耗费心神或心理容量有限;无意识活动以并行方式的自动加工过程为基础,不耗费心神或心理容量无限。在心理科学发展史上,第一次以客观实验数据为基础,论证了无意识心理活动的变化规律,退掉了弗洛伊德 100 多年前给无意识心理活动披上的神秘外衣。人工神经网络理论把并行分布式信息处理原理,看成是认知过程的微结构,并总结出许多数学模型。神经科学对灵长类动物脑细胞电活动的分析,提供了不同神经元参与活动的精确时间关系,成为脑认知功能回路中信息流的有力证据。这些跨学科的科学事实共同支持多重信息流的存在,包括自下而上和自上而下的加工模型以及并行加工模型,并且还发现无意识的知觉、注意和记忆活动所伴随的信息加工在 100～150 ms 内完成,意识知觉、注意和记忆活动的信息加工在 200～300 ms 内完成,具有明显的时程差异。

(三) 神经信息处理的电学和化学机制耦合与交替变换的原理

20 世纪 60 年代,荧光组织化学和生物化学技术在研究脑内单胺类物质中初露头角。经过 10 多年的大量研究工作,发现脑内存在着一些化学通路。动作电位以率编码的方式沿细胞轴突或神经纤维快速传递,到达神经末梢时,引发囊泡破裂,释放神经递质,通过神经递质和受体结合的化学方式,在神经元之间传递信息。这类脑化学通路的发现,使人类对脑功能与心理活动关系的认识从器官水平和细胞水平推进到生物化学水平。随后,神经免疫技术、单克隆抗体技术和原位杂交技术,以及膜片钳技术相继出现,使神经生物学从单胺类小分子的研究进入到多肽和蛋白质的研究,从突触前的神经递质的研究推进到突触后的受体和离子通道的研究。随后,又扩展为细胞内信号转导系统的研究和细胞核内基因调节蛋白以及遗传密码转录的研究。神经信息变换的分子生物学机制,涉及脑内百种以上生物活性分子。因此,脑内神经信息的电学传递及其数字计算和模拟计算规律,有着更为复杂的生物化学机制。神经信息的电学传递和化学传递及其紧密耦合交替变换的过程,是人工智能系统无法比拟的。

(四) 神经信息与遗传信息的关联性原理

尽管海兔和人类在动物进化阶梯中相距甚远,但两者短时记忆和长时记忆的分子生物学和细胞生物学基础却基本相同。作为短时记忆的生物学事件发生在突触,作为长时记忆的分子生物学事件却从突触扩展到细胞核内的基因表达及其构成棘突的蛋白质合成环节。所以,就记忆的分子和细胞生物学基础而言,心理活动的物质基础具有动物界系统进化的遗传保守性。神经信息的存储表达方式、规则及其传递的基本机制也具有动物界系统进化的遗传保守性。在人类的1000个基因组中,只有8%的基因是全人类共有的,作为人类种属生物进化阶梯的稳定特异性证据。

由此可见,遗传保守性不但体现在神经信息编码、神经信息传递和表达的基本生物化学过程和生物物理过程中,也体现在脑的系统进化和脑的个体发育中。反之,神经信息在动物系统进化和脑的个体发育中,又通过对内、外环境和脑自身变化的反应,不断地冲击遗传信息,引发遗传的变异性。所以,神经信息和遗传信息的关联性,既表现为遗传信息对神经信息基本过程和脑结构基本框架的严格遗传保守性,又表现为神经信息引发遗传信息的变异性。

三、人脑功能的系统(模块)性、层次性和包容性

生物属性和社会属性高度融合的人脑功能系统包括具有不同时间轴的四大功能模块:动物性本能模块、人类种属特异性的本能模块、个体毕生发展所习得的行为模块、个体的社会意识模块。这些功能模块具有明确的层次性和包容性。

(一)动物性本能模块

与动物本能行为相关的脑功能模块,包括饮食、防御、睡眠和性行为等,这是在生物进化的时间轴上沉积的生物机体的核心功能。按照生物学意义又可分为两组:一是与生命过程相关的脑中枢,二是与本能行为相关的脑中枢。它们都有明确的机能定位性,且大多分布于脑深部结构。如呼吸中枢、血压调节中枢位于延髓,内分泌调节中枢位于下丘脑。维持大脑皮质的唤醒水平或意识清醒性的中枢,位于脑干网状结构;摄食、饮水、性行为、睡眠和防御行为的中枢分别在中脑、间脑、边缘系统等。它们是人脑与动物脑共存的功能中枢,并不直接参与人的高级意识活动,只是为意识活动提供了生命的前提,在某些条件下也可以上升为社会意识活动,如在长期饥饿或危险环境中,这些中枢的活动可以映射到意识中来。

(二)人类种属特异性的本能模块

这类模块包括低层次的言语本能和维持意识清晰度的本能模块。人类作为生物学中的一个物种,其种属特异的本能行为,就是语言和意识。语言的低层次功能模块,是支配语言产出和理解中最基本的自动化模块,也具有明确脑功能定位性;但实现语言内容的产出或理解却没有确切的脑功能定位性,因为这与个体的高层次社会意识功能相关。例如,当我们说一句话表达一个意思时,自然有脑高级意识功能参与,但对舌、唇、声带、面部肌肉,乃至手、眼的协调活动等,都有相应脑定位中枢,包括语言运动中枢的自动化调节,不需要我们分神考虑舌、唇和声带如何动作。

(三)个体毕生发展所习得的行为模块

该模块始于胚胎期,再经新生儿到成人的个体发育和毕生发展而形成,包括职业技能、个人偏好、行为方式等。在从生到死的生命历程中,个体不断累积的功能体系,包括衣、食、住、行和个人偏好等,以及职业技能,都是自动加工系统,具有脑功能的部分定位性。

(四) 个体发展所形成的社会意识模块

由于个体获得的社会意识具有复杂性和层次性,是在意识的清晰性、觉知性前提下发展和积累起来的,在每一属性上起关键作用的脑结构在多维超立体空间中瞬息变化,形成动态意识功能网络。原始自我意识、核心自我意识和自传体自我意识,以及扩展意识都有人类基因组的基础;但社会文化因素会对自传体自我意识和扩展意识的个体发展,发挥重大决定性作用。4岁起才开始形成的心理理论,沉淀着每个人与他人发生社会关系时所遵循的规则和道德规范。所以,成熟健康人脑的功能原理是基于人类社会文化生活的,不仅是人与动物的本质区别,也是现代人与古人类的本质区别。

(五) 层次性和包容性相统一的原理

人脑功能系统沿袭着遗传保守性和变异性,形成了多层次的超立体动态功能系统。动物界系统进化和个体发生中,最早出现的结构功能是原始的和低层次的,越是最后出现的结构功能体,层次越高;所有功能系统都具有包容性,高层次功能模块总是包容着低层次模块。所以,层次性是由低级向高级循序发生发展的,但时间轴各不相同。动物进化经历了数亿年,人类个体胚胎期10个月,毕生发展的人生全历程约百年。不同模块间的关系总是高层次模块内包容着低层次模块,个体的社会意识模块可以包容其他三层次模块。所以,社会意识模块,既有相对恒定的基本框架,也是瞬息变换的功能系统。无论是动物性本能行为还是人类的本能行为,所伴随的自我意识和环境意识,都有遗传固定下来的明确定位的脑功能回路为基础,它们必然被包容在人类社会意识模块之中。

就语言产出而言,定位性明确的皮质下脑结构支配着舌、唇、声带等发声器官,与作为言语运动中枢的额下回形成复杂的人类语言本能的神经回路;而对复杂的语义和话语表达,则因语境的上下文不同,所涉及的额、顶和颞叶皮质的功能组合不同。所以,复杂的语义和话语内容,是由时变的脑功能系统实现的。在言语等高级心理活动中,脑功能的定位性和整体系统性是高度统一的。时变的脑高级功能系统包容着先天遗传的、定位性明确的低级模块。

第二节 认知神经科学的方法学

认知神经科学的方法学包括两大类互补的研究方法:一类是无创性脑功能(认知)成像技术,另一类是清醒动物认知生理心理学研究方法。前一类方法中又分为脑代谢功能成像和生理功能成像两种,后一类方法中包括单细胞记录、多细胞记录、多维(阵列)电极记录法和其他生理心理学方法(手术法、冷却法、药物法等)。本节主要介绍无创性脑功能成像技术,其中脑代谢功能成像包括正电子发射断层成像(对区域性脑代谢率、脑血流和葡萄糖吸收率的测定)、单光子发射计算机断层成像(SPECT,对脑血流测定)、功能性磁共振成像(测定血氧水平含量相关信号)。这些脑代谢功能成像技术的空间分辨率和时间分辨率各不相同。PET 的空间分辨率在 20 世纪 80 年代为 1.75 cm，90 年代提高为 6～7 mm，其时间分辨率由分钟数量级提高为秒数量级，现在 40～60 s 可给出一幅清晰图像。fMRI 的空间分辨率为毫米水平，时间分辨率最高可达 50 ms，一般 100 ms 即 0.1 s 就可给出一幅图像。由此可见，fMRI 无论就其空间分辨率还是时间分辨率均优于 PET。脑代谢功能成像对于快速认知活动无法做到实时成像或快速跟踪，而是采用积分测量法（integrated measurement），将数十秒数据积分起来形成清晰的图像。然后进行对照的认知实验，将两种认知条件不同的图像采用减法处理，即完成 A 认知任务的 PET 图像减去无 A 任务的对照 PET 图像，所得差值为 A 任务操作的脑代谢功能差异。除减法法则外，还利用一致性分析（consistency analysis），即将 A 任务减 A 对照组的差值与 B 任务减 B 对照组之差值再相减，作为完成不同认知任务的脑代谢功能的特异性变化的脑代谢基础参数。

无论是减法法则还是一致性分析，虽有一定的实验心理学基础，但它在一定的前提下才可靠。首先，用减法法则意味着脑内的认知过程信息加工是串行的，按一定方向无曲折地层次性处理过程。被试在完成认知作业时，严格执行指示语要求，毫不分心地完成作业。此时参与这项认知任务的脑结构与其他心理活动的脑结构分离而不相干。只有这样，其减法所得结果才与所进行的认知活动完全相关。显然，这种约束条件在实现 PET 认知测量中是很难满足的。

第二类生理功能成像是在脑电图（EEG）、诱发电位（EP）和脑磁图（MEG）变化的基础上，结合计算机断层扫描术（CT）实现的。它的时间分辨率极为理想，可实时跟踪认知活动的脑功能变化；但在记录的头皮电极为 19 个时，空间分辨率 6 cm，41 个电极时为 4 cm，120 个电极时为 2.25 cm，256 个电极时为 1.0 cm。由此可见，其空间分辨率很不理想。为提高其空间分辨率，采用了偶极子（dipole）算法，但常常发现所得结果不是唯一的。虽然生理功能成像技术的优点是时间分辨率佳、所耗资金少，但其空间辨率却无法满足认知神经科学的实验要求。因此，近年将脑代谢功能成像与生理功能成像结合起来应用，取各自之长相互补充，以满足空间和时间分辨率的要求。在多种脑认知成像技术应用中，为了比较各种方法所得图像之间的关系，必须进行多种比例性立体变换。这些变换不仅以解剖学定位标志为标准，还要以 10 多种脑数据参数进行线性和非线性变换。因此，这是一项技术难度很大的研究工作。尽管如此，脑认知成像对于认知神经科学的实验要求，仍存在许多问题。首先，脑代谢功能成像的激活区反映出脑代谢率或脑区域性血流量的增加，与神经元的兴奋性水平并非总是平行性变化，特别是对于抑制性神经元而言，代谢率增高，导致神经元单位活动的降低。实际上，脑抑制性神经元和兴奋性神经元的分布至今没有明确的答案。因此，代谢功能成像的激活区是否能代表神经元功能活性还需进一步实验研究。其次，在代谢功能成像分析中，每个场激活区至少为 0.8 cm³，即使假设为 1 mm³，则至少含有数以万计皮质神经元（10^5 个细胞/mm² 皮质)，不能设想这么多神经元都是在同步性发放，功能均一地发挥生理心理功能。

总之，脑认知成像技术可以为我们对认知过程的脑功能形成直观的图像。然而，这种图像仅可提供结构或区域性功能关系，对于细胞水平的机制显然过分粗糙。下面我们选取几种常见的认知神经科学方法进一步加以讨论。

一、脑功能之窗——事件相关电位和高分辨率脑电成像技术

脑功能之窗的提法已有 30 多年的历史，但它的真正含义只是脑功能成像技术问世以后，由于脑电和其他脑代谢成像技术联合运用，才显示出它们作为脑功能之窗的本意。20 世纪 20 年代，德国精神科医生 H. Berger 面对许多精神病的诊断问题，决心寻找一种检查人脑功能的方法，以便作为诊断精神病的重要根据。他利用当时物理学上最灵敏的弦线式电流放大器经过反复试验，终于在 1925 年，从安静闭目的人的头部记录到每秒 8～13 次变化的波形。每当睁开眼睛，这个曲线就被幅值很小、变化更快的波形所代替。他把这个发现写成文章寄给德国《生理学杂志》，一些审稿专家认为这些波形不是发自人脑，而是来自记录仪器的不稳定性。直到 1929 年经当时世界最著名的意大利电生理学实验室反复验证，才证明 H. Berger 在人头皮上记录到的每秒 8～13 次节律变化确实是发自大脑的电活动，并把该节律称为 Berger 节律或 α 波，把睁眼后的低幅快波（每秒 14～30 次）称为 β 波。

20 世纪 30～50 年代，人们一直努力，希望能发现一些新的脑电波用以诊断精神疾病，但都没有成功。然而，脑电活动的记录用于诊断癫痫和脑瘤等占位性病变却得到了广泛的应用。H. Berger 的心愿至今未了，脑电图至今仍无法作为诊断精神疾病的重要手段，更无法作为探究脑认知功能的有效手段。然而，20 世纪 60 年代以后通过许多信号处理技术，已能分析出认知活动的平均诱发电位。大脑的自发活动 α 波在 25～100 μV 范围随机地波动，而人的认知过程或外部刺激诱发的电活动小于 1 μV，淹没在自发的 α 波之中。因此，在 20 世纪 60 年代以前，无法在正常人类被试的认知活动中观察脑的诱发电变化。随着信号处理技术的发展，利用时间锁定叠加的办法，多次重复同一刺激，使诱发反应逐渐加在一起，而自发活动由于其本质是随机变化的，叠加中相互抵消。这种时间锁定叠加技术可以提高信号与噪声的比例，使自发脑电活动背景上的诱发活动能够被检测出来，这就是平均诱发电位。

平均诱发电位是一组复合波，用组成成分的潜伏期和波幅对其进行分析。刺激之后 1～10 ms 的一些小波称为早成分，10～50 ms 的波称为中成分，50 ms 以后的称为晚成分。早、中成分主要反映感觉器官和传入神经通路的活动，晚成分才是认知过程脑功能变化的生理指标。对于认知活动来说，可以把诱发其产生的内外刺激看成事件，而这些晚成分就是事件引起的脑电活动变化，故称为事件相关电位。脑事件相关电位的变化与被试接受的刺激和脑功能变化的时间尺度精确对应。换言之，脑电活动的时间分辨率很高，可以实时记录认知过程的脑功能变化。但其空间分辨能力较差，头皮外记录的脑电活动很难分析出是脑内哪些结构或细胞群活动的结果。为了弥补事件相关电位

分析的这一弱点,逐渐增加头皮上记录的点数,从原来常用的 8 导增加为 12 导、21 导、32 导、64 导、128 导和 256 导。随记录部位的增加,得到较多的数据,就可以通过一种偶极子的算法求解出每一电活动成分由脑内发出的位置。把这种分析的结果变换成断层扫描图,就称为高分辨率或高密度脑电成像技术。

二、心灵窥镜和脑断层扫描技术

窥镜是现代医学中检查内脏的一种有效工具,如胃窥镜、膀胱窥镜等,它可以使医生直接看到脏器的内壁,检查是否有肿块、溃疡和出血等病变。那么心灵窥镜是否也能使研究者看到人们脑子里的心理活动呢?对这个问题不能用是或否简单地回答。我们先以断层扫描技术为起点回答这个问题。对脑进行 X 线摄影,专家用肉眼进行分析,由于脑内各种软组织 X 线吸收的值相差很小,也由于脑立体结构在平面胶片上显影的重叠,无法得到有价值的信息。脑断层扫描应用连续旋转、不断改变 X 线方向所得到的大量连续体层图代替单一平面图;用光电探测器和电子计算机分析处理代替人类肉眼直接分析。因此,脑断层扫描的装置由连续旋转的 X 线发射部分、穿过脑组织后 X 线的接收和换能装置、计算分析系统等三大部分组成。X 线放射部分,由可旋转的 X 线发射球管组成,其 X 线束宽度可调,球管每次以 1° 的角度可连续旋转 180°,可得 43 200 个数据。计算分析系统由一套计算机装置构成,包括主机、输入输出卡、存储器、显示器、打印机和绘图仪等,处理接收到的数据。在显示器或绘图仪上,可显示出 160×160 点矩阵,形成一个由 25 600 个点组成的脑组织图像。每个点反映了 1.5×1.5 体层扫描厚度(毫米)的脑组织吸收 X 线的值。若体层扫描厚度为 13 mm,则计算机给出的 25 600 个点中的每一个点均是 0.033 75 cm^3 脑组织吸收 X 线的值。通常以水对 X 线吸收值为标准值零,光吸收值每相差 0.2% 则为 1,头骨为 400~500,大脑灰质为 19~23,白质为 13~17,脑室系统为 1~8,流动血液为 6,凝血为 20~30。灵敏接收器和换能系统把各种脑组织对 X 线吸收差异灵敏地传递给计算机分析系统,很快地计算出结果,并在荧光屏或绘图仪上显示出各种脑结构的变化。利用人工染色技术,把这种黑白图形转变为彩色图形,便于观察。虽然 X 线断层扫描技术与脑功能成像没有直接关系,由计算机控制的扫描技术却是各种脑成像技术的共同基础。无论是单光子还是正电子发射或磁共振成像,都通过脑断层扫描的基本方法得到图像数据并构成三维脑结构图像。

三、正电子发射断层成像仪

正电子发射断层成像仪是当今世界上最昂贵的生物医学仪器之一,与其他生物医学成像技术不同,PET 不是关于脑结构的造影,而是一种关于脑功能的造影技术,测定脑中不同区域葡萄糖的吸收率和血流量等。这种机器由放射化学装置和探测系统组成。当人们注射一种放射性半衰期只有几十分钟的 ^{18}F-D-脱氧葡萄糖之后,静静地躺在床上时，PET机器就开始了紧张的工作，[18]F-D-脱氧葡萄糖分子发射的正电子，遇到脑内的负电子，就会对撞，两败俱伤，化成一对180°反方向的强光子发射出来，这时就可以对脑不同结构进行造影。这种造影就像CT技术一样对脑进行一层层、一块块的逐一检查，对其葡萄糖吸收率进行活体动态测定。所以，利用[18]F-D-脱氧葡萄糖和PET机器，就可以研究人们在进行各种认知活动时，脑区域性葡萄糖的吸收率。通过PET技术研究，脑科学家发现，人们看黑白素描时，初级视皮质葡萄糖吸收率最高，看复杂彩色风景画时，次级视皮质的葡萄糖吸收率最高；不太懂音乐的人听音乐时，右半球葡萄糖吸收率高，音乐家听音乐时，左半球葡萄糖吸收率高；遮住眼睛进行视觉剥夺或掩起耳朵进行听觉剥夺时，葡萄糖吸收率在两侧大脑半球是对称的，但视、听觉同时被剥夺，则右半球特别是右侧前额叶下区和后枕区的葡萄糖吸收率下降更为明显；一些患退行性痴呆的病人，脑额区葡萄糖吸收率显著变低；一些精神分裂症病人与正常人不同，脑的葡萄糖吸收率在额叶最低，而正常人则在额叶较高。这些事实说明[18]F-D-脱氧葡萄糖分子在脑内吸收率，不但是脑信息加工的灵敏指针，也可以作为脑疾病的诊断指标。

四、核磁共振和功能性磁共振成像

核磁共振（nuclear magnetic resonance，NMR）成像的基本理论研究工作早在1952年就得了诺贝尔物理学奖，应用核磁共振波谱仪分析化学物质的组成部分，也有40多年的历史，但是形成关于脑组织成像的核磁共振技术，应用于生物医学研究则是20世纪80年代的事情。在恒磁场中，某些物质的原子核在射频电磁波的能量激发下吸收能量，随后又发射能量的现象，称为核磁共振现象。每种原子或离子的结构不同，受激发后出现共振的频率不同。如氢原子的核磁共振频率为42.59 MHz，钠原子核磁共振频率仅为11.26 MHz。脑核磁共振的成像仪器中，射频线图（RF）可以发出1～700 MHz的射频电磁波，足以激发脑内化学组成中主要原子核产生的核磁共振现象。除射频线圈外，脑核磁共振成像机内还有一组恒常磁线圈引出1T以上的强磁场，作为脑核磁共振的背景磁场，通常其场强为1.5 T、3 T等。在X、Y、Z三维方向上各有一组梯度磁场是检测脑核磁共振现象的主要部分。梯度磁场中，每一微小的变化都由计算机采集数据，构成图像显示出来。计算机采集数据和图像分析的基本原理与CT和PET的原理完全相似。

磁共振成像技术自20世纪80年代，在世界各地的大医院中普遍使用，主要用于各脏器器质性病变的诊断，包括脑器质性病变，这种仪器不能进行脑功能成像研究，但却是功能性磁共振研究的技术基础。下面我们进一步介绍功能性磁共振成像的技术原理。

虽然功能性磁共振成像原理，即平面回波成像（EPI）原理，于1977年提出，但直到1992年，功能性磁共振成像技术才问世。这是由于EPI要求仪器中梯度磁场的变化梯度0.2 mT/m，而且上升时间不得慢于100 ms，这在技术实现上难度很大。此外，功能性磁共振成像中采样率要求不得少于 500 kHz,只有这样才能在短于 100 ms 射频脉冲期对磁共振数据采样 K 空间给出足够快的扫描。最后,普通磁共振成像仪器的信噪比也满足不了功能磁共振快速成像的要求。因为随着成像速度快,噪声成比例增加,磁共振仪的这些条件满足之后还要有较好的计算方法和软件,才能对快速成像的数据进行处理。由于软、硬件条件的上述改进,使传统磁共振成像从约 60 s 才能出一幅清晰图像,改变为每 0.1 s 可给出较好图像。除仪器条件的这些特点还有多种不同 EPI 方法,用于不同目的,如水扩散成像法适用于测定脑灰质和白质分布的精细变化,而灌注成像法适用于局部血容量的测定。一般采用梯度快速成像法灵敏测定含氧血红蛋白的分布状态,并以此作为脑功能的灵敏指标,用于认知神经科学和精神病研究,就是通常所讲的磁共振认知成像技术。

第三节 认知神经科学的发展

自从 1995 年认知神经科学取得学术界公认的前沿科学地位以来,已经有了近 30 年的研究积累,无论是在研究的广度和深度上都取得了很大进展,它的理论和方法学也有了新的发展。

一、新领域的开拓——社会情感认知神经科学的问世

2001 年起,认知心理学家、社会心理学家、人类学家、神经科学家、神经病学家和社会学家合作,试图应用无创性脑成像技术,研究情绪、情感、社会动机等社会情感心理问题的功能网络及其动态特性。首先,在加利福尼亚大学洛杉矶分校召开了第一次工作会议,计划召开 70~80 人的小规模会议,结果 300 多位来自世界各地的多学科专家到会,充满了合作研究的激情。

会上,加利福尼亚大学洛杉矶分校首先宣告,社会认知神经科学实验室的建立,由 Matthew D. Lieberman 教授任实验室主任。2006 年牛津大学出版社创刊 *Social Cognitive and Affective Neuroscience*,2008 年心理科学出版社创刊 *Social Cognitive Neuroscience*。北京大学心理学系宣布成立社会认知神经科学实验室,由韩世辉教授主持实验室工作,并在 *Nature Neuroscience Review* 杂志上发表了综述性报告。2007 年,Lieberman 教授发表了题为《社会认知神经科学:它的核心过程》的文章。他将社会认知神经科学定义为:利用认知神经科学的研究方法,如无创性脑成像技术和神经心理学方法,检查社会现象和基本过程的学科。所谓基本过程是指自动过程和控制过程,以及指向自己和他人内心世界、指向他们的外表特征的过程。2008 年 11 月,M. Gazzaniga 在 *Neuron* 上发表了题为《法律和神经科学》的评论,透露一些发达国家的科学基金会,在 2007~2008 年特别资助关于犯罪嫌疑人的刑事责任能力鉴定的科学方法以及法

庭采信问题的研究。测谎的基础理论研究也在 2008 年有了飞速的发展。可以说,社会情感认知神经科学已成为研究热点。

虽然社会情感认知神经科学作为一个新的学科分支出现在 21 世纪之初,但它的理论基础却经过了几十年研究的积累。其中对社会情感认知神经科学的形成起着关键作用的是心理理论、镜像神经元和共情三个研究领域所得到的科学事实。

(一) 心理理论

心理理论的概念是 1978 年比较心理学家 D. Premach 和 G. Woodruff 在观察大猩猩的社会行为中提出来的概念。他们发现,大猩猩能彼此理解各自的心理需求和行为意向,因而能够互动、彼此帮助。一些动物心理学家认为这种现象只是一种联想学习行为,没什么特别之处,不赞成用"心理理论"这一概念。10 多年之后,儿童发展心理学研究进一步支持了这一概念。他们通过情境观察发现,理解自己和别人的心理意向和需求的能力,不是从出生就有的,而是在约 4 岁时才发展出来的一种能力。认知神经科学在 21 世纪之初,用无创性脑成像的方法发现(Gallagher et al.,2002),当人们想象和理解自己伙伴的意图时,前扣带回皮质受到激活,为心理理论确定了脑科学基础。

(二) 镜像神经元

Rizzolatti 和 Craighero(2004)综述了过去几年内在恒河猴细胞电生理学研究中的发现,在其额叶 5 区皮质中存在一些神经细胞,当猴子看到饲养员拿着水瓶,就高度兴奋起来,同样的兴奋也发生在猴接近水瓶喝水之际。所以,他们就把这类神经元称为镜像神经元,这类神经元对个体看到的别人的动作和行为类型特别敏感,似乎是能够发现和理解别人行为意向的检测细胞。这一发现在社会认知神经科学领域产生很大的震动,似乎发现了人类社会关系赖以发展的脑科学基础,使社会认知问题的研究又有了一项重要的自然科学基础。

(三) 共情

共情是指感受或体验到别人情感或情绪变化的能力。心理理论和镜像神经元的研究侧重于描述通过认知过程在人们之间发生社会关系的社会认知神经科学基础,而共情的研究则揭示了人们在社会交往中情感方面相互影响的脑机制,表现为腹内侧前额叶的激活。

上面三个发现提供了理解人类社会交往中,认知和情感相互理解和相互影响的脑科学基础,也是社会情感认知神经科学作为新学科分支,能够建立起来的重要基础。

二、认知神经科学方法学的进展

在过去的 20 多年间,作为认知神经科学最重要的方法学基础,无创性脑成像技术也有很大的发展,无论是仪器硬件结构和它的附属器件,还是其应用软件以及测试分析方法,都取得了很大进展。此外,多种脑成像技术并用也是其重要的发展。

(一) 功能性磁共振成像的研究进展

自从 1992 年功能性磁共振成像技术面世,很快就在世界各国迅速发展起来,成为认知神经科学研究中最受青睐的工具之一,在应用中也获得了进一步发展。

1. 硬件发展

目前,基础研究中应用的功能性磁共振仪的场强已从 1.5 T 升级为 3 T、4 T、7 T 乃至 11 T,随着磁共振仪器场强提高,其图像的清晰度和分辨率也进一步提高。但是,场强提高也带来许多问题,例如,在与研究情感和社会心理问题相关的大脑内侧前额叶和基底部,由于这些脑组织邻近上颚和鼻窦等有空隙的部分,仪器场强提高后,对这些非脑组织部分的空隙分辨率增高,形成了对脑功能变化研究的干扰。所以目前仍以 3 T 场强的仪器为主要工具。

2. 实验设计

除了仪器硬件的更新换代,研究中的实验设计也更为合理。早期研究多采用组块设计,可以简单将之理解为实验组、对照组依次逐一完成实验。近几年广泛采用事件相关的实验设计,即把不同组的刺激随机混合在一起,以随机方式呈现,事后按刺激性质作为标记,分门别类地叠加在一起,最后比较不同种类刺激引起的 BOLD 信号平均值之间差异的显著性。这样做就克服了组块设计方案中,连续多次重复呈现完全相同刺激所引起的 BOLD 信号逐渐降低的生物适应性效应。

正是利用脑细胞对刺激的生物适应性效应,Grill-Spector 和 Malach(2001)创造出一种新的实验设计方法,即功能性磁共振适应性成像法,这是介于组块设计和事件相关设计之间的一类实验设计方法。例如,在面孔识别的实验中,熟悉人面孔和陌生人面孔分别是两个实验组,按组块实验设计,连续重复呈现熟悉人面孔,再连续重复呈现陌生人面孔。但是在功能性磁共振适应性成像法中,每组刺激中也要做刺激属性的不同变化。例如,在屏幕上呈现的同一人的照片尺寸不同,在屏幕上的位置不同以及照片的方向或视角不同等,结果发现有些次级物理特性,如照片尺寸和出现的位置,不影响大脑皮质梭状回(FFA)对面孔反应的适应性。换言之,重复呈现的面孔照片不论其尺寸还是在屏幕上出现的位置是否改变,BOLD 信号都逐次减弱(适应性反应)。相反,无论照片的视角不同(如正面照和侧面脸照片),还是照片的照明灯光的角度不同,都明显克服了梭状回对照片重复呈现的 BOLD 信号适应性。这说明,虽然是同一个人的照片,但它引起大脑敏感区磁共振信号变化不同,据此可以认为识别人类面孔的关键性脑结构,对面孔照片不同物理特性产生不同的反应。这也可以理解成实验设计不同,fMRI 仪器的分辨率不同。为提高 fMRI 的分辨率,在设计认知实验时,经常要明确所感兴趣的脑结构,以便使仪器对准这个脑区,检测 BOLD 信号,即感兴趣区(region of interest, ROI)的实验设计。

3. 突破性发展

除 fMRI 的硬件和实验设计的进展，功能性磁共振方法学取得的突破性进展还包括发展了非血氧水平相关的功能性磁共振方法。这类方法包括用于测定脑微小动脉生理状态的灌注加权成像法（perfusion weighted imaging）和显示脑区之间神经纤维或蛋白质的弥散加权成像法（diffusion weighted imaging），以及血管空间占位（vascular-space-occupancy，VASO）成像法等。

（1）灌注加权成像又称为动脉自旋标记（arterial spin labeling，ASL），用于测定血液从颈动脉向脑内灌注以及从脑内动脉向微小血管灌注的效应，它可以对全脑或某一脑结构血液供应进行功能成像。

（2）弥散加权成像又称为弥散张量成像（diffusion tensor imaging，DTI），由于血液中的水分子具有各向同性的扩散性，它在神经纤维（白质）和神经细胞体（灰质）中的行为不同，纤细的神经纤维限定水分子只能沿着神经纤维方向弥散。这样功能性磁共振成像的磁场环境中，就能很好地采集到神经纤维（白质）的图像以及一些脑结构之间神经纤维联系的图像。

（3）血管空间占位成像主要测定脑内毛细血管容量变化，为认知神经科学实验提供一种不同的生理参数。

（4）磁共振波谱成像（magnetic resonance spectroscopy，MRS）也得到了较快的发展，它是一种非 BOLD 信号的检测方法。其实，MRS 的理论和技术比功能性磁共振技术更早出现，它不是建立在单一质子的磁共振现象基础之上的成像技术，而是分析和比较多种化学物质的分子组成，或者是某一脑区的化学组成。这种技术比 fMRI 更复杂，所以发展得比较慢。利用这种方法，目前检测人脑神经细胞轴突中 N-乙酰天冬氨酸（N-acetyl aspartate，NAA）的分布。它的变化可以作为吸毒、脑卒中和许多脑疾病的指标之一。

从上述功能性磁共振成像方法学的多样性可以看出，它在认知神经科学中的应用领域越来越广泛，已成为当前最重要的研究手段之一。

（二）高分辨率脑电图和事件相关电位

脑电图这一传统技术在近百年的发展历程中，经历了两次技术变革。第一次发生在 20 世纪 60 年代，吸收了快速傅里叶变换的信号处理方法和锁时叠加（平均）技术，不但使自发脑电信号处理走向新阶段，也为诱发电位的研究开辟了新领域。平均诱发电位和事件相关电位的研究，提高了电生理学技术的应用价值，拓宽了其应用领域。平均诱发电位的早成分研究在 20 世纪 70~80 年代就得到广泛应用，特别是脑干听觉平均诱发电位技术在当时成为早期诊断听神经瘤的重要手段。平均诱发电位的晚成分研究，很快成为脑事件相关电位的新研究领域，促进了心理生理学和认知神经科学的发展和成熟。第二次是 1992 年功能性磁共振成像技术的问世，不但没有取代电生理学技术，反而从下述两个方面推进了脑电技术的快速发展。

1. 高时间分辨率脑电记录和源分析技术的出现

功能性磁共振技术对于脑功能的检测具有极高的空间分辨率,但这种基于脑血氧水平的信号分析是脑细胞耗能的变化,滞后于脑细胞的兴奋性变化。因此,需要有时间分辨率高的脑电信号分析方法的配合,才能得到脑兴奋性变化的空间和时间特性。20世纪90年代以前,脑电图仪器最多是21～32导联,为了使脑电图与fMRI配合,脑电图仪的导联数从32导起不断增加导联数,先后有64导、128导和256导等不同型号的产品问世。导联或电极数的增多就能通过逆算法分析出事件相关电位成分在脑内产生的部位,也就是求出偶极子的参数,以便与fMRI所得到的激活区加以对比。

2. 事件相关的脑反应分析

随着数字信号处理理论和技术的发展,出现了一批新算法,例如,独立成分分析、小波分析、相干分析等。这些算法在事件相关电位分析中的应用,不仅提高了信噪比,还促使人们思考如何克服事件相关电位研究中的片面性缺陷。事件相关电位分析是以同一刺激反复出现,将每次诱发的电位变化以刺激呈现时刻为零点,进行锁时叠加,这样就把背景的脑自发电位作为噪声平均削弱而抛弃,使原来淹没在自发电位中的诱发电位显现出来。这种处理技术的优点是提高诱发电位的信噪比,但其片面性却不止一点。首先,它假设只要刺激参数恒定,脑诱发反应也是恒定的。其次,脑受到一种刺激,它的自发电活动基本不变,只是在其背景上出现一个很弱的诱发电位。事实上,这两点假设都不成立。不仅神经细胞,所有的生物组织对外部刺激的反应,都表现为习惯化和敏感化的变化趋势。当一个刺激对生物组织不是损伤性的或致命性的,就表现为习惯化,刺激重复多次呈现,对其反应也就变得淡漠和减弱;相反,若刺激是损伤性的,当其重复出现,就会表现为过快过强的敏感化反应。这是生命体生存的重要基础。所以,事件相关电位技术的第一点假设是片面的;第二点假设存在的问题更多。当受到一个刺激后,大脑自发电活动,也就是脑电图,不仅仅出现了一个微弱的诱发电位,还发生了复杂的变化。首先,表现为自发电位基本节律的变化,原来安静时以 α 波为主,受到刺激的瞬间发生 α 阻抑反应,β 波取代了 α 波成为主频率。其次,脑不同部位记录的电活动,即不同导联的电活动都在不同程度上发生这种 β 波取代 α 波的去同步化(desynchronization)反应,随后又逐渐发生同步化(synchronization),脑电活动的频率逐渐变慢。最后,前头部与后头部之间以及左右两侧与脑中线的诸多导联电活动之间存在一定的相位差。受到刺激的瞬间,各导联电活动之间的相位关系就会发生重组。简言之,当大脑接受到来自内外环境中的事件(刺激)时,脑电信号发生下面四类与事件相关的反应:事件相关电位、事件相关去同步化、事件相关的同步化、事件相关的相位重组。

如何将刺激重复呈现所引起的这四类脑电变化及其蕴含的脑功能信息分别加以提取,正是这一技术领域的前沿课题,相信经过若干年的研究,对脑的事件相关反应会有更准确的分析技术问世。

（三）事件相关的实验设计与叠加技术的发展

信号处理技术领域出现的大量新算法，丰富了认知神经科学研究的方法学，使事件相关的实验设计成为主流的方法学原则。无论是功能性磁共振成像的实验研究，还是大脑电磁信号采集分析技术，都以事件相关的实验设计为基础。事件相关的实验设计包含两个方面的设计技巧：一是事件相关的呈现技巧，二是反应的采集与叠加技巧。以下研究方法是认知神经科学领域的发展趋势：

1. 刺激呈现技巧：去习惯化的刺激呈现法

为克服脑对重复出现的刺激的习惯化反应所引起的各类信号衰减，将几类事件混合在一个实验段内，以随机方式呈现，事后分类叠加。

2. 叠加技术的发展

事件相关的实验设计不仅把刺激作为一种事件，还把被试的反应作为一类事件。此外，不仅把事件出现的时刻作为零点进行叠加处理，还把脑信号本身的特性作为叠加处理的零点。因此，就有了下列锁定的叠加技术：刺激时间锁定的叠加处理（time-locked averaging）、反应时间锁定的叠加处理（response-locked averaging）、脑信号相位锁定的叠加处理（phase-locked averaging）。

研究认知过程，特别是研究知觉和注意过程的脑机制，以刺激时间锁定的叠加处理方法为主；研究执行过程的脑机制以反应时间锁定的叠加处理为首选；关注脑信号的时序性则采用相位锁定的叠加处理。当然，对同一次实验所得原始数据进行各种叠加处理，比较之间的异同，可能更为全面，能够充分利用数据资源。

（四）光成像技术

随着心理生理活动的发生，脑组织的光学特性会产生两类时程不同的改变，均可通过近红外光检测技术加以测定，并可以据此分析脑功能激活的状态。在脑受到某一刺激数十毫秒之内，神经细胞发生一系列生化变化，这时如果导入一束近红外激光，就会发生散射效应，通过近红外散射光测量就能反映出神经细胞兴奋性的变化，这种脑组织对近红外光（波长 750～880 nm）的散射效应（650～950 nm）被称为脑的快速光信号（fast optic signal）。随着脑细胞的兴奋，氧化代谢增强，消耗了脑血流中的氧，所以不但增加了局域性脑血流，而且流入含有高浓度氧的含氧血红蛋白迅速变为脱氧血红蛋白，它们对近红外光的吸收效应构成了数秒时窗内的光信号变化。这就产生了慢时窗光信号。虽然对两种光生理信号的起源还有一定争议，但大体取得的共识是快速光生理信号（毫秒时窗）与神经细胞兴奋过程相关；慢光生理信号（秒时窗）与神经细胞兴奋后脑代谢，即血氧含量的功能变化相关。事件相关的近红外光散射的快生理信号与事件相关电位具有相似的时窗，但是却有更好的空间分辨率。脑电记录分析法随电极数量增多，空间分辨率有所提高。但即使是采用 256 个记录电极，其空间定位误差也不小于 20 mm。与之相比，近红外成像的空间分辨率即使只有不超过 10 个记录光极（optrode），它的空间分辨率是 10 mm。在时间特性上，视觉刺激引发潜伏期 100 ms 的快速光生理信号,复杂的实验范式在额叶和前额叶诱发潜伏期 300～500 ms 的快速光生理信号,随后还有数秒时窗的光吸收效应所引起的慢光信号变化,与 fMRI 有相近的时窗。所以,近红外成像可以灵活快速地采集一系列功能相关的信号变化,与 fMRI 共用(每扫描一次需要数秒),既可以提供极高的图像分辨率(1～2 mm 量级)和大脑被激发部位的准确定位,又可以采集被试毫秒数量级的动态变化信号。

第四节 当代国际前沿研究领域

尽管我们已经概括介绍了脑功能原理,但是对脑功能变化更为精细的规律和机制却了解甚少,对脑重大疾病的诊断、干预和治疗的方法十分有限,对人工智能系统和人脑的自然智能之间的共性和差异等重大问题知之有限。在过去的 20 多年间,欧美等发达国家实施了国家级脑研究计划,取得了一定的研究进展。但是随着世界经济发展所面对的问题、地球环境的变化,以及人类探索宇宙的进展,都迫切要求人类深刻认识自身,特别是了解脑的奥秘。世界各国加大研究投入,吸收认知科学、神经科学和心理科学已取得的研究成果,形成了若干重要研究领域,分别从脑宏观、微观和介观等方面,进一步探索大脑的奥秘(沈政,2017)。

一、宏观机制研究——脑连接组计划

自 2001 年以来,DTI 和 R-fMRI 两项技术的发展,为脑连接组的研究提供了时-空域数据,以图论(graph theory)和因果分析算法为主要基础,吸收多种其他算法,开拓了脑连接组学(cerebral connectome)的新研究领域。以 DTI 的体素(voxel)作为图形算法的节点(node),节点间连线作为边沿(edge),边沿的粗细表征节点间连接的强度或权重。如图 3-1(见书后彩插)所示,将 998 个 ROI 作为节点(每个节点的脑表面积为 $1.5\ cm^2$),将节点间连线用脑结构的 DTI 数据调整其粗细,表达连接权重的大小,从而得到白质分布密度,表征不同侧面的脑区之间的结构性连接图。再对同一组被试(5 人)采集 R-fMRI 数据,依据 BOLD 信号进行功能连接性计算。最后,给出结构连接图和功能连接图之间的相关性,如图 3-1(d)中的 $r^2=0.62$,表明各脑区之间的结构连接性是其功能连接性变化的核心骨架。

对于脑连接组的研究,中国科学院和国家自然科学基金委已投入数以亿计的资金。最初的研究成果体现为各种脑成像数据采集和新算法的问世,直到最近才总结出一些新的理论。例如,脑连接组的协同性和竞争性扩散动力学原理,多尺度脑网络理论和比较连接组学等。相信今后该领域将会有更多的理论文章问世,经过多年的积累,这一研究领域将会取得脑网络理论的突破性进展。

二、微观机制研究——脑活动图研究计划

神经连接组计划主要依靠 DTI 和 R-fMRI 方法,能采集到的脑功能数据十分有限,难以深入得到分子和单细胞水平上的海量数据变化规律。人类大脑皮质平均厚度为 2.4 mm,每平方毫米的大脑皮质面积中,分布着 9 万个神经元,而磁共振成像技术中的体素一般均大于 1 mm^3。这意味着神经连接组的节点,实际上是几十万个神经元活动的总体行为。2013 年,一些学者提出了一个更大的人脑研究工程——脑活动图(brain activity map,BAM)计划。该计划的目标为:创建一批新科学手段,以便能够同时从大量神经细胞中记录或获取海量数据;发展一批能够选择性干预脑内某些神经回路中的个别细胞的方法,以便观察生理心理功能的精细变化;深入理解脑回路的生理心理功能。该计划策划者对细胞和分子水平上多种光成像技术更为关注,寄希望于这类方法可以从人脑中获取海量数据。下面介绍其中一种有代表性的研究模式。

利用小鼠恐惧条件反射的行为实验模型,通过光导纤维将特定波长的激光导入鼠脑海马内作为条件刺激,激发海马齿状回细胞内的信号转导系统和细胞核内基因转录的蛋白质合成过程,可以在小鼠脑内制造恐惧经验的记忆痕迹。由此证明,通过对某类细胞活性物质代谢的干预,可以人为地制造恐惧经验,并能保存在海马三突触回路中。如图 3-2 所示(见书后彩插),这一研究用了三组小鼠,实验组是原癌基因反式四环素激活的转基因小鼠(c-fos-tTA transgenic mice),从未受到足底电击的疼痛刺激;一个对照组的普通小鼠,自幼膳食中含有多西环素(doxycycline),连续数日受到足底电击的疼痛刺激;另一个对照组小鼠,正常饲养,饲料中没有多西环素,连续数日受到足底电击的疼痛刺激处置。正式实验前,在三组小鼠头部进行立体定位手术,安装并固定两个套管。手术恢复后,通过这两个套管,将腺相关病毒(adeno-associated virus,AAV)编码的四环素反应成分——光敏感通道蛋白(AAV9-TRE-ChR2-mCherry),注射到小鼠的海马齿状回神经元内。再通过套管植入光导纤维,使其前端位于海马齿状回,将蓝色激光导入。结果发现,正常饲养的对照组小鼠,足底受到电击并给予蓝色激光刺激,就会在海马齿状回表达出 AAV9-TRE-ChR2-mCherry 的红色荧光效应;自幼食用多西环素的对照组小鼠足底受到电击并给予蓝色激光刺激,在海马齿状回却没有表达出 AAV9-TRE-ChR2-mCherry 的红色荧光效应。实验组 c-fos-tTA 转基因小鼠,没有给予足底电击,只是给予蓝色激光刺激,不但在海马齿状回表达出 AAV9-TRE-ChR2-mCherry 的红色荧光效应,还在海马齿状回和 CA1 区的神经元中,均记录到幅值约 100 mV 的高频神经发放,还可见到由生物胞素标记所表达的 ChR2-mCherry。

由此可见,这种研究基于细胞和分子水平上的神经生物学干预,改变细胞活性物质的代谢,就可能产生动物行为效应,制造疼痛经验及其记忆过程。这对于理解心理和行为及其脑疾病的机理很有意义。但值得注意的是,将低等动物研究结果扩展至人,必须持慎重态度。基于低等动物本能的恐惧经验,在性质上和人类社会生活经验等复杂记

忆的性质和神经基础具有很大差异。

三、介观机制研究——中国脑计划

为期15年（2016～2030年）的我国第一个国家级脑研究计划：基础神经科学、脑疾病和类脑智能技术研究，又称为"一体两翼"计划。如第2章开篇所述，scRNA-Seq是一类全基因组mRNA转录量化技术，可以提供细胞及其分子回路的大量信息。目前主要用于肿瘤和神经退行性疾病的病理研究，有多种scRNA-Seq方法用于研究不同疾病的病理问题，中国脑计划可能是在这类技术中，寻找神经细胞的蛋白标记探针，再从荧光生物技术中选用可以大视野显示细胞形态的限定性启动光转换技术。例如，利用共聚焦显微镜，加上两个半圆形红、蓝滤光片和波长488 nm、730 nm的连续光源，就可以显示单个神经元及其轴突和树突分支形态。这种单个神经元介观图对于分析非人灵长类动物具备的自我认知、非自我认知、共情和心理理论能力等脑回路机制，将发挥重要作用。我国具有丰富的非人灵长类动物资源，利用这些资源可以预期，在恒河猴脑回路的介观结构图和介观功能图研究中将得到丰富的成果，这对于加深理解人类被试脑成像研究所积累的宏观数据具有特殊意义。

该计划中对于开发脑疾病早期诊断和有效治疗方法主要涉及发育障碍（自闭症和精神发育迟滞）、神经精神障碍（抑郁症）和神经退行性疾病（阿尔茨海默病和帕金森病），特别重视从我国传统医学中吸取资源，发展这些疾病的治疗手段。对于开发脑-机智能技术，涉及人工智能、人工神经网络、机器学习、智能芯片设计和认知机器人学等领域的发展。在此基础上，拟重点开发智能化人机接口，研发的认知机器人既能理解人的意向，又能给出机智的反应，还能从理解人的意向和决策中，学习和积累经验，具有共情和心理理论能力。

专栏一　学习理论的突破——述评温寒江课题组的理论创新

第一篇三章所介绍的认知科学的三个组成学科的基本理论概念，都在一定程度上涉及学习理论。古典自然哲学家在16～19世纪争论的学习理论是"联想律"，随后是心理学家对动物学习的实验研究，总结出练习律、效果律和奖偿律。巴甫洛夫1927年对条件反射的研究，很快得到世界公认，被称为经典条件反射理论。1943年，W. S. McCulloch和W. Pitts开创的ANN，训练的是神经单元间的连接权重（weight），是一类无须知识前提的学习；20年后人工智能（AI）研究创始人A. Newell和H. Simon发表的模拟人类思维的程序"一般问题解决者"是基于知识前提的学习。这些学习方式基本都是把学习作为一种初级认知过程采用自下而上的信息流加工方案。

心理学家和神经生理学家发现的学习规律和理论大多来源于对动物学习的观察和研究，ANN和AI的训练仅适用于人工智能系统。无论在训练中是否以知识为前提，训练者或使用者必须是计算机专家、AI专家或ANN专家。现代社会中,学习是人类个体生存的重要前提,不但从儿时起就要接受基础教育、职业教育或高等教育,而且成人也要不断接受社会新事物乃至成人教育。随着社会经济和科学技术的快速发展,人类的生活条件和生活方式不断更新,任何人都必须活到老学到老。那么,人类的学习和动物学习乃至机器人的学习有何本质差异呢?概括地讲,已知三大类学习方式:经验式学习、非经验式认知学习和感知-理解-巩固运用式学习。低等动物以其本能为基础,适应环境和积累经验而生存着,多属经验式学习;高等灵长类动物已经可以靠观察-模仿的非经验式认知学习,解决生存中的问题。实际上,这类认知学习也是靠其经验积累的"知识"为前提的。机器的学习能力由其设计和制造者所赋予,人工神经网络的训练和学习算法实际上是设计者的经验和知识;人工智能中基于知识的学习,是根据人类解决问题的产生式原理研发出来的。所以,经验和知识是学习行为的普遍要素。那么人类学习特点何在?按照温寒江先生的想法,在知识的感知环节上,人类不仅仅靠直接经验获得,也可通过语言文字或教育获得;知识不仅靠经验的积累和记忆存储而增长,还能靠自己头脑的思维推理而形成,人脑通过思维不但能理解经验知识,还能创新知识。从这个意义上,温寒江、连瑞庆《构建中小学创新教育体系》一书所总结出来的"感知-理解-巩固运用式教育模式",基本涵盖了人类不同于机器和动物的学习特点。温、连二位老师所概括的核心创意,在于人类的学习和教育应强调思维的主导作用。这一概念突显了人类个体学习的主动性。在基础教育中,教师不应仅仅传授知识,更应点燃学生积极学习的热情。

根据北京教育学院编《求索:温寒江教育科研三十年》一书,温寒江先生生于1924年,20世纪50年代曾任北京四中等名校校长,后任北京教育学院院长,为我国培养了大批优秀教师。60岁以后,他又领导北京市多所中小学和大专学校500多名教师组成的基础教育课题组30多年,直到90多岁才宣布结题。在这30多年间,这支研究队伍先后完成了国家"六五"至"十五"基础教育研究规划,出版20多本专著。温老师作为第一作者出版的五本专著,总结出一整套基础教育理论和教学经验。在世界教育学、心理学和认知科学上突破了学习理论,提出了思维主导的人类学习理论。正如曾任北京市人大常委会副主任和北京市教委主任的陶西平先生在其所写的序言中所说:"他既不是单纯的理论家,又不是单纯的实干者,他是一位在理论与实践相结合的基础上构筑学术殿堂的建筑师。"这位百岁老人,目前还在为中国基础教育事业发展,不停地跳动着上下求索的舞步。

第二篇

人脑认知加工的基本过程

人脑认知加工的基本过程包括感知、意识、注意、学习、记忆、语言、思维和社会意识等具体过程,是人们在认识世界和改造世界的过程中,必然伴随的内在心理活动。其中语言、思维,以及延伸出来的社会意识是人类独有的高级认知过程;前五大认知过程是人和动物共有的初级认知过程。此外,上述基本认知过程必然伴随着人们内心的动机、情感变化,以及产生行为意向及其执行控制过程,对此已经形成了社会情感过程的认知神经科学理论。

4

知觉和意识

第一节 知　　觉

感觉和知觉都是当前事物作用于我们的感觉器官所产生的反应。它们的差别在于:感觉是对事物的个别属性(如颜色、气味、温度)的反映;知觉则是对事物各种属性所构成的整体的反映。当你只看到光亮、听到声音,这叫感觉;当你看到一个红色的、里面装满茶水的杯子放在桌子上,这是知觉作用的结果。由此可见,知觉的宗旨是解释:作用于我们感官的事物是什么,在哪里,将要去哪里,对生存有何意义?

人类知觉是一个连续、瞬时,并且通常是无意识的过程,这种"自然而然"的过程通常掩盖了知觉过程内部的复杂机制。

一、视觉

(一) 视觉通路

1. 眼球

眼包括眼球、眼睑、泪器、眼窝和眼肌五大部分。众所周知,人有两个眼球,位于头骨水平中线的两个眼窝内,由其周围细小而有力的眼肌调整转动朝向。人类的眼动由特定脑区负责协调控制,对于扫视视野中不同位置和不同距离的图像十分必要,而不必像其他一些物种(鸽子或猫头鹰)转动整个头部。眼睑和泪器保护眼球、分泌眼泪并维持眼球湿润干净。

人类和很多食肉动物的双眼位于头部前侧,使得视野中有大部分重叠,双眼视觉对于深度知觉很有益处(见"深度知觉"),这样有助于捕食者准确进攻前方猎物;很多草食动物的双眼位于头部两侧,使得视野的重叠很小,而总覆盖面积很大,有助于被捕食者监控大范围空间中的可能危险。因此,自然界中,双眼位置反映出不同物种进化过程中在深度知觉和视野覆盖面积之间的权衡。

一直以来,关于眼球成像功能的了解主要来自对透镜成像原理的研究。眼球的构造可与照相机类比:巩膜好比照相机的外壳,角膜好比透镜前方的玻璃盖,前房好比玻璃盖与透镜之间的空间,虹膜上的瞳孔好比光圈,晶状体好比透镜,睫状肌可以灵活改变晶状体的焦距,玻璃体好比腔体,视网膜好比底片。总而言之,与照相机一样,眼球的光学功能体现在两个方面:收集外界物体表面发出或反射的光,并在眼球后部聚焦形成清晰的图像(图4-1(a))。

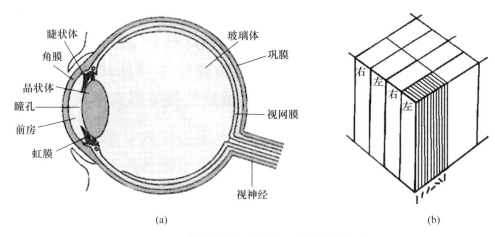

图 4-1 眼球的基本构造与视皮质的功能柱排列

2. 视网膜:感光细胞、中间细胞、神经节细胞

正如上文提到的,视网膜位于眼球后部,最内层由数百万个感光细胞组成,分为两种类型:一是主要位于中央凹的视锥细胞,二是主要位于视网膜外周的视杆细胞。感光细胞内的感光色素暴露在光线中会分解并改变其周围电流,这就将外界光刺激转换为大脑可理解的神经电信号。

视锥细胞的光敏感度低,但具有分辨颜色的能力。因其包含不同视紫蓝质分子而分为三种,对不同波长的光子敏感(见"颜色知觉")。与视网膜的视轴正对的中央凹处视觉最敏锐,仅含视锥细胞且密度最高。鸽子视网膜中只含有视锥细胞。视杆细胞所含视紫红质分子对弱光敏感,1个光量子可引起1个细胞兴奋,5个光量子就可使人感觉到闪光,但不能分辨颜色。猫头鹰只有视杆细胞。人类的中央视野主要负责敏锐和有色的视觉,外周视野主要负责夜间的视觉。

接下来,视网膜感光细胞将视觉信息传给双极细胞进行初步会聚;然后水平细胞和无长突细胞对神经信号进行侧向联系;最后神经节细胞的轴突聚集成视神经(视网膜上视神经从眼球通向脑部的区域因无感光细胞而称为盲点)将信息首次通过发放动作电位的方式向上传递(最终达到皮质的中枢神经系统)。对灵长目来说,神经节细胞有两类:M细胞和P细胞。M细胞比P细胞大且轴突粗厚,因而信号传递速度快;M细胞感受器较大,对光强的微细差别敏感,故能有效处理低对比度;但高对比度时发放率易饱和,且空间分辨率低,对颜色也没有感觉。P细胞则相反,它能有效地处理高对比度,且有高空间分辨率,对颜色敏感,但信号传递速度较慢,其数量则比M细胞多得多(P

细胞占神经节细胞的80%左右,M细胞只占10%,另约有10%为其他细胞)(进一步传递情况见"LGN分层投射")。

事实上,人类虽然有约2亿6000万个感光细胞,却只有200万个神经节细胞,即视网膜的传出细胞,表明此时信息已得到部分整合和抽象化处理。

3. 视交叉、皮质上(下)通路、LGN分层投射

视觉信息在从眼睛传递到中枢神经系统的过程中,进入大脑前,每条视神经分成两部分:颞侧(外侧)的分支继续沿着同侧传递;鼻侧(内侧)的分支经过视交叉投射到对侧。由此可知,左视野的所有信息被投射到了大脑右半球,右视野的所有信息被投射到了大脑左半球。

进入大脑后,根据每一条视神经中止于皮质下结构的位置可分为不同的通路:视网膜-膝状体通路,即从视网膜到丘脑的外侧膝状体(LGN)的投射,并且几乎全部中止于枕叶的初级视皮质(V1),该通路包含了超过90%的视神经轴突;剩下10%的纤维形成视网膜-丘体通路传到其他皮质下结构,包括丘脑枕核以及中脑的上丘,这10%就已经多于整个听觉通路已发现的神经纤维,因此上丘和枕核在视觉注意中同样扮演重要角色,甚至有时视网膜-膝状体通路被认为是更为初级的视觉系统(见"皮质下视觉")。

视网膜-膝状体通路的具体投射情况为:灵长目的外侧膝状体共有6层,内侧1、2两层由大细胞构成,分别接受右眼或左眼的视网膜神经节中的M细胞输入;其余的3、4、5、6层则接受来自视网膜神经中的P细胞投射(分别来自左、右两只眼睛,但每一层只能从一只眼睛得到输入)。生理实验表明:LGN中的小细胞层神经元主要携带有关颜色、纹理、形状、视差等信息,大细胞层神经元则主要携带与运动及闪烁目标有关的信息(进一步皮质投射见"运动知觉")。

4. 初级视皮质的功能柱、拓扑地形图

D. H. Hubel和T. N. Wiesel从1962年开始用单细胞微电极记录结合组织学技术研究视皮质细胞构筑,1981年获得诺贝尔生理学或医学奖。他们在初级视皮质发现了两类主要功能柱:方位柱——具有相同最优朝向的视皮质细胞垂直于皮质表面柱状排列;眼优势柱——大多数双眼细胞接受双眼输入时总有一侧眼占优势,同侧眼优势比例相同的细胞垂直于皮质表面柱状排列[图4-1(b)]。而空间频率柱则不如上述两种功能柱那样界限分明。

拓扑性投射是视觉加工的又一个显著而又普遍的特性:在视网膜上相邻的区域对应投射到纹状皮质的相邻区域。这种转换保证了视觉表征与真实世界相比,空间相对位置保持不变,仅在相对大小方面稍有扭曲。其中,中央视野在枕极得到较大面积的表征,说明人类对视网膜中央位置物体的皮质加工程度远远高于外周视野(图4-2,见书后彩插)。这种拓扑地形图在之后的几个视皮质区得到一定保持(具体见"视皮质分区")。

5. 腹侧通路的视皮质分区

近年来,随着视觉生理研究的逐步开展,在猴子及人类的皮质上已经发现了越来越多的皮质视觉区。

确定视觉区的标准有很多。其一为神经解剖,例如,V1 和 V2 之间的边界(皮质标本表面有无条纹)相当于布罗德曼 17 区和 18 区之间的边界。其二为测量空间中信息在皮质中的对应表征,每一个视觉区都包含对侧视野外部空间的拓扑表征,相邻的视觉区之间的边界可以通过拓扑图定位,如图 4-2 所示(见书后彩插)。

6. 颞叶和顶叶

很多实验发现:以颞叶为代表的腹侧通路负责辨认物体,也就是所谓的 what 通路;而以顶叶为代表的背侧通路负责定位物体或为抓握物体做准备,也就是所谓的 where 通路。颞叶损伤病人通常表现出视觉失认症:不能通过视觉辨别某种类别的物体,比如面孔失认症的病人不能够通过观察面孔来识别他人(甚至是配偶、父母或孩子),但却可以通过听他们讲话立刻辨认出来,然而这种缺陷又不是视觉体验缺失引起的(他们可以很细致地描述出所看到的面孔,包括脸上的雀斑和鼻梁上的眼镜),可以推测这是 what 通路的辨认环节出了问题。同样,顶叶损伤的病人表现出单侧忽视的症状:不能注意到损伤部位对侧视野中的物体,而这种缺陷又不是物体特异性的,可以推测这是 where 通路的定位环节出了问题。

然而,目前两个通路的连接处还没有得到最终的确定,一个可能的位置是大脑中的额叶,因为这个脑区能够同时从颞叶和顶叶接收信息,然而其中可能还有很多复杂的环路和中转站,有待进一步研究。

7. 皮质下视觉:盲视

如前所述,外侧膝状体的几乎所有上行性轴突都终止于初级视皮质。虽然初级视皮质受损会导致个体失明,然而这种失明可能是不完全的。有研究显示,动物或人在初级视皮质缺失的情况下仍然可以保持视觉能力。

牛津大学的 L. Weiskrantz 在 1986 年测试了一个半侧视野失明患者 D. B.,考察他是否可以检测到呈现在盲区的客体的位置。结果像预期的那样:D. B. 在定位刺激上的眼动表现高于概率水平。这种盲人患者仍残留一些定位刺激能力的现象,其具体机制尚存争论。R. Fendrich 等研究者 1992 年反驳道:另一种可能是皮质损伤并不完全,盲视可能来自余下组织的残留功能。

(二) 视知觉

1. 初级视觉

(1) 颜色知觉及其生理机制。

在知觉方面,人类通常用三个维度描述色彩:第一个维度是"色调",由"红色""蓝色"等描述;第二个维度是"亮度";第三个维度是"饱和度",也就是颜色中白色所占的比例,比如红色中的白色比例越重就会越接近粉红色,就越不饱和。在物理方面,上述三个维度分别对应为:色调对应于光波的平均波长,明度对应于光波的波形面积,饱和度对应于光波的变异方差。

关于颜色的生理机制,首先是亥姆霍兹的三色理论。他发现一般人只要用三种色光依不同比例混合就可以配成任何一种颜色,所以认为人类有三个系统来处理色彩。20世纪70年代,生理学家果然发现三种人类视锥细胞,分别对不同波长的光吸收率最高:S视锥细胞(以下简称"S")对419 nm的光最敏感;M视锥细胞(以下简称"M")对531 nm的光最敏感;L视锥细胞(以下简称"L")对558 nm的光最敏感。后来,E. Hering提出了对比加工理论,用来解释色盲(红色盲同时也是绿色盲,蓝色盲同时也是黄色盲)、颜色后效或颜色的同时对比效应(具体见"视错觉")等现象——对红色兴奋就对绿色抑制,对黄色兴奋就对蓝色抑制,对白色兴奋(或抑制)就对黑色抑制(或兴奋)。对此,后来研究者在LGN和视网膜上都找到了生理证据支持:在猴子的LGN上,1968年R. L. DeValois和G. H. Jacobs找到了对比细胞,对光谱刺激在不同的波长处产生由兴奋到抑制的转变。视网膜的神经节细胞中也可找到对比细胞。

进一步,双重加工理论将以上两种理论结合起来认为:三色理论在感受器层次体现颜色信息的接收;对比加工理论在神经节细胞层次体现对颜色信息的整合。整合的方式为神经网络连接:比如神经节中的R^+G^-细胞(红绿对比)接收L的兴奋和M的抑制;B^+Y^-细胞(黄蓝对比)接收S的兴奋和L+M的抑制;W^+B^-细胞(亮度对比)接收S的兴奋和L+M的兴奋。后来,研究者又在V1中发现了双重对比细胞,即感受野呈现中心-外周同心圆模式:比如中心R^+G^-外周R^-G^+(中心红-外周绿)的细胞等。在对M.S.脑损伤病人的研究中,发现了皮质色盲:即使视锥细胞或视皮质对比细胞正常也有可能丧失颜色知觉,是因为其颜色中枢V4受损所致。S. Zeki等人1993年借助PET技术,通过将被试看灰色刺激时的新陈代谢活动从被试看颜色刺激时的新陈代谢活动中减去,同样得到了表征颜色的区域V4。

(2)空间知觉:细胞感受野、方位选择和边缘检测。

正如前文所述,视网膜中的神经节细胞是视觉通路中第一种可以发放神经动作电位的细胞,经S. W. Kuffler和H. B. Barlow在1953年采用单细胞记录的方式首次发现具有中心-外周同心圆模式的感受野,具体分为两种:中央兴奋细胞和中央抑制细胞,分别对中央亮、周围暗和中央暗、周围亮的刺激有强烈反应。随着技术手段的进步,后来研究者同样得到了双极细胞分级神经电信号的中心-外周同心圆感受野。同样的模式也在LGN细胞中发现,只不过面积更大,周围抑制更强。

D. H. Hubel和T. N. Wiesel发现初级视皮质V1部分神经元有共同特点:对大面积弥散光刺激没有反应,而对有一定朝向的亮暗对比边缘或光棒、暗棒有强烈反应。但若刺激方位偏离该细胞的"偏爱"方位,细胞反应便停止或骤减。也就是说,V1中部分神经元的感受野为狭长的线条性,并且可以检测到空间中特定位置、特定方向的刺激。除了这种简单细胞,研究者还在V1中发现了复杂细胞:不仅对方位刺激有反应,而且感受野更大,刺激位置也不必局限在某个特定位置,该神经元还可以对刺激运动的特定方向进行类似于对特定方位的反应。复杂细胞占 V1 的 75% 左右且不同于外侧膝状体细胞和简单细胞那样只对一侧眼的刺激有反应,而是对两眼的刺激都有反应,但会有单眼优势,表明复杂细胞已开始初步处理双眼信息。最后还有一类超复杂细胞,只对具有端点的线段或拐角才有最佳反应。

从双极细胞、神经节细胞和外侧膝状体同心圆式的感受野,到简单、复杂、超复杂细胞的边缘式感受野,每一水平的细胞所"看"到的要比更低水平的细胞多一些,并逐渐建立物体的线条和轮廓,为更高级视皮质对视觉信息的加工和构建(比如物体的形状知觉)提供基础。

(3) 深度知觉。

深度知觉又称为距离知觉或立体知觉,是个体对同一物体的凹凸或对不同物体的远近的感知,并且根据视网膜二维平面的信息输入构建具有深度的三维空间,是知觉构建的一个绝佳实例。虽然根据经验和有关线索,仅凭一只眼睛也可在一定程度上知觉深度,但深度知觉主要还是通过双眼视觉实现。有关深度知觉的线索有:双眼视差、双眼辐合、晶状体的调节、运动视差等生理线索;也有物体遮挡、线条透视、空气透视、物体纹理梯度、明暗和阴影以及熟悉物体大小等客观线索。大脑可以整合各种线索判断深度和距离。

关于深度知觉的生理机制主要集中在 V2 视觉区。1962 年,D. H. Hubel 和 T. N. Wiesel 首次在 V1 中发现了双眼神经元,即同样的棒状或边缘刺激呈现给双眼引发的反应强于呈现给单眼,但仅当呈现给双眼视网膜上同一位置时,V1 的双眼神经元才会有反应,说明 V1 对于视差不敏感(仅对零度视差敏感)。后来,研究者在猴子 V2 皮质中发现了对于特定角度视差有反应的神经元,说明双眼分视主要从 V2 开始得到体现。

(4) 运动知觉。

运动知觉包括对物体真正运动的知觉和似动。对物体按特定速度或加速度从一处向另一处连续位移的知觉,是真正运动的知觉。人们把静止的物体看成运动或把客观上不连续的位移看成是连续运动,称为似动。要得到连续似动的最佳效果依赖于刺激强度、时间间隔和空间距离三个物理参数,它们之间的关系可由 Korte 定律得到。似动现象是一种视错觉现象。类似地,电影中一系列略有区别的静止画面产生连续运动的"动景运动";在黑暗中注视一个细小的光点会看到它来回飘动的"自主运动";在皓月当空的夜晚人们觉得月亮在"静止"的云朵后徐徐移动的"诱发运动";在注视倾泻而下的瀑布后,将目光转向周围的田野会觉得景物都在向上飞升的"运动后效"(神经机制见"视错觉")等,都是运动视错觉的一种。

如前所述,运动知觉最早开始于视网膜神经节细胞中的 M 细胞。M 细胞的反应迅速、感受野大、对光强敏感和低空间分辨率等特性十分适合加工运动信息,而 P 细胞的相反特性则适合加工形状和颜色信息。M 细胞和 P 细胞的分离特性一直维持到

LGN不同片层中,并进一步传递到V1中。由前可知,V1能对向各个方向(共360°)运动的物体产生方向特异性反应,最终V1中的运动神经元投射到位于内侧颞叶的运动区(MT),此时可对相互垂直运动的光栅进行矢量整合,从而感知到倾斜45°的共同运动。对脑损伤病人的研究发现,MT区域损伤的病人不能觉察到连续的运动。S. Zeki等人1993年借助PET,通过将被试看静止刺激时的新陈代谢活动从看运动刺激的活动中减去,同样得到了表征运动的区域V5。

2. 中、高级视觉

(1) 知觉组织(格式塔)、amodal完形及错觉轮廓。

在充满多个物体的复杂场景中,由初级视觉分析得到的线条和轮廓必须被恰当归于不同表面和物体,并还原出真实的相互关系,才有助于个体对外界信息的正确处理。

格式塔心理学家研究得到几条经典的知觉组织规律:接近性(在时间或空间上接近的部分容易形成一个整体)、相似性(颜色、大小、形状相似的部分容易被看作一个整体)、完整性(单纯的、规则的、左右对称的部分容易被看作一个整体)、连续性(形成连续平滑线条的部分容易被看作一个整体)、共同命运(向相同方向运动变化的部分容易被看作一个整体)、定势因素(先前知觉的组织形式会对紧接着的知觉产生相同的影响)等。

前文提到的单眼深度知觉线索之一的"物体遮挡",也是知觉组织的线索之一,可以有效协助个体分割图形和背景并正确分辨物体。推断被遮挡物体的形状,又称为"amodal完形",遵循Pragnanz的最简原则。另一种类似视觉遮挡的现象可以使人们产生错觉轮廓,又称为"modal完形",即人们会将物理方面(明度、颜色、质地、空间位置等)不连续的刺激看成是连续的,甚至清楚地看到并不存在的"虚幻边""虚幻面"及"虚幻的遮挡线索",会觉得错觉图形比周围的区域亮并压在其他图形上面。

自1970年至今,研究者一直试图得到该现象的生理机制。R. Von der Heydt和E. Peterhans在1989年通过单细胞记录手段发现V2中的部分神经元对错觉轮廓有选择性反应。

(2) 物体识别。

高级视觉要解决的问题是如何分辨和归类物体及其各种属性,此阶段的加工对象不再是光点、线段、轮廓或表面,而是物体。物体具有三个方面的不变性:大小不变性、平移不变性、旋转不变性。然而物体在视皮质中的表征方式及其对应的识别方式一直是个颇有争议的话题:究竟以观察者为中心,还是以物体为中心?

H. H. Bülthoff和S. Edelman在1992年、方方和何生在2005年(图4-3)分别以三维物体和面孔为刺激进行视角后效(具体见"视错觉")的行为研究,得到同一物体不同视角的表征,支持了观察者为中心的物体识别理论。其他研究者也通过单细胞记录和fMRI技术在颞叶得到了对物体视角有选择性的神经基础,在生理上支持了该结论。

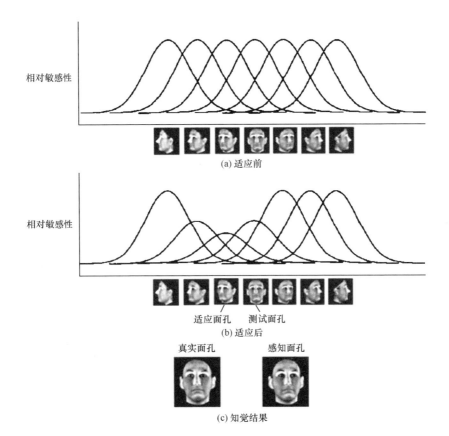

图 4-3　在以观察者为中心的物体表征假设下，适应面孔特定视角产生相应后效的原理示意
（引自 Fang & He，2005）

（a）假设人类视觉系统中的一群神经元中每一个神经元都依次表征某一个特定的视角。（b）在适应了侧向的某一特定视角后，位于该适应视角周围的神经元群的敏感性降低。（c）导致正面视角的面孔看起来朝着与之前适应方向相反的方向转动。

（3）面孔及其特异性加工区域。

面孔是高级视觉中不容忽视的一类特殊物体，其特殊性已得到一些行为证据的支持（倒置效应、部分-整体效应等），而且生理上众多研究也得到面孔加工的一系列特定脑区，2008 年的研究通过微电极刺激结合脑成像技术在猴子大脑皮质中发现了这些区域之间的特异性联结。目前，公认的面孔区域是颞叶梭状回面孔区（face fusiform area，FFA）。该区域的功能特异性得到电生理学研究、脑成像研究、脑损伤病人研究证据的广泛支持，并已基本被证实不是纯粹的专家效应（人类看面孔最多而形成经验所致）。现在的研究已经深入到该区域与其他面孔区之间的联结以及功能上的异同。

(三) 视错觉

像其他知觉一样,视知觉并非客观世界的直接反映,而是一个重构的过程。虽然通常情况下可以还原真实世界,然而在特殊情况下重构过程不能保证百分之百准确,此时便出现"视错觉"(大小错觉、朝向错觉、形状错觉、位置错觉、颜色错觉、运动错觉等)。研究者会反过来利用这一点得到日常生活中得不到的视觉系统内部重构的规律,使视错觉成为有力的研究工具之一。

1. 同时对比效应(颜色、朝向)及侧抑制

同时对比效应指同一刺激因背景不同而产生感觉差异的现象。比较典型的有颜色对比效应:同一种颜色放在较暗的背景上看起来明亮些,放在较亮的背景上看起来灰暗些[图 4-4(a),见书后彩插]。还有朝向对比效应,也称为倾斜效应:同样竖直的光栅放在周围朝右的光栅中看起来偏左,放在周围朝左的光栅中看起来偏右[图 4-4(b),见书后彩插]。

目前,主流的解释是侧抑制理论:任何细胞的激活总会在一定程度上抑制邻近细胞的激活。因此,色块周围较亮背景引发的激活会抑制对色块反应的神经元的活动,从而影响对色块亮度的判断;同样,光栅周围倾斜背景引发的朝向特异性激活会抑制光栅处对应朝向神经元的活动,使对光栅反应的朝向神经元反应不均衡,光栅看起来向反方向倾斜。该机制同样可以解释赫尔曼栅格和马赫带等其他视错觉,并广泛存在于神经网络模型构建中,已被证实有助于提高动物对图形的识别能力。

2. 适应后效(颜色、运动)及神经元疲劳模型

"入芝兰之室,久而不闻其香;入鲍鱼之肆,久而不闻其臭。"刺激对感受器的持续作用使感受性降低的现象属于感觉适应的一种,是神经元疲劳所致。随之产生的错觉为适应后效。比较典型的视觉后效有前文提到的颜色后效(长时间注视红色块后,在白色屏幕上会看到蓝绿色块)、运动后效(注视倾泻而下的瀑布后将目光转向周围的田野,会觉得景物都在向上飞升)。

与同时对比效应类似,该现象是由神经元激活水平不均衡引起的。此时,引发部分神经元反应减弱的原因是神经元的疲劳,比如在观看红色块前,视网膜或 LGN 中 R^+/G^- 和 R^-/G^+ 的对比神经元对白光的反应一样好;适应过程中 R^+/G^- 神经元的敏感性因疲劳而下降,而 R^-/G^+ 神经元则不变;适应后 R^+/G^- 和 R^-/G^+ 神经元对白光的反应敏感性不再等同(R^-/G^+ 敏感性相对更高),这种不平衡导致白色块看起来有些发绿。虽然会导致视错觉,但适应可以使得个体能够忽略环境中的不变因素,及时节省认知资源以处理环境中的新异因素,有利于其在快速变换的自然环境中存活发展。

二、听觉

(一) 听觉的神经通路

内耳的复杂结构提供了将声音(声压的变化)转换为神经信号的机制:声波使得耳

鼓振动,在内耳液中产生了小波,从而刺激了排布于耳蜗基底膜表面的细小毛细胞(初级听觉感受器)产生动作电位。通过这种方式,一个机械信号,也就是液体的振荡,被转换为一个神经信号,也就是毛细胞的输出。耳蜗的输出被投射到两个位于中脑的结构:耳蜗核和下丘。从那里,信息被输送到位于丘脑的内侧膝状体核(medial geniculate nucleus,MGN),再将信息传递到位于颞叶上部的初级听皮质(A1)。

(二) 声音的三种特性

声音的三种知觉特性分别为响度(loudness,声音的大小)、音调(pitch,声音的高低)和音色(musical quality,声音的辨识度),分别对应着声波的三种物理特性。其中,发声物体发出声波的振幅越大,知觉到的声音响度就越大[图 4-5(a)]。发声物体发出声波的频率越高,知觉到的声音音调就越高[图 4-5(b)]。不同的发声体由于材料、结构不同,发出声音的音色也就不同。即使在同一音高和同一声音强度的情况下,根据不同的音色,人耳也能区分出是乐器还是人发出的。听知觉中相同响度和音调上的不同音色就好比视知觉中同样饱和度和亮度配上不同的色调的感觉一样。

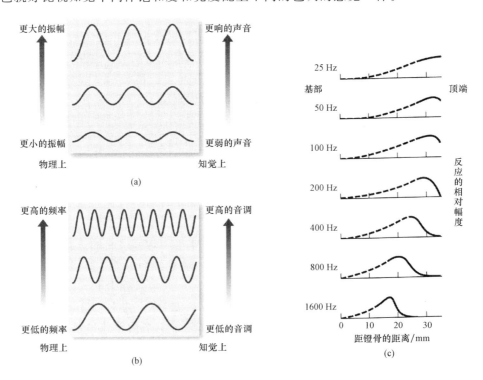

图 4-5 声音的三种知觉特性

(a) 同一频率的纯音刺激,其振幅越大,则知觉到的响度越大。(b) 同一振幅的纯音刺激,其频率越高,则音调越高。(c) 基底膜对不同频率的声音具有的最大反应(反应曲线的峰)出现在基底膜距镫骨不同距离的位置:低频声音的最大激活处位于耳蜗顶端,高频声音的最大激活处位于耳蜗基部。

音色的不同取决于不同的泛音:每一种乐器、不同的人发出的声音不是纯音,而是复合音。复合音中除了一个基音(特定声波做傅里叶分析后的基频),还有许多不同频率的泛音(特定声波做傅里叶分析后的谐波)伴随[图 4-6(a)和(b),见书后彩插]。正是这些泛音决定了其不同的音色[图 4-6(c),见书后彩插]。虽然不同的泛音都比基音的频率高,但强度都相当弱,因此音调取决于声波中基音的频率。

(三) 听觉的频率加工

1. 细胞的频率感受野

在听觉加工的早期阶段,即耳蜗处,关于声音来源的信息已经可以得到区分。毛细胞具有编码声音频率的感受野。人类听觉的敏感范围为最低 20 Hz 到最高 20 000 Hz,但是对 1000~4000 Hz 的刺激最敏感,这个范围涵盖了对人类日常交流起关键作用的大部分信息,如说话或婴儿的啼哭声。耳蜗基部的毛细胞对高频声音敏感,而位于耳蜗顶端的毛细胞则对低频声音敏感[图 4-5(c)]。然而,这些细胞的感受野在很大范围内重叠。而且,自然声音,比如音乐或说话,是由复杂频率构成的;这样,声音就激活了广大范围的毛细胞。

2. 听皮质的张力拓扑图

不仅在听觉加工的早期阶段基底膜上有张力拓扑图(tonotopic map)——依照音频高低次序排列的映射,初级听皮质与声音的频率也有连续的映像关系。正好像视野中相邻位置的刺激激活视皮质的相邻区域一样,频率相似的声音刺激在听皮质上的激活位置也是相邻的。属于听皮质的张力拓扑图不止一处,在一个实验中,在上颞叶中找到 6 个具有张力拓扑性定位的区域。

3. 绝对音感与相对音感

在比初级听皮质更高级的听觉联合皮质区(auditory association cortex)及额叶中,就找不到这类张力拓扑图。事实上,对于一般只具有相对音感(relative picth,只能辨识音与音之间的相对音高关系)的人而言,绝对音高的信息似乎是内隐的;只有少数具有绝对音感(absolute pitch,能在没有基准音的提示之下正确听出钢琴上随意出现的音,且辨音的正确率达到 70% 以上)的人能将这个低阶信息保留到高级阶段,并外显地展现绝对音感。一般人偶尔也会展现出类似于绝对音感的能力,比如在没有提示音的情况下唱熟悉的歌曲时,人们通常选用的调高差不多总是固定的,变动范围通常不超过两个半音(Levitin,1994)。这种在不经意间流露出的绝对音高记忆,说明一般人也拥有内隐的绝对音感。

在音乐家中,亚洲人具有绝对音感的比例似乎特别高,因此绝对音感或许跟基因遗传有关(Zatorre,2003)。亚洲的音乐训练大多十分重视绝对音感的训练,欧洲则更重视相对音感,即强调听音与和弦的能力。

在一般人眼中,绝对音感似乎是一种特异功能,格外令人羡慕。然而,认知神经科学家 Sacks(1995)在对一名自闭症患者的研究中发现,尽管该患者听觉十分灵敏,也有特别优异的音乐记忆力,但对音乐和很多视觉景象都缺乏情感或审美能力。像大部分的自闭症患者一样,该患者讲话的语调平直,缺乏自然的抑扬顿挫,在"随音乐节奏拍手"方面也有显著的障碍。从演化的观点来看,人人具备的能力可能比所谓的特异功能更能体现自然演化的规律,因为相对音感的加工其实是比绝对音感更高级、更复杂。我们很容易制造出一部能够显示绝对音高的机器(如调音器),但若要教计算机判断旋律中的哪一个音是首调 Do,似乎没有想象中那么容易。动物行为学家也发现,许多动物的听音方式较接近绝对音感而非相对音感;将动物习得的旋律移调之后,它们就不认得了。从这个观点来看,人类在听音乐时倾向于听相对音高而非绝对音高,可能反映了一种其他动物所缺乏的较为高级的抽象能力。

(四)听觉的空间定位线索

在草鸮的研究中研究者发现,动物仅依靠两条线索来定位声源位置就可以在夜间进行捕食活动:声音到达双耳的时间差别;声音到达双耳的强度差别。这两条线索由独立的神经通路加工,即听神经分别在耳蜗核处的大细胞核团和角细胞核团形成突触连接,各自上行投射到中脑丘系核的前后两个区域。

加州理工学院的研究者提供了一个比较具体的神经模型来解释猫头鹰的大脑如何编码双耳时间差和强度差。在双耳时间差方面,前丘系神经元起着同步探测器的作用,必须同时接收到两耳输入才会被激活。因此,若声源位于动物前方,中央同步探测器会被激活;若声源位于动物的左侧,偏左的同步探测器就会被激活。在双耳强度差方面,信息首先在丘系核后部会聚,这些神经基于输入信号的强度进行编码,并由之后的神经元将信号整合确定声源的垂直位置。脑干外侧核将丘系系统得到的水平和垂直位置的信息进一步整合,得到声源的三维空间定位。

在该模型中,草鸮的声音定位问题在脑干水平就得到了解决。然而听皮质对于将定位信息转化为行动可能更加重要。因为猫头鹰并不想简单地攻击每个声源,它必须知道声音是否由潜在猎物发出。也就是说,脑干系统解决了"在哪里"的问题,但还没有涉及"是什么"的问题。猫头鹰需要对声音频率做更加详细的分析,以便决定一个刺激是由一只田鼠还是一头小鹿的运动产生的。

(五)鸡尾酒会效应及其生理心理学机制

鸡尾酒会效应是典型的听觉注意现象,因常见于鸡尾酒会而得名。设想在嘈杂的鸡尾酒会上,某人站在一个挤满了人的屋子里,周围可能有十个、二十个人在说话,还有各种声音,如音乐声、脚步声、酒杯餐具的碰撞声等,而当这个人的注意集中于欣赏音乐或别人的谈话时,对周围的嘈杂声音能做到充耳不闻,也就是人们能挑选出自己想听的对话。换句话说,大脑对其他对话进行了某种程度的判断,排除了干扰。

自从鸡尾酒会效应提出后,这一奇特的知觉问题引发了很多研究者的兴趣。但从信号加工的观点来看,分离目标言语成分与掩蔽言语成分,并对目标言语成分进行组合是一个非常困难的任务。尽管近年来信息科学和计算机技术有了快速的发展,但到目前为止还没有任何计算机言语识别系统能在有干扰言语的环境下像人类那样实现对目标言语的有效识别。

目前的研究主要集中在声音掩蔽上。研究者发现,在嘈杂的声学环境中,如果目标声音和干扰声音都是言语,目标声音受到的干扰可以分成能量掩蔽(energetic masking)和信息掩蔽(informational masking)。能量掩蔽发生在听觉系统的外周部分,即当掩蔽声音和目标声音同时出现,尤其两者在频谱上重叠时,听觉系统对目标声音的动态反应就会下降,觉察和辨认目标声音所需要的信噪比提高。能量掩蔽使进入高级中枢的目标信息有实质性的缺失,而这种缺失是任何高级中枢的加工所不能补偿的。信息掩蔽是另外一种更复杂、发生在中枢阶段的掩蔽作用,即当掩蔽声音和目标声音在某些信息维度上有一定的相似性时(例如,当目标声音与掩蔽声音都是言语时),一些神经/心理资源就会被用于对掩蔽声音的加工,目标声音和掩蔽声音之间就会在高级加工层次上出现竞争与混淆,从而使目标信号受到掩蔽作用。李量实验室研究发现,优先效应导致成功的主观空间分离可以在一定程度上起到去信息掩蔽的作用(Chen et al., 2004)。

第二节 意 识

一、意识的基本问题

(一) 心身关系——意识的哲学观

关于心身关系的哲学讨论由来已久,对这些问题的讨论形成了意识的基本理论。所谓心身关系问题,就是人类精神活动(如知觉、思维、信仰等)和大脑中的物理活动(如神经元放电、皮质活动等)之间的关系问题。虽然我们已经得到了许多科学的结论,但是对这一关系在哲学上的思考无疑也对研究精神问题的实质具有重要意义。下面我们就来看看,哲学家们就这一问题都提出了哪些理论。

1. 二元论

二元论的版本很多,其中最有代表性的理论是笛卡儿提出的实体二元论(substance dualism)。实体二元论也被称为笛卡儿二元论,主要的思想是将精神和躯体看成两个不同的实体。大多数哲学家认为,物质实体的存在性是毫无疑问的。那么,在实体二元论中关键的问题是精神实体是否存在,如果存在,它的本质是什么。要注意,这里所说的精神实体,既包括形象的感觉体验,如颜色的感觉、疼痛的感觉等,同时也包括抽象的心理状态,如愿望、信仰等。除了实体二元论之外,还有属性二元论(property dualism),即认为物理的大脑包含了非物理的特征,这些特征与所有物理的特征或维度都有质的差别。

2. 唯心主义

唯心主义(idealism)是单元论的一种,认为物质世界是不存在的。虽然也有一些著名的哲学家支持这一理论,但总的来说,这一理论并不为人们所接受。其主要的问题便是,如何解释不同个体对同一物理事件知觉的共性。随着科学的发展,这一论点获得的支持越来越少,因此逐渐淡出了历史的舞台。

3. 唯物主义

目前主流的单元论就是唯物主义(materialism)。唯物主义也分为两派:一派是还原论(reductionism),一派是排除型唯物论(eliminative materialism)。还原论主张通过把高级运动形式还原为低级运动形式,把复杂的事物分解为最基本的组成部分来进行研究和解释的一种观点和方法论。还原论的观点在其他科学领域已经取得了巨大的成功,人们期望能够将其应用于心理事件的解释。例如,我们说一个人饿了,其实就是说他的外侧下丘脑具有某种放电模式。但是要注意的是,这一论点并不否认心理概念的科学性,认为这些概念仍然可以用来科学地描述精神事件。而另一派更为激进的唯物论——排除型唯物论则不这么认为。他们的观点是,现有的一些描述心理状态的概念并不科学,应该将它们彻底取消。但是无论如何,两派都承认,心理活动归根结底是一种物质运动过程。

4. 行为主义

这里谈到的行为主义是指哲学上的行为主义(philosophical behaviorism)。这一理论的支持者认为,要谈论精神现象,就必须通过外显的、可观测的行为来描述,因为只有客观的行为才可量化和测量。严格说来,行为主义是唯物主义的一种。但是行为主义更强调将精神活动还原为行为活动而不是神经生理学活动。曾经在很长一段时间里,行为主义广泛影响了心理学的发展。但是行为主义也有自身的缺陷。首先,很难将世界上所有的条件反应都描述出来,造成行为的原因可能是多种多样的。其次,很难完全排除精神概念的存在,如信念、动机等,这些过程都实实在在地发生着。因此,行为主义也在不断地自我改善以适应新的形势。

5. 功能主义

功能主义(functionalism)最早开始于20世纪60年代的一场哲学运动,其主要思想是,心理状态可以由该心理状态、环境条件(输入)、组织行为(输出)和其他心理状态之间的因果关系来定义。与行为主义不同的是,功能主义允许其他心理状态的存在。例如,在描述饥饿这个状态时,我们就可以从知觉、动机、信念等方面去描述。并且,人们试图在这些心理状态以及环境和行为之间建立因果联系。

(二)意识的标准

长期以来困扰哲学家或心理学家的一个问题是,我们怎么知道其他的人或动物是有意识的呢?这个问题也是哲学中的一个经典主题:他心问题(problem of other minds)。很显然,我们都知道自己是有意识体验的。但是,这一意识体验也仅仅只有本人才能直接获得。先撇开哲学上关于意识存在与否的讨论,如果我们相信其他人或者动物是和自己一样有意识体验的,那么我们就需要一个标准决定从哪些方面可以判断出他们也存在类似的体验。这种判断的标准大致基于两个原则:一个是行为上的相似性,即他人在行为上的表现和我自己的表现大致相似。例如,当手被针扎的时候,我的反应是喊痛,并且缩回手臂,而我们可以观察到其他人的反应也大致是这样的。由于我自己是有意识体验的,因此我也相信,这个时候其他人也具有相似的意识体验。另一个原则是物理上的相似性,即其他人或某些动物和我自己在生理和物理结构上的相似性。例如,所有正常的人类都有相似的生理结构和功能,而且在大脑结构上所有人都差不多。有了这些原则,我们就可以发展一些具体的标准来对意识进行判断。

1. 现象学标准

所谓的现象学标准就是个体的主观感觉,即个体知道自己肯定是有意识的,因为这是我们的主观体验。这一现象被称为第一人称知识(first person knowledge)或者主观知识(subjective knowledge)。虽然这一标准不适用于科学描述意识现象,但是现象学的体验却是意识的定义性特征。

2. 行为标准

相对于现象学标准,一个可以客观、科学地描述意识的标准就是个体的行为。从行为主义的思想我们可以看到,行为可以通过第三人称的观察客观地进行描述和测量。但最重要的问题是,我们怎样才能将行为和意识联系起来?为了解决这一问题,我们需要这样一个假设,即在相同的物理条件下,如果其他人的行为和我们自己的行为足够相似,由于我们清楚自己是有意识的,因此可以假设其他人也像我们一样有意识体验。但是就像上文说的一样,这一标准有时并不是那么有效。

3. 生理学标准

随着现代科学的发展,人们可以更深入地了解大脑的活动。因此,找到意识存在的生物学基础也是当前意识研究的重要方向。然而,现在人们对意识的生物学基础了解有限。一些神经科学家发现了对意识来说比较关键的神经活动特征,如在特定皮质发生的神经活动、由某些神经递质中介的神经网络,以及以约每秒40次的频率发生的神经元放电等。不过我们应该认识到,虽然这种标准看起来很客观,但是如果没有主观标准,它其实并不能给意识一个真正客观的定义。因为如果没有个体的主观报告,我们并不知道某个神经活动是否真的是意识的反映。所以,有关意识的所有生物学定义必须来自主观定义。

二、意识的研究方法

我们在上文中对意识的基本问题进行了探讨,下面我们就意识的具体研究方法进行逐项分析。由于目前意识研究领域所使用的实验刺激大多数是视觉刺激,因此本文所讨论的意识形式也主要集中于视觉意识。为了说明意识的作用,人们往往采取将意识消除的范式,考察在无意识下哪些视觉能力仍然保持,哪些视觉能力受损。通过将视觉能力和视觉意识进行分离,可以为研究视觉意识的基础提供重要线索。

(一)病人研究

1. 裂脑人研究

裂脑人意识研究可追溯至心理物理学家 G. T. Fechner 于 1860 年提出的胼胝体可能在意识的统一中起着关键作用的观点,并推测如果我们将一个正常人的胼胝体切断,就会在个体内产生两个独立发展的意识。但是,不可能仅仅为了满足心理学家的好奇心就去实施这样的手术。事实上,这种手术是在医学上首先使用的。切除胼胝体可以用来治疗癫痫发作,接受了这个手术的病人被称为裂脑人。一个有名的例子便是 S. P. Springer 和 G. Deutsch 在 1981 年报告的患者 N. G. 的病例。

主试先在 N. G. 的右视野快速闪现一个杯子图案,当询问 N. G. 看到什么时,N. G. 正确回答"杯子"。然后主试又在其左视野快速闪现一个勺子,但是这次 N. G. 回答什么也没看到。而更有意思的是,如果让 N. G. 用左手在一些被遮住的物体中选出刚才出现在左视野的物品时,她能选出勺子。但当问她这是什么东西时,她回答说"铅笔"。

我们已经知道,由于存在视交叉,左视野和右视野的信息会投射到对侧的大脑半球。那么,这个实验是不是可以说明,N. G. 只有左半球有意识?答案是不一定。还有一种可能,即言语的中心位于人类大脑左半球。N. G. 不能口头报告左视野的有意识知觉可能是因为投射到右半球的信息不能通过胼胝体传递到左半球的言语中心。不过,从 N. G. 的行为表现上来看,她对左视野的物体还是能觉察到的,只是不能通过言语表现出来。这样,问题又回到我们上文中所讨论的意识的标准究竟是什么。在这个实验中,通过主观报告的方式得不到被试有意识的结论,但是根据行为上的相似性和生理结构上的相似性,我们又不能否认被试对视野中的物体是能觉察到的。这一现象也提示我们在研究意识的时候,要考虑多种可能性,对判断标准的选择也要谨慎。

2. 盲视

在病人研究中另一个令人感到惊奇的病例就是盲视现象。所谓的盲视,就是指初级视皮质损伤的患者,在主观报告没有意识的情况下,却在某些视觉任务中有高于概率水平的表现。第一例,也最有名的是 L. Weiskrantz 报告的一位名叫 D. B. 的盲视患者。

主试首先在 D. B. 受损一侧视野中呈现一个亮点,让 D. B. 报告看到了什么。不出所料,D. B. 报告自己什么也没看到。但是,在下一项任务中,主试要求 D. B. 将自己的眼睛转到呈现光点的位置。由于光点的位置是沿着水平轴的几个固定位置呈现,所以即使 D. B. 说自己什么也没看见,主试也鼓励他随便猜测一个。结果出乎人们的意料,D. B. 的表现好于概率水平。但是他自己却坚称自己什么也没看到,所有的选择都仅仅是基于猜测做出的。

对于这一现象,L. Weiskrantz 提出了有两个视觉系统的假设来解释。他认为,虽然初级视皮质有大面积损伤,但是有一个到达上丘的次级视觉通路仍然保持完好。如果皮质通路对视觉觉知来说是关键的,而上丘则可完成无意识的视觉功能,这样就可以解释盲视的现象。虽然目前对这一解释还有许多质疑,但是无论盲视的神经机制是什么,这个现象的存在本身就说明了并非所有视觉能力都需要依赖视觉意识的参与。

(二) 正常人研究

为了研究意识在视觉加工中的作用,研究者首先需要知道哪些视觉功能是不需要意识参与的,这就需要将意识消除的方法。幸运的是,并非只有皮质受损才能表现出意识状态的丧失。通过一定的实验技术,也可以使正常人处于无意识的状态。这样的范式包括掩蔽、拥挤效应和双眼竞争等。这些方法都可以一定程度上使正常被试在主观报告上对刺激或刺激的属性没有意识,在客观行为上也符合无意识的一般表现。为了将无意识的判断标准具体化和客观化,我们需要首先了解什么是意识阈限。

1. 意识阈限

所谓意识阈限是指刚好能使被试意识到刺激存在的刺激强度。但是由于意识判断标准并不一致,因此阈限的测量也有两种方法。主观意识阈限的测量采用直接询问的方法,让被试回答"你能否看见刺激"。而客观意识阈限则采用迫选的方法,以确定在直接的知觉任务中被试没有获得视觉上的信息。例如,在颜色辨别任务中,快速闪现一个色块,然后问被试色块的颜色是红、黄、蓝、绿中的哪一个,如果正确率小于25%的概率水平,则可以确定被试对颜色是没有意识的。

这样,我们可以将实验设计为两部分任务。这两个不同的实验任务采用同样的实验刺激。第一部分是直接的知觉任务,即对意识阈限进行直接测量。通常这类任务是一个简单的探测任务,例如,让被试回答刺激是否出现,如果被试的正确率是50%,我们就认为被试对刺激是觉察不到的。第二部分是间接任务,研究在没有视觉意识的情况下,对刺激的哪些加工仍然可以发生。基于这种范式,研究者发展出了许多将意识消除的方法,包括掩蔽、拥挤、双稳态图形、双眼竞争、运动诱发视盲、注意盲、变化盲以及注意瞬脱(attentional blink)等。这些方法各有利弊,下面我们主要讨论三种应用比较广泛的方法:掩蔽、拥挤和双眼竞争。

2. 掩蔽

掩蔽可分为前掩蔽、后掩蔽和三明治掩蔽(前后都有掩蔽刺激)。在一个典型的掩蔽范式里(以后掩蔽为例),通常会先后快速呈现两个刺激:一个是目标刺激,这个刺激呈现十分短暂,需要被试基于这个刺激完成某些任务;另一个是掩蔽刺激,通常和目标刺激在空间上处于同一位置,但是和实验任务无关[图 4-7(a)]。当我们在时间和空间上适当地安排刺激时,掩蔽可以有效且广泛地消除刺激的视觉意识。一般认为,掩蔽之所以会发生,是因为掩蔽刺激阻断了对目标刺激的加工。不过在前掩蔽中,则可能是目标的有效对比度降低导致的。不管是由什么引发的,掩蔽确实可以控制刺激不被被试意识到。

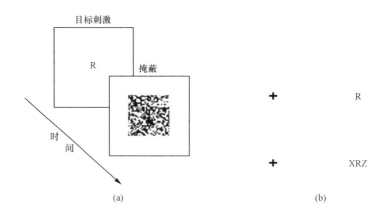

图 4-7 掩蔽和拥挤

(a) 是后掩蔽的范式,掩蔽刺激紧跟在快速闪现的目标刺激之后,出现在和目标刺激相近或重叠的位置。(b) 示意了拥挤效应,盯住左侧注视点,使目标刺激位于外周视野,当目标刺激单独呈现时,可以很好地识别出字母 R;当目标刺激周围加上干扰刺激时,R 就变得不能识别了。

但是,掩蔽也存在很多不足之处。首先,掩蔽为了产生有意识和无意识两种状态而分别使用了两种实验条件,一种是有掩蔽条件,一种是无掩蔽条件,这就改变了刺激的物理属性。其次,掩蔽成功需要的时间和空间条件十分苛刻,目标刺激必须快速地闪现,而且在位置上也要接近掩蔽刺激或与掩蔽刺激重叠。换句话说,掩蔽不可能产生持续的无意识知觉。另外,在某些实验条件下,目标刺激虽然不可分辨,但是却可以被探测到。比如,被试知道有刺激存在,但是却不知道这个刺激是什么。这样就没有很好地体现意识测量的穷尽性原则,模糊了意识与无意识的界限。

3. 拥挤

在外周视野,如果单独呈现一个刺激(例如,字母),我们很容易就能认出它,但是如果在这个刺激周围放上一些干扰刺激(例如,在上下左右各放置一个其他的字母),那么,对目标字母的辨别能力将大大下降,甚至完全不能分辨出中间是什么刺激[图 4-7(b)]。这一现象被称为拥挤效应。拥挤效应在空间视觉中是一种很普遍的现象,在多种刺激和任务条件下都发现了稳定的拥挤效应。例如,字母识别、视敏度、朝向辨别、立体视觉、面孔识别,甚至运动刺激都能产生拥挤效应。

与掩蔽不同,拥挤可以产生持续性的无意识状态。只要保证被试很好地盯住注视点,将刺激放到外周视野,无论看多久都不能分辨目标刺激。但是,拥挤也有不足。首先,拥挤基本上只能在外周视野才能发生,这就要求被试必须一直保持很好地盯住注视点的状态,对被试的要求比较高。其次,和掩蔽一样,拥挤的范式在产生有意识和无意识的状态时也需要两种不同的实验条件,改变了刺激的物理属性。最后,比掩蔽更严重的是,当对目标刺激进行简单的探测任务时,甚至没有拥挤效应的产生。即被试完全可以意识到目标刺激的存在,只是对其部分属性不能很好地分辨。因此,在拥挤的条件下,虽然目标刺激已经不可分辨,但是仍然可以对其某些属性产生适应。例如,He、Cavanagh 和 Intriligator(1996)就证明了在拥挤条件和非拥挤条件下,对目标光栅朝向的适应都产生了显著的后效。

4. 双眼竞争

双眼竞争和双稳态图形一样,都可以产生双稳态知觉。在双稳态知觉情况下,虽然物理刺激没有发生任何改变,但是知觉状态会不停地波动,就好像对知觉的两种解释不断地在意识中进行切换。双稳态图形我们应该都很了解,例如,著名的花瓶-面孔图形,人们会交替地将这幅图看成黑背景上的一个花瓶或者白背景上的两张面孔。在这种条件下,两只眼睛看到的都是同一幅图像。虽然比较方便,但是能产生双稳态的图形毕竟有限,实验材料上比较欠缺。而双眼竞争则是让两只眼睛分别看不同的图形,例如,左眼只看到向右倾斜 45°的光栅,右眼只看到向左倾斜 45°的光栅。被试会知觉到这两张图形不断地交替出现,一会儿看到的是向右倾斜 45°的光栅,一会儿看到的是向左倾斜 45°的光栅。这样,被试当前知觉到的图形就是有意识的,而另一只眼看到的图形就是无意识的。

由于造成双眼竞争的是知觉的冲突而不是图形的不确定性,因此可以采用广泛的材料来作为实验刺激。例如,Tong 等人(1998)就采用人脸和房子作为刺激[图 4-8(a)],证明了 FFA 在知觉到人脸时激活,而 PPA 则在知觉到房子时激活[图 4-8(b)],说明这两个脑区的活动都需要意识的参与。不过,双眼竞争也有不足之处。首先就是被试的意识状态不可预期,我们只能依靠被试的主观报告来判断哪种知觉状态占优,例如,Tong 的实验中就是让被试按键报告自己看到的是什么。对于这一缺陷,研究者又发展出了持续闪烁抑制的范式。即将目标刺激放在被试的一只眼,另一只眼呈现不断闪烁的噪声图案或其他运动的图案。这样,由于噪声图案强度很高,很容易在知觉状态中占优,可以大大延长目标刺激处于无意识状态的时间,完成实验任务。另外,双眼竞争对图片的大小也有要求。如果竞争的图像过大,就会产生一种混合的知觉图像,好像是两幅图像中的独立的区域之间在竞争。这就需要实验者在设计实验时尽量采用较小的图片作为材料。

5. 小结

除了上面谈到的掩蔽、拥挤和双眼竞争三种方法之外,还有多种控制意识状态的方法,例如,运动诱发视盲、注意盲、变化盲以及注意瞬脱等。从上面的讨论也可以看到,每一种方法都有自身的优缺点。那么,我们以什么标准来评价这些研究方法的优劣;更

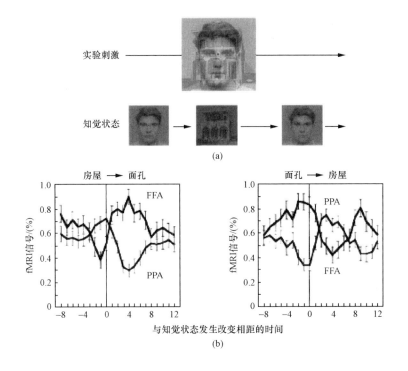

图 4-8 双眼竞争实验举例

(引自 Tong et al., 1998)

(a) 让被试在 fMRI 仪器里,戴着红绿眼镜看如图所示的实验刺激。由于红色或绿色的镜片会滤去相应颜色的光波,因此被试的一只眼睛会看到绿色的人脸,另一只眼睛会看到红色的房子。然而被试报告的知觉状态是交替看到人脸和房子,每种状态持续数秒钟。要求被试在知觉状态发生变化时按键报告当前看到的图片。(b) 记录到的 fMRI 实验结果。可以看到,当被试的知觉状态由房屋变为面孔时,FFA 激活上升,同时 PPA 激活下降;当知觉状态由面孔变为房屋时,PPA 激活上升,FFA 激活下降。从而说明了 FFA 和 PPA 这两个区域的活动都需要意识的参与。

重要的是,在设计实验的时候,我们怎么根据实验需要选择合适的实验范式呢?根据 Kim 和 Blake(2005)的总结,有五条评价标准:

- 普遍性:这项技术是否可以采用广泛的视觉刺激作为材料?
- 视野位置:这项技术是否对中央视野和外周视野都适用?
- 持续时间:刺激呈现的持续时间是否有限制?
- 稳定性:这项技术是否排除了视觉意识的所有方面?
- 刺激不变性:当视觉意识处于波动状态的时候,物理刺激是否能保持不变?

除了这些标准外,我们还可以从无意识状态的确定性和预测性等方面来评价。基于每种方法的优点和局限性,可以绘制出表 4-1。

表 4-1 各种心理物理学方法之间的比较

	后掩蔽	拥挤	双稳态图形	双眼竞争	运动诱发视盲	注意盲/变化盲	注意瞬脱
刺激种类	*****	?	*	*****	***	*****	*****
刺激大小	***	?	*****	*	*****	*****	*****
视野位置	*****	*	*****	*****	*****	***	*****
刺激持续时间	*	*****	*****	*****	*****	*****	*
无意识的确定性	***	*****	*****	*****	*****	*****	***
刺激不变性	*****	*****	*****	*****	*****	*****	*****
无意识持续时间	*	*****	*****	*****	*****	*****	*
可预测性	*****	*****	*****	*	**	*****	*****

资料来源:经授权,修改自 Kim & Blake,2005。

注:1. 表中的 * 代表某种方法在该条标准上的相对优劣。* 越多表示优势越强。
  2. "?"代表目前还不清楚的项目。
  3. 每一个条目的意义:刺激种类表示该技术可以有效地将广泛的刺激变为无意识的程度;刺激大小表示该技术是否在广泛的刺激大小上有效;视野位置表示该技术在中央视野和外周视野是否一样有效;刺激持续时间表示该技术在刺激呈现时间上有无限制;无意识的确定性表示无意识状态下刺激是否完全以及确定不可见;刺激不变性表示视觉意识变化时物理刺激是否保持不变;无意识持续时间表示无意识持续的时间是否长于数百毫秒;可预测性表示无意识的出现是否可控,无意识持续的时间是否可预测。

从表 4-1 可以看出,没有哪种方法在所有情况下都是杰出的,方法的选择取决于实验设计。因而,对不同方法得出的实验结果在解释上可能并不一致。我们在做实验的时候必须根据实验需要来选择合适的范式。

三、特征绑定

(一) 特征绑定问题

我们已经了解了意识的概念,以及如何研究意识。但一个有趣的事情是,我们大脑的大部分加工过程被认为是无意识的,而正是这些无意识的加工,最终产生了有意识的知觉和行为。与意识和注意加工过程联系紧密的一个重要研究问题是特征绑定问题。特征绑定问题也被称为特征整合问题,它所涉及的编码、加工过程体现了从无意识拆解、编码各个特征,到产生有意识的对于客体或整个场景知觉的过程。因此,对于特征绑定问题的研究,可以帮助我们更加深入地理解意识与无意识的加工过程和机制。那么什么是特征绑定问题呢?

我们先来举个具体的例子。比如,在一个繁忙的十字路口,路人来来往往,人群中有一个穿着红色衣服的人跑向马路的对侧。这些视觉信息进入人眼后,首先会被拆解为各个不同的视觉特征,比如向马路对侧跑的运动信息、红色衣服的颜色信息、这个人的面孔信息等,这些特征的信号会通过不同的视觉通路进行传递,然后在大脑的不同区域进行编码和表征。如红色会在 V4 等对颜色敏感的区域进行表征,面孔会在面孔加工区 FFA 进行表征，运动信息则会在 MT 区进行表征。但是，最终我们的知觉并非这些离散的特征，而是一个完整的在跑动的人。那么这些被拆解的视觉特征是在视觉加工的哪个阶段被整合到了一起，以及它们是如何被整合的？这是特征绑定的核心研究问题。特征绑定具体是指当外界刺激进入我们的感知觉加工系统中，首先会被拆解为客体的各个组成特征进行编码、传递，随后在反馈信息的调节下，这些特征信息再被整合成为完整的客体被我们觉知。特征绑定问题是非常有趣而又值得深入研究的问题，E. R. Kandel 在其所著的《神经科学原理》中也提到："特征绑定问题是能够帮助我们揭开知觉的神经生理机制神秘面纱的核心问题之一。"

实际上，特征绑定问题远比我们想象的复杂，以上例子中这个繁忙的十字路口，有无数的行人，他们可能穿着各种颜色的外衣，去往不同的方向，长相也千差万别，如果单纯按照排列组合，则这些特征有难以计数的整合方式，但我们的视觉系统需要精准地将属于同一个人的各个特征组合在一起，而不能随意按照排列组合的方式搭配出并不存在的客体。因此，当这些信息重叠出现在同一个视觉空间内，我们的视觉系统其实面临着巨大的挑战。

也有人提出反对意见，认为特征绑定过程并不复杂，特征绑定问题其实也并不存在。他们的依据是，电生理学研究发现大脑中有很多神经元同时对两种及两种以上的特征具有选择性。例如，在 V1 和 V2 中，发现了大量对颜色和运动、颜色和朝向或者运动和朝向信息敏感的双选择神经元。基于神经元的这一特性，这些研究者开始怀疑特征绑定是否真的存在于视觉加工过程中。他们倾向于认为特征绑定其实是由这些神经元依照自己的反应特性，对特征组合自动化地编码。因此，大脑并不需要一种专门的、主动的特征绑定加工过程。

特征错误绑定现象的存在反驳了这些学者的观点。特征错误绑定首先被 A. M. Treisman 发现并提出，她所采用的错误绑定范式后来被许多研究者用来研究特征绑定问题、注意的机制等感知觉加工问题，同时也被不断地改进和发展。起初研究者会采取短暂地呈现实验刺激、快速变换刺激等方式来诱发特征的错误绑定，但这就混淆了记忆、注意、预期等无关变量的影响。后来 Wu、Kanai 和 Shimojo（2004）发现了一种能够长时间稳定地诱发特征错误绑定的颜色-运动绑定刺激。这个刺激能够规避以前的诸多混淆因素，在后来的特征绑定问题研究中扮演了重要角色。特征错误绑定需要一种主动的绑定机制参与，这就提示我们，特征在被重新组合在一起时，并不是基于对同时出现在相同空间位置的刺激的完全自动化的、被动的编码。同时，也有越来越多的证据支持，特征绑定需要反馈调节的参与，并非完全自下而上的特征同时编码就能完成的。这些证据均支持了特征绑定问题的存在，在大脑中需要一个专门的特征绑定的加工过程。

（二）特征绑定的机制

以上我们了解了什么是特征绑定问题，那么特征到底是如何在大脑中被整合、绑定在一起的？特征绑定的神经生理机制又是什么呢？

1. 早期绑定机制与晚期绑定机制

早期绑定机制与晚期绑定机制对于特征绑定发生的位点及加工编码方式持有相反的观点。早期绑定机制的支持者认为，特征绑定发生在视觉加工的早期阶段，甚至不需要注意的参与。首先，支持证据来自特征依赖性后效的研究。特征依赖性后效的存在表明特征绑定发生在早期阶段，比如研究者发现，当给被试观看了一段时间红色的水平朝向光栅与绿色的竖直朝向光栅后，再给被试呈现黑白光栅，被试会知觉到竖直的白色光栅部分呈现淡红色，而水平的白色光栅部分呈现淡绿色。并且，特征依赖性后效具有视野特异性也提示了其处于视觉加工的早期阶段，即两眼信息尚未整合的阶段。其次，无意识的心理物理学实验也提供了支持证据，例如，Holcombe 和 Cavanagh(2001)通过心理物理学实验发现，配对呈现的颜色和朝向信息即使在超高频率闪烁的情况下，依然能够被绑定在一起，这就提示了至少颜色和朝向的绑定在视觉加工的非常早期的阶段，即能够表征高时间频率信息的阶段就已经完成。特征依赖性后效即使在适应刺激处于无意识状态下也能被诱发，证明了特征绑定发生在视觉加工的初级阶段。此外，也有来自脑成像的研究支持早期绑定机制。例如，Seymour 及其同事(2009)通过多体素模式分析的方法发现，甚至早在初级视皮质 V1，颜色和运动信息就可以绑定在一起。

支持晚期绑定机制的学者认为，特征绑定发生在视觉加工的晚期阶段，顶叶在特征绑定加工过程中发挥着重要的作用。首先，视觉系统的层级加工很容易让人想当然地觉得，越高级脑区中的神经元感受野越大，整合的信息越多，加工的内容也越复杂，因此特征绑定的加工过程可能发生在较晚的加工阶段。其次，来自脑损伤以及经颅磁刺激的研究证据也支持了晚期加工机制。如 Braet 和 Humphreys(2009)发现双侧 PPC 损伤的病人会报告知觉到一些实际中不存在的特征组合方式。Esterman 及其同事(2007)发现当施加 1 Hz 的 rTMS 在被试的右侧 IPS 时，被试知觉到更少的错误绑定。但是，脑损伤病人的研究有一个无法忽视的问题就是，这些脑损伤发生的位置也是信息传递的关键节点，因此很难确定地说，特征绑定的失败或者偏差是由于这些脑区正是特征绑定发生的关键脑区，还是仅仅是因为这些脑区的损伤导致已经整合好的客体信息无法正常传递。

2. 特征整合理论及反馈调节

最初由 A. M. Treisman 提出的特征整合理论为特征绑定的机制问题提供了一个较为完整的理论框架。特征整合理论认为对于特征的加工分为两个阶段：一是特征检测(feature detection)，二是特征结合(feature conjunction)。特征检测发生在视觉加工的早期阶段，不需要注意的参与，也可以称为前注意阶段。在这个阶段特征分布在一个具有空间位置拓扑性的特征地图上，各个特征彼此独立编码、传递。而第二阶段，特征结合发生在视觉加工的相对晚期的阶段，即需要注意参与的阶段。在这个阶段，自上而下的注意像聚光灯一样在特征地图上移动，从特征地图上选取与当前注意位置有关的特征进行进一步的绑定加工，而其他处于注意聚光灯之外的特征就被排除在了意识之外。特征整合理论强调注意在特征绑定中的作用，也就是说没有注意，特征就仍然处于离散的状态。错觉性结合现象（illusory conjunctions）的存在正是由于在特征结合阶段，注意的缺失或过载，导致原本独立的特征彼此之间无法在正确的位置上进行结合，使不属于同一物体的特征之间发生错误的结合，导致组合出原本不存在的物体（Treisman & Schmidt, 1982）。

特征整合理论提出之后，A. M. Treisman又做了进一步的补充，强调了自上而下的反馈信息对特征绑定的作用。经补充后的特征整合理论包含三种不同机制可以解释特征绑定问题：基于空间注意对处于注意焦点的特征进行选择；对处于注意焦点之外的无关特征进行抑制；自上而下的反馈对于包含目标物体的位置的选择性激活。而这些过程的顺利实现需要依靠高级脑区到早期视皮质的再连接（reentrant connection）。这种再连接可能来自顶叶皮质通过调节空间注意的方式，或来自特定的外纹状皮质调节基于特征的注意，也有可能来自IT区通过调节基于物体的注意这三种方式，将信息反馈给V1和V2。因为在初级视皮质，保持着视觉输入的基本信息，包括空间位置的拓扑对应关系等，所以到V1或V2的再连接可以确保特征绑定的准确性。

再连接在特征绑定中的重要作用也得到了研究支持，Bouvier和Treisman（2010）通过后掩蔽阻断再连接的信息反馈，发现当反馈信息被阻断后，被试出现了非常多的错误绑定，这就确认了再连接对颜色-朝向绑定的重要性。除了来自心理物理学实验的证据之外，脑成像的研究也支持反馈连接在特征绑定中的作用。比如Zhang及其同事（2014）借助颜色-运动特征错误绑定刺激，研究特征绑定的加工过程以及反馈调节在主动绑定中的作用。他们采用的特征错误绑定刺激是基于Wu、Kanai和Shimojo（2004）发现的能够长时间稳定地诱发特征错误绑定的刺激。这种刺激通常由两部分组成：外周的测试区域和包含中央视野的诱导区域。不论哪个区域都填满了位置随机的运动点。这些运动点一般有两种颜色，同种颜色的运动点在测试区域和诱导区域的运动方向是相反的，例如，在诱导区域，所有红色的运动点都向上运动，所有绿色的点都向下运动；而在测试区域，所有红色的点都向下运动，所有绿色的点都向上运动。当被试盯着位于视野中央的注视点时，往往会错误地绑定外周视野的颜色和运动方向信息，导致他们知觉到所有的红色点都向上运动，所有的绿色点都向下运动。借助这样一种刺激，并结合动态因果模型进行功能连接分析，他们发现V2可以表征颜色-运动特征错误绑定，并且这种在V2对于主动绑定状态的表征是由V4和MT到V2的反馈连接。此外，Zhang及其同事（2016）采用类似的刺激和范式并结合了脑电，发现在时程上视觉诱发电位C1成分的下降沿可以表征主动绑定状态，并结合了脑电信号源定位分析结果，推测颜色-运动的主动绑定可能是由更为高级的加工阶段的反馈信息造成的，而这些结果与之前的磁共振研究结果一致。

3. 神经振荡

我们的大脑是一个复杂的动态系统，神经振荡普遍存在于大脑中，并在人类的认知活动中起到重要的作用。神经振荡理论作为特征绑定可能的神经机制很早就被学者提出，最初系统阐述神经振荡在特征绑定中作用的 Von der Malsburg 和 Willshaw(1981)认为加工不同特征的神经元会通过特定频率的神经振荡进行通信，比如加工同一物体不同特征的神经元群都会在一个振荡周期内的特定相位发放，并通过同步化来将表征同一客体的神经元集与表征无关特征的神经元群区分开来，从而被上游神经元探测，实现对属于同一客体不同特征的绑定。神经振荡为特征绑定快速而准确地完成提供了可能性，因此引发了研究者们极大的兴趣。

Von der Malsburg 的观点提出没多久就得到了来自电生理学研究证据的支持，Engel 等人(1992)发现当一根较长的条状刺激同时扫过猫视皮质的两个细胞的感受野时，这两个细胞的发放同步性明显增强。同时，他们发现这个同步性的发放大致每秒波动 40 次。随后不久，Elliott 和 Müller(1998)在猴脑中也观察到了 40 Hz 的神经发放，并认为这个 γ 振荡与特征绑定有关。通过 EEG 和 MEG 等研究手段，后来的研究者也在人脑中观察到了相似的 γ 振荡结果，即 30～60 Hz 的神经振荡可能在特征绑定的过程中起到重要作用。然而，这样一个看上去"铁证如山"的结果，却引起了另外一些研究者的怀疑，这些研究者回顾了以往的研究，认为特征绑定过程并不仅仅是一个脑区就能够完成的，而 γ 振荡的能量往往会随着传输距离的增加而大幅减弱，从而难以解释大范围或长距离脑区间的信息联络。比如运动(在外侧颞叶区域进行加工表征)和颜色(在枕叶腹侧区域进行加工表征)特征的绑定就需要信号能够跨脑区长距离的传输。因此，γ 振荡似乎并不是真正解决特征绑定机制问题的核心所在。

以往的研究认为 α 频段的活动与注意之间有着密切的关系，当缺少视觉刺激时，α 频段活动增强，当处于某种认知活动中或者需要注意时，α 频段的活动会被抑制。也有研究表明 α 频段的活动与远距离的信息传输关系更密切，并且与自上而下的反馈调节有关。正如我们在前文所讲到的，特征绑定的加工过程是一种主动的绑定加工，需要反馈调节的参与。但 α 振荡在特征绑定中到底是否起到了作用，又起到了怎样的作用？这些问题的答案直到近些年才被揭晓。Cecere、Rees 和 Romei(2015)发现给被试施加 α 频段的经颅交流电刺激(transcranial alternating current stimulation，tACS)时，可以有效地改变被试的视听整合过程，这就提示了 α 振荡与跨通道信息的整合有关。一项关于老年人认知功能下降的研究也发现，给老年被试呈现包含颜色-朝向信息的短棒，要求被试报告某种颜色的短棒朝向时，认知功能有所下降的老年被试会出现更多的错误绑定，而施加了 α 频段的 tACS，老年人的错误绑定知觉显著地减少了。Zhang 等人(2019)借助特征错误绑定刺激和范式，结合脑电和 tACS 探讨了 α 振荡在特征主动绑定中的作用，他们发现对应枕叶脑区的 α 振荡在特征绑定过程中起到因果性作用。以上的研究证据虽然支持了神经振荡理论是特征绑定问题的重要机制，但是仍然有很多问题亟待解决，比如神经振荡和同步性之间关系的研究证据、不同频段的神经振荡之间的耦合在特征绑定加工过程中的作用等还需继续探索。

5

注　意

　　无论是巴甫洛夫的经典神经生理学还是认知心理学创建的早期,都十分重视注意问题的研究。前者提出朝向反射理论,后者主要是选择性注意加工,或称注意的过滤器理论。随着电生理学技术的发展,利用周围神经系统的生理参数和脑事件相关电位所积累的科学事实,逐渐将两种经典的注意理论连接起来。事件相关电位的研究支持了早选择的理论观点,并把注意研究引向心理资源分配的方向。朝向反射理论涉及外周感官到皮质下脑结构,乃至大脑皮质中枢的研究。现代脑成像技术把这一研究推向新的阶段。

　　现代的注意理论不仅涵盖了自下而上和自上而下的信息流,还有循环信息流和大范围交流的信息流的多层次机制。注意的主要功能是对意识的导向、警觉的维持和执行控制。本章将对这些理论分别加以讨论。

第一节　从朝向反射理论到模式匹配理论

　　20世纪50~60年代,经典神经生理学以新异强刺激引起的朝向反射,作为非随意注意的模型,进行了广泛的研究,导致非联想性注意理论的形成。与此同时,在朝向反射深入研究的基础上,则形成了联想性模式匹配的注意理论。这两种经典的理论虽由共同的实验模式为起点,但导致不同的结论。一个强调非特异性传入通路和非选择性外抑制的神经机制;另一个强调经验或期望中的感知模式与现实刺激模式之间的比较。

一、朝向反射理论与非随意注意

　　朝向反射理论沿袭巴甫洛夫经典神经生理学关于外抑制的理论和20世纪50年代神经生理学关于网状非特异系统生理特点的理论路线,认为非随意注意并没有感觉通道的特异性,不论是视、听、躯体感觉,还是化学的感受刺激,只要具备新异性的强刺激特性,就会引起外抑制的机制,即网状非特异系统的强烈激活。当新异刺激重复发生,由于非联想性习惯化学习机制,使其形成消退抑制或网状非特异系统唤醒水平的降低,使朝向反射消退,这就是从注意到不注意的转化过程。按照这种非联想性注意理论的方向,许多实验室系统地研究了朝向反射的各种生理参数的变化,包括心率、血压、血容量、呼吸频率、瞳孔径和皮肤电等自主神经功能参数,肌张力和肌电等外周运动神经功能参数,以及脑电活动的中枢功能参数。新异刺激引起瞳孔放大,皮肤电迅速增强等交感神经的兴奋效应;头颈肌肉与眼外肌肉收缩使头眼转向刺激源;脑电图出现弥散性去同步化反应,皮质的兴奋性水平提高。全部这些朝向反射的生理变化,对于各种新异性刺激的性质是非特异性的。无论是声、光或温度刺激,以及痛刺激,只要它对机体是新异的,都会引起这些生理变化。不仅是刺激的性质,而且刺激量的差异对朝向反射的生理变化也是非特异的。例如,刺激接通或撤除,都会同样地引起这些朝向反射的生理变化。朝向反射生理变化的这种非特异性使之与适应性反应和防御反应显著不同。温刺激引起外周血管和脑血管的扩张,而冷刺激则使它们收缩。也就是说,适应性反应随刺激性质的不同而异,在有害刺激引起的防御反应中,无论是外周血管还是脑血管都发生收缩。这种收缩反应,在重复应用有害刺激的过程中并不会减弱,说明它与朝向反射的成分不同,不易消退。总之,朝向反射的多种生理指标变化,不同于适应性反应和防御反应,其特点在于对不同性质刺激或一定范围强度的刺激,均给出非特异性反应。对重复应用同一模式的刺激,则朝向反射消退;变换刺激模式,则再次呈现朝向反射。所以,刺激模式在朝向反射中具有重要意义。

20世纪60～80年代,对朝向反射各种生理变化进行精细分析后发现,各种生理变化出现的时间和稳定性不同,其生理心理学意义也各不相同。60年代,生理心理学家们普遍认为,皮肤电反应是朝向反射最稳定的重要生理指标。然而,对新异刺激的皮肤电变化的潜伏期大约为1 s,达到波峰需约3 s,恢复到基线需约7 s。所以,为了引出朝向反射的皮肤电变化,最适宜的重复刺激间隔至少10 s。几次重复以后,皮肤电的朝向反射就会消退。

M. N. Verbaten认为,在朝向反射中,眼动变化的潜伏期仅为150～200 ms,比皮肤电变化快5倍,可能与朝向反射早期的信息收集有关。眼动变化的习惯过程也较快,但与刺激的复杂程度和不确定性有关。刺激的信息含量多、不确定性大时,习惯化过程较慢。皮肤电反应的习惯化过程则不受刺激复杂程度的影响。所以,眼动和皮肤电在朝向反射中的变化规则和机能意义并不完全相同。此外,在朝向反射中,皮肤电反应、血管运动反应和脑电α阻抑反应也都有不同的变化规律。重复刺激时,首先消退的是皮肤电反应;随后消退的是血管运动反应;脑电α阻抑反应并不完全消退,只是从弥散的阻抑反应逐渐缩小,仅在某一皮质区出现局限性反应。在头皮上记录平均诱发电位时发现,重复呈现刺激36次以上,其P300波仍未消退;而皮肤电反应在10～20次重复刺激时完全消退。这些事实说明,在朝向反射中,外周生理变化与中枢神经系统的生理变化有不同的规律和机能意义。

二、朝向反射的联想性模式匹配理论

在朝向反射研究中发现,不仅刺激的强度和新异性可以引起注意的心理生理变化,而且刺激强度或模式的变化,也会引起朝向反射。研究者根据这一发现,最初把朝向反射分为两种类型:新异刺激引起的初始性朝向反射和消退之后刺激模式变异性朝向反射。在此基础上,进一步提出两类朝向反射的共同基础,这就是现实刺激模式与经验或期望中的模式比较时的不匹配性。因此,他认为现实和经验之间的联想性比较是注意的生理学基础。由于这种联想不匹配总是短暂的、易变的,所以非随意注意也是不持久的。具体地讲,这种机制发生在对刺激信息反应的传出神经元中,在这里将感觉神经元传入的信息模式和中间神经元保存过的刺激痕迹的模式加以匹配,如果两个模式完全匹配,传出神经元不再发生反应。两种模式不匹配就会导致传出神经元从不反应状态转变为反应状态。进一步实验分析表明,不匹配机制引起神经系统反应性增加的效应可以发生在中枢神经系统的许多结构和功能环节上,其结果是大大提高了对外部刺激的分析能力或反应能力。

既然朝向反射是短暂的反应过程,它随着刺激的重复或刺激的延长就会消退,采用精细的分析和记录手段,对这一过程进行时相分析是十分必要的,事件相关电位的记录和分析是一种较为理想的手段。一些研究者发现,初次应用新异刺激引起的初始性朝向反射,与消退之后刺激模式变化引起的变化性朝向反射不同——两者的脑事件相关电位变化不一,神经机制也不相似。在变化性朝向反射中存在着特异性脑事件相关电位波,即不匹配负波(mismatch negativity,MMN),而在初始性朝向反射中存在着较大的顶负波,这两种负波的潜伏期均为150~250 ms,是N2波的不同成分。

顶负波是初始性朝向反射的恒定成分,在初次应用新异刺激时出现于顶颞区,为潜伏期约200 ms的负波,简称N2波。有时N2波分为两个波峰,分别称为N2a和N2b。N2b是在N2a的基础上进一步加大而形成的。当N2b下降以后形成的正相波称为P3a,N2b-P3a构成一个复合波。N2a则常常是不匹配负波,而N2b-P3a复合波是不匹配负波的后继成分。

不匹配负波对各种物理性质不同和心理学意义不同的刺激,均给出相似的反应。它只反映刺激模式的变化,不论刺激是声、光或电,只要这种模式在重复应用时发生一定的变化,就能有效地引起不匹配负波。但是不匹配负波出现的潜伏期和持续时间,与刺激强度变化的幅度有关。外部刺激强度变化的幅度大,则不匹配负波出现的潜伏期短,持续时间也短,但负波峰值较高。反之,外部刺激强度变化小,不匹配负波出现的潜伏期长,持续时间也长,负波峰值低。一般而言,从刺激变化时起,不匹配负波达到峰值所需的潜伏期为200~300 ms。潜伏期短则峰值高,潜伏期长则峰值低。不匹配负波常常出现于额区或额中央区。当不匹配负波之后伴随一个正波或负正双相复合波N2b-P3a时,就会出现朝向反射;相反,如果由刺激模式变化引起的不匹配负波之后,不伴有N2b-P3a波或一个正波,则不会出现朝向反射。事件相关电位的这些变化,说明了大脑皮质在注意中的复杂作用。

第二节 选择性注意的心理资源分配理论

心理生理学对注意的研究,一方面沿袭了传统心理生理学的理论发展方向,吸收认知心理学的理论概念,设计新的实验方案,发展传统理论;另一方面完全根据认知心理学的理论体系,对注意过程进行认知神经心理学实验研究。联想性模式匹配理论与心理资源分配的观点相结合所形成的理论,可作为第一条理论发展路线的代表;选择性注意理论的认知心理生理学研究,可作为第二条理论发展路线的代表。

一、心理资源的分配与注意的生理参数

我们将从两个方面讨论这一概念怎样引导传统心理生理学的理论研究,发展为现代认知心理生理学的新领域。关于注意的脑事件相关电位研究所发现的新的生理参数,也有利于心理容量分配的注意理论的发展。我们先讨论从传统理论向现代理论的过渡,再逐一考查注意的脑事件相关电位的生理参数,并讨论其心理学意义。

(一) 从联想性模式匹配到心理资源分配的理论过渡

联想性模式匹配理论是 20 世纪 60 年代在朝向反射研究的基础上形成的。Siddle(1991)系统总结了这一理论,发展了现代心理容量理论的实验研究。在其发表的论文中不仅总结了 D. A. T. Siddle 实验室的工作,还系统阐述了非随意注意、朝向反射、习惯化和心理资源分配的联想理论分析原理和发展趋势。该文从 4 个方面综述了朝向反射及其习惯化研究的发展。概述了模式匹配理论的实验依据,在此基础上提出配对刺激实验方案,以及次级任务反应时分析的原则。他认为变异性朝向反射比初始性朝向反射具有更明显的模式间效应,这类科学数据有利于说明心理资源分配概念在注意理论发展中的重要意义。在 S1-S2 刺激模式连续重复的过程中,以一定时间的刺激间隔(inter-trial intervals)重复 24 次的试验序列,其中某几次刺激呈现时,遗漏 S1-S2 模式中的 S2 成分,从而使这一实验系列刺激中,发生了模式间的变异(inter modality change)。此外,24 次 S1-S2 刺激序列中,还安排两类持续时间长短不同的 S1-S2 刺激。在 S1-S2 刺激呈现时或在刺激间隔期,不定期地使用另一种探测刺激,与 S1 和 S2 均不相同,并同时记录探测刺激的反应时(按键)和皮肤电阻变化。被试的主要任务是暗自计数刺激系列中的刺激时间较长者出现的次数,次级任务是对探测刺激给出按键反应。这种实验范式被称为次级任务探测反应时实验(the experiment with secondary task probe reaction time)。D. A. T. Siddle 利用这一实验模式的具体参数,S1-S2 刺激对的持续时为 4 s,但持续时间较长(6 s)者出现概率为 0.25。换言之,总数 24 次的重复序列中,S1-S2 为 4 s 者 18 次,6 s 者 6 次。被试主要任务是辨别并默数在 24 次中,持续时间较长的 S1-S2 呈现的次数。在 S1-S2 的刺激序列间,任何处均可能出现一个 70 dB 的声音探测刺激,可出现在 S1 呈现时,或 S2 呈现时,或刺激间隔期。每当 70 dB 声音信号出现时,被试按键,记录反应时及此时皮肤电变化。最主要的参数是比较在 S1-S2 刺激

对中,漏掉 S2 后的反应时和下一次刺激中 S2 再呈现时的反应时,以及被试对探测刺激的反应时和皮肤电反应幅值。结果表明,在 S2 漏掉或再现时,均造成反应变慢的行为效应;皮肤电幅值明显增加,特别是 S2 再现时,皮肤电反应幅值更高。作者认为这一结果说明:S2 漏掉和再现时引起的反应时和皮肤电生理参数的变化,是心理资源分配所引起的,特别是 S2 再现引出的高幅值皮肤电反应,表明这时被试动用了较多的心理资源。

(二) 心理资源分配与脑事件相关电位

除了反应时和皮肤电的上述变化,在注意机制的研究中,20 世纪 80 年代以来,更多采用脑事件相关电位作为生理指标,其中一些是注意的时序参数,留在后面讨论。这里先介绍与心理容量有关的脑事件相关电位注意波,包括 N1 或 N2 波、Nd 成分和 CNV。

1. N1 波及其慢复合波

Picton 等人(1978)报道了一个持续几百毫秒的声刺激引起人们注意时(朝向反射),常可观察到在声音呈现后 120~150 ms 出现一个负波,随后出现一个慢波,一直延续到声音终止。这种短暂的负波及其后的晚慢电位波(late sustained potential),在两半球间的颅顶区(Cz)最大。如果用一个视觉刺激,则引出的晚慢成分主要在两侧枕区,无论是听觉刺激还是视觉刺激,引出的 N1 波和其后的慢波都随刺激延长而向附近脑区扩展。深入研究发现,晚慢波之前瞬时变化的 N1-P1 波幅值,仅在其出现后 30~50 ms 内逐渐增高,随后就为后慢负波所取代。后者可持续恒定幅值达 3.5 s,甚至其幅值在 5~9 s 才逐渐下降。这种 N1 波及其晚慢电位与被试非随意朝向反射有关,不受选择性注意的影响,说明它是一个自动加工过程,不存在心理资源分配问题。

2. N2 波成分与非随意注意

张武田(1988)综述了 N2 波成分与非随意注意的关系,N2 波成分具有通道特异性,即不同感觉通道获得的刺激,其诱发电位在头皮上的分布不同。Simson 等人(1977)、Renault 和 Lesevre(1979)分别用声音和闪光作为刺激物,结果表明听觉刺激诱发 N2 波成分最大峰值出现颅顶区,而视觉刺激诱发 N2 波成分主要出现在枕区。N2 波成分的另一个明显的特点是,它在随意注意和不随意注意情况下产生相同的反应。例如,Ford(2006)用音调作为刺激,一种条件要求被试对其中的异常音调反应;另一种条件要求被试读书,不去注意音调的变化。结果由异常音调所诱发的 N2 波成分,在两种情况下是相同的。在双耳分听的实验中,也发现对注意耳中音调的变化和非注意耳中音调的变化,诱发出同样的 N2 波成分。R. Näätänen 等人 1983 年的实验发现,当被试对差别细微的声音刺激做出选择反应时(如 1000 Hz 与 1010 Hz,要求对后者反应),尽管被试在主观上未觉察到二者的差别,但也表现出 N2 波成分。实验结果显示出正确觉察和未觉察到声音刺激的差别,二者所诱发的 N2 波成分的波幅是相等的。因此,研究者提出 N2 波表现了以自动方式对环境的变化做出反应的过程,可能参与到定向反应活动中,是一种自动加工过程,不耗费心理资源。

3. Nd 波成分

Michie 等人(1993)报道,采用 3 种频率的调幅音,基频分别为 2000 Hz、960 Hz 和 900 Hz,音强均为 80 dB,声音呈现长度为 51 ms 或 102 ms 两种,通过立体声耳机分别在左耳或右耳呈现。在 160 s 内多次变化频率和持续时间在左、右耳中呈现。请被试注意听一种频率或某一持续时间的声音,对其他声音不去理会。同时记录和分析脑事件相关电位,对所得结果计算出的注意声音和非注意声音引起的负向波之差(Nd 波),即两种声音诱发的事件相关电位成分相减后得到的差异负波。结果表明,注意与非注意的脑事件相关电位之差由三个成分组成:注意的事件相关电位中 100~270 ms 的负波;非注意的事件相关电位中 170 ms 至声音终止间的正波;注意的事件相关电位中 270~700 ms 的第二负波。随注意与非注意声音鉴别难度逐渐增大(如由 2000 Hz 与 900 Hz 的区别,变为 960 Hz 与 900 Hz 的区别),Nd 波出现的时间延迟。这说明,随心理资源的耗费,Nd 波与非注意声音引起的正波关系也发生变化。

4. 关联性负变

关联性负变(contingent negative variation,CNV),也称期待波,W. Walter 等人最早报道了这类事件相关电位。他们在研究声-光刺激相互作用时发现,如果第一个刺激(S1)作为一定间隔时间后出现的第二刺激(S2)的警告信号,并要求被试在 S2 呈现时完成一个动作,则 S1 呈现后 200 ms,在大脑皮质尤其是前额叶显著地出现负向的慢电位变化,这种变化持续到被试完成动作以后,但很少超过 2 s。负慢电变化的波幅很小,只有几微伏到 10 μV,而且与大脑自发电活动重叠很难辨认。因此,只有经过直流放大,并通过计算机叠加,才能记录到。

该发现受到各国学者的重视,几十年来对负慢电位变化进行了多方面研究,J. W. Rohrbaugh 和 A. W. K. Gaillard 总结了前人的工作并分析了负慢电位变化的组成成分和心理学意义。他们引用的负慢电位变化模式图中(图 5-1),以闪光作为警告信号,声

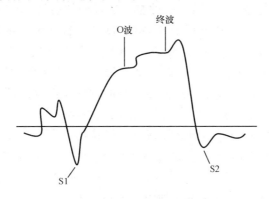

图 5-1 负慢电位变化模式
S1 为警告命令发出,S2 为运动命令发出。

音作为按键动作的命令,发现在光信号之后约 200 ms 时,曲线向上移动(负向),大约 500 ms 时,出现第一个波,称为 O 波(O wave),与被试对外界事件的定向反应有关,可以看作负慢电位变化的感觉成分。在 S2 命令发出之前,也就是按键动作开始之前,出现一个小的变化,称为终波(terminal wave),与被试期待运动命令的出现,也就是与运动的准备有关。

二、选择性注意

20 世纪 60~70 年代,在认知心理学发展的初期,认知心理学家花了较大的力量研究注意的理论问题。他们先后采用了滤波范式(filtering paradigm)、双重刺激范式(double-stimulation paradigm)、选择集范式(selective set paradigm)等,进行了系统研究。在此基础上,先后提出了两类加工过程和两类注意过程的理论、探照灯理论、基于空间和基于物体的视觉搜索理论以及特征整合理论。就选择性注意而言,又有注意的早选择和晚选择两种不同观点,是注意时序性研究的重要理论问题。除了这些认知心理学的理论概念外,认知心理生理学家还发展了许多研究注意与事件相关电位时序性的实验范式,分别用于研究视、听、躯体感觉相关的选择性注意的生理机制。其中通过事件相关电位的时间特性为两种选择作用时间问题提供了科学证据。

(一)选择性注意与听觉事件相关电位的时序性

S. A. Hillyard 等人最早将 Go/No-Go 实验范式引入选择性注意的电信号研究。通常有四个属性不同的刺激:其中两个属性可以进行快鉴别,另两个属性进行慢鉴别。要求被试集中注意力以四类刺激中的一种作为鉴别目标,一旦目标出现尽快按键(Go 反应),其他属性出现不按键(No-Go 反应)。S. A. Hillyard 最初使用的刺激,是持续时间不同的长信号(D^+)和短信号(D^-)作为两个慢鉴别的信号,声音在左、右耳(L,R)中出现,作为快速鉴别的两个属性。首先要求被试鉴别其中的两个信号,然后再要求被试对两个信号的组合进行鉴别。例如,只对左耳出现的长持续音(L-D^+)做按键反应,对左耳出现的短音(L-D^-)、右耳出现的长音(R-D^+)或右耳出现的短音(R-D^-)均不反应。他们利用这种实验范式研究发现:听觉选择性注意伴随 N1 波成分的幅值增高。N1 波成分的变化与注意的选择集模式完全相符,即上述不同刺激集的性质制约其快鉴别或慢鉴别的物理属性。后来将这种由于刺激物理属性制约所引起的 N1 波成分变化,称为外源性脑事件相关电位成分。对刺激的注意反应在脑事件相关电位中除了 N1 波成分外,还有内源性加工负波,虽然该成分的潜伏期也在 100 ms 左右,但其持续时间较外源性 N1 波成分长些,只有当被试理解了两种属性组合的刺激中,含有 Go 反应的意义而做出正确率较高的反应时,才会出现加工负波的 N1 波成分。它反映了被试对现时刺激与以前刺激在头脑中的表象加以比较的过程。R. Näätänen 通过实验分析认为,选择性注意的加工负波 N1 可能含有三个成分:内源性成分发源于颞上回皮质;接近颞上回皮质的方向性偶极子,导致正-负双向波,由潜伏期为 100 ms 的正波和随后约

150 ms 的负波组成；颅顶的感觉通道非特异性成分波幅最高，常称为顶负波。Hackley、Woldorff 和 Hillyard(1990)利用声、光刺激相结合的方法，证明正-负双向波主要出现在颞上回。

Graham 和 Hackley(1991)在总结听觉选择性注意的脑事件相关电位的研究资料的基础上指出：在注意的心理生理学过程中，存在三个层次的自动加工机制。首先是强自动加工机制，短潜期的事件相关电位成分无论是有意识的随意注意或不随意注意，均不影响这一加工机制，它的事件相关电位成分不发生改变，只决定于刺激的物理性，相当于外源性事件相关电位成分；其次是部分自动加工机制，以中脑结构功能为基础的脑事件相关电位，为 250 ms 以前的成分，这种注意的事件相关电位可受随意注意的调节提早出现（潜伏期缩短）或延迟出现，它既受外部刺激的影响，又受意识状态的影响，称为中源性事件相关电位成分（mesogenous potentials），是一种特异性事件相关电位；最后是控制加工机制，脑事件相关电位表现为 P3b 波，是一种容量有限的注意机制，称为内源性事件相关电位成分，受认知和行为过程的控制。

（二）早选择的电生理学证据

1991～1993 年，S. A. Hillyard 通过对听觉平均诱发电位的中成分分析，发现在双耳分听实验范式中，被试选择性注意的纯音刺激比忽视的纯音刺激，诱发出高幅值的正波，其潜伏期为 20～50 ms。通过脑磁图的定位研究，证明 P50 成分发源于初级听皮质。视觉平均诱发电位的研究也发现选择性注意诱发出高幅成分，其潜伏期约 100 ms。这两项事实似乎支持早选择的理论观点。外界刺激信息在到达相应感觉通道的皮质特异区所产生的高幅值诱发反应，说明选择性发生在知觉信息传递的早期。这一结论在背侧额叶皮质受损的病人研究中进一步得到确定。

背侧额叶皮质受损的病人，其听觉平均诱发反应 P50 和体感刺激的平均诱发反应 P50 均比正常人显著增高；而听觉和体感初级皮质受损的病人，分别只出现与受损皮质相应的诱发电位的中成分选择性幅值降低。这说明，背侧额叶皮质受损不能向丘脑网状核发出兴奋冲动，丘脑网状核无法对脑干网状结构发挥抑制作用。当然也不排除背侧额叶皮质直接抑制各种初级感觉皮质对干扰项的反应。总之，无论对正常人的平均诱发电位的中成分分析，还是对脑损伤病人的中成分分析，乃至对动物的实验研究，都说明选择性注意的选择作用，发生于潜伏期短于 100 ms 的早期阶段。

三、视觉注意及脑事件相关电位的时序性

视觉注意可被分为物体属性的注意和空间位置的注意。前者较为简单，后者较为复杂。

（一）基于物体的视觉注意

Hansen 和 Hillyard(1983)提出一种类似听觉注意心理生理学实验的范式。在视野中呈现由垂直的柱状图组成的能体现三维特性的刺激，即出现在视野的部位（location,L)、柱状图的颜色(color,C)和柱状图的高度(height,H),目标刺激的这三种特性可分别出现,也可以二维特性或三维特性组合出现。对目标刺激注意引起的脑事件相关电位的反应,随目标刺激的属性不同而异,定位属性的鉴别最快,颜色反应居中,柱状图的高度最慢。他们发现,定位属性引出外源性事件相关电位成分,分别是 P120、N170 和 N250,简称 P1,N1 和 N2 三种外源性成分,在视野对侧的大脑半球枕叶出现;对颜色属性的注意在中央区、顶区和枕区引出广泛性的内源性负波成分(潜伏期 150~350 ms)和正波成分(潜伏期 350~500 ms);柱状图的大小和位置的属性,可在额叶引出 P2 波(潜伏期 150~350 ms)。

脑事件相关电位的研究表明,随物体属性的复杂和精细程度的不同,参与注意的脑机制复杂程度也不同。与枕叶、颞叶和额叶的参与相随而行的脑事件相关电位,从外源性成分到内源性成分,从短潜伏期到长潜伏期的成分也在增多。

(二) 基于空间的视觉注意

空间注意是对自然和生活环境某一空间范围的总体及其包容物体布局进行视觉搜索和空间线索的变焦检测过程。认知心理学家设计了一些实验,比较注意范围内外物体或视觉线索的位置变换的反应时和正确率,以此研究空间注意的特性,包括变焦检测焦距大小、变换速度、注意资源的分配等。在过去的几十年中,空间线索实验范式和视觉搜索实验范式,是认知心理学研究空间注意的两大实验技术。

Luck 和范思陆等人报道了视觉空间搜索中的局部性选择性注意脑事件相关电位的特点(Luck, Fan, & Hillyard, 1993)。搜索空间为荧光屏上的 16 个"T"组成的矩阵,其中 14 个"T"是红色的,随机分布在屏幕的 11°×11° 范围内,其余 2 个"T"分别是蓝色的和绿色的,左、右分布。搜索矩阵每次呈现 700 ms,随后消失,屏幕空白间隔时间为 650~850 ms,此时只见屏幕上的注视点。探测刺激为 1.6°×1.6° 的方框,对屏幕没有掩蔽效应,不影响对蓝色或绿色 T 的观察。搜索矩阵和探测刺激间相继 250~400 ms 非同步呈现(SOA),探测刺激仅持续 50 ms。判断蓝或绿"T"处于正位还是倒位,分别用拇指或食指按键。记录被试对蓝色或绿色目标刺激的注意,并对其特征结合进行识别时的脑事件相关电位。结果发现,搜索矩阵与探索刺激相隔 250 ms 相继出现时,感觉诱发电位中,潜伏期为 75~200 ms 的成分显著增加,包括前后的两个 N 波和中间的一个 P1 波。P1 波的潜伏期为 75~125 ms,在对侧枕叶和后颞叶明显增高;前 N1 波潜伏期为 95 ms,后 N1 波潜伏期为 135 ms,两者均在同侧半球各脑区内幅值明显增高。在讨论这一结果的意义时,作者指出,这一结果与他们以前的发现一致地表明,在视觉搜索的早期阶段,注意过程影响感觉信息加工,并且在不同的实验范式中证明了注意作用具有同一神经机制。

Graham 和 Hackley(1991)总结了视觉注意的脑事件相关电位的科学事实认为,已有的研究表明,无论是简单的选择性注意还是复杂的视觉空间搜索,主要改变的是脑事件相关电位成分中潜伏期为 250 ms 以前的成分,反映视皮质和纹外视皮质的功能变化。因此,这些脑事件相关电位的生理参数,有利于认知心理学对注意选择理论的理解。

Wijers 等人(1987)对注意集中与注意分散条件下,注意颜色刺激空间分布属性时的脑事件相关电位生理参数的变化规律进行了深入研究。他们使用的刺激为呈现在屏幕上的 8 个彩色方块(红色、蓝色各 4 个),以屏幕底线中间的注视点为中心,呈弧状分布(左、右视野各 4 个),形成以注视点为中心的半圆,持续约 60 ms。刺激间隔期屏幕上仅显示注视点,持续 500~700 ms。每次刺激呈现之前,有一个红色或蓝色箭头作为注意线索,指示被试应注意的视野方向和刺激的颜色。呈现在屏幕指示视野上的刺激,如果只有一个方块与指示的颜色相同时,为注意集中;如果 4 个方块都为指示的颜色时,则为注意分散。根据屏幕上呈现的条件,要求被试做出相应的反应。在这种认知条件下记录脑事件相关电位。结果表明,注意时诱发潜伏期 100~175 ms 的 P1 波,随后出现 175~350 ms 的负波(N2b 波)和正波(P3b 波)。P1 波在注意分散时经常出现,且主要呈现在视野同侧的枕叶;N2b 波和 P3b 波主要在注意集中时出现,最明显地出现在颅顶(Cz)记录部位上。这一结果使作者认为,注意集中和注意分散具有不同的脑机制,并不是一个空间注意过程的两个阶段,因为 P1 波加工与 N2b 波和 P3b 波并不发生在同一部位,而且引出注意的条件不同。

第三节 背、腹侧注意系统

以往的注意研究侧重于分析实验室中被试的反应(因变量)与呈现给被试的感知觉刺激(自变量)之间的依赖性,注重控制自变量。既然注意过程是一种复杂的心理活动,选择性注意的选择可能发生在许多环节上,而这些环节还可能彼此相互作用。所以,近些年的注意研究把整个实验环境、刺激、反应、任务等诸多因素统称为注意集(attentional set),不仅包含知觉集(perceptual set)、运动集(motor set)、任务集(task set)等,还包括被试的主观期望和准备状态。基于这种观点,形成了额-顶皮质的背侧注意系统和腹侧注意系统的理论,背侧注意系统是建立在自上而下和自下而上的综合信息加工过程之上,腹侧注意系统建立在对刺激驱动的信息加工过程之上。

Corbetta 和 Shulman(2002)系统综述了猴细胞电生理学研究和视觉忽视病人的实验研究文献,提出了人类大脑皮质中,存在着背、腹侧两个注意系统。如图 5-2 所示,背侧注意系统主要由两半球的额叶眼区(FEF)和顶内沟(IPs)组成,称为背侧额-顶注意网络(dorsal frontoparietal network);腹侧注意系统主要由右半球的颞-顶结合部(TPJ)和腹侧额叶皮质(VFC)组成,称为右半球腹侧额-顶注意网络(ventral right frontoparietal network)。

背侧注意系统的主要功能是对注意目标的刺激特性和反应动作进行认知选择,动态关注刺激-反应间的关系。刺激和反应动作之间关系的维持或变动更要有左后顶叶皮质的加入。背侧额-顶叶皮质不但对注意的视觉空间特性,还对注意物体的各种属性和特征,以及注意选择集和任务集在工作记忆中的状态发生调节作用。因此,背侧额-顶叶皮质注意系统不但实现自上而下的全方位的注意认知选择,还实现着自下而上的注意空间特性和物体属性的检测。可见,背侧额-顶注意网络功能的实施离不开右半球腹侧额-顶注意网络的参与,特别是对注意空间属性和刺激集属性的自下而上的信息传递。

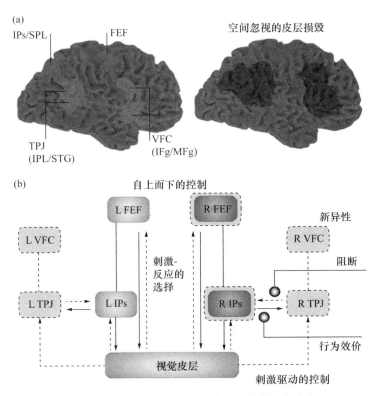

图 5-2 背、腹侧两个注意系统关键结构解剖分布
(引自 Corbetta & Shulman, 2002)

(a) 显示背侧和腹侧额-顶注意网络,在一侧半球内它与邻近结构关系受到损伤可导致单侧忽视症,背侧注意网络包括额叶眼区(FEF)、内顶沟(IPs)/上顶叶(SPL),主要运行自上而下的信息流,执行自上而下的注意控制。腹侧注意网络是颞-顶结合部(TPJ),包括下顶叶(IPL)/颞上回(STG);腹侧额叶皮质(VFC),包括额下回(IFg)/额中回(MFg)。完成刺激驱动的信息控制,也就是底-顶信息流控制。

(b) 进一步显示自上而下和刺激驱动的控制的解剖学模型。IPs-FEF 网络实施自上而下控制(实线箭头),TPJ-VFC 网络实施刺激驱动的控制(虚线箭头)。IPs 和 FEF 也接受腹侧系统的调节。当检测非注意目标时,TPJ 和 IPs 之间的联系就会阻断进行中的自上而下的控制,VFC 可能还有新异性探测的功能。

右半球腹侧额-顶注意网络实时监测注意集的各种变换,包括刺激集(注意目标、线索、呈现序列和呈现频率等)、反应集(反应动作要求和实现方式等),以及任务集(选择目标和任务要求)的变化,特别是非注意事件的新变化和意外的小概率事件的变化时,右半球腹侧额-顶注意网络受到高度激活,作为终止任务集的信号,发出中断由背侧注意系统实施的注意活动的指令,采用新的注意举措。在右半球腹侧额-顶注意网络中,腹侧额叶皮质(VFC)的主要功能是评估注意集发生变化的新异性;而颞-顶结合部(TPJ)的功能主要是检测这种新异性对行为反应的价值。

Fox 等人(2006)利用 rs-fMRI 对正常成年被试进行实验。在没有注意任务条件下,被试保持安静状态,无拘束地睁、闭眼或注视前方。在此状态下,采集被试 BOLD 信号的自发波动数据。经过信号处理后发现,根据 BOLD 信号自发波动的相关性分析,可以较好地得到大脑皮质分区;并且顶内沟(IPs)和顶上小叶(SPL)之间 BOLD 信号自发波动的相关系数很高;颞-顶结合部(TPJ)和腹侧额叶皮质(VFC)之间 BOLD 信号自发波动的相关性也很高。该研究结果支持了背、腹侧两个注意系统关键结构的解剖分布,同时说明背、腹两个注意网络是脑遗传保守性和后天习得的系统,无论被试是否有注意任务,都为注意功能的实施,准备好了脑基本网络。下面介绍的非人灵长类动物的细胞电生理学实验,相关结果也支持背、腹侧两个注意系统的理论。

Ekstrom 等人(2008)在两只猴脑中埋置了微电极,以弱电流刺激额叶眼区。在 fMRI 实验室中,首先测定能引发猴眼动的额叶眼区刺激阈值,并测出眼动的范围(movement field)。训练猴学会注视固定目标后开始正式实验,在对额叶眼区有刺激和无刺激两种情况下,比较全脑激活区分布的差异。随后再进行视觉刺激(注视不同光对比度下的目标)并同时给予微电极刺激额叶眼区(用阈下刺激,不引发眼动的刺激强度),比较全脑激活区的分布。结果发现,没有视觉刺激,仅有额叶眼区的电刺激,只在一些高级视觉区(如 V4 等)引起激活水平的增强,对 V1 区不发生影响;或相反,当同时给予视觉刺激和微电极刺激,V1 区出现抑制效应。额叶眼区的这种调节效应,取决于视野中刺激的对比度和干扰刺激是否存在。基于这些发现,作者认为高层次视觉功能区(额叶眼区),对初级视皮质自上而下的调节作用,需要有自下而上的激活信息;反之,自上而下的调节作用强度,决定了选择性注意的刺激突显程度。换言之,额叶高级调节信息依赖于自下而上信息的门控因素。这一细胞生理学事实,有力地支持了背、腹侧额-顶皮质注意系统之间的相互关系。

Yeo 等人(2011)系统总结了利用 rs-fMRI 技术对人类大脑皮质功能分区和功能系统的研究,并利用 1000 名正常成人被试的数据,在人脑皮质中分割出 17 个皮质功能区。在此基础上,分离出七大功能网络,包括:视觉网络(visual)、体干运动网络(somatomotor)、背侧注意网络(dorsal attention)、腹侧注意网络(ventral attention)、边缘网络(limbic)、额顶网络(frontoparietal)和预置网络(default)。可见,背侧注意网络和腹侧注意网络作为大脑基本功能系统,已经得到当代脑科学界的普遍认可。

第四节 注意过程的多重动态信息流

尽管研究者已经通过事件相关电位的时程分析,为注意的早选择理论提供了证据,但是注意的晚选择理论也从未退出历史舞台。研究者喜欢用探照灯比喻注意过程,这一类比本身就意味着选择过程发生在执行环节。McDowell 等人(2008)发现随意眼动会引起许多脑区的激活,其中额叶眼区是最高中枢。2008～2009 年将猴细胞微电极记录技术和 fMRI 技术相结合的研究,为注意过程中多重动态信息流的理论观点,提供了新的科学证据。具体地说,在眼动的多级中枢调节中,以较高层次的额叶眼区(FEF)为代表,以初级视皮质(V1)作为初级视中枢的代表,发现两者间不仅存在自下而上和自上而下的信息流,以及循环信息流(concurrent),FEF 和 V1 之间还存在着大范围信息交流的机制。

Khayat、Pooresmaeili 和 Roelfsema(2009)对两只成年猴应用细胞外微电极记录技术,在曲线轨迹追踪的眼动实验中,分析了猴额叶眼区和初级视皮质场电位发放间的时间关系。训练猴保持两眼注视点于视屏正中 1° 视角的方窗内,维持视角变化在窗内中心的 0.2° 视角范围之内。刺激由两条白色曲线组成,每条曲线末端有一个红色小圆圈。其中一条曲线的末端红圈搭在屏幕中央的注视点,作为靶刺激;另一条曲线末端的红圈与注视点不连接,作为干扰刺激。训练猴眼动跟踪靶刺激。通过微电极记录两只猴的额叶眼区的细胞电活动,单独记录其中一只猴初级视皮质的场电位,记录电极的阻抗为 2 MΩ。记录电极插入额叶眼区,通过它导入 400 Hz 双相脉冲,串长 70 ms 的电刺激。如果刺激电流在 100 μA 以下(通常为 50 μA)就能引发眼动,就认为电极位于额叶眼区。主要结果如图 5-3 所示,无论是视觉刺激出现时相,还是对靶刺激的选择注意时相,初级视皮质和额叶眼区细胞电活动潜伏期相近,没有显著差异。所以,作者认为视觉信息从视网膜到 V1 和 FEF 是并行的且几乎同时的;选择注意时相,V1 和 FEF 反应潜伏期也没有显著差异。他们最后的结论,在选择注意中,高层次皮质和低层次皮质形

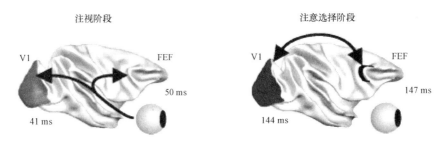

图 5-3　猴曲线追踪过程初级视皮质(V1)和额叶眼区(FEF)细胞电活动潜伏期的比较
(引自 Khayat,Pooresmaeili, & Roelfsema, 2009)

成统一的系统,彼此不断大范围地交流信息。在 Lamme 和 Roelfsema(2000)的综述中,也引证了 4～5 篇在视觉掩蔽效应中,初级视皮质和额叶眼区之间的细胞电活动潜伏期仅差 10 ms 的研究报告(图 5-4)。

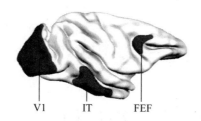

图 5-4 V1 区和 FEF 区细胞电活动潜伏期的比较
(引自 Lamme & Roelfsema,2000)

V1 为初级视皮质,潜伏期 40～80 ms;IT 为颞下回,潜伏期 80～150 ms;FEF 为额叶眼区,潜伏期 50～90 ms。

6

学习和记忆

第一节 学习、记忆与大脑

学习和记忆的研究在认知心理学和神经科学领域都有相当多鼓舞人心的发现,认知神经科学的研究则将这两个领域的发现相结合,旨在探讨与记忆表征、记忆过程和记忆系统相联系的神经机制。例如,当我们走过商场橱窗,见到一件漂亮的衣服时,忽然回忆起几天前曾在某个地方也见过同样的衣服,或是感到这件衣服很熟悉。那么,哪些脑区参与了这一回想或感到熟悉的过程,这些脑区之间的关系如何,是否有分子生物学方面的变化?这些问题都是认知神经科学想要回答的。

在日常生活中,我们每时每刻都会运用储存在记忆中的知识来完成当前的任务,如写字、列购物清单、寻找汽车钥匙等。当我们想在计算机中查询某一文件的内容时,我们会先找到它所在的文件夹,再找到文件名,然后打开它。同时我们也在不断地学习新的知识,如新出现的词语等。在实验室环境中,我们通常会要求被试在一定的时间内学习一系列的刺激,如语词、图片或句子,在经过一定的时间间隔之后(如几分钟、几小时、几天或几年),采用不同的方法测试他们对这些刺激的记忆程度。由此,我们可以看出,学习是获得新知识的过程,而学习的效果可以在记忆(操作)成绩中表现出来,因而记忆是将信息保存起来,并在适当的条件下可以被提取出来的过程。

通常也将学习记忆过程分为编码、储存和提取等认知过程。编码发生在呈现学习材料时,刺激在认知系统中以一定的形式被表征和转换。编码的结果是一些信息储存在记忆系统内,中枢神经系统会因此而发生变化。提取包括从记忆系统内恢复或提炼储存的信息,使记忆的内容得到运用。虽然记忆的编码、储存和提取之间有诸多不同,但是如果我们对信息不进行编码和储存,就不能提取相应的信息,因此记忆过程的三个阶段并不是完全分离的,它们之间相互影响、相互作用。

一、个案研究——病人 H. M.

学习和记忆对我们的日常生活非常重要,可以想象如果某人的学习记忆能力受损,那么其工作和生活会受到很大的影响。在这一方面,我们可以通过重温一些个案研究,来了解学习记忆所依赖的大脑机制。在这些个案中,认知神经科学家最为熟悉的,在学习记忆研究历史中占有重要地位的就是 H.M.。

H.M. 出生于 1926 年,高中毕业,7 岁时被自行车撞倒,曾失去意识几分钟,16 岁时开始出现癫痫症状,27 岁时癫痫症状已非常严重,每天发作 10 多分钟,用药物已难以控制。当时人们认为海马有可能与癫痫症状有关,因此在 1953 年对 H.M. 实施了双内侧颞叶(medial temporal lobe,MTL)切除术。术后,H.M. 的癫痫症状得到了有效的控制,每年大发作不多于 2 次,但是不久后出现了新的认知问题。

(一) H.M. 所损伤的功能

H.M. 的个性乐观随和,见到医生或陌生人时,他都会很热情地介绍自己,并与他们交谈,但如果医生或陌生人离开 5～10 min 再回来时,H.M. 不记得见过他们,所以又一次热情地介绍自己,并与他们交谈。这种症状并没有随着时间的推移而改善,H.M. 只能短暂地保留新的信息,他不知道自己的年龄或现在是哪一年(对于此类问题的回答是 27 岁,1953 年),他不记得自己的父母已去世很多年了。每一天,甚至每一时刻对他来说都是新的,他可以无数次地阅读同一本杂志,每次都像是第一次阅读般兴趣盎然。1980 年 H.M. 搬到疗养院,住了 4 年后,仍然不能说出自己住在何处,谁负责照料他。H.M. 每天都会看电视新闻,但他只能说出自 1953 年以来的少数事件片段。H.M. 也意识到自己的认知过程是有问题的,"在某一时刻,一切对我来说都清晰无比,但在这一时刻之前发生了什么?这使我很困惑,它对我来说像是一场梦,而我却不记得"。

磁共振成像发现,H.M. 所损伤的部位包括双侧杏仁核和海马,海马旁回的前部(内嗅区和嗅周皮质),而海马旁回的大部分仍保留。这些被手术切除的脑结构集中于内侧颞叶,因而它在学习记忆中的重要作用引起了广泛的重视。

(二) H.M. 所保留的功能

H.M. 在手术后 5 个月的智商为 112,甚至比术前(智商为 104)还高,他的语言能力及个性保持良好,推理和知觉技能也正常。因此,H.M. 的主要认知障碍发生在学习记忆的过程中。而通过多年对 H.M. 细致的神经心理学的检测发现,他的学习记忆损伤主要体现在学习新知识能力的丧失,以及对损伤前一定时间内记忆的丧失(5 年以内)。相对地,他的数字广度在正常之内,短时记忆正常。因此,人们认识到,短时记忆与长时记忆所依赖的脑机制有所不同,内侧颞叶对于长时记忆是必要的。

进一步检测发现,H.M. 的长时记忆能力也不是完全丧失,他形成新的情节记忆的能力严重受损,但对于远期的,以及儿时的记忆保持良好。研究还发现,H.M. 可以形成一些新的有关事实的(语义)记忆,以及无意识成分的记忆。例如,当搬入新的住所后,H.M. 可以画出住所内房间的空间分布,当然是在住了相当长的时间之后。虽然他不记得大部分 1953 年之后的著名人物的名字及面孔,但对于他所记住的有限的一些著名人物,他可以说出有关他们的一些特征,如对于毕加索,他的回答是"著名艺术家,生在西班牙"。相对于正常人来说,H.M. 的回答正确率较低,且对于著名人物特征的描述简短且并非完全准确,但至少他形成了有关一些著名人物的记忆。另一个有趣的发现是，H. M. 可以形成正常的、新的程序性记忆，例如，他在镜像书写中的表现与正常人没有差异。当呈现残缺的图要求 H. M. 辨认时，他对于见过的图片补全的概率大于没有见过的图片，虽然他并不记得自己见过这些图片。

除了 H. M. 之外，还有一些病人也为我们理解学习记忆的神经机制提供了很好的证据。例如，病人 R. B. 因心脏搭桥手术中的缺血性事故而引起记忆障碍。与 H. M. 类似，R. B. 的记忆力显著受损，无法形成长时记忆，逆行性遗忘只有 1～2 年。R. B. 去世之后，对其大脑进行解剖发现，脑损伤仅限于海马的特定区域。粗略的检查显示 R. B. 的海马是完整的，即海马的微小损伤也会造成严重的记忆障碍，海马对于新的长时记忆的形成十分关键。

酒精中毒病人也会表现出严重的记忆损伤，而且会有虚构等 H. M. 没有的症状。还有一类病人，他们在儿童时期由于各种原因引起双侧海马损伤，情节记忆明显受损，但他们的语义记忆保持了正常的水平，甚至可以完成高中学业。这与 H. M. 可以形成新的语义记忆相似，提示语义记忆并不需要内侧颞叶。

二、遗忘症以及记忆系统的分类

H. M. 是相当典型的遗忘症（amnesia）病人，即脑受损后（疾病、损伤、应激等）引起的记忆障碍。他的记忆功能障碍可以总结为：严重的对情节记忆的顺行性遗忘和一定时间内的逆行性遗忘，正常的短时记忆，正常的程序性记忆，保持较好的内隐记忆，以及保持较好的远期记忆。因此，我们可以看到，遗忘症病人的主要表现是学习新知识的能力明显下降，和（或）以前知识的丧失，即顺行性遗忘（anterograde amnesia）和（或）逆行性遗忘（retrograde amnesia），但其他认知功能均正常。

通过对 H. M. 及其他遗忘症病人的研究，人们逐渐认识到，记忆系统并不是单一的统一体，而是存在着结构和功能不同的多个记忆系统，即多重记忆系统（multiple memory system），例如，人们回忆电影情节和学习骑自行车分别依赖于大脑的不同结构。Squire、Knowlton 和 Musen（1993）对记忆系统的分类方法得到了广泛认可（图 6-1），他们依据提取阶段是否需要意识参与，将长时记忆分为两大系统，即陈述性记忆和非陈述性记忆，更常用的名称是外显记忆和内隐记忆。从另一角度来讲，内隐记忆是近期的经验对行为的影响，但人们并没有意识到他们是在回忆这些经验。在这两类记忆系统中，又可以分出很多较细的记忆系统，如陈述性记忆可分为对事件的记忆（情节记忆）和对事实的记忆（语义记忆），非陈述性记忆可以分为启动效应、技巧和习惯、简单条件反射和非联想性学习等。陈述性记忆可以是正确的，也可以是错误的，例如，我们会错误地认为某一词是在学习时见过的。非陈述性记忆则没有正确和错误之分，它主要体现在由于学习使某一技能行为得到提高，或由于重复呈现某一刺激使得对其辨认速度或正确率有所改变，即我们常提到的启动效应。也就是说，非陈述性记忆是通过操作行为体现学习或训练的效果，但在这一过程中并不需要对先前的情节做有意识的回忆。

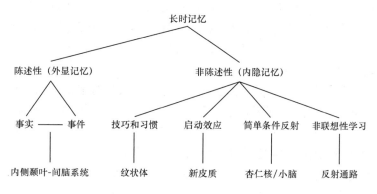

图 6-1 记忆系统的划分及相关脑区

记忆系统的进化程度是不同的(表 6-1),较早期的记忆系统中的提取操作是内隐的,具有明显的生物学功用,而较晚期的为外显的,对于获取有关世界的知识等方面非常重要。在个体发展中,程序学习与记忆可能最早进化并在人类婴儿中最早发展,而情节记忆是最晚发展的。发展较晚的记忆依赖于发展较早的系统,而较早系统的操作基本上独立于较晚的记忆系统。

表 6-1 有关人类记忆系统的分类

记忆系统	其他名称	进化程度	提取方式
程序性记忆	非陈述性记忆	低	无意识
知觉表征系统	启动效应	↓	无意识
语义记忆	—		无意识
初级记忆	工作记忆		有意识
情节记忆	—	高	有意识

不同的记忆形式有不同的神经基础,例如,陈述性记忆依赖于内侧颞叶-间脑系统,而非陈述性记忆则与新皮质和其他脑结构有着密切的关系(Gazzaniga, Ivry, & Mangun, 2002)。下面将分别对不同记忆系统,包括工作记忆、外显记忆和内隐记忆等的神经机制进行论述。

第二节 工 作 记 忆

一、工作记忆的概念

人们很早就认识到,记忆过程按信息所保持时间的长短可以分为感觉(瞬时)记忆、短时记忆和长时记忆。其中,感觉记忆持续数百毫秒到数秒,比如,我们会复述刚才某人对我们所说的话。短时记忆可持续数秒至数分钟,长时记忆则持续数天到数年。短时记忆具有容量有限性,正常人的短时记忆容量是(7±2)个组块,而感觉记忆和长时记忆都有无限大的容量。较早期的很有影响的理论之一为模块理论(modal model),认为这三种记忆形式呈串行加工的方式:信息经由感觉登记会进入短时记忆,之后如果信息被不断复述,它们便进入了长时记忆。

这一模型多年来争议不断,问题之一为信息在进入长时记忆之前,是否一定会经由短时记忆。以下几个方面的证据提示,短时记忆和长时记忆在认知和神经机制上是可以分离的。首先,一些个案病人,如 K.F. 和 E.E.,表现出与 H.M. 等遗忘症病人不同的表现,他们的长时记忆正常,但是短时记忆却严重受损,如 K.F. 的数字记忆广度仅为 2 个。其次,已有实验证实,在人们回忆系列呈现的刺激时,首因和近因效应的分离与不同的记忆过程有关,其中首因效应主要与长时记忆相关,而近因效应则主要与短时记忆有关。最后,从神经机制来看,与遗忘症病人不同,短时记忆损伤病人的受损部位通常位于舌回及顶下小叶等。这些都提示至少短时记忆不是长时记忆所必需的,它们有着不同的神经机制。

近年来,短时记忆的概念渐渐被扩展,并由工作记忆所替代。这是由于人们认识到,除了某种形式的信息储存之外,对信息的操作(manipulation),如抑制、更新等,对于许多认知活动,如学习记忆、推理等,也是必需的。想象一下在智能手机还未盛行的年代,你要和家人一起出去吃饭,上网查到了某一饭店的电话号码,你只需在头脑中不断复述这一电话号码,直到把它写在纸上即可。再设想一下你在房间里寻找丢失的物件,比如钥匙,你在很多可能的地方寻找它,这期间就需要你的工作记忆不断地更新你已寻找过的地方,也就是对工作记忆的内容进行的操作。这些典型的工作记忆在日常生活中的体现告诉我们,工作记忆是一个容量有限的,位于知觉、记忆和计划交界面的重要系统,与短时记忆的概念相比,它不仅对信息进行暂时的存储,而且会对此信息进行一定的操作控制。它的内容可来自感觉输入,也可以从长时记忆中提取。重要的是,这些信息并不在眼前,但对它们的保持和操纵对于短时任务的完成是必要的。

二、工作记忆模型

(一) A. Baddeley 的工作记忆模型

有关工作记忆的第一个模型由 A. Baddeley 等人提出,这一模型包括三个部分,即中央执行系统(central executive system)、语音回路(phonological loop)和视空板(visuospatial sketchpad)。2000 年,A. Baddeley 对于该模型进行了修正,补充了另一子成分系统,即情节缓冲器[episodic buffer,如图 6-2(a)所示]。

中央执行系统是命令和控制中心,它是容量有限、通道非特异性的,主要负责三个子系统及其相互作用,以及与长时记忆进行联系。

三个子系统之间具有密切的相互作用,分别与不同的信息表征有关。其中语音回路负责对信息的语音表征和储存。研究表明,当要求被试短时回忆一些字符串时,同音错误较多,如 T 与 D 混淆多于 Q 和 G。语音回路是数字广度的基础,工作记忆受损的病人常常是语音回路受损,而中央执行系统和视空板的功能可以保持正常。视空板是基于视觉系统的短时记忆表征,与语音回路平行,以视觉或视觉空间的编码进行信息储存。与上述两个子系统的功能不同,情节缓冲器负责将不同来源的信息结合在一起,从而与长时的情节记忆相联系。这样,新的工作记忆模型更着重于不同的信息的整合。

(二) N. Cowan 的工作记忆模型

与 A. Baddeley 的工作记忆模型不同,N. Cowan 认为工作记忆与长时记忆依赖于同样的记忆表征[图 6-2(b)]。在这一模型中,工作记忆是长时记忆表征中被激活的部分——有限时间内被激活的记忆(time-limited active memory),其时间有限而被激活的数量并没有限制。不同的工作记忆表征被同时储存于长时记忆中,而没有子系统之分。中央执行系统是其中注意集中的部分(capacity, limited focus of attention),负责注意的分配,其容量最大为 4。因此,工作记忆的容量有限性表现在注意的有限性,而不是被激活的长时记忆表征的有限性。

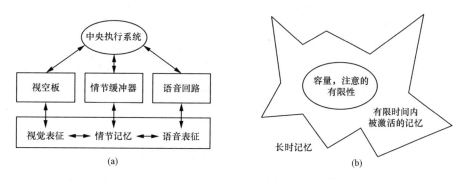

图 6-2 A. Baddeley 和 N. Cowan 提出的工作记忆模型

三、工作记忆的神经机制

(一) 工作记忆的保持与前额叶

尽管这两个模型在有关工作记忆表征与长时记忆表征是否相同的问题上有各自不同的阐述,但它们都强调了中央执行系统的控制作用,以及背外侧前额叶(dorsolateral prefrontal cortex, DLPFC)在其中的活动。

额叶是大脑发育中最高级的部分,约占大脑皮质的 1/3。哺乳动物的大脑都有额叶,但随着进化程度的不同,不同动物的额叶大小明显不同。前额叶占额叶的一半以上,与认知功能关系密切。前额叶又分为眶部、背部、内侧部和外侧部,其中眶部和内侧部、背部和外侧部的结构和功能较为接近。前额叶与大脑其他区域有着密切关系,它和所有的感觉区都有往返的纤维联系,其眶后部和腹内侧部有投射到海马旁回和海马前下脚的纤维,组成了内侧颞叶-间脑系统的一部分;前额叶与皮质下结构,如纹状体、小脑、杏仁核等脑区也有往返纤维联系。因此，前额叶有协调中枢神经系统内广泛区域的活动的作用。

在实验室情境下，常用的工作记忆范式包括延迟匹配/不匹配任务（delayed matching/nonmatching-to-sample）、one-back任务、two-back任务和自我组织的记忆等。例如，在延迟匹配任务中，猴子看到食物被放置在某一侧，经过一定时间的延迟，它需要正确指出刚才食物所放的位置。在延迟阶段，猴子没有任何外在的线索可以使用，因为左右两侧放置食物的概率是随机的，它们必须记住刚才放置食物的位置，以便在延迟之后正确完成任务。而在two-back任务中，刺激材料依次呈现，被试不仅需要记住刚才见过的前两个刺激，还需要不断更新这两个刺激，以判断当前呈现的刺激是否和之前的两个相同，此时信息不仅被储存，还被有效地操作。

前额叶在工作记忆中的作用可分为几个方面。首先，它在信息的保持中起着重要作用。细胞电活动记录的结果发现，前额叶在延迟阶段的神经活动明显增强，有的可以持续1 min，这与脑成像的结果是一致的（图6-3）。因此，当刺激不在眼前时，这些细胞能够保持刺激的表征。损毁BA 46区和BA 9区后，猴子在工作记忆任务中的成绩明显受损，而再认成绩正常。与猴子实验的结果相似，一项听觉工作记忆的研究也表明，当要求被试立即判断两个音的音高是否相同时，可以激活右下及右上前额叶（BA 47区、BA 11区及BA 6区）、扣带回，而在延迟后回答则会明显激活双侧DLPFC。而且，在工作记忆中需要保持的信息越多，前额叶的活动越强。当然，这一结论还需排除任务难度、在保持阶段继续编码等因素的混淆。

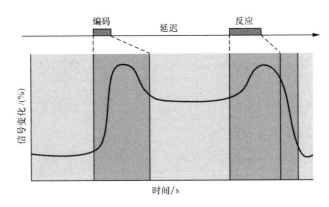

图6-3 前额叶在刺激呈现的延迟阶段仍表现出较强的活动

其次，前额叶参与将不同来源的信息整合的过程。例如，在Prabhakaran等人（2000）的实验中有两个条件，要求被试记住空间或语词信息（即单一信息），或者要求被试记住空间/语词信息的组合（如呈现在左上方的"L"）（图6-4）。结果发现，在保持组合信息的条件下，右侧前额叶的激活强于单一信息条件。Rao等人（1997）在猴子完成延迟反应任务时记录了前额叶神经元的放电活动，结果也发现了在延迟阶段，除了单独对物体和空间特性反应的神经元外,大约50%的神经元对于物体和空间位置特性均有反应,提示在前额叶,不同来源的信息,如物体及其空间信息已被结合,而且与对不同特性的神经元相互独立。

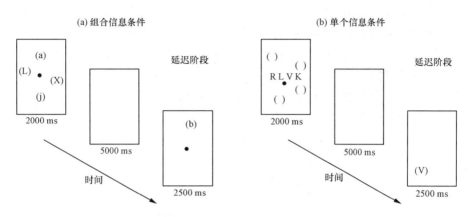

图6-4 Prabhakaran等人(2000)实验中的组合信息条件和单个信息条件

(二) 腹侧与背侧前额叶的功能分离

除参与工作记忆中信息的保持外,前额叶也参与信息的操作。例如,双侧额叶损伤的病人在威斯康星卡片分类测验(WCST)中的坚持性反应数增多,这是额叶损伤后的明显表现之一。WCST与延迟匹配任务的不同之处在于,仅仅识别出刺激并不足以使被试做出正确反应(如按形状分类),被试必须要抑制无关反应和优势反应(如按数目分类),以完成当前所要求的任务。当实验任务要求被试对所保持的信息做进一步加工时(如在two-back任务中要求判断当前刺激是否与前两个刺激相同),DLPFC的激活明显强于腹侧。因此研究认为,前额叶的腹外侧部(BA 45区/BA 47区)和背外侧部(BA 9区/BA 46区)分别与信息的保持和操纵过程有关(图6-5)。对脑损伤病人的研究表明,信息的短时存储与执行过程之间存在着双向分离现象。当需要将5个字母进

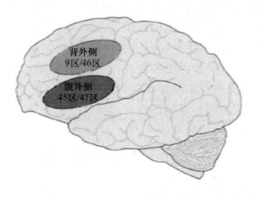

图6-5 腹侧与背侧前额叶的功能分离

行排序时,DLPFC 明显激活;相反,仅对信息进行存储的任务激活了左腹侧额叶的后部。

还有研究认为,前额叶的腹外侧和背外侧的分离与通道特异性有关,它们分别与视觉和空间的物体特性有关(图 6-6)。从解剖来看,物体知觉加工的腹侧通路与腹侧前额叶有直接的纤维联系,而背侧通路则与背侧前额叶有纤维联系。这种观点得到了一些细胞电记录结果的支持,但是当前的研究还有很多的争论,例如,有的细胞电活动和脑成像研究发现,物体与空间信息的分离发生在左、右半球的维度,而不是腹、背侧前额叶的维度。如损伤右侧半球,视空短时记忆受损症状更为严重,而损伤左侧半球后,物体的短时记忆受损严重。

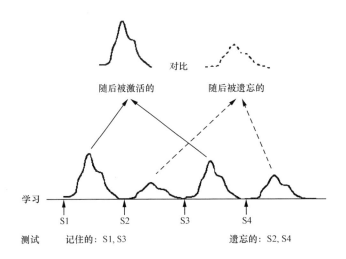

图 6-6　随后记忆范式用于检测记忆编码阶段的活动

(三) 其他脑区的活动

前额叶作为中央执行系统的神经基础,已为很多实验所证实。而其他脑区,如顶下小叶、前额叶下部等,则与不同工作记忆的子系统,即刺激在工作记忆中的不同表征有关。综合不同的研究结果,左侧缘上回(BA 40 区,即左下顶叶)损伤会影响语音回路,导致听觉词记忆广度下降。语音回路的复述过程还与左侧运动前区(BA 44 区)有关。这样,与听觉短时记忆相关的左半球环路包括外侧额叶和顶下小叶,并与词的知觉和产生相分离。视空储存子系统则与双侧顶枕区有关。

第三节　陈述性记忆

陈述性记忆是长时记忆的一种,是指需要有意识提取的一类记忆形式。陈述性记忆包括两类,其中情节记忆是指个体对事件所发生的时间、地点等信息的有意识的回忆,主要依赖于内侧颞叶-间脑系统,并与前额叶和顶叶等脑区有关;而语义记忆是指对事实和有关世界的知识的记忆,部分依赖于内侧颞叶-间脑系统,并与颞叶前部密切相关。

一、常用的陈述性记忆的实验范式

在动物实验中常采用的实验包括:延迟匹配任务和 Morris 迷宫等。这里的延迟匹配任务与工作记忆中的范式不同,因为在长时记忆范式中,食物与另一特性相联系,如在三角形下面放食物,在测试时同样呈现三角形和其他形状如正方形,要求被试选出其中与食物相匹配的刺激。这样测定的记忆是猴子是否可以将食物与不同的形状相联系,而在延迟阶段的信息保持与否并不是最关键的。

由于脑功能成像技术的广泛应用,研究者还可以采用不同的实验范式,对正常人类被试记忆的编码和提取过程分别进行研究,这在很大程度上与脑损伤和动物实验的研究相互补充。例如,采用 Dm 实验范式(difference due to memory),即随后记忆范式(subsequent memory paradigm),研究者可以对编码的刺激依据记忆提取成绩来分类,如被记住-被遗忘的,判断为回想-判断为熟悉,等等,以此明确与某种记忆成绩相关的编码过程的脑活动变化。被试的情节记忆的提取可以用回忆或再认成绩作为指标(图6-6)。在再认过程中,被试要求对所呈现的刺激进行新/旧判断,其中被记住的项目(旧项目)可能是确实回想起来的(recollection-based,R),或是基于熟悉性而判断为"旧"(familiarity-based,K),这两种脑活动差异(R/K 分离)也可以由脑成像的方法得出。另外,基于对刺激材料的不同部分的情节记忆,可以将记忆分为对事件本身的记忆(item memory,如语词信息)和对其线索的记忆(contextual memory,如语词呈现的顺序和颜色等)。

与情节记忆的测量不同,语义记忆的测量包括物体命名、语词流畅性、物体或语词的概念分类(如大象是动物)、要求被试说出所呈现图片或语词的语义特征。在对遗忘症病人的远期记忆的测量中,还通常采用不同年代的著名人物命名或识别任务。若测量新形成的语义记忆,则会采用在他们脑受损后新出现的语词或著名人物,或是在实验控制下学习某一新的记忆任务,然后测量其记忆成绩。

二、陈述性记忆的神经基础

(一)内侧颞叶系统

内侧颞叶系统(medial temporal lobe system,MTL),包括海马及其周围皮质,即海马、齿状回(dentate gyrus,DG)、下托(subiculum)、内嗅皮质(entorhinal cortex,EC)、嗅周皮质(perirhinal cortex)和旁海马皮质(parahippocampal cortex),前三个区域合称为海马区,后三个区域合称为海马旁区。这两部分在结构和功能上都有所差异。内侧颞叶的这些结构之间有密切的纤维联系,并和其他脑结构之间也有广泛的纤维联系。海马位于纤维联系的最终端，内嗅皮质是其主要的投射输入。在猴子的大脑中，内嗅皮质的 2/3 输入信息来自嗅周皮质和旁海马皮质，它们接受来自前额叶、颞叶和顶叶的输入信息。

（二）AT-PM 系统

近年来，越来越多的研究提示，除了 MTL 外，大脑的其他脑区也参与学习记忆的不同过程，包括额叶、顶叶等新皮质。这些脑区与 MTL 之间存在着密切的纤维联系和功能同步性。Ranganath 和 Ritchey（2012）根据 MTL 不同分区之间的关系，以及它们与 MTL 外脑区的关系，提出了 AT(anterior temporal)-PM(posterior medial) 系统。具体来讲，以 MTL 内的嗅周皮质和旁海马皮质为中心，大脑参与记忆的脑区分为两大部分，AT 系统包括内嗅皮质、颞叶前部和外侧眶额叶，而 PM 系统包括旁海马皮质、后顶皮质、角回、楔前叶和后扣带回等顶叶内侧区域及内侧眶额叶。它们分别与记忆加工的不同方面有关，其中 AT 系统主要参与信息的要点和项目特性的加工，而 PM 系统参与信息细节的加工与回想。

三、情节记忆与内侧颞叶系统

从对 H. M. 等遗忘症病人的分析，我们可以看到，MTL 在陈述性记忆中起着非常重要的作用，尤其是情节记忆。近年来的研究表明，MTL 在情节记忆中的作用主要包括以下几个方面。

（一）细节信息的记忆

情节记忆的一个重要特点是所回忆的事件具有时间、空间、其他线索等丰富的细节信息，而这些细节信息的编码和提取都与 MTL，尤其是海马的功能密不可分。1978 年，J. O'Keefe 和 L. Nadel 提出的认知地图理论（cognitive map theory）强调海马在空间记忆中的作用。研究发现了大鼠海马中的位置细胞（place cell），这些细胞会在大鼠位于某一空间位置时发放明显增强。对于人类被试，也有研究表明出租车司机的海马明显大于其对照组。Morris 迷宫就是依据此理论发展起来的。此外，对于事件之间的先后关系的加工，也依赖于海马。在一项研究中，当被试编码按先后顺序呈现的物体时，海马的活动明显增强。

（二）联想性记忆

MTL 参与联想性记忆的理论由 H. Eichenbaum 等人在 20 世纪 90 年代提出，他们认为海马不仅在空间记忆中起作用，还参与了有关事件间的关系的加工，如空间位置关系、事件及其线索的关系表征等。而且有研究发现位置细胞的活动也受其他非空间因素的影响，如大鼠运动的速度、是否有其他刺激或奖赏等。相当多的实验结果支持 MTL 参与联想性记忆的观点。如在动物实验中，当训练大鼠形成对某一气味 A 的偏好（A＞B 且 B＞C），那么它们在面对 A 和 C 时，会选择 A 而不是 C；MTL 损伤后这一作业成绩明显下降，提示 MTL 对于刺激间关系建立的重要性。刺激间的联系可以表现为项目与项目之间的联系(如非相关词对),项目与特性间的联系(如词与颜色),或是项目与其线索间的联系(如词与学习方式)等,在文献中常被称为联想记忆、关系记忆和线索记忆等,但其本质都是联系的建立和提取。遗忘症病人在联想记忆任务中的障碍表现尤其明显,如词与词间的联系、面孔与名字间的联系。脑成像的研究也表明,在与联想记忆相关的任务中,MTL被显著激活。如 Davachi(2006)发现,当要求被试在两个词之间建立联系时,与对单个项目的记忆相比,海马及海马旁回的激活显著增强。但也有研究者认为,MTL的作用不仅局限于对项目间联系的记忆,如遗忘症病人对单个项目的记忆也有损伤,提示MTL在单个项目和项目间联系中都起着重要作用。

  脑成像的结果也表明,MTL参与情节记忆的编码和提取过程。而且,在回想过程中的激活程度要强于熟悉性判断。图6-7(a)所示为海马旁回在记忆编码中的活动(Brewer et al.,1998)。在编码时被试学习一系列图片,并判断图片属于室内还是室外。那些在其后再认中被记住的图片,在编码时引起双侧海马旁回的强激活。图6-7(b)所示为海马在记忆提取中的活动(Eldridge et al.,2000)。被试在再认测验中首先判断是否见过所呈现的词,然后进行回想和熟悉性的判断(R/K)。结果发现,如果被试可以回想出所见过的词,双侧海马在提取时的激活要强于所熟悉的词和忘记的词。

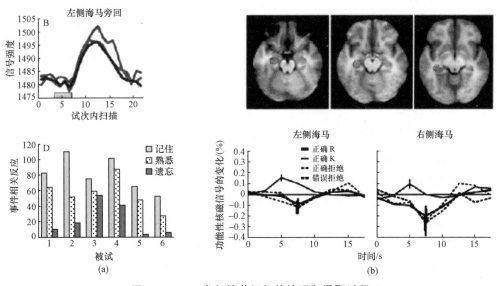

图6-7 MTL参与情节记忆的编码和提取过程
(引自 Brewer et al.,1998)

(三)回想的生动性体验

  情节记忆的第三个特点是被试经常能够生动地回想起之前经历的事件,对于情绪性事件,这种生动性的体验更为强烈。而有些时候,虽然我们不能回想起某一个人或事件的具体而生动的片段,但会有熟悉的感觉。因此,情节记忆依赖于回想性和熟悉性两个过程,而它们所依赖的神经机制有所不同。脑功能成像的研究发现内嗅区与海马/海马旁回的功能分离(Eichenbaum, Yonelinas, & Ranganath, 2007)。它们的分离主要表现:参与单个项目记忆和联想记忆过程的分离,参与熟悉性或回想性过程的分离(R/K)。例如,Ranganath 等人(2004)发现,内嗅区的激活与项目的熟悉性的编码过程明显相关,而当被试可以回忆出在学习时所完成的任务时(大小判断或有无生命判断),海马/海马旁回被显著地激活(图 6-8)。在提取时,内嗅区与海马的功能分离也得到了不少实验的证实。这些结果表明,内嗅区支持单个项目的信息表征,海马旁回可能进一步加工信息(如区分信息的熟悉性、建立一定的联系),而海马区则在信息间建立丰富的联系,并使信息的表达更加灵活。

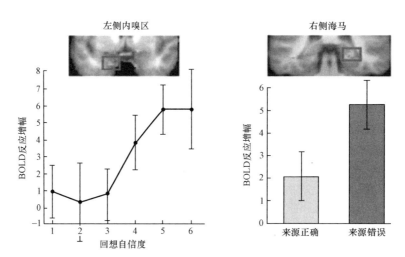

图 6-8 MTL 亚区分别参与陈述性记忆的回想和熟悉性提取过程

(四) 情景建构理论

情景建构理论(scene construction theory)认为,情节记忆不仅包括各种不同的细节信息、不同信息之间的相互关系,还包括产生和保持对场景和事件的完整、复杂而统一的表征,而这一表征也同样依赖于海马。与之前的理论不同的是,它强调情节记忆不仅是对过去事件的简单拷贝,而且是将提取出来的信息,与其他相关信息进行重新建构和组织,因而通过这一过程,情节记忆可以影响其他认知过程,如对未来的想象、当前的决策、对他人的共情等。例如,研究表明,当要求被试想象一个他们没有经历过的场景时,如在海滩上戏水,他们所激活的脑区与回忆之前的经历所激活的脑区相似,而海马损伤的被试不能完成这一任务,提示海马在场景建构中起着重要作用。

四、情节记忆与前额叶和顶叶

除了 MTL 外,前额叶和顶叶在情节记忆中也起着重要作用。但与遗忘症病人不同,额叶和顶叶损伤病人并不表现出明显的记忆障碍。一般来讲,额叶损伤对陈述性记忆的影响反映在记忆策略的变化上,但他们也会在一些特定的记忆任务中表现出成绩下降,如有源记忆障碍(source amnesia),判断刺激呈现先后顺序时有困难等。这些记忆任务的共同特点之一是要求回忆刺激的线索,因而更依赖于认知策略和控制过程。而顶叶则在记忆提取中起着重要作用,采用脑功能成像技术能使我们更清楚地了解它们在陈述性记忆中的作用。

(一) 情节记忆的编码与前额叶

早期的脑成像研究发现,当被试进行语义编码时,如当被试判断所呈现的词是否有生命时,前额叶,尤其是左侧前额叶的激活,要明显强于他们判断词的字形(如是否包含字母 O)。进一步地,采用 Dm 实验范式,研究者发现,与被忘记的项目相比,前额叶以及 MTL(如海马旁回)在被记忆项目的记忆编码中有明显的激活增强(图 6-9)。而且,当采用词为材料,左侧前额叶被更多地激活(Wagner et al.,1998),而采用图片为材料,右侧前额叶被更多地激活(Brewer et al.,1998)。这提示,左、右侧前额叶的活动可能受到刺激材料的影响。当然也有证据认为,左、右侧前额叶的功能分离是发生在编码和提取过程中,即左侧前额叶更多地参与情节记忆的编码过程,而右侧前额叶更多地参与情节记忆的提取过程。

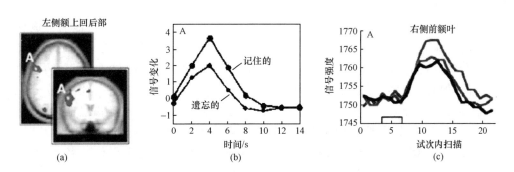

图 6-9　左、右侧前额叶参与情节记忆的编码过程

(a)(b)引自 Wagner et al.,1998,以词为材料;(c)引自 Brewer et al.,1998,以图片为材料。

(二) 情节记忆的提取与前额叶

当我们回忆以前发生的某些事件时,如上星期看过的某一场电影,那么你会首先依据某一线索来提取当时看电影时的地点、时间和电影情节等,抑制与之相似的电影情节,从而使储存的信息被重新激活。在提取过程中,持续的记忆提取过程被称为情节提取模式(episodic retrieval mode),它与项目是否被正确提取,项目为旧/新均无关。研究表明,当被试对刺激进行再认判断时,除与每个项目相关的激活外,还有位于右侧额极(frontal pole)的持续的活动。这种活动并没有出现在语义提取过程中,提示它具有情节记忆提取特异性。

前额叶还与提取成功有关。当刺激及其线索被正确提取(与不正确提取相比),被称为提取成功(episodic retrieval success)。其中,左侧前额叶更多地参与回想过程,而右侧前额叶更多地参与熟悉性过程。

(三) 情节记忆与顶叶

脑成像研究为揭示学习记忆的神经机制提供了相当多的证据。虽然顶叶损伤一般不会伴随记忆丧失,但通过这些技术,研究者认识到顶叶在学习记忆中的重要性。许多研究都发现,当成功提取了信息时,相比正确拒绝的项目,额叶和顶叶区域的激活增强(Wagner et al.,2005)。顶叶区域包括后顶皮质、角回、楔前叶和后扣带回等 PM 系统中的区域。但这些脑区在编码时则表现出相比基线水平更低的激活。顶叶在情节记忆中的具体作用机制尚不明确,但依据 AT-PM 理论,顶叶参与细节信息的提取和回想性体验(Ranganath & Ritchey,2012)。还有假设认为,在记忆提取中也需要注意的参与,并且顶叶也参与了与决策有关的认知控制过程(Aminoff et al.,2015)。

五、陈述性记忆的巩固与语义记忆

(一) 语义记忆

语义记忆与情节记忆同属陈述性记忆,但不同的是,MTL 虽在情节记忆中起着关键作用,对于语义记忆来说并不是必要的。

近年的研究表明,遗忘症病人可以形成有限的、新的语义记忆,虽然他们形成新的情节记忆的能力被永久破坏了。在测定严重遗忘症病人 E.P. 和 G.P. 新形成的语义记忆时也发现,尽管他们对于其损伤后出现的新词汇、新的著名人物和新事件的再认率比对照组低,但对于他们可以正确再认的项目,仍旧保留一些陈述性记忆的成分。如 E.P. 可以正确选择泰格·伍兹(Tiger Woods)是著名人物,并且正确描述他为"著名的运动员"。当 E.P. 被要求解释他为什么选择比尔·克林顿(Bill Clinton)的照片时,他回答:"我 100%确信他是著名人物,他是美国的前总统,但我记不得他的名字"。当问及比尔·克林顿是何时成为总统的,他回答"大概 10 年之前"(Bayley et al.,2008)。

遗忘症病人可以形成有限的语义记忆至少有两种可能的机制,一是语义记忆不依赖于 MTL,二是遗忘症病人残存的 MTL 与形成新的语义记忆有关。逆行性遗忘的特点为第一种观点提供了强有力的证据。一些病人具有逆行性遗忘症,可涉及许多年,甚至终生;但可以形成新的长时记忆,即单纯的逆行性遗忘症,尤其是损伤 MTL 前部和颞叶外侧部时。这提示这些部位与记忆的储存有关,但对于获得新知识并不是必要的。一例 MTL 前部损伤的病人可以记住某一特定的事件情节,但在理解一般词汇的意义上有困难,而且丧失了对历史事件的知识。语义痴呆也有相似的表现,但情节记忆保留。

（二）陈述性记忆的巩固

记忆巩固可能是一个复杂的多阶段的过程，它是指记忆由不稳定状态转变为稳定状态的过程。记忆巩固又分为突触巩固和系统巩固，其中突触巩固（synaptic consolidation）发生得比较快，包括新的突触连接的形成、原有突触连接的重建，新的蛋白质合成等；而系统巩固则是一种逐渐的、缓慢的，包括脑结构之间重新组织的过程。

在记忆的系统巩固中，存在两种不同的理论争论，它们的焦点在于海马是否参与远期记忆。也就是说，随着时间的推移，海马的活动如何变化。经典的记忆巩固理论（standard consolidation theory，SCT）认为，海马及 MTL 的其他脑区对于记忆痕迹的保持和恢复是必要的，但它的作用与时间有关，随着时间增长会越来越小；相反，随着时间增长，新皮质（包括前额叶、外侧颞叶等知识表征区）在记忆保持中的作用越来越大，并成为记忆痕迹的最终储存地。而多重痕迹理论（multiple trace theory，MTT）（Moscovitch et al.，2016；Dudai，Karni，& Born，2015）强调，MTL 尤其是海马的作用，在记忆保持中不随时间而改变。当需要提取的信息包含有关的细节时，海马的活动在近期和远期记忆中均有活动且强度相似。在 MTT 的基础上，G. Winocur 等人进一步提出了痕迹转换理论（trace transformation theory，TTT）（Winocur & Moscovitch，2011；Moscovitch et al.，2016）。这一理论认为，对事件的记忆包括一般性的中心信息和细节信息，随着时间推移，一些记忆由细节性丰富、依赖于海马的形式转换为缺少细节的语义化的记忆，它们依赖于新皮质，不具有线索特异性，但当需要回忆细节时仍需海马的活动。

支持 SCT 的研究发现，虽然遗忘症病人已形成的记忆有一定程度的损伤，但这种损伤是有时间性的，一般在脑损伤发生后 5 年以内的记忆损伤最为严重，而更远期的记忆保存较好。与正常对照组相比，单纯海马损伤的遗忘症病人对损伤前 5 年的事件的回忆成绩明显降低，但对更早的事件的回忆仍保留较好。而 MTL 广泛损伤的被试 E.P 和 G.P. 则表现为无时间特性的逆行性遗忘，提示海马之外的 MTL 结构与远期记忆的储存有关。因此，虽然 MTL 在情节记忆中起着重要作用，但随着时间的推移，MTL 的激活程度呈减少趋势，记忆表征有可能逐渐储存于新皮质，而不再依赖 MTL（Squire，2004）。

而支持 MTT 的证据大多来自对自传体记忆的研究。例如，Cipolotti 等人（2001）的研究表明，双侧海马受损会引起严重的逆行性遗忘，包括非个人的以及个人的事件和情节记忆，这种记忆损伤没有时间梯度。在脑成像研究方面也有类似的发现，提取细节信息，无论其时间远近，均需要海马的参与。例如，Gilboa（2004）采用 fMRI 对自传体记忆的提取进行了研究，实验材料为从 5 岁起至今的 5 个时期的照片，每个时期包括 5 张家庭照片，照片中没有被试本人。结果发现，楔前叶的活动只与记忆的丰富程度有关，而与时间远近无关。这一理论从记忆内容的角度阐述巩固的基本机制，强调了海马对某些记忆表征的关键性作用。

第四节 非陈述性记忆

与陈述性记忆相比,非陈述性记忆是较为古老的记忆形式,它是指对先前的经验不需要经过有意识提取的一类记忆形式。内隐记忆包括多种形式,如启动效应、程序性记忆、内隐学习、习惯形成和条件反射等。经典的条件反射、操作性条件反射和非联想性学习等都属于非陈述性记忆范畴,它们也是研究得最为深入的记忆形式。联想性学习包括经典条件反射和操作性条件反射,是指两个事件之间的联系的建立,它在本质上是形成刺激或反应间的联系。R. Thompson 及其同事研究了兔子的眨眼反射,发现其神经通路包括小脑和相关的脑干通路,记忆痕迹本身可以在小脑形成,并储存在小脑内。

非联想性学习是较基本的学习方式。对海兔(aplysia)的研究非常深入,包括习惯化(habituation)、去习惯化(dishabituation)或敏感化(sensitization)。习惯化是指对某一失去意义的刺激的反应性减弱,如不断响起的噪声,而敏感化则是指针对潜在危险的刺激物的反应性增加。海兔的习惯化行为——缩鳃反射(gill-withdrawal reflex)伴随突触前神经元的神经递质释放减少,而敏感化伴随神经递质释放的增多。

如前所述,陈述性记忆依赖于 MTL 等关键结构,但大多数非陈述性记忆并不依赖于 MTL,而是与枕颞皮质和前额叶有密切的关系。我们在这里主要介绍启动效应的研究。

一、启动效应的神经机制

启动效应(priming effect)是内隐记忆的主要形式之一,即执行某一任务对后来执行同样或类似任务的促进作用。启动效应影响着我们生活的方方面面,尽管我们意识不到它的存在,如我们会觉得某些人很熟悉,我们会在仅提供某些片段信息时就识别出某些图形等。

研究启动效应的实验一般包括两个阶段:首先给被试呈现一系列刺激,如词、图形或面孔等;然后在测验阶段呈现残词、模糊词、速视词或图等残缺的知觉或语义线索,要求被试命名或辨认,测量指标是被试的认知倾向、操作速度或准确性的改变,如反应时和正确率等。若被试对先前刺激的命名时间或辨认正确率大于未学习过的控制刺激,就认为先前呈现的刺激对后来的刺激产生了启动。这与传统的记忆测量方法(又称为直接测量),如自由回忆、线索回忆和再认等有所不同,它不要求被试有意识地回忆学习过的信息,而是对可能因学习而改变的任务的操作结果进行测量(又称为间接测量)。

对启动效应的分类方法有多种,一般依据它是否具有知觉特异性,及对语义加工的依赖程度,分为知觉启动和概念(语义)启动。知觉启动是指提取的线索与启动项目在知觉特性上有关,而与加工水平无关,常用的任务有词干补笔和知觉辨认等;语义启动是指提取的线索与启动项目在语义上相关,而没有知觉特异性,其任务包括类别范例产生、自由联想和偏好判断等。

(一) 启动效应与新皮质

许多研究表明 MTL 并不是启动效应的关键脑结构，尤其是知觉启动。遗忘症病人的外显记忆严重受损，但是他们在许多知觉启动任务中表现出正常的启动效应。而且遗忘症病人对非词、假词和不熟悉的物体等新异信息的启动效应也正常。因此，知觉启动可能发生在知觉加工过程的早期阶段，也就是说，在语义分析和海马结构参与记忆形成之前，其脑结构与支持外显记忆的内侧颞叶-间脑系统相分离。

对脑损伤患者的研究提示了新皮质和知觉启动间的关系。采用个案分析的方法发现，在一例双侧枕叶受损病人 L. H. 和双 MTL 受损病人 H. M. 间出现了内隐记忆和外显记忆的双分离，其中 H. M. 外显记忆受损而知觉启动完好，L. H. 的知觉启动受损而外显记忆正常(Keane et al.，1995)。Fleischman 等人(1997a，1997b)也报道了一右侧枕叶切除的病例 M. S.，他在 14 岁时因癫痫实施了右侧枕叶切除术，其损伤涉及 BA 18 区和 BA 19 区的大部分区域，并引起左侧视野缺损。记忆测验的结果表明，M. S. 的外显记忆及语义启动(如类别范例产生)均正常，但知觉辨认和词干补笔成绩均比对照组低。这些双分离的实验证据提示枕叶视皮质参与了视知觉启动，并和内侧颞叶-间脑系统、参与语义启动的联合皮质相分离。采用脑功能成像的研究结果与神经心理学的基本吻合，并有进一步的阐明。内隐记忆和外显记忆所引起的脑区变化是不同的，当被试无意识提取信息时，后皮质区和前额叶均表现为激活程度降低(Schacter et al.，2004)。如与新图片相比(如钥匙)，重复的图片(如同一辆汽车)和同种类型的不同图片(如另一把雨伞)都在双侧梭状回引起血流量的减少，其中重复图片与同类型不同的图片相比，在右侧梭状回的血流量减少更明显(Koutstaal, Verfaellie, & Schacter, 2001；图 6-10)。这提示右侧梭状回与知觉特征的启动效应有关。Wagner 等人(1998)的研究还表明，高级视皮质在刺激重复呈现时的血流减少更为明显，而初级视皮质并没有明显变化，因而具有解剖特异性。

(二) 启动效应与前额叶

除知觉皮质外，前额叶也是参与启动效应的重要脑结构。前额叶除了在情节记忆中起重要作用外，也参与了语义启动，即无意识提取经过语义加工的信息的过程。当对词进行重复语义加工时(抽象词/具体词判断)，左侧前额叶的血流减少，提示它与语义启动有关。而且，语义启动没有情节记忆提取过程的半球不对称性，参与语义加工和语义启动中介的脑区均为左侧前额叶，同一脑区在语义加工时活动增加，而在语义启动时活动减少，其相关系数为 0.70。Wig 等人(2005)的研究为前额叶参与启动效应提供了直接的因果证据。在他们的实验中，重复呈现的图片引起前额叶的血流量减少，更重要的是，当被试的前额叶受到短暂的 TMS 刺激后，额叶短暂性功能缺失，从而引起启动效应明显减弱(图 6-11)。

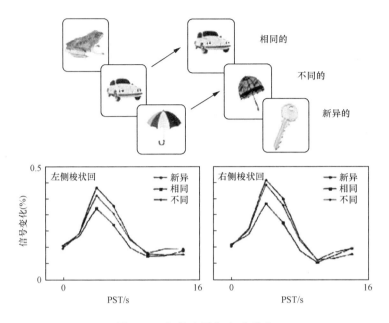

图 6-10 知觉皮质与启动效应
（引自 Koutstaal，Verfaellie，& Schacter，2001）

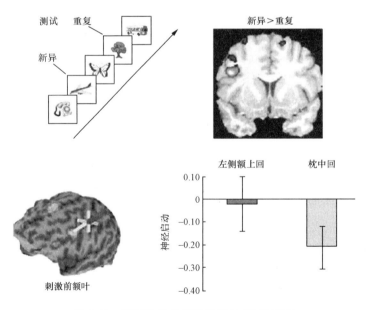

图 6-11 前额叶参与启动效应的 TMS 研究

（三）启动效应与 MTL

MTL 损伤后，虽然遗忘症病人的陈述性记忆明显受损，但他们的知觉启动效应表现正常，其习惯和技能也可以无意识形成(Bayley et al., 2008)，因而长期占统治的观点是 MTL 并不参与启动效应。但近年来的一些研究表明，至少有一些启动效应，如联想启动，与 MTL 有密切关系。联想启动的实验范式与项目启动有所不同，以词干补笔为例，一般在学习时呈现一系列非相关词对（例如，window-reason，apple-kite，fish-nurse）后，要求被试对不同类型的词对进行补笔，如旧词对（window-rea__）、重组词对（apple-nur__），若他们的旧词对补笔正确率高于重组词对，则被认为形成了联想启动(Schacter et al., 2004)。

有关联想启动的遗忘症病人的结果并不一致，如同样采用知觉辨认任务，Gabrieli 等人（1997）和 Yang 等人（2003）分别发现遗忘症病人正常与损伤的联想启动效应。在另一项研究中，Chun 和 Phelps（1999）采用视觉搜索的实验范式要求被试检测某一字母（如 T）存在与否。当线索是学习过的图时，正常被试检测出字母 T 的正确率高于新线索图的条件。在遗忘症病人中，如果仅仅是海马损伤的被试，可以形成与对照组相似的线索启动，而如果海马旁区混合损伤，则启动效应明显受损(Manns & Squire, 2001)。fMRI 研究也表明(Yang et al., 2008)，MTL 的亚区，即海马旁区在联想启动任务中表现出与项目启动相似的重复抑制现象，即与重组词对相比，旧词对在海马旁区引起的血流量减少（图 6-12）。这些研究提示了海马旁区与联想启动之间的密切关系。进一步地，MTL 可能在有关刺激间联系的记忆中起着重要的作用，无论这种联系是被有意识或是无意识提取的。

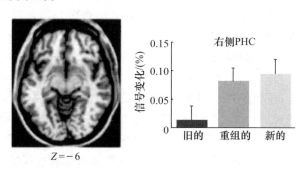

图 6-12　MTL 参与启动效应的 fMRI 研究

二、程序性记忆的神经机制

程序性记忆是指对技能和习惯的获得。除启动效应外，遗忘症还可以学习一些程序性知识，包括知觉的、运动的、认知技能、习惯和有关序列的内隐知识等，并与外显记忆分离。与序列学习相关的脑区主要与运动区和基底节等有关。被试对刺激序列进行反应，同时要数在声音序列中低频声音的数目，结果表明，双任务条件激活了运动前区、左侧辅助运动皮质和双侧壳核。无论是否意识到序列的存在,被试的右侧背外侧前额叶皮质、右侧运动前区、右侧壳核及双侧顶枕皮质均被激活。另外,意识到序列的存在会引起右侧颞叶、两侧顶叶、右侧运动前区和扣带回前部更强的激活。结果表明,运动区参与运动模式的程序性学习。在对亨廷顿病患者的研究中,发现了与遗忘症双分离的现象,他们的程序性学习受损,而补笔等内隐记忆正常(Gazzaniga, Ivry, & Mangun, 2002)。

第五节 学习记忆的分子生物学机制

除在系统层次上研究学习记忆的神经机制外,认知神经科学还关注学习记忆过程在微观层次上引起的变化。

研究表明,有三种基本的神经通路:单突触联系、多突触联系和细胞集群(cell assembly)。细胞集群是指由于同时被激活,或是在时间上的密切关系,大量细胞同时活动,它是与多种学习记忆关系密切的神经元的组织方式。神经元集群的编码也依赖于突触的可塑性。许多假说都认为,神经元集群可以编码许多不同的记忆形式,每个神经元或多或少地参与了一种记忆,就像一个人可以参加不同的社团一样。因此,每一个单元的变化对整个集群的影响是很小的,但是如果很多神经元变化,就会造成巨大的效应。

学习记忆会伴随神经元之间突触可塑性的变化,包括突触联结强度、突触数量的改变,甚至神经元形态的变化。研究学习记忆的分子生物学机制的困难之一在于神经系统的复杂性,因此研究者通常以神经通路相对简单的动物为研究对象,如海兔和果蝇。这些动物的大脑结构具有以下特点:神经系统比较简单,神经元较大,神经通路易被识别,基因简单。例如,海兔的神经元只有 20 000 个左右,而果蝇为 300 000 个,但它们已有很明显的学习能力,海兔的缩鳃反射就可以由几种不同形式的学习所调节——习惯化、去习惯化、敏感化、经典条件反射和操作性条件反射等。这样就有可能对特定细胞及其纤维联系进行追踪,因而适用于研究学习记忆的细胞和分子机制。长时程增加(long-term potentiation, LTP)现象被认为是与学习记忆相关的分子机制,与记忆的储存有关。虽然陈述性和非陈述性记忆具有不同的编码和提取过程的系统层次上的不同机制,但它们的分子生物学机制有很多相似之处。

一、突触可塑性的变化

(一)习惯化与敏感化

由于在非脊椎动物中研究学习记忆的神经机制中的卓越成就,E. R. Kandel 获得了 2000 年的诺贝尔生理学或医学奖。他对海兔的非联想性学习和联想性学习的可塑性机制进行了系统研究。尽管海兔的神经结构简单,但它仍表现出了对于外界刺激的学习效应。例如,海兔具有简单的反射机能,当它的鳃受到刺激时,会引起鳃的收缩。重复刺激会使这一收缩反应减弱(习惯化),而当这一刺激与其他刺激共同作用时(如刺激尾巴),收缩反应增强(敏感化)。研究发现,海兔的缩鳃反应习惯化伴有感觉-运动突触间神经递质释放,如 5-羟色胺(5-HT)的减少,而敏感化会首先引起中间神经元兴奋,进而使感觉-运动突触间神经递质释放增多。非陈述性记忆的细胞生物学研究揭示了一些与记忆相关的突触可塑性的原理。首先,这些研究证实了卡扎尔的两个具有预见性的假说:神经元之间的突触联结并不是固定的,而是可以通过学习改变的;这些调节和改变可以长久存在,与记忆的储存密切相关。其次,同一突触联结可以参与不同的学习过程,并且对行为产生不同的调节作用。例如,突触联结强度在敏感化和条件反射形成时增强,在习惯化时减弱。

习惯化和敏感化都是非陈述性记忆的表现形式。海兔的缩鳃反射等的研究表明,非陈述性记忆的储存并不依赖于特定的神经元,而是储存于产生行为的神经通路中。而在陈述性记忆中,内侧颞叶系统是其储存地。这是陈述性记忆和非陈述性记忆之间的主要不同之处。另外,在海兔的缩鳃反射、缩尾反射中,习惯化和敏感化不仅表现在感觉神经元和运动神经元中,在中间神经元中也有突触联结强度的变化,因此,即使是简单的非陈述性记忆也是分布式储存在神经通路中的。

(二) 海马的突触联结变化——LTP 现象

在陈述性记忆中,内侧颞叶系统与记忆储存具有密切的关系。海马的突触联系包括三条通路:① 前穿质通路(perforant path),海马旁回与齿状回的颗粒细胞间的兴奋性联系;② 苔状纤维(mossy fiber),从颗粒细胞到海马体 CA3 区;③ 谢弗侧支(Schaffer collateral),从海马体 CA3 的锥体细胞到海马体 CA1 区。Bliss 和 Lomo(1973)在刺激兔子海马的前穿质通路时,发现兴奋性突触后电位(EPSP)幅度的长时间增强,也就是说,在这一通路中的突触强度增强,神经递质释放增多(NMDA 受体),从而使其后的刺激在颗粒细胞引起更大的 EPSP。这一细胞在受到连续刺激且刺激停止一段时间(20~30 min)后,仍然可以记录到近场电位幅值增加的现象,这被称为 LTP 现象(图 6-13)。后来在海马中又发现了长时程抑制(long-term depression,LTD)现象(图 6-13),它与 LTP 相比具有相反的特点:连续性低频电刺激引起传入神经元的活动,而其突触后神经元的发放减少。

LTP 可以发生在海马的三条通路中,而且在其他脑区也有相似的现象发生。LTP 具有四个主要特性:① 协同性,要同时有一个以上的刺激输入;② 联合性,如果神经元的一条通路被弱激活,同时伴有此神经元的另一通路的强激活,那么这两条通路都会产生 LTP;③ 特异性,只有在受到刺激的突触中才会发生 LTP,其他突触不受影响;④ 持久性,一旦产生,它可以持续 1 小时,甚至几天。

这些特性使 LTP 成为记忆储存的机制。研究表明,转基因动物中的 LTP 可以选择性受损,如阻断 cAMP 依赖性蛋白激酶(PKA)会使 LTP 的后期阶段受损,长时记忆受损。而阻断 NMDA 受体或敲除 NMDA 受体,使短时和长时记忆均受损。当然,也有一些证据并不支持这一观点,如 LTP 并不是海马所特有的,而诱发 LTP 的高频刺激是人为的,并不清楚在学习时谢弗侧支是否也有这类刺激。但研究者已基本形成一个共识,那就是 LTP 是一种突触可塑性的表现,可以用来研究学习记忆的机制。虽然 LTP 和 LTD 参与学习记忆还需要确切的证据,LTP 和 LTD 仍是脊椎动物学习记忆最合适的、可能的细胞机制。

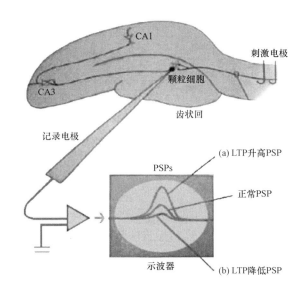

图 6-13　LTP 与 LTD 现象
PSP:突触后电位。

二、长时记忆与蛋白质的合成

LTP 现象可被分为早期阶段和后期阶段。早期阶段 LTP 持续 1~3 小时,没有蛋白质合成,而后期阶段 LTP 持续至少 24 小时,有与记忆相关的基因表达(如 CREB),以及蛋白质的合成。CREB 基因是短时记忆向长时记忆转化的重要因素。长时记忆还会引起明显的突触变化,包括突触变大和数量增多等。这些变化进而有可能导致相应皮质的形态学变化。

心理学家 Gibbs 和 Ng 于 1977 年以小鸡为研究对象,开始对记忆不同阶段的分子机制进行研究。实验采用小鸡的一次性被动回避反射,小鸡啄一个小的彩色球,球上有苦味。仅一次刺激之后,小鸡对于相似的球都会回避。他们将记忆分为短时(15 分钟)、中时(15~55 分钟)和长时记忆(55 分钟以上),发现 NMDA 受体阻滞剂会破坏短时记忆,而蛋白质合成抑制剂会阻碍长时记忆的形成。其中作用于钙调蛋白激酶的抑制剂影响中时记忆,而蛋白激酶抑制剂则影响长时记忆。

研究表明,训练增加了树突的分支和突触接触的数量。而且,对大鼠皮质内的蛋白质的直接测量发现在丰富环境下的蛋白质明显增多。还有研究发现,训练小鸡并切除它的一部分脑组织之后,训练引起的蛋白质合成增加会占据切除的空间。

三、记忆的储存

记忆的巩固也发生在分子细胞水平上。在行为水平上,陈述性记忆和非陈述性记忆有很大的不同,但是在细胞水平上,与长时程学习记忆相关的蛋白质合成和突触变化增多等机制对于陈述性和非陈述性记忆是相似的。首先,这两种记忆形式均有短时和长时记忆两个阶段。短时记忆是对已存在的蛋白质和突触联结的调制,而长时记忆则是包括 CREB 中介的基因表达、蛋白质合成和突触联结的增强,并且有突触的形态学变化。其次,长时记忆均需要 cAMP、PKA、MAPK 和 CREB 等中介。

7

语言、思维和智力

人与动物的本质差异体现在语言、思维和高度发达的智力。尽管它们是高级心理过程,但高级心理过程必然以低级心理过程为基础。例如,语言作为一种心理过程,既包括先天遗传的人类种属的本能成分,也包括个体的后天习得。即使在后天习得成分中,习惯的语言表达方式也是通过内隐学习,无意识积累起来的。因此,无论是语言还是思维乃至智力,它们的脑功能基础都是多层次的,绝非某一脑结构单独完成的功能。通常语言是思维的表达形式,但除了语言表达的思维之外,还有非语言表达的内隐思维活动。对于这类复杂的高级心理过程的研究,认知神经科学虽然取得了较大进展,但存在的问题远远多于已知的科学事实。

第一节 语言的认知神经科学基础

语言是语音或字形相结合的词汇和语法体系,言语是个体运用语言与其他社会成员,通过话语、书信等进行交往的过程。长期以来,对语言的脑功能基础的认识主要是通过研究脑外伤后的各类失语症。近年来开始利用脑成像技术研究正常人语言过程的脑基础。心理语言学把语言过程分为语言理解、语言产出和语言获得三个方面,语言获得留在心理发展中讨论,这里主要介绍语言理解和语言产出。

一、语言理解

我们所说的语言理解是指在个体交往中,对别人话语或书信的感知与理解。因此,根据言语产物不同,分为书面语言理解与口头语言理解。

(一) 语言理解过程

从感知与理解的心理过程来说,语言理解过程可分为由简到繁的四个阶段:语音或字形的感知、字词知觉与理解、句子理解、话语或课文理解。对口头语言和书面语言的感知,由不同感觉通道完成并有不同的规律,但对其语法和语义理解,却有基本相同的规律。无论是对词汇、句子,还是对课文与话语的理解,都经过语音、语法和语义三个不同水平的加工过程。

1. 字词理解

无论是中文还是西文词汇都有形、音、义三种成分。人们自幼学习语言文字时,就受到形、音、义为一体的语言文字教育,致使人们的头脑总是在形、音、义间相互激活的过程中,回忆或再认某些字词。字词识别与理解中的一系列特殊效应,包括词长效应、词频效应、词汇效应、可读效应、启动效应、同音词效应和视觉优势效应。语言认知心理学家通过字词识别中的这些特殊效应,研究字词理解的规律。心理语言学和认知心理学通过实验,对字词识别与理解过程提出了一些著名理论模型,如单词产生器模型、字词通达搜索模型、群激活模型和并行分布加工模型,为语言理解的心理过程和机制提供了重要基础。

2. 句子理解

句子是表达意思的最基本单元,句子理解是语言理解的核心。正因为如此,乔姆斯基的经典心理语言学理论以句法研究为核心。现代心理语言学认为,句子的理解是析句(parsing)和语义解释(semantic interpretation)两者紧密结合的加工过程。

(1) 析句。

析句又称为句法分析,首先对句子成分进行切分,分出词汇、短语等不同的成分,然后对各成分间的关系进行加工或运算。如何切分、如何加工、加工原则和策略,都是句法分析不可缺少的。除按标准句法规则对句子切分和处理外,还可采用启发式策略,如与标准句类比、功能词检索、后决策等都是一些启发式句法分析的有效策略。

(2) 语义解释。

句子理解过程在完成上述句法分析之后进入语义解释阶段,这时语用(pragmatics)、语境因素对语义解释发生一定的制约作用。语境因素是拟理解的句子与前后句子的上下文关联;语用、语境因素指恰当合理的句子很容易为分析者所理解。

3. 话语与课文理解

话语(discourse)又称为语段,是几个句子构成的段落,它能够较为完整地表达一种命题(proposition)或描写环境中景物的图式(schema)。这里所说的课文是话语的书面语言表达。在句子理解的讨论中,曾指出同一瞬间只能解析1~2个句子。因此,对话语的理解是在一定时间内发生的动态过程。听者在理解别人所说的话时,在自己头脑中构建出话语蕴含的命题图式或命题推理,并搞清一段话中所含多个命题或图式间的连贯性,是正确理解话语的基础。语用条件对话语理解具有重要意义,话语产生的背景条件,听者头脑中的知识结构,是正确理解话语的前提。

(二) 语言理解的理论

人类言语与其他声学信号相比有许多特点。首先,任何一段口头语言中,都包含许多分离的音素,每个词都是由音素连续起来所构成的。所以,每个音素和词都对应一类声能的模式。其次,这种声能模式具有双重性,即节段性和恒常性。节段性表现为在音素之间有一段段的分离,这种分离在言语声频谱图上可以直观地看到。恒常性表现为不依说话人不同而异,同一词不论什么人发音,频谱特征都大体相似。当然,发音人不同,频谱可能相差较大,但对同一词发音,其频谱模式是相似的。这是由于同一音素是由相似发音器官的空间状态所制约的。这样,在言语知觉形成中,不但靠听觉分辨音素和词的声学特征,还由视觉对讲话人发音器官的空间状态进行了图像分析。因此,人类言语知觉实际是听觉和视觉协同工作的结果。不仅聋哑人的言语知觉是靠视觉分析完成的,对正常人的实验研究也发现了相似的规律。Massaro 和 Cohen(1983)以唇辅音"b"和齿龈辅音"d"为实验材料,由计算机合成音节"ba"和"da"以及"ba"和"da"的七个中间音节,让正常被试听等概率呈现的九个音,并判断呈现"ba"和"da"的次数。在三种条件下重复同样的音节识别测验。一种条件是只靠听觉判断;另两种条件是呈现音节时,总伴有发出"ba"音节或"da"音节的口唇运动的闭路电视。结果发现,从录像中得到的视觉信息显著提高了"ba"和"da"音节的正确判断率。这个实验有力地证明了言语知觉是视觉和听觉信息并行处理的结果。J. L. Miller 总结出关于人类言语知觉机制的两种认知理论:运动理论和听觉理论。

1. 运动理论

Liberman 和 Mattingly(1985)提出的运动理论(motor theory of speech perception),基本观点可以归纳为以下三方面:① 言语知觉系统和发音的言语运动系统之间是密切联结在一起的。因此,人在听音素和词(元音和辅音音节)时,本身的发音运动系统也在不自觉地、默默地进行发音运动。② 言语知觉是人类特有的,因为只有人类才具有出生以后经过长期学习所积累的语言知识。③ 言语知觉能力是人类先天所具备的,因为人类生来就具备言语发生和言语知觉相互联结在一起的机能系统。视觉信息参与言语知觉的实验事实,对言语知觉运动理论提供了有力的支持,因为视觉信息可以帮助人们掌握发音时的唇、舌、口腔等运动状态,便于人们默默地重复这些发音动作,提高言语知觉的正确率。

2. 听觉理论

言语知觉的听觉理论(the auditory theory of speech perception)在上述三个方面与运动理论完全不同。首先,这种理论认为知觉并不是言语运动的产物,而是听觉系统对各种声音信号进行自动解码,对说话人有意发出音素的规则序列发生知觉的过程。其次,言语知觉并不是人类特有的现象,许多动物的听觉系统与人类听觉系统十分相似,动物也可能具有相似的言语听觉机制。最后,言语知觉不是先天的,虽然婴儿听觉系统已经十分发达,但婴儿早期必须经过学习和作业之后,才能获得言语知觉能力。

在"b""p"等辅音音素研究中,将从辅音释放到声道出现振动之间的时差,称为嗓音起始时间(VOT),对于区别有声辅音与无声辅音具有重要价值。VOT 为 25 ms 以下时,知觉为有声辅音,大于 25 ms 时,知觉为无声辅音。"ba"音的 VOT 为 25 ms 以下,表明"b"是有声辅音,"pa"音的 VOT 为 80 ms,表明"p"是无声辅音。所以,VOT 25 ms 为两类辅音的分类边界。在"ba"和"pa"两音素 VOT 研究中发现许多事实,对两种言语知觉理论从不同方面提供了不同的支持。首先,关于言语知觉是否是人类特有的问题,VOT研究对言语知觉的听觉理论提供了有力的支持,而不利于运动理论。灰鼠的听觉系统的生理解剖特点与人类十分相似。Kuhl和Miller(1978)对灰鼠进行躲避电击的学习行为训练,信号分别是VOT为0 ms的"ba"和VOT为80 ms的"pa"音。不给灰鼠饮水,使其产生口渴感,然后放入实验笼内,笼一端有水管可以饮水。在饮水过程中,每隔10～15 s随机发出一个音节"ba"或"pa"。对一部分灰鼠出现"ba"时必须停止饮水,跑向笼的另一端,否则遭到足底电击,出现"pa"时则可继续饮水;对另一部分灰鼠,"pa"和"ba"的意义相反。两群灰鼠分别对"pa"或"ba"建立了躲避学习行为模式。然后分别用VOT从0～80 ms之间的不同音素,观察两组灰鼠的鉴别反应与VOT的关系。结果发现,对"ba"建立躲避反应的灰鼠,对VOT为30 ms以下的几个音素给出同样的躲避反应,这说明,灰鼠对"ba"和"pa"的鉴别反应与VOT的边界效应和人类完全一致。从而证明,音素鉴别的言语知觉并不是人类所特有的。在新生婴儿的研究中,利用异常声音引起婴儿吸吮奶嘴的动作增强的现象,对比了VOT为-20 ms和0 ms的两个音素、VOT为60 ms和80 ms的两个音素,以及VOT为20 ms和40 ms的两个音素出现时吸吮反应增强。这说明新生儿与成年人一样对音素鉴别的VOT边界效应发生在20 ms和40 ms,言语知觉能力是生来就有的。这又有利于言语知觉的运动理论。由此可见,VOT的研究既有利于听觉理论,又有利于言语知觉的运动理论。

3. 听觉-运动综合理论

Scott和Johnsrude(2003)综述了言语知觉的神经解剖学和功能基础研究进展,并提出听、视觉并行加工的理论。言语知觉主要依靠基于声学语音学的特征提取,但基于口唇和手势等视知觉信息的加工也是不可缺少的。因此,把长期争论的言语知觉的听觉说和运动说统一起来。听皮质将得到的言语听觉信息传递到脑的颞叶前部的前带和旁带以及颞上沟多模式感知神经元,还有额叶皮质的腹外侧和背外侧区。从听皮质向后传送到后听带、旁带、颞上沟后部的多模式感知神经元以及顶叶皮质和额叶的腹外侧与背外侧区。向前传的信息加工流与言语的声学和语音学特征提取以及词汇表征都有关;后向传的信息流与言语视觉和运动信息加工有关,对讲话人口唇运动和手势的信息进行言语动作的表征。前后信息加工流彼此互动。说话人口唇运动信息较快到达脑内,启动了随后到达的听觉言语信息加工,从而产生词汇知觉。经典的言语运动区(Broca's area,布罗卡区)扩展到前额叶和运动前区皮质,对言语信息加工主要是外显的言语声音信息节段性加工,经典言语感知区(Wernicke's area,韦尼克区)扩展到一些顶-颞区精细结构不同的脑区,既有言语识别的知觉功能也含有言语产出的表达信息。所以,言语知觉和理解既包含声音的加工,也是言语动作的加工。

Hickok和Poeppel(2004)总结了文献资料,提出一种理解语言机能解剖学的框架,如图7-1所示。该框架把语言信息加工分为背侧信息流和腹侧信息流,两侧颞上回的听皮质是言语听觉知觉中枢,从这里分出背、腹侧两个信息流,腹侧信息流从颞上回听皮质到颞中回后区,最后广泛分布到概念表征的脑区。腹侧信息流是将语音表达转换到语义表达的信息加工过程。背侧信息流从听皮质向背后方向投射到外侧裂后部的顶、颞、额联络区,其功能是维持言语的听觉表达和运动表达之间的协调。

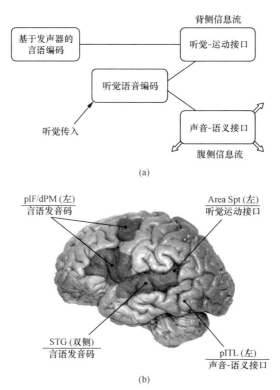

图 7-1 语言理解中的背侧信息流和腹侧信息流
(引自 Hickok & Poeppel,2004)

Scott 和 Wise(2004)在总结语言知觉研究文献的基础上,提出了语言知觉中的听觉通路和信息加工流的概念,并认为它是语言知觉的前词汇加工的基础。如图 7-2 所示,这个信息加工流由下列九个部分组成:

(1) 左、右耳,在外耳和中耳水平对言语信号滤波并引入一个声音的强带通滤波作用,使声音的机械能转变为耳蜗听神经活动。

(2) 上行听觉通路,听神经投射到上橄榄核、下丘和内侧膝状体,声音的空间特性在下丘表达,保持两耳时差和强度差的整合分析。对慢声波(ISI 100 ms 和 500 ms)在初级听皮质引出不同的波峰,而对高频声以相位差反应。

(3) 左、右初级听皮质(PAC)的带状区,接受内侧膝状体的投射,在其核心区实现频率特性的等高分布的功能。

(4) 同侧颞上回(ISTG),依前-后维度分别加工前-后信息流。对语音线索和特征的反应是两侧性的,对调频信号和频谱分析是在前部实现的。

(5) 左前颞上沟(aSTS),实现复杂言语语音信号的加工,经外侧向前到达前额叶和内侧颞叶完成语义加工(what 通路)。

(6) 右前颞上沟(aSTS)对语音或乐音实现意义和韵律的知觉加工。

(7) 颞极皮质(TpT)发挥听觉信息和言语运动信息的接口作用,再从这里通向前运动皮质,实现"如何"说的言语产出功能(how 通路)。

(8) 左后颞上沟(pSTS),保存韦尼克区语音线索、特征和自我生成的言语信息。

(9) 右后颞上沟(pSTS)和颞极(TpT)皮质在正常条件下功能不详;但在左侧颞上沟和 TpT 损伤后,右侧发生代偿功能。

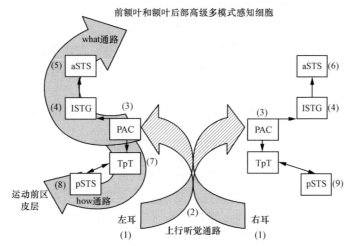

图 7-2 听觉通路和信息加工流

(引自 Scott & Wise,2004)

二、语言产出

(一) 语言产出的层次理论

Garrett(1982)在总结前人研究的大量实验事实的基础上,将语言产出过程分为信息层次(message level)、句子层次(sentence level)和发音层次(articulator level)。在这三个层次上的语言产出机制中,发音层次的信息加工较多涉及心理声学和生理学问题。

1. 信息层次

Garrett(1982)指出信息层次的加工有四个特性:① 它是一个实时的概念构建过程;② 它是简单概念通过概念句法(conceptual syntax)而实现的组成成分构建;③ 它利用语用和语义的知识;④ 组成它的基础词汇的那些原始成分,是字词的大小单元(word-sized units),而不是语义特征。

由此可见,信息水平的语言产出加工,实际上是语言产出的思维与推理的过程。从认知心理学有关思维问题的讨论中,我们已经知道逻辑思维是命题表征与其操作过程;形象思维是心理表象及其操作过程。因此,语言产出的信息加工过程,实际上是怎样从思维转化并生成语言的过程。应该承认,我们对这一过程了解得甚少,除了已知少数外显的心理语言学过程外,还有大量的内隐过程有待于今后探讨。根据目前的科学认识水平,我们得到的基本概念可以概括地说,语言产出源于心理模式或状态,它可直接通过词汇通达产生命题表征,也可以通过心理表象再转变为命题,命题间的推理过程导致一些句子的产出。词汇选择和提取是沟通信息层次和句子层次间的关系要素。

2. 句子层次

Garrett(1982)将句子层次又划分为两个水平的结构:机能水平和位置水平。机能水平由句子框架的选择和词汇提取两个环节实现,然后将提取出来的词汇按句子框架配置起来,转化为句子中词汇位置的表征,由发音器官或书写功能系统按位置表征依次发音或依次书写出来。在这个层次中,词的储存是以两种方式实现的:一种是词干库,另一种是词的前后缀储存库。词汇提取从两个库中同时进行,在词汇提取的同时还进行着句子框架的选择。按句子框架把词汇排列起来,则形成位置水平的加工。所以句子产出的句法成分,既含有机能水平的句子结构框架选择,又包括词汇在句子框架中的位置分布。

3. 发音层次

Sörös等人(2006)利用功能性磁共振成像技术通过9名被试的语言产出实验,发现当被试发单个音节,主要激活的脑区是辅助运动区和中脑红核等少数具有运动功能的脑结构;但发出3个以上音节时,激活的脑结构包括:两侧小脑半球、基底神经节、丘脑、扣带回运动区、初级运动皮质、辅助运动区。

三个层次加工的语言产出理论,最初强调三层间的串行加工过程。只有高层次加工完成之后,才能进行低层次的信息加工过程。但1986年以来,并行分布的联结理论盛行之后,用并行分布式加工原则修饰了三层次理论。这一趋势的主要表现是注重词汇加工在语言产出各层次上的作用。因此,在每个层次上都有词汇与句法相互联系的问题。Garman(1990)引用的一些研究报告说明,在语言产出中既有大量并行加工过程在$0.25 \sim 0.5$ s同时进行着,又有0.5 s以上的言语成分间的串行加工过程。

Sörös等人(2006)指出,语言产出的神经回路在皮质中包含辅助运动区与扣带回运动区以及初级运动皮质之间的联系,此外,初级运动皮质的激活,还激活了颞上回皮质。皮质和皮质下之间的联系也有多条通路,包括丘脑和基底神经节以及红核、小脑蚓部和旁蚓部。脑干运动神经核,如舌下神经核的激活,与发声器的肌肉运动有关系。

Holstege、Mouton和Gerrits(2004)附加了与情绪和情感变化有关的声音发出机制。从前额皮质发出社会言语的信息,通过边缘系统到达中脑导水管周围灰质,将情绪色彩附加到即将发出的声音中,所以将这一侧的神经通路称为情绪语言产出子回路,它与认知语言产出的经典通路结合起来,并接受基底神经节和小脑来的信息,使情绪声音和语言音节组合产出社会语言。

第二节 思 维

经理解、判断和推理对事物进行信息加工,以表象或概念加以表征,再对表象或概念进行操作,完成高层次的理性认识的过程,就是思维。人类的思维活动包括思维过程、思维形式和思维内容相互制约的三个方面。思维过程由概念形成、判断推理和问题解决等几个阶段构成,其中问题解决是最普遍的思维过程,它是在概念形成和判断推理过程基础上进行的。思维内容是思维过程的结果或产物,概念、观念、思想都是具体的思维内容,这些内容用书面或口头语言表达出来,就是思维形式。正常人的思维活动是思维过程、思维内容和思维形式三者的统一体。本节先从形象和抽象思维谈起,再讨论内隐和外显思维。

一、形象思维和抽象思维的脑科学观

思维是人脑的高级认知活动,它是揭示事物间关系及其变化规律的认知过程。20世纪50年代以前,心理学认为只有以语言为交流工具的人类,才能借助语词和概念进行思维活动。1958年在研究智力的个体差异中,统计了大量数据,提出了是否存在不借助语言和概念所进行的思维活动。经过对"表象"的深入研究后,20世纪70年代在心理学中两类思维的观点得到确认,一种是借助概念"字词"所进行的抽象思维;另一种是运作表象的形象思维。抽象思维以语言为中介,通过字词所表达的概念和语义记忆中所存储的知识由表及里、由浅入深的加工,进行比较判断和推理,最终对事物得到较全面深入的认识和理解。形象思维以表象为中介,通过外界物体和场景直接在头脑内的映射,以及情景性记忆与传记性记忆的参与,对事物和外界环境进行生动、活泼的比较和判断。两类思维之别,显而易见。教育科学重视两类思维的研究,希望以此为基础,推进教育学和教育工作的发展,为此,提出了以脑科学知识加深认识两类思维的问题。

(一) 巴甫洛夫高级神经活动学说与两类思维的生理学基础

1901年,巴甫洛夫利用研究消化生理学对实验动物进行唾液腺手术的技术,又开创了心理性唾液分泌的高级神经活动研究领域。他从狗分泌唾液的条件反射活动实验做起,经35年的积累,在他87岁(1936年)逝世时,高级神经活动学说已得到世界各国科学家的认同,巴甫洛夫建立的条件反射实验模型已获广泛的承认,而且经典条件反射这一专有名词永存于脑科学之中。以狗为主要实验对象的大量研究中,巴甫洛夫总结出高级神经活动类型学说。根据两类基本神经过程(兴奋与抑制)的强度、均衡性和灵活性,他把狗的神经活动类型分为四种:兴奋型、活泼型、安静型和抑制型。在人类实验

中，他认为除与动物具有相似的两类基本神经过程之外，人类还独具第二信号系统——语言，因此人类高级神经活动类型既有类似动物的四种类型之分，又按第二信号系统的强弱分为思想型、艺术型和中间型三大类，每类都可再分为上述四种类型。巴甫洛夫关于思想型和艺术型的人类高级神经活动类型学说，实际上是关于以抽象思维（思想型）还是形象思维（艺术型）为优势的区分。因此，我们这里对两种信号系统的理论稍加说明。

两种信号系统指第一信号系统和第二信号系统。第一信号系统是现实事物自然属性的集合，例如，苹果的气味或外形，电铃的外形及其工作时所发出的铃声。在自然环境中，电铃和苹果之间没有必然联系，对于人或高等动物第一次听到电铃的声音，只是个新异刺激，必然引起注意，随着铃声的几次重复出现，并未发生任何其他事情，铃声就变成无关刺激。建立条件反射时，首先要重复几次铃声，消除其新异性。当铃声变成中性的无关刺激后，随着铃声就出现苹果。这样将铃声与苹果几次结合后，单独出现铃声，也会引起苹果带来的食欲或唾液分泌反应。像这种单独由铃声引出的苹果或其他食物反应，就是一种条件反射。铃声这类现实事物的属性，就成为实现条件反射的第一信号系统。人和高等动物可以共享第一信号系统；但人类还独具语言形成的第二信号系统。

对人类被试建立苹果食物条件反射时，既可用真实的铃声作为条件刺激，也可用"铃声"一词作为条件刺激。在这个例子中，铃声一词代替现实中真的铃声，所以第二信号系统是第一信号系统的信号，是现实物体或事物属性的信号。第一信号系统占优势的人偏重使用物体直观形象或具体物体属性进行形象思维，而第二信号系统占优势的人擅长运用语言进行抽象思维。巴甫洛夫于20世纪30年代建立两种信号系统学说时，脑科学尚未形成，脑的解剖和生理学知识很有限，他未能更多涉足于脑功能解剖学基础。这一问题50年后由斯佩里给出了答案。

（二）裂脑人的大脑两半球功能不对称性

1981年诺贝尔生理学或医学奖获得者斯佩里利用脑手术后大脑两半球间神经纤维割断的病人进行了认知实验。实验采用速视器单视野呈现的视觉刺激，或双耳分听的听觉刺激，让病人做出准确的知觉反应，或让病人口头描绘所见的图片和字词。结果发现，右侧视野投射到左半球的字词反应正确率高于左侧视野投射到右半球的反应。相反，图片刺激呈现在左侧视野投射到右半球时，病人反应正确率较高。由此证明，左半球的语言功能为优势；右半球的视觉形象知觉为优势。类似实验进一步采用稍复杂的视觉刺激，比如有几个物体和一个人同时出现在一个画面上，请病人按他所理解的解释画面。例如，画面上的人在做什么，或该人的身份等。结果也证明右半球以形象思维（判断、推理）为优势；左半球借助语言和概念进行抽象思维占优势。这一理论与经典的脑功能定位理论较为一致，因为150年前布罗卡医生发现语言运动障碍的病人左额中回受损，说明左半球存在着语言运动中枢，右利手的人左半球语言功能占优势。这一发现进一步验证和丰富了经典脑功能定位理论,又是首次对现实生活中的人进行脑功能定位的实验研究,使得这项研究获得诺贝尔生理学或医学奖;然而并不等于这项研究发现是脑科学的绝对真理。首先,实验是利用脑手术后的病人进行的,由此得到的结果未必表示正常人脑实际存在的规律;其次,后人的大量研究报告并不能全部重复出这一结果,正常人脑进行思维活动时两半球协同工作;再次,左右对称性两半球分工协作是脑发育发展中的古老维度,从低等动物形成脑之前,头节已经出现左右对称结构。这种古老的维度可以使动物在环境中捕获食物或逃避天敌时进行准确的空间定位。左、右侧视听信号,左、右方向捕捉或逃跑,对动物生存都十分重要。由高级神经中枢活动水平在左、右维度间的精细差值确定空间方位,这就是通常所说的两眼视差、双耳声波相位差等。人类大脑除左、右维度,还有深部(髓质)与浅层(皮质)的维度,也是非常古老的维度,与生命活动和本能行为相关的脑中枢都位于脑深部;高级功能中枢位于大脑皮质。此外,从高等动物到人类的大脑进化中还有后头-前头维度,即简单视、听觉在后头部,高级复杂智能更多与前头部有关,即高级功能的额侧化进化,与猴、猿相比,人类的额叶皮质异常发达。近年脑科学研究揭示,大脑内侧面和外侧面也有较明确的功能差异,即内-外维度。此外,还有背-腹侧功能系统的维度。简言之,两半球间左、右维度是古老维度,不可能成为形象与抽象思维这样高级功能的唯一脑结构基础。

Ray 等人(2008)对 33 名被试的 fMRI 研究发现,空间信息工作记忆任务中两半球的脑激活区没有显著区别;但在语言信息的工作记忆任务中,左半球的激活区显著大于右半球。所以,他们认为空间记忆任务是进化中从祖先(猿)继承下来的,没有左、右一侧化现象;语言记忆具有后天习得性,增加了左半球的优势(图 7-3,见书后彩插)。所以,语言功能的左半球优势是后天习得的,而不是生来就有。

二、内隐思维与外显思维

内隐思维和外显思维在问题解决或创造性思维过程中的作用,不仅是心理学的研究课题,也是教育学所关注的问题。心理学特别是认知心理学在过去 20 多年中,揭示了内隐思维和外显思维两种思维过程及其在问题解决中的作用,对认知神经科学的发展提供了重要前提。

内隐思维是不受意识控制的自发的思维过程,它以反身推理为主,往往难以用语言和逻辑关系加以表达。内隐思维以内隐学习记忆和内隐知觉为基础,常常使人对问题的理解或问题解决豁然开朗,达到"顿悟"的境界。内隐知觉、内隐学习、内隐记忆和内隐思维等内隐认知所积累的知识称内隐知识。外显思维利用和操作外显知识进行判断、推理和解决问题。两类思维的比较可以发现,内隐认知系统比外显认知系统具更强的鲁棒性:不易受脑损伤、疾病或其他障碍所影响;内隐认知系统没有外显认知系统的年龄差异,与智力水平无关,内隐认知系统在人种之间和个体之间的差异较小;内隐认知是人类与其他高等动物共存的认知过程。对内隐认知的这些特点,Reber(1992)进行了详细论述,并引用了一批实验证据。内隐思维与外显思维在人类与环境的关系上各有不同的功能。外显思维帮助我们去改造外部环境,使环境适应我们;内隐思维使我们适应外环境的微小变化。在创造性思维过程中,外显思维和内隐思维均不可缺少。外显思维往往会使我们的创造性灵感油然而生。关于内隐思维的研究为时尚短,许多问题有待于认知心理学通过精细的实验分析与验证,是当代心理学的前沿研究课题。

Reverberi 等人(2009)总结了思维推理过程的两大理论观点,即心理逻辑理论和心理模式理论。前者认为推理过程是借助心理逻辑规则,如经典的三段论法则,从前提条件得到结论的过程。因此,推理的思维过程借助了语言的外显过程。心理模式理论认为推理过程是对现实事物的镜像模拟构建,并不一定需要逻辑规则的操作,两个人之间谈话内容的彼此理解、故事情节的理解,首先是一种自动和自发的模仿映射过程,随后才通过努力推论其深层含义。他们在脑损伤病人中进行了神经心理学研究,通过实验证明,日常生活中的初级演绎推理,既含有外显思维活动,也含有内隐思维活动,还必然有工作记忆的参与。他们将日常生活中的演绎推理能力分解成三种认知成分:运用推理规则构建证据的成分、证据构建的监控成分和执行证据构建所必需的中间表征。实验数据证明,内侧前额叶和工作记忆机制是实现基本演绎推理的重要环节。Pallmann 和 Manginelli(2009)总结了有关前额叶皮质参与高级认知过程的研究报告,指出它不仅参与执行过程的监控,还支持内部思维过程,以及外部驱动因素和内部心理过程之间的整合,特别是直接参与视空间特征三段论法的形象推理任务,使奇异的目标瞬时突显出来。在这一认识的基础上,他们设计了对视觉目标和干扰刺激的实验控制,并采用 fMRI 技术证明前额叶皮质前端不仅具有执行功能和监控功能,还对刺激呈现过程中某些精细特征变化进行内隐的检测。所以,内侧前额叶在内隐认知中的功能也是其参与基本演绎推理过程的重要基础。

Rodriguez-Morena 与 Hirsch(2009)利用功能性磁共振成像技术研究了正常被试外显的演绎推理过程及其脑机制。将逻辑学上经典的三段论法中的两个前提,先后呈现给被试,请他们做出推论。然后再给出结论,回答下面的推理结论是对还是错。作为线索的提示句呈现 4 s,随后屏幕上出现 4 s 的黑十字,下面两个前提句各重现 4 s。前提句1"每个警察都会收集马路上的玻璃瓶",紧跟着出现前提句2"收集玻璃瓶的人都爱护野生小动物",再有一个黑十字 4 s 后出现结论句"每个警察都爱护野生小动物"。这个句子之后出现一个黑十字 2 s 接着是单词"下雨"呈现 2 s,又是一个黑十字(2 s),被试选择按键反应,结论是对或错。这个例子应该选择"对"键。下面的例子应选择"错"键,线索提示:请判断下面的推理结论是对还是错。前提句1"一些成年人堆雪人";前提句2"堆雪人的人喜欢滑雪";推理结论句"成年人不喜欢滑雪",后插入词"世界"。对照任务如下:指示语(4 s)为请对单词是否出现做选择按键反应,单词出现按"是"键;单词不出现按"不"键。句子1"各国的语言都有一个共同的起源";句子2"这个班的孩子集邮";句子3:"所有的警察都已受训 2 年",单词"孩子们"。指示语:请注意单词是否出现,单词不出现做"不"按键反应。句子1"母亲喜欢打扫房间";句子2"一些建筑需要爱心维护";句子3"调味器影响孩子的健康";单词"诗人"。但对照任务均由三个彼此无关的句子组成,因此不存在被试按指示语做推理的过程。对每个被试的fMRI采样数据进行对比(对照任务间五段对比)分析:① 线索句子(指示语呈现期),② 前提句1,③ 前提句2,④ 结论句,⑤ 反应以最小聚类体元为40的SPM99,平均值差异显著性水平 p 小于或等于0.005,进行统计处理。以视觉和听觉两种方式呈现句子,比较之间的效果。虽然在被试对句子的反应正确率中,视觉呈现优于听觉呈现,但两种呈现方式之间没有显著差异。fMRI的结果分为两类:支持区和核心区。作者将推理阶段直接激活的相关脑区称为核心区;支持区是在推理任务和对照任务中均激活的脑结构,仅有激活程度上的差异,前提句和推理结论句之间没有显著差异。这些支持区是左半球额上回、额中回(BA6/9/10区)。相关推理的核心区是额下回(BA47区),左额上回(BA6/8区),右半球内侧额叶(BA8区),两侧顶叶(BA39/40/7区)。推理相关的核心激活区的特点是仅在前提句2呈现之后或推理结论句呈现期才激活。作者参照数据表得到的结论是,当前提句2呈现时,主要激活的脑区是额中回(BA8/6区);左额上回皮质(BA6,8区)和左顶区(BA40,39,7区)表现为从前提句子2到结论句子呈现之间的持续性激活;仅在结论句呈现时才激活的脑区有左额中回(BA9,10区)和两半球内额和下额回(BA9,10,47区)以及两侧尾状核。前提句1的脑激活水平与对照任务没有差异。基于实验结果,作者提出了高级网络模型理论。这一理论认为人们面对演绎推理的任务时,忽略了视觉或听觉的传入差异,很快组建了动态推理网络,不同阶段动员的脑结构不同。但是由于fMRI的时间分辨率所限,还不能揭示推理的两个前提句结合的过程与推理结论出现之间的变化细节。从行为反应数据中发现对第2个前提句的反应时长于第1个前提句的反应时以及对第2个前提句编码比对照任务引发更强的BOLD信号的事实,可以说明两个前提句整合为一个统一的高级推理网络。

三、问题解决和智力的脑机制研究

问题解决是思维研究的一个重要领域,也是人工智能的重要研究课题。人类面对眼前要解决的问题,首先要对问题加以理解,分析它的已知条件和问题所在,搞清拟解决的问题属于哪类性质,这些都可以用问题表征加以概括。随后要选择解决问题的策略或算法,如采用一些前提和结果的推论,即产生式问题解决的策略;也可以采用逻辑网络的推理关系,即逻辑推理的策略。决定解决问题的策略之后还要进行验证,可通过算法的应用或科学实验,还可以试制样品等。最后,就是对结果进行评价。

事实上,问题解决是一种高级思维过程,必然涵盖许多层次的心理过程,包括知觉、注意、工作记忆、长时记忆、比较、判断和推理等。Unterrainer和Owen(2006)总结了神经心理学和脑成像研究中的问题解决和策划功能的脑机制,以河内塔问题解决为模型,发现在策划解决河内塔问题时,背外侧中额区激活,没有发现半球优势效应。此外,还发现背外侧中额区与辅助运动区、运动前区之前的前额区、后顶叶皮质,以及与许多皮质下结构,包括尾状核和小脑等,有着复杂的功能联系。这说明在解决河内塔一类问题中,背外侧额叶发挥主导作用,并与一系列皮质和皮质下脑结构形成功能回路。

第三节 智 力

一、心理学对脑与智力的研究

1904年,为了解决对智力发育迟滞儿童进行特殊教育的实际问题,法国教育管理部门支持开展了智力测验的研究,形成了世界上第一个智力量表,即比奈-西蒙智力量表。1918年,修订该量表时,研究者提出了智商(intelligence quotient, IQ)的概念。在过去的一个世纪中,有数十种智力量表问世,对智力的定义和分类也多种多样,包括一元论、二元论和多元论等。一般智力因素又称为g因素,是一元论的代表。在智力测验中,除了一般智力测验之外,还有特殊能力测验,这样,就形成了一般智力和特殊能力的二元论。此外,在一般智力测验量表中,对影响测验结果的百余个因素进行统计分析后发现,可以把其归为两大类:一类是与物体、图形和空间关系有关的因素;另一类是与语言、文字和数字有关的因素。在因素分析的基础上,卡特尔将智力分为两部分,即晶体智力和流体智力,前者是通过语言教育途径由意识结晶出来的智力;后者是无意识生理功能所制约的智力。斯滕伯格设想有三种相互分离的智力:分析智力、创造智力和实践智力。通过对不同文化、不同年龄和不同社会经济地位的人群进行统计分析,这些智力因素已经得到相对独立的统计分离性,支持了智力的三元论。

Duncan等人(2000)使用PET研究了正常被试完成三类认知作业时脑的激活规律。这三项认知作业分别是与空间、文字和知觉运动等有关的问题解决任务,如图7-4所示。除了三类需要高g因素的问题解决任务外,他们还设计出与之相对应的低g因素任务作为对照实验。高g因素与低g因素作业使用同样的材料,由同一批被试完成,在四轮预实验得到完善对比的行为实验数据之后,再使用PET进行两轮实验,以便得到脑激活的数据。

三类问题解决任务如图7-4所示,同时提供四张小图或4个字母组成的刺激材料要求被试尽快从中找出一张与其他三张不同的图或字母序列且需在固定的时间内尽可能多地完成任务。以正确完成的图片套数作为问题解决的总作业成绩。图7-4(a)是空间作业能力测验,取自卡特尔标准智力测验材料,其中高g因素图片四张小图中第三张与其他三张不同,除第三张外均是对称性加黑图形,第三张是偏右侧加黑图形。低g因素图片组中,差别是显而易见的,第一张图是黑圆与其他小图不同。这类四个一组的图片中,总有一张分别在形状、纹理、大小、方向及其组合与其他三张不同。图7-4(b)为语言文字作业,4个字母为一组,在4组中总有一组的字母排列规则与其他三组不同,例如,在高 g 因素中,第三组字母间是等距的,相邻字母之间均有 2 个字母的间距,在 T 和 Q 之间有 S、R,在 Q、N 之间有 P、O,在 N、K 之间有 M、L;而其他三组 4 个字母间不是等距的。在低 g 因素中,第一组 4 个字母在字母顺序表上是不连续的;其他三组 4 个字母均是连续的。图 7-4(c)中是圆的 4 小图作业,第三张小图与其他三张不同,它的小圆的圆心是偏向大圆周边的;其他三张图中小圆圆心偏向大圆的圆心。刺激图在计算机显示屏上呈现,被试观察空间作业时视角 12°,文字作业视角 19°。用两手的食指和中指做选择性按键作为答案。每次按键给出答案之后间隔 0.5 s,又会呈现下一次测试刺激。要求被试尽可能经过仔细分析,给出准确答案,不要凭猜测给出答案。请 60 名被试(平均年龄 42 岁)每人进行三次实验,正确完成的作业数,分别是空间问题解决 34~46 项;文字问题解决 43~65 项。又在另外 46 名被试中进行,4 分钟之内完成高 g 因素问题平均 12 项,低 g 因素空间问题 198 项;高 g 因素文字问题解决 7 项,低 g 因素文字问题解决 42 项。

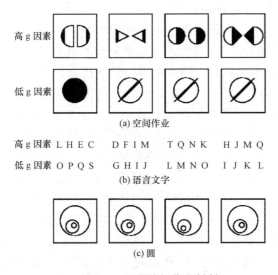

图 7-4 三项认知作业材料

随后对 13 名右利手的被试进行 PET 局部脑血流量(rCBF)测定,结果显示(图 7-5,见书后彩插):高 g 因素空间问题解决的 rCBF 减掉低 g 因素空间问题解决的 rCBF 变化之后,显示右半球的激活区大于左半球,主要差别是右半球的顶叶被激活,两半球都激活的区域是枕叶和背外侧前额叶;文字问题解决作业中高与低 g 因素任务的 rCBF 之差是左半球右背外侧前额叶激活;圆问题解决的 rCBF 减掉低 g 因素空间任务解决的 rCBF 之后,发现除两半球枕部激活区,在右背外侧前额叶也有激活。根据这一结果,作者认为,对心理学中争论很久的一般智力因素是脑某一区的功能特性还是分散在大量脑区普遍特性之中,该研究结果证明解决问题的一般智力因素主要反映了脑背外侧前额叶和内侧前额叶的功能特性。

就在这篇研究报告发表的同一期 *Science* 杂志上，智力研究专家斯滕伯格发表了一篇评论，以否定的态度评论该研究结果。他认为智力是复杂的，这些简单的图和文字测试不能全面反映人们的智力，还列举了美国总统的三名竞选人，在大学读书时的智力测验 IQ 值，并不比别人高，但三人的政治生涯却十分出色的事实作为例子。所以，他认为分析智力、创造智力和实践智力三者不同。他的第二点批评更是尖锐，认为这一研究的思路是颅相学说的当代翻版，怎么能指望复杂的智力仅仅是由背外侧前额叶的功能特点所决定的呢？

Choi 等人（2009）以更加尖锐的观点和实验事实反对了 Duncan 等人（2000）的研究报告。他们对 225 名健康年轻人进行 fMRI 研究，分析了一般智力因素和脑结构与功能的关系。结果发现，晶体智力与皮质厚度相关，流体智力与 BOLD 信号强度相关。据此作者归纳出 IQ 预测模型可以解释 50% 以上的变异，所以作者认为 IQ 是多相分布的脑机制而不存在脑的局部定位性。

从心理测验的角度，解决问题的能力也是一种智力。20 世纪 80 年代，人们认识到还有比智商更重要的心理素质，即情绪情感控制调节的潜能以及基于这种潜能的人际关系和人际交往能力，这类素质对于高速发展的经济社会更为重要。于是，仿照智商的概念，研究者提出了情商（emotional quotient，EQ）概念，又称情绪智力。随后制定了情商的心理测验方法，2003 年又报告了情绪智力的脑功能基础，主要是内侧额叶、前扣带回、杏仁核和岛叶等。研究者认为情商与人们的社会生活能力和处理社会问题的决策能力紧密相关，其脑功能基础就是情绪、情感的脑机制，与认知的脑功能系统并列。

在脑干和大脑皮质之间实现着多级双向联系，自上而下的信息流通过意识和执行控制过程，控制情绪反应系统；自下而上的信息流通过下级脑结构活动形成的动机、注意、知觉对皮质过程进行调节。这种垂直整合调节具有快速整体性，前扣带回的背侧区和腹侧区是皮质自我调节中心，杏仁核、下丘脑和脑干形成皮质下自我调节中心。因为前扣带回处于新皮质和边缘系统之间，在系统发生上曾是高级整合中枢，是海马的外延，联系下丘脑和脑干，所以它成为新皮质对这些边缘结构发挥调节作用的中介和中心。前扣带回背侧区与背外侧前额叶紧密联系，一方面，在工作记忆参与问题解决、决策、规划等功能的暂时激活中起着重要作用，促进工作记忆提取和利用情景记忆信息；另一方面，它与辅助运动区的联系，促进决策动作的形成、执行并对其实施监控。所以，前扣带回在智力的脑功能机制中，发挥着关键的作用。

在各种关于智力的心理学理论中，斯滕伯格的智力三元论最具特色，它强调实践智力能更好地反映个体在社会生活中的适应能力和创造能力。此外，人工智能学者一直把智能看作通过离散物理符号进行知识表征和计算的能力；人工神经网络学者则把智能看作神经元连接权重的模拟计算。近年神经科学中一个新兴的高度跨学科的脑细胞类型研究，指出一个新问题：前额叶皮质细胞回路如何进行创造性智力的计算？

二、智力与脑网络

人脑具有高度发达的智力,可能是因为它由近千亿个神经元组成一个巨复杂网络系统。因此,在人工智能领域里,一直追求超大规模神经网络,例如,一个含有 250 万个神经元的脑网络模型 Spaun 和具有 1 亿个神经元的"蓝脑计划",甚至还有 152 个隐含层的深度神经网络。结果,这类追求网络规模的研究计划,都未能得到预想的结果,这是为何?

比较神经解剖学很早就提供了不同种动物脑细胞的数量,曾经有理论认为:脑细胞越多,则越聪明,谁的头大,谁聪明。21 世纪初发现,男性大脑中含有的神经元比女性多,头围大于同龄正常儿童者,其大脑皮质中神经元的密度极高,神经元总数高于同龄儿童,是自闭症的预测指标。这些事实说明脑的质量和神经元数量与智力发展水平并没有密切关系。在正常的成人大脑中,只有 19% 的神经元位于新皮质小脑神经元总数是大脑皮质的 4 倍多。相比之下,大脑中的胶质细胞数量高于小脑。所以,神经元数量多,未必与智商高有关。

新皮质的锥体细胞具有复杂的树突树,通常包括基树突树和顶树突树,树突树之间形成不同的层次间电活动。在前额叶皮质,许多神经元同时拥有丰富的树突和丰富的轴突分支以及复杂的微回路。因此,人脑智能的关键因素似乎是神经元的微形态和生理特征。小脑细胞排列非常规则、紧凑,几乎没有形成层次间的微回路;相反,大脑皮质是一个相对开放的空间,细胞数量较少,但有丰富的层次间的微回路和由许多缝隙和沟分隔的分区。

(一) 一般智力与大脑后 2/3 结构的关系

20 世纪初,神经解剖学已经描述了新大脑皮质由六层组成,并有一种锥体神经元,同时具有基树突和顶树突;然而,其功能意义尚不清楚。21 世纪初,具有新技术和新发现的前瞻性跨学科领域不断涌现。显微形态学方法,如各向同性分离技术、单细胞转录和免疫组织化学方法;神经活动高密度记录技术;双光子成像技术以及多种方法共享的平台,可以用来揭示新皮质神经元的平面和层次性分布,结果至少证明了两点:第一,在小鼠和其他啮齿类动物、非人灵长类动物和人类之间,大脑皮质结构框架系统进化的保守性,主要表现在兴奋性和抑制性突触的百分比、长度和密度以及每个神经元的突触数量上的差异。如人类与小鼠的皮质厚度和皮质Ⅱ/Ⅲ层神经元密度发生明显变化;厚度增加了 1 倍以上,而神经密度至少减少到原来的 1/2。第二,虽然新皮质的细胞数量只有小脑的 1/4,但新皮质细胞的面积和层次分布以及局部微回路的分布,却十分复杂。

在许多区域中,面积差异表现得很明显,例如,视皮质的 V1 和 V2 区,单一的Ⅳ层,突然分化出三个亚层;即使在相同的 V1 区内,距离口端越远,VB 层厚度越大,锥体神经元体积越大。在大鼠的初级视皮质中也存在着这些横跨口-尾轴的梯度变化。在初级运动皮质中,Ⅳ层几乎消失,在Ⅴ层内,存在一种特大锥体细胞,名为贝兹细胞。

层次分布不仅表现在六层结构和树状分支上,还表现在生物活性分子的转录差异以及电生理特性的差异上。突触和受体密度的比较表明,GABA 和谷氨酸受体的层次结构与突触密度具有相似性。Ⅲ层锥体神经元的棘突接受皮质-皮质连接,Ⅴ层锥体神经元的棘突接受皮质下-皮质投射连接。

通过单细胞 RNA 测序技术,已经在小鼠的初级视皮质和前外侧运动皮质区分出 133 种细胞类型(Tasic et al., 2018)。体干感觉皮质的三种细胞在行为调节中起着不同的作用,PV^+ 神经元跟踪丘脑输入,介导前馈抑制;SST^+ 神经元监测局部兴奋,对晚期持续抑制或缓慢反复抑制提供反馈;VIP^+ 神经元被非感觉输入激活,释放兴奋性神经元和 VP^+ 神经元。抑制细胞类型的固定分布被分为两个层次:感觉运动皮质的 PV^+ 神经元和额叶皮质的 SST^+ 神经元,包括联络皮质。

脑电波 α 波不仅与唤醒反应有关,也参与知觉特性的捆绑,发挥着决定性作用;β 波对细胞群组形成具有选择作用。脑波的振荡编码被认为是皮质信息传递和组装形成的关键,此作用在皮质的浅层尤其强烈。

对小鼠初级视皮质中节律同步与局部场电位(LFPs)相关性的研究中,发现了层次效应和状态依赖性效应。在 V1 的所有六层中,每一层都有其特有的节律性,兴奋性和抑制性神经元总是被其自身的节律性所诱导。然而,环境依赖的节律依赖于 STT^+ 神经元,这可能会扩大节律的计算能力,以便优化视觉感知信息的合成和存储。

(二) 创造智力与前额叶皮质回路

由于在小鼠、非人灵长类动物和人类的大脑结构系统进化的保守性被广泛接受,最近开始对前额叶皮质的动物模型进行研究,并且配合形态学和电生理特性、转录表达以及在认知神经科学中的功能研究,为细胞类型的理论提供了新的科学事实。前额叶皮质和联络皮质包含多种类型的神经细胞,每一种细胞都有数百微米的直径,包括树突树、轴状树和交错的微回路,形成复杂的局部和远程网络。交错网络为额叶神经元提供了对认知功能普遍的监控和控制能力。特别是,内侧前额叶皮质(mPFC)包含 GABA 能抑制神经元群,它们在认知和情绪方面发挥不同的作用,接收来自全脑的远程输入,这些输入来自一些皮质下结构,包括来自基底前脑的胆碱能神经元和中缝核以及丘脑的 5-羟色胺能神经元(Sun et al., 2019)。它们还从其他新皮质接收外部信息,如视皮质、听皮质和躯体感觉皮质,以及通过海马边缘接收内部信息和记忆。例如,前扣带皮质(ACC)的变化诱发形成其与海马(CA1)联系的回路(ACC-CA1 网络),这代表了一种通过突触相互作用,来检索远端记忆的机制。CA1 单元的发射,是由前扣带节奏感强烈细胞调制,CA1 细胞拥有与 ACC 相似的节奏感,两者共振合奏以表达语境相似的信息。丘脑对腹外侧眶皮质的输入导致大脑活动的广泛减少。而 mPFC-丘脑投射和 mPFC-嗅皮质投射,则控制序列记忆检索(Jayachandran et al., 2019)。前额皮质通过基底神经节-丘脑通路调节感觉过滤(Nakajima, Schmitt, & Halassa, 2019)。此外,额叶皮质中高度精确的远程交互通路,通常具有层次分布的不同类型细胞之间最丰富的局部微回路间的通信。吊灯样细胞是唯一的神经细胞亚型,通过其轴突选择性地支配新皮质锥体神经元的轴突起始段(Tai et al., 2019)。又如,在岛叶和前扣带皮质的

Ⅴ层中存在一种特殊的细胞 Von Economo 神经元(VEN),岛叶皮质呈现出一种独特的分层模式,Ⅵ层分裂为与相邻屏状核(claustrum)连接的亚层(Gefen et al., 2018; Evrard, 2018; Cadwell et al., 2019)。除了人类之外,只有少数几种具有较高认知功能的动物,如大象、鲸鱼和非人灵长类,存在 VEN。认知记忆能力较高的 80 岁以上老年人的 VEN 密度显著高于对照组(Gefen et al., 2018)。因此,具有远程网络和局部微回路通信的轴突,可能是人脑社会智能的核心计算资源。

(三) 人类技能的发展与小脑回路

小脑的结构紧凑,有两个接受新皮质指令的入口和一个抑制性输出的出口,它不是一种主动的驱动机制,而是一种调节机制。小脑由五种神经元组成,虽然细胞数量是大脑的 4 倍,但只有很不明显的层次结构和分区,抑制信息主要沿有限的固定路径传递。由于缺乏层次间振荡机制,即使兴奋发生,也不能向外扩散。小脑从未出现过致痫性病灶,相比之下,小脑的光遗传学激活可以控制大脑皮质-丘脑间的癫痫发作(Farrell, Nguyen, & Soltesz, 2019)。小脑和基底神经节之间以及小脑和锥体束之间的联系主要是通过丘脑的一个短潜伏期调节机制建立起来的。浦肯野细胞(PC)检测平行纤维(PF)和攀缘纤维(CF)输入事件的时间一致性(Gaffield, Bonnan, & Christie, 2019),使小脑有充足的空间资源进行时空资源交换。这一猜测可能被最近得到研究结论所支持(Marek et al., 2018; Ibata et al., 2019; Wagner et al., 2019)。PF 和 CF 分别与 PC 在 PC 树突的远端和近端区域形成突触,并以 Ca^{2+} 依赖和活性依赖的方式竞争树突区域。此外,突触组织者 Cbln1 分子作为一种促进 PC 和 PF 之间突触形成和维持的分子机制被溶酶体释放。这种老式的无髓鞘轴突(如 PF)和 PC 树突之间的突触形成,可能是节省能量的原因之一。无论如何,小脑在适应控制所有皮质过程中发挥着广泛的作用,包括精确地调节快速技能动作顺序并对所有快速动作实施精确的计时控制,包括口语和学习过程。综上所述,小脑的功能特征为技能的发展提供了基础,促进了人类社会技术文明的发展。

8

社会情感认知神经科学

社会情感认知神经科学研究领域,虽然有着漫长的历史,但只是在最近20多年才成为具有影响力的国际前沿学术领域。这不仅是由于脑科学的许多科学事实给这个领域以可靠的科学支撑,如镜像神经元和共情的脑科学基础,更主要的是当今社会发展比以往任何时候都需要人类了解和把握自身的社会认知、情感和动机,需要对此有坚实的认知神经科学基础。本章我们先从情绪的认知神经科学基础谈起,然后讨论目标行为和执行过程,最后讨论人际交往及相互理解的神经科学基础。应该说这个研究领域正在飞速发展,许多问题还有待进一步研究。

第一节 情绪的认知神经科学基础

与对认知过程的脑功能基础的认识相比,我们对情绪和情感脑机制的认识相差甚远。直到 J. Panksepp 于 1998 年出版专著《情感神经科学》,才较系统地总结了以往的研究资料,提出了基本情绪系统的现代假说,打破了情感的边缘系统理论框架。Panksepp(2006)以《精神病学中的情绪内表型》为标题的理论文章,总结了神经生物学在情绪领域中的贡献,用当代科学的新发现丰富了情绪进化理论的科学内涵。与这种源于生物学的情绪理论并列,还有源于传统心理学的情感维度理论和源于认知科学的组成评价模型。下面,我们先介绍基本情绪系统理论。

一、基本情绪系统理论

Panksepp(2006)把基本情绪划分为七个子系统:① 追求、期望,② 贪心、色欲,③ 爱抚、养育,④ 安逸、欢快,⑤ 恐惧、焦虑,⑥ 激怒、气愤,⑦ 惊慌、孤独和抑郁。应该说,这些情绪子系统及其对应的脑结构主要来自哺乳动物的实验研究。由于伦理学的限制,不可能触及人类的脑结构观察其情绪效应。不过,有限的研究报告表明,人类被试自生的内在多种情感体验所伴随脑激活区,大体与 J. Panksepp 的理论设想相符,包括前额叶皮质、脑岛叶、前扣带回、后扣带回、次级感觉运动皮质、前脑基底部、海马、下丘脑和中脑。由此可见,无论是动物实验的发现还是无创性脑成像所提供的资料,都证明参与人类自发情感体验的脑结构,大大超越了边缘脑的范围,许多新皮质都参与情绪和情感的调节功能。这是情绪脑理论的当代突破。现在还是回到 J. Panksepp 的基本情绪系统。

表 8-1 哺乳动物脑构建基本情绪的解剖和神经生化因素

基本情绪系统	关键脑区	关键的神经递质和神经调质
追求、期望和生物学阳性动机	伏隔核-腹侧被盖区,中脑边缘和中脑皮质传出系统,外侧下丘脑-中脑导水管周围灰质	多巴胺(+),谷氨酸(+),阿片样肽(+),神经降压素(+),多种其他神经肽
贪心、色欲	皮质-内侧杏仁核,终纹床核,下丘脑视前区,腹内侧下丘脑,中脑导水管周围灰质	类固醇(+),血管升压素,催产素,促黄体素释放激素,胆囊收缩素
爱抚、养育	前扣带回,终纹床核视前区,腹侧被盖区中脑导水管周围灰质	催产素(+),促乳素(+),多巴胺(+),阿片样肽(+/-)
安逸、欢快	背内侧间脑,旁束区,中脑导水管周围灰质	阿片样肽(+/-),谷氨酸(+),乙酰胆碱(+),促甲状腺激素释放激素
恐惧、焦虑	杏仁中央核和杏仁外侧核-内侧下丘脑,背侧中脑导水管周围灰质	谷氨酸(+),二氮杂草结合抑制剂,促肾上腺皮质激素释放激素,胆囊收缩素,α-促黑素,神经肽
激怒、气愤	内侧杏仁核-终纹床核,内侧围穿隆下脑区-中脑导水管周围灰质	P物质(+),乙酰胆碱(+),谷氨酸(+)
惊慌、孤独和抑郁	前扣带回,终纹床核和视前区,背内侧丘脑,中脑导水管周围灰质	阿片样肽(-),催产素(-),促乳素(-),促肾上腺皮质激素释放激素,谷氨酸(+)

资料来源:经授权,引自 Panksepp,2006。

(一) 生物学阳性情绪

在表 8-1 所示七类情绪子系统中,四类属于生物学阳性情绪,也就是个体生存和种族延续所必需的食物、水和安居之地,以及性等驱动的情绪。因此,调节这些需求的情绪包括追求与期望、贪心与色欲、爱抚与养育和安逸与欢快等。我们先从追求与期望谈起。调节本能需要的脑结构位于下丘脑,通过多重体液和激素的调节环节驱动行为,出现满足感的同时伴有快乐、安逸和舒适的生物学阳性情绪。对这种生物学阳性情绪行为的脑机制研究中,曾有著名的自我刺激实验模型,起到过重要作用。

Olds 和 Milner(1954)在实验室中意外地发现了大鼠的下丘脑、隔区等结构受到微电极导入的弱电刺激,大鼠就会不停地按压杠杠,以便连续多次得到电刺激,频率甚至可高达一小时 2000 多次。许多实验室重复了这一现象,并控制动物的饥渴程度和血液中的性激素水平,观察自我刺激现象。经过 20 多年的研究,在 20 世纪 70～80 年代,总结出这些能产生自我刺激现象的脑结构,形成两条多巴胺能通路。它们都始于中脑腹侧被盖区(VTA),一条通路终止于前脑的伏隔核,它位于杏仁核的前面;另一条终止于眶额皮质。这些脑结构和它们之间的通路被称为奖励或强化系统,强化以生物学阳性情绪为基础的学习行为。动物追求和期望的程度与这些脑结构中多巴胺能神经元兴奋性水平相关,也就是说,可以把多巴胺能神经元的兴奋性水平看成追求与期望情绪的预测指标。然而,最近10多年的研究进一步发现,当环境因素微妙变化,动物得不到预期的奖励时,这些多巴胺能神经元的兴奋性立即受到抑制。所以,近几年以奖励预测误差理论取代了多巴胺强化理论。本书后面章节将进一步讨论这个问题。

1. 追求和期望

追求与期望包括本能和动机目标,如对食物、水、栖息地和性对象的追求是生物本能行为的基础。主要中枢包括脑干和皮质下奖励系统,始于中脑腹侧被盖区,终止于前脑伏隔核,同时还有中脑-皮质多巴胺通路投射到眶额皮质,也与学习行为的奖励和强化作用有关。正如表 8-1 所示,除多巴胺类神经递质的功能水平直接影响追求和期望情绪,其他神经调质也参与调节作用。例如,中脑导水管周围灰质的多种神经肽、类固醇和阿片样肽等都有重要作用。

饥饿与饱食中枢、饮水与渴中枢都位于下丘脑,并由许多体液和激素的因素参与调节,能使机体满足个体生存的需要,同时伴有快感和满足感。对于人类而言,追求与期望并不限于本能的需要,更重要的是社会需求,精神满足感能产生更强的动机。因此,情绪、情感、认知和思维,以及评价系统等密不可分,都离不开大脑皮质的参与。

2. 贪心与色欲

如果说追求与期望是由于对个体生存息息相关的食物、水和栖息地的追求,那么对种族延续来说,追求性对象则是重要前提。贪心与色欲的情绪中枢是杏仁皮质核和杏仁内侧核,还有下丘脑视前区和腹内侧区,以及中脑导水管周围灰质。除了神经中枢的调节作用外,还有许多体液因素参与和性相关的情绪调节,包括脑内的催产素、促黄体素释放激素,还有外周的肾上腺皮质激素,以及性腺分泌的性激素等。此外,胆囊收缩素和血管升压素在中枢和周围神经系统都可能产生,对性行为相关的阳性情绪也发挥重要调节作用。

3. 爱抚与养育

对种族延续来说,除了以性行为作为起点孕育下一代,还必须包括养育和爱抚下一代的生物学阳性行为。伴随这种养育行为,自然会有爱抚的情绪体验。由于这种情绪是一类持久的稳定情绪,它的关键脑结构位于扣带回、终纹床核、视前区和中脑腹侧被盖区与中脑导水管周围灰质。在下丘脑的视前区由催产素、催乳素发挥体液调节作用,在中脑被盖区生成多巴胺类神经递质,在中脑导水管周围灰质生成阿片样肽等物质都对养育抚爱子女之情发挥调节作用。

4. 安逸与欢快

最后一项生物学阳性情绪,是安逸与欢快。在安逸饱食之余,生物个体之间的和谐共处通过嬉戏行为产生快乐。可见，生物个体得到安居乐业的资源，就必然伴随安逸和欢快的情绪，它的脑中枢位于间脑的背内侧区和旁束区。通过下丘脑生成促甲状腺激素释放激素调节这类情绪。中脑导水管生成阿片样肽，还有乙酰胆碱和谷氨酸作为神经递质，都参与这类情绪的调节。

上面所列举的四类生物学阳性情绪，是生物种系得以繁衍的前提，只有个体得到生存的资源才会出现繁殖后代和养育后代的性行为，并伴随产生不同个体间普遍享有的安逸与欢快情感。在动物世界的进化中，已把这些情绪的调节功能赋予皮质下结构，如中脑、间脑和基底神经节；扣带回是情绪的高级调节中枢。人脑不但传承了这些情绪调节机制，更有许多与思维和智能相关的大脑皮质也参与情绪更精细的调节，使人类社会的情绪更丰富、更细腻，并在此基础上生成了高级情感，如改造自然和征服宇宙的积极情感。

（二）生物学阴性情绪

在表 8-1 中，恐惧、焦虑，激怒、气愤，惊慌、孤独和抑郁三项，属于生物学阴性情绪，它们驱使生物个体摆脱或远离危及生存的环境条件，也可能促使个体发出攻击行为。

1. 恐惧与焦虑

恐惧与焦虑是动物机体逃避疼痛和损伤刺激所伴随的情绪。动物所敏感的刺激性质及其对机体产生的效应和表现出的外在行为，是动物种属进化所形成的，是不良刺激通过感官经下丘脑内侧与中脑导水管灰质背部，到杏仁中央核和外侧核所实现的生理反应。所以，这一情绪系统的核心结构是杏仁核。杏仁核是一组神经核群，具有相当复杂的内外部神经联系，参与不同的情绪过程。大体而言，杏仁外侧核是传入性的，将外部神经信息传向杏仁核诸多核团中；杏仁中央内侧核是传出性的，其中有重要意义的是传向内嗅区皮质、颞下回皮质和梭状回皮质的通路，可能与自上而下调节对他人面孔表情的感受功能有关，特别是威胁恐吓的表情。LaBar 等人（1998）通过功能性磁共振方法，发现人类被试在形成恐惧性条件反射时，杏仁核会被激活。现在已知杏仁核与视皮质的神经回路之间存在着空间分辨率和传导速度不同的两条联系。一条是快速的低空间分辨率通路，对外部危险信号的视觉刺激特性进行初步加工，快速传递到杏仁核，以便产生自动化下意识的防御反应；另一条是较长的丘脑-皮质-杏仁核通路，与复杂的社会行为及其知觉决策过程有关，也是人类面对面交谈和感情交流的脑基础之一。Phelps 和 LeDoux（2005）综述了大量文献，总结出杏仁核参与下列五类情绪和认知过程的调节：① 内隐的情绪学习和记忆功能，② 记忆的情绪调节，③ 情绪对知觉和注意的影响，④ 情绪和社会行为的调节，⑤ 情绪的抑制和调节。

2. 激怒与气愤

当动物得不到想要的资源，特别是由于同类竞争造成资源需求的障碍，很容易出现激怒和气愤的情绪。内侧围穹隆区、下丘脑向下的中脑导水管周围灰质，以及向上至内侧杏仁核-终纹床核,在这些脑结构中,P 物质、乙酰胆碱和谷氨酸,都参与这种情绪的调节。激怒和气愤情绪是暴力行为产生的原因,20 世纪 60～70 年代,暴力行为成为美国社会重大问题,美国政府曾增加一大批对激怒和暴力行为进行研究的项目。

3. 惊慌、孤独和抑郁

孤独、无助情绪是较前两项生物学阴性情绪强度稍差的情绪,当动物离群或幼崽没有母亲的照料就会出现惊慌、孤立无助的情绪。终纹床核、视前区、背内侧丘脑、中脑导水管周围灰质通过催产素、催乳素、促肾上腺皮质激素释放激素等神经内分泌机制,以及谷氨酸和阿片类神经递质,调节这类情绪的强度。前扣带回皮质是这一情绪的高级调节中枢。

二、情绪的维度理论

情绪和情感的维度理论源于传统心理学,特别注重人类日常生活中的情感体验及言语表达。Russell(2003)在《心理学评论》上发表题为《核心情感和情绪的心理学构建》的文章,系统地论述了情感维度理论。他说情感心理学问题是心理学发展中最薄弱的且充满矛盾的领域。詹姆斯认为情绪是自动过程的自我知觉。冯特认为情绪是独立于认知过程的要素,快乐-不快乐,紧张-放松,激动-安静是人类情绪和情感的维度基础。J. A. Russell 所说的核心情感和情绪有两个维度:价值维度(valence,决定于情绪的性质,以愉快和不愉快为基本属性)和唤醒维度(arousal,决定于情绪的强度,以激活和不激活为基本属性)。

Olofsson 等人(2008)综述了情绪性图片刺激引发的脑功能变化,以视觉事件相关电位作为生理指标,称为情感事件相关电位研究。绝大多数研究文献一致报道,具有消极、恐惧性刺激的图片比愉快性图片能引出较强的 100～200 ms 短潜伏期诱发电位,而且诱发反应幅值与图片的情绪性质有一定关系。能引出强烈唤醒水平的凶杀和色情图片,除了引发短潜伏期诱发成分,还在中央区引发潜伏期为 200～300 ms 的早后负波(EPN);但却不像短潜伏期成分那样,具有情绪性质和诱发反应幅值之间的关系。一种解释是图片的情绪性质与短潜伏期反应的关系是杏仁核的功能特点。他认为生物进化中,对外界世界一出现危及生命的因素,就会立即通过丘脑和杏仁核快速引发情感反应,短潜伏期的事件相关电位是快速情绪反应的生理指标,随后的早后负波与 N2 波有一定重叠,是对有害刺激进行选择性注意,以便精细探究刺激的特性。再稍后的 P300 波和晚顶正波与自上而下的情绪信息加工有关。Codispoti、Ferrari 和 Bradley(2006)利用中性面部表情的照片做对照,愉快和不愉快的照片重复呈现,重复 10 次为一组试验,连续 6 组,叠加后发现,诱发出的高幅晚正成分(800～5000 ms)不受重复次数的显著影响,而 N1 波和 P1 波有习惯化效应,同时记录的皮肤电和心率则比 N1 波和 P1 波有更快的习惯化效应。所以,他们认为对情绪的识别任务,脑事件相关电位晚正成分是主要的生理指标;皮肤电和心率仅是朝向反射的生理指标。

Ochsner(2008)认为人类社会情感信息加工流中,有五个关键性脑结构,杏仁核主要与情绪产出功能相关,特别是恐惧情绪的产出。它在情绪性学习行为中对有害的外部因素十分敏感,可以很快识别出这些因素,以便尽快躲避这些不利因素。前扣带回负责情绪过程的注意,意识以及情绪的主观知觉和动机行为的启动作用。前额叶皮质是人类情绪行为的高级调节中枢,对情绪行为的后果给出预测性控制,确定特殊行为目标以及调控持久的与延缓性的情绪反应。腹侧纹状体,包括伏隔核等与杏仁核相反,对生物学阳性情绪具有重要调节作用,特别是调节那些与主观体验有关的因素。例如,患者渴求毒品之时,眼前会出现他想要的毒品,这时相关脑结构立即活跃起来。最后是眶额叶皮质对情绪过程的自主神经系统的功能变化,如心率、呼吸、消化道功能变化和特殊味道引起的主观体验有关。

Kober等人(2008)对1993~2007年间162篇关于人类情绪的脑功能成像研究报告进行了多层次的元分析,包括脑成像的容积单元、激活区和共激活的功能组,并使用了一致性分析、结构分析和路径分析等技术。他们发现,人类的情绪变化激活的大脑皮质较广,包括背内侧前额叶、前扣带回、眶额皮质、额下回皮质、脑岛叶和枕叶皮质。这些大脑皮质的激活常伴随更多皮质下脑结构的共激活,包括丘脑、纹状体腹侧区、杏仁核、中脑导水管周围灰质和下丘脑等。他们对这些激活数据的进一步分析,得到几个功能回路。① 额叶认知和运动回路由脑岛叶、纹状体和眶额皮质区所组成,这个功能回路与皮质下结构,如杏仁核、丘脑、纹状体腹侧区、中脑导水管周围灰质和下丘脑等,发生复杂的功能联系。② 内侧前额叶回路与前述皮质下结构有紧密的功能联系,此外还与后头部两个视觉回路有密切关系,包括初级视皮质、枕颞顶联络区、颞上沟、后扣带回和小脑。可能这个回路与情绪调节、知觉、注意等多种认知功能有关,这还需要今后进一步研究。③ 值得注意的是,这项研究通过路径分析,发现了背内侧前额叶与中脑导水管周围灰质、丘脑和下丘脑之间进行着双重调节;但是背内侧前额叶通过中脑导水管周围灰质对下丘脑的调控路径是主要的,这说明人们在情绪激烈变化时,关于外界环境因素对自己和他人的利害关系评价中,这个回路发挥重要作用。人们在知觉和情绪体验过程中,这个功能回路也具有十分重要意义。④ 另外三个前额叶区:右侧额盖区、前扣带回背区和前下区都与杏仁核有密切的共激活关系。

三、人类情感的组成评价模型

前面介绍的情绪进化理论侧重哺乳动物实验研究的发现,基于这些事实所提出的基本情绪系统及其脑结构基础,主要适用于动物和人类简单无意识的情绪,较难适用于理解人类高级复杂的情感过程。特别是带有意识形态层次的情感,应该从更高层次的理论角度加以认识,现在介绍关于情绪和情感的组成评价模型(componential appraisal model),有助于认识人类复杂意识情感的规律。

这一情感模型由五个子系统或成分所组成。情感被定义为复杂的五个成分经过四个动态评价过程而产生的主观体验,所以这种情感理论又称为组成过程模型。该理论由心理学家 K. R. Scherer 等人最早于 1984 年提出,2008 年进一步引入认知神经科学的新科学事实,作为该理论的基础。这五个组成成分分别是认知、动机、自主神经生理反应、动作表达和情感体验。四个评价过程有明确的时间顺序性:事件与主体的关系,事件的性质,程度和可应对性,常规意义的评价。在组成成分中的"认知"一项,包含注意、记忆、推理、自我参照等环节。

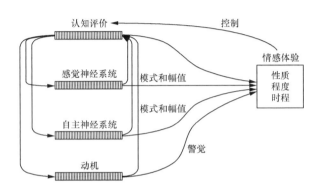

图 8-1　子成分和情感的关系

(经授权,引自 Grandjean, Sander, & Scherer, 2008)

四个评价过程分别回答下列问题:

(1) 当前的事件与我或与我关系网上的人有何关系?
(2) 当前事件对我的生活有什么样的近期和远期影响或后果?
(3) 我应如何应对这个事件、控制它的后果?
(4) 当前事件对我的意义,特别是它在社会道德和社会价值方面对我的意义。

四项评价过程的结果有双重功能,一是修正认知和动机机制去反馈影响评价过程;二是传出效应影响周围神经系统,主要是神经内分泌系统、自主神经系统和体干感觉运动神经。每个评价过程都存在刺激评价框架,每一评价过程不仅影响本过程的评价框架和标准,也会影响其他评价过程和标准,最终生成的意识情感取决于全部连续四个评价过程的累积效果。所以,情感是五个组成成分通过四个评价过程的综合效应所建构出的整合的意识表达。如图 8-2 所示,组成过程的三个中枢表征类型,A 是无意识反射和调节表征,B 是意识表征和调节,C 是主观情感体验的言语表达和交流。A、B、C 三个图的重叠部分是有效自我报告的测试部分。

K. R. Scherer 等人认为人类的情感过程相当复杂,包括五个子过程和一些组成成分,是通过多层评价驱动的反应同步化而实现的,这种组成过程模型克服了基本情绪类型的生物进化论和情绪维度理论的某些不足。它能较好地说明复杂情感的形成过程,正是由于低层次情绪加工不足以应对事件,进而通过意识过程应对这些难题。

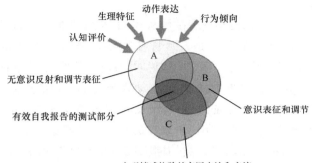

图 8-2　组成过程的三种中枢表征类型

（经授权，引自 Grandjean, Sander, & Scherer, 2008）

第二节　目标行为及其监控

目标行为包含不同层次的内涵,动物在饮食、性动机驱动下,寻求食物、水和性对象的行为是本能的目标行为;人类创造活动中收集科学资料的行为则是由高层次的社会需求所产生的目标行为。因此,目标行为可能是一种反射活动,也可能是原动或主动活动(proactive activity),后者是在高级意识指引下实现的,前者是在体内外感觉刺激作用下出现的反射活动。如果肠胃蠕动产生饥饿,眼前又有食物,这种摄食行为是本能的行为,是先天的非条件反射活动。虽然有了饥饿感,目前没有食物可吃,一个动物必须靠自己的个体生活经验,跑到可能有食物的地方,或者根据外界世界各线索判断出哪里会有食物,就奔去捕食,这是一种条件反射活动。所以,一般而言,目标行为主要指条件反射活动和人类特有的原动性行为。反射活动是物质刺激导向的行为,原动活动则是意识导向的行为。

执行控制是协调内在需求和外部条件以及所采取的一系列动作,以便保证需求得到实现的过程。执行过程,包括多层次的脑机制参与,至少有调节和控制运动功能的锥体系和锥体外系统,以保证机体实现非随意运动和随意运动的动作。在此基础上实现对目标行为的筹划、实施、监控,并在情绪和工作记忆的参考下,才能完成对目标行为的准确实现。

一、运动的中枢调节

从低等动物到高等动物,运动功能的调节不断进化,表现为高等动物神经系统对运动的节段性控制。通过手术的方法用猫制成许多标本,包括脊髓动物标本、脑干动物标本、去大脑皮质动物标本,就可以清楚地观察到脑对运动功能节段性调节机制,与此并存的还有锥体系和锥体外系的调节机制。

(一) 节段性调节

(1) 脊髓动物。在颈椎部位将其脊髓横断,使手术的颈部以下的脊髓与脑的神经联系切断、血液循环保持正常。这好像是人颈髓部位截瘫一样,四肢伸屈肌都同时收缩,肢体发硬,四肢很难弯曲,形成强直性痉挛。这说明,脱离脑的控制,脊髓的运动功能亢进。

(2) 脑干动物。在中脑水平上横断其脑,动物则失去大脑的控制,称脑干动物或去大脑动物,这时动物出现去大脑强直,颈紧张反射和迷路反射,这是脑干网状结构、红核、前庭核等运动中枢脱离大脑控制所表现出的功能亢进现象。

(3) 去大脑皮质动物。在两侧内囊切断大脑皮质与间脑和基底神经节间的联系,动物会出现两上肢屈曲、下肢强直的状态,称为去大脑皮质性强直。这是由于基底神经节、间脑和中脑脱离皮质控制的结果。

从这三个层次上的横断标本所发生的现象可以看出,神经系统对运动的调节是一层层的抑制作用。换句话说,抑制性调节使下一级中枢的运动功能更适度。除了这种节段层次性调节,还有两个系统的平衡调节。

(二) 锥体系和锥体外系

大脑对运动功能的控制,是由锥体外系和锥体系完成的,前者是自动性的非随意的,后者是随意性控制。

1. 锥体外系运动功能调节

除大脑皮质运动区以外的广泛皮质区以及皮质下的基底神经节,发出下行性运动神经纤维与间脑、中脑、脑干、小脑和脊髓中的运动神经核的联系,形成了锥体外系,负责全身适度的肌肉张力,具有维持运动协调性、平衡性和适度性的调控功能。这个系统发生障碍就会出现静止型震颤或小脑障碍的意向性震颤。

2. 锥体系运动功能调节

由大脑皮质运动区(BA 4 区)的大锥体细胞发出的轴突,直接止于脑干运动神经核或脊髓前角的运动神经元,形成上运动神经元(BA 4 区细胞)对下运动神经元(脊髓或脑干运动神经核的细胞)两级关系的运动调节机制,也是大脑发出随意运动指令的快速神经通路。如果皮质 BA 4 区的上运动神经元受损伤,就会出现上运动神经元障碍,表现为四肢僵硬的硬瘫;如果脊髓的下运动神经元受损就会出现软瘫,肌肉松软无力。

二、动作或目标行为的执行

动作是有目的和指向性的随意运动链,人们通过或多或少的动作,就可以实现目标行为,这个过程称为目标行为的执行。目标由情绪动机所支持。目标行为执行中,工作记忆参与了对目标意图、时时变化的动作状态以及全部动作的监控。此外,目标行为执行中还包含了对冲突和错误的报告过程。只是最近 10 多年,认知神经科学的多方面研究,才能对这些问题有了一些答案。首先是灵长类动物实验研究发现,还有对前额叶和内侧额叶损伤病人的观察,所有积累的科学资料证明,前额叶皮质在情绪调节、工作记忆、执行功能、冲突监控和执行监控中均具有十分显著的作用。

在动物进化中,前额叶皮质迅速增大,猫脑的前额叶只占全脑皮质的3.5%,狗占7%,恒河猴占8.5%,大猩猩占11.5%,类人猿占17%,人类占29%。从这个增长的数据中可以看出,人类的前额叶皮质得到了前所未有的发展。Amodio和Frith(2006)的长篇综述《心灵的会聚：内侧额叶和社会认知》一文中指出,人类社会认知和人类的复杂行为都与内侧额叶,颞-顶联络区,颞上沟和颞极关系十分密切,其中社会认知功能主要与内侧额叶关系最密切。至少三类社会认知功能是以内侧额叶为关键脑结构所形成的功能回路而实现的。首先,动作的控制和监测与背侧前扣带回以及辅助运动前区关系最紧密；其次,动作的结果是得到奖励,还是惩罚的监测,由眶额皮质参与的回路完成；最后,也是社会认识的核心环节,即对自身和他人心态的知觉和领悟,由位于上述两区之间的旁扣带回,也就是从前扣带回到前额极之间的内侧额叶结构所完成的功能。所以内侧前额叶在社会认知行为中比任何其他脑结构都重要。

如图8-3所示,内侧前额叶由同侧额叶的BA 9区、10区和内侧前额24区、25区、32区、11区和14区组成,根据结构与功能关系,可将其分为三个区：前区、后区和眶区,现在分别介绍这三个区的功能。

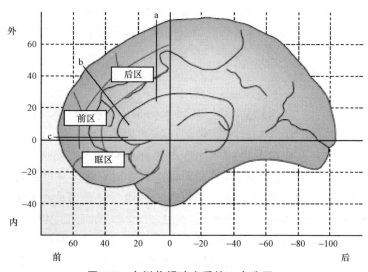

图 8-3 内侧前额叶皮质的三个分区
(经授权,引自 Amodio & Frith, 2006)

1. 内侧前额叶后区

内侧前额叶后区(posterior of rostral MFC, prMFC)对动作进行连续监控,特别是自身意向、执行过程中客观形势变化,反应有冲突、有错误,需要反应抑制或完成类似Stroop颜色命名任务中的反应冲突任务、易出现错误反应的Flanker任务、伴有错误相关负波(ERN)的任务都会引起前扣带回后区的激活。该区的激活还与实验过程中连续刺激的选择性反应及其后果好坏有关,每次反应的得失变化大,prMFC 的激活水平增高。总之,prMFC 的激活与动作监控,特别是存在连续变换的动作后果且要求不断调节行为的情况下,更易激活。

2. 内侧前额叶眶区

内侧前额叶眶区(orbital region of the MFC, oMFC),该区与动作后果的预测及后果的奖惩或得失有关,能得到高效益的行为预测,更易引起此区的激活。所以,在赌博的实验情景中,此区的激活较明显。这种功能与 prMFC 是相辅相成的。oMFC 与感觉信息的整合相关,prMFC 与运动信息整合相关。所以,两者均对动作及其后果监控,一个是基于感觉信息,另一个是基于运动信息。所以,前者对奖惩的预测监控有关,后者与实际后果的评价有关。前扣带回(ACC)和眶额皮质(OFC)之间存在着复杂的功能关系。ACC 与 OFC 的功能差异在于前者负责感觉强化的表征,后者负责动作强化的表征;前者负责奖励期待的表征,后者负责动作价值的表征;前者负责偏好的表征,后者负责动作产生和动作价值的探究;前者负责基于延迟的决策,后者负责基于努力的决策;前者负责情绪反应,后者负责社会行为。强化引导的决策不仅依赖 OFC,也依赖 ACC 的激活。但两者的作用不同,当强化与刺激相关且与刺激偏好的选择有关时,则 OFC 发生主要作用;相反,当奖励主要与动作或任务相关时,ACC 发挥主要作用。也就是说,ACC 对下个动作加以选择的激活是中介于以前动作和强化关系的经验基础之上的。

3. 内侧前额叶前区

内侧前额叶前区(anterior region of the rostral MFC, arMFC)位于上述两个区(prMFC 和 oMFC)之间的内侧前额叶,从以下四个不同侧面出发,负责动作及其后果的监控。

(1) 自我的觉知,包括对自我的个性特点和自我的第一瞬间情绪状态(心境)的觉知。利用描述不同个性特征的词,请被试回答是否适用于描述自己的人格特质,这时会诱发 arMFC 的激活。当要求被试比较某位熟悉的朋友或亲属的个性特征与自己是否相同时,相同的项目更易引起此区的激活;当被试对呈现的面孔照片,判断他们的面孔表情与自己的心境或情绪是否相同时,也会引起此区的激活。因此,此区与社会认知行为中的情绪因素关系密切。也有实验报告此区的上部和下部功能不完全相同,自我与熟悉人比较时,下部激活;自我与陌生人比较时,上部激活。

(2) 理解他人(mentalazing)的能力,这是社会交往能够成功的重要因素,对于交往的人应能理解对方的心态和对方的需求,并能预测对方即将出现的行为。大量实验研究,包括阅读人们交际的故事情节,观看卡通画片等,发现在所研究的脑结构中,arMFC 激活程度最高。

(3) 痛苦的自身体验与对他人痛苦的理解。观察他人受疼痛刺激的物理属性和客观特性,引起 prMFC 激活,而亲自感受的主观疼痛体验引起 arMFC 的激活。

(4) 道德观、荣誉和自我。在人们遇到道德两难的问题时，如何决策，多半是取决于自己感情上的好恶。这时，arMFC 激活，特别是当对道德两难问题进行抉择时，不仅从自己的好恶感情出发，还要考虑别人怎么看自己时，也就是涉及自己的荣誉时，arMFC 受到更大的激活。

总之，内侧前额叶皮质的功能是复杂的，多种多样的，并且是规则地分布，从后向前对动作和行为的监控，是从动作本身到对其后果的预测性监控，从认知成分到感情成分，从局部人际关系到社会道德以及个人荣誉相关问题的监控。

第三节 人际交往和相互理解的脑功能基础

前面两节讨论的主要问题是个体与外界的关系，个体对食物、水和栖息地的需求及相应的目标行为。当然也涉及同类其他个体发生领地之争、食物资源之争所伴发的激怒和气愤之情；但是并未触及动物群居和人类社会行为中最重要的方面，即个体之间的相互理解和交往。对于人类社会，人际交往和相互理解是社会行为最本质的特征。社会认知神经科学对这类问题的研究历史悠久且提出了许多理论和研究方法。关于人际交往和个体间相互理解的脑科学基础，则首先是在非人灵长类动物研究中发现的，再经过这十几年间利用无创性脑成像技术对正常人的实验研究，才形成了本节所介绍的内容。

一、心理理论

通过观察外界环境、情境和他人的动作，可以猜测出他人的心态、意向并预测他人的下一步行为。这种通过观察和推理相结合，才能表现出来的能力，被称为心理理论。Baron-Cohen(2002)提出心理理论能力发展的假设，他认为心理理论能力包括四项技能：他人意向的检测、视线和注视的检测、共享注意和心理理论模块。最后一项"心理理论模块"是指关于他人的内隐知识储存库。前三种技能是人类与非人灵长类动物共有的，第四种技能是人类所独有的。

（一）他人意向的检测技能

通过观察周围环境的细节以及某人的动作，推测出该人的动作意向，称为他人意向的检测。Rizzolatti 和 Fabbri-Destro(2008)认为这种技能的脑功能基础是镜像神经元。但是，对此存在不同学术观点，认为至少存在八个问题有待进一步研究（Hickok，2009）。

（二）视线和注视的检测

视线检测包括对与自己交往者的视线和注视的觉知，包括相互对视、转移视线、注视点跟踪、共同注视和共同注意等多种眼神变化的规律。这些眼神的变化由颞上沟调节，并且颞上沟与内侧顶叶之间的联系以及它们与杏仁核的联系，是人际交往中双方检测对方所关注的问题和情绪状态等信息的重要组成部分。

（三）共享注意

只有大猩猩和人类具有共享注意的社会交往技能，即交流的双方共同关注某一客体，且彼此还意识到对方与自己一直在注视同一目标，所以又称为三向表征活动（triadic representation）。"如果我想看到你所看见的事情，就应该跟随你的视线望过去"，这就是共享注意的技能。

这种技能不是天生的，儿童发展研究发现，9个月大的婴儿可以跟随成人转头的方向，但却分辨不出成人视线与转头的差异。也就是说，不管成人的眼睛是闭着还是睁着的，婴儿都会跟着转移视线。12个月龄的婴儿，已经能分辨出转头与视线转移的区别，发展出与成年人共享注意目标的技能。这可能是由于共享注意不仅由颞上沟调节，还必须有前额叶皮质的参与，包括腹内侧前额叶、左额上回、扣带回和尾状核。

（四）心理理论模块

心理理论模块又称为高级心理理论，是指头脑中积累了许多社会认知的知识库，利用这些知识才能理解他人和复杂社会情景中发生的事情。这些社会认知规则或知识的运用才能使人完成社会认知任务，例如，下列规则：

（1）外表和实质并不总是统一的。如椭圆形石头并不是鸡蛋；我可以假装狗，但我并不是狗。

（2）一个人安静地坐在椅子上，他的内心未必是安静的，他可能正在思考、想象、回忆等。

（3）别人能知道我所不知之事。

4周岁以前的儿童是无法理解类似规则的。心理理论技能和智力并不完全相等，存在IQ很低，但心理理论技能却很好的人；相反，自闭症病人IQ正常，但心理理论技能很差。想象中的他人意向，是指我们并没有看到对方是谁，只是根据情境和想象的情节，设身处地为他人着想，做出某项决策的技能，这时我们大脑中的前旁扣带回（BA32区）激活，这种技能也是高级心理理论技能。

二、共情与面部情绪识别

前面讨论的心理理论和镜像细胞系统，从理论上说明了人们在社会交往和相互理解过程中，认知活动的基础。这里所说的共情则侧重情绪和情感的沟通与相互感染过程中的认知神经科学基础。

看到别人受苦，例如，肢体受伤，我们就会在内心体验到自己肢体的疼痛，这种现象就是共情，这时脑内的内侧前额叶被激活。这说明，内侧前额叶皮质，特别是扣带回和旁扣带回与自己和他人疼痛的内在体验有关。近年来，社会情感认知神经科学研究领域已取得了共识，共情和心理理论技能分别从情感交流和认知交流两个不同侧面，提供了社会行为的基础。正如在心理理论技能一样，视觉在共情中也有重要作用，所以这里也把情绪的面孔识别列入共情的组成环节。

1. 认知与情绪成分的差异

Shamay-Tsoory 等人(2008)利用三类社会推理问题作为实验材料,分别对腹内侧前额叶损伤的病人、后头部损伤的病人和正常人进行测验。三类社会推理的小故事分别是次级假设、讽刺和失礼行为的识别。

次级假设故事:汉娜和贝妮坐在办公室聊天,谈论他们与老板的会面情形。贝妮边说着边随手打开墨水瓶把它放在办公桌上,这时溅出几滴墨汁。所以,她离开办公室想找块抹布把办公桌擦干净,当贝妮离开办公室之时,汉娜把墨水瓶从办公桌上拿到书柜中。当贝妮在办公室外边找抹布时,通过办公室门上的锁孔看见了汉娜把墨水瓶拿开的情形。然后,她回到办公室。讲完这个小故事,请被试回答四个问题:

(1) 推测问题:汉娜心里想贝妮认为墨水瓶在哪儿?
(2) 现实问题:墨水瓶实际在哪儿?
(3) 记忆问题:贝妮把墨水瓶放在哪儿?
(4) 推论问题:墨汁溅在哪儿了?

讽刺故事:杰奥上班以后没有开始工作,而是坐下来休息,老板注意到他的行为,对他说:"杰奥,别工作得太辛苦了!"

自然故事:杰奥一到办公室就立即开始工作,老板注意到他的行为并对他说:"杰奥,别工作得太累了!"

对以上两个故事分别请被试回答两个问题:

(1) 杰奥工作很努力吗?
(2) 老板认为杰奥工作很努力吗?

失礼行为故事:麦克是个9岁的小男孩,刚转入一所新学校。他去卫生间坐在坐便器隔间,随后与麦克同班的另外两个同学走进卫生间站在小便池旁。其中一人对另一人说:"你认识那个新来的家伙吗?他叫麦克,看上去很古怪,而且个子那么矮!"这时麦克从隔间里走出来,被两个人看见了。于是站在小便池旁的一个男孩对麦克说:"你好,麦克!你现在是去玩足球吗?"讲完这个故事后,请被试回答下列问题:

(1) 有人说了什么失礼的话吗?
(2) 谁说了他不应该说的话?
(3) 为什么他们不应该说那些话?
(4) 为什么他们说了那样的话?
(5) 在这个故事中,当两个男孩谈话时,麦克在哪里?

他们发现,腹内侧前额叶损伤的病人回答这些假设问题时,与健康人没什么差别;后脑部损伤的病人不能正确回答次级假设故事问题。腹内侧前额叶损伤的病人对讽刺故事问题的回答和对失礼行为故事问题的回答十分差。从这个结果中,他们得到的结论是腹内侧前额叶损伤只影响情感的共情功能,而不影响认知共情技能。腹内侧前额叶的功能是对情绪、情感及其社会意义的调节。关于外部世界的感觉表达和知识等理解和应用的技能,与背外侧皮质的功能有关。

2. 面部表情的识别

负责面孔识别的脑结构是颞下回后部的梭状回(FFA),它包含两种特征的提取:一种是人的身份特征,即每个人面孔中不变的特征;另一种是可变的面部表情或面部运动功能。前者由外侧 FFA 与枕下回皮质以及颞叶共同完成,后者又分为眼神信息和表情信息,眼神信号由 FFA 和内顶沟共同完成,而表情识别由 FFA 与颞上沟、杏仁核以及听皮质共同完成,听皮质负责识别口唇的位置在表情中的作用。

第四节 社会交际性化学物质:烟、酒、茶

家里来客或亲朋聚会,通常以茶招待,或烟酒助兴,即使没有客人,也常常会独自享用,成为个人的一种嗜好。这些化学物质在体内代谢,引起情感或心情的变化,如兴奋和轻松感、解除焦虑或困倦和嗜睡等。烟、酒、茶和咖啡在一般情况下是人们的嗜好,不会引起严重的生理依赖和心理依赖,故与毒品不同,被药物学归为社会交际性化学物质(social substances)。

一、烟草

关于吸烟的害处众所周知,然而,仍有数以亿计的人在吸烟。甚至有些人吸烟导致咳喘不止,仍不想戒烟。为什么会这样?吸烟妙在何处?

(一) 吸烟的双重作用

烟草里的重要成分是烟碱,又称为尼古丁。尼古丁在神经系统中的作用类似于乙酰胆碱这种神经冲动的传导递质。脑内许多细胞传导神经冲动的功能正是借助乙酰胆碱来实现的。在一些神经细胞相联系的突触后膜上,有许多胆碱能烟碱样受体,专门与乙酰胆碱结合,引起下一个神经细胞的兴奋。尼古丁进入脑内,首先作用于胆碱能烟碱样受体,提高它们的活性,从而增强了神经冲动的传递功能。相反,进入脑内的尼古丁增多以后,使能与乙酰胆碱结合的受体大量减少,抑制了神经冲动的传递。

尼古丁除了直接作用于胆碱能烟碱样受体外,还间接地作用于多种神经递质功能系统,包括去甲肾上腺能系统、5-羟色胺能系统、多巴胺系统和多肽类系统。尼古丁可以促使这些系统的突触前神经末梢释放相应的神经递质。尼古丁在脑内的作用与乙酰胆碱一样,具有两重性,表现为剂量相关性和时间相关性。小剂量短时作用,引起兴奋效应,大剂量和持久性作用,引起抑制效应。尼古丁作用的这种时间相关性和剂量相关性,并没有一个绝对标准,受机体的许多因素和吸烟过程的许多因素所制约。一般而论,当吸烟者处于疲倦状态时,吸烟常产生兴奋作用;当吸烟者处于紧张、兴奋状态时,吸烟能产生镇静和抑制作用。吸烟时吸得深,烟停留在鼻腔和口腔的时间稍长时,可以

产生镇静或抑制作用;吸得慢而浅,且很快地吐出时,可产生兴奋作用,刚吸几口,会出现短暂兴奋,促使吸烟者大口快吸,累积了一些尼古丁,从而又转为抑制作用。尼古丁在脑内作用的这种两重性,是人们形成吸烟嗜好的重要原因,也是烟的"魔力"之所在。

(二) 戒烟

利用尼古丁对烟瘾进行替代治疗的戒烟方法很成功。尼古丁替代吸烟,能取到同样的效果,使超常的 N 型烟碱受体得到尼古丁的结合,并且提纯的尼古丁不像卷烟那样带有致癌物质和其他芳香族碳氢化合物而引起心肺疾病。所以,尼古丁替代治疗发展很快,有多种起效快的给药方法:尼古丁假牙床、尼古丁香糖、鼻腔喷剂或吸入剂等。Varenicline 是 2006 年 8 月由美国食品药品监督管理局(FDA)批准使用的药物,用于治疗尼古丁成瘾。这是一种 α4β2 尼古丁乙酰胆碱受体,其作用与尼古丁相同,对尼古丁依赖的治疗作用更安全,没有类似 Buprenorphene 的天花板效应和不安全疗效。尼古丁成瘾者可在继续吸烟的同时用 Varenicline 戒烟,每次 1 mg,每日 2 次,服药 1 周后就会发现对烟的依赖和戒断症状都明显降低。

二、酒

人们饮酒有社会、心理、生物等多方面的因素影响,就某个人来讲,其中某一因素是主要的。例如,酒品推销员饮酒大多是因职业促成的爱好。就心理因素而言,饮酒能助兴或排忧解愁。每逢佳节,亲朋相聚,总要备以美酒增加气氛。随着社会经济的发展,人民生活水平的提高,饮酒也愈发普遍。为什么酒有这么大的魅力?如果说饮酒对肝脏百害而无一利的话,那么对脑功能的影响却是十分微妙的。

(一) 酒的生理心理效应

酒的主要成分是乙醇,人脑内分解乙醇的脱氢酶活性仅是肝脏的 1/5000,所以饮入的酒主要在肝脏氧化脱氢和分解。少量饮酒可令脑血管舒张,脑血流增加,脑代谢加快,有助于消除疲劳。随脑代谢加快,脑信息加工进行得十分顺利,神经递质和受体等都活跃起来。所以适当饮酒的人头脑清晰、思路敏捷、言谈爽快。如饮酒量过大或饮酒时间太长,酒后会出现相反的生理效应,抑制脑葡萄糖的吸收和利用,能量代谢全面降低,脑信息加工变慢,使脑处于抑制状态。假如长期大量饮酒,脑能量代谢持续性降低,不但脑功能变差,还会出现脑结构萎缩。有些研究报道,酗酒造成的中毒性肝硬化发生率为 19%,酒精性脑萎缩发生率为 49%。可见,长期大量饮酒对脑的危害多么严重!

(二) 酒精依赖的治疗

1948 年,FDA 批准的戒酒药 Disulfiram 是一种乙醛脱羟酶抑制剂,使饮入的酒代谢中断,停留在乙醛阶段上,导致恶心、呕吐、头痛、眩晕等,令饮酒变为一种惩罚,从而起到戒酒的疗效;但是它对肝有很强的毒性,此外,低剂量使用也会对心血管有不良作用。

1994 年,FDA 批准了第二个戒酒药物,口服的 Naltrexone,2006 年又有长效注射剂型问世，380 mg 一次性肌内注射能起效一个月。它是 M 型阿片受体拮抗剂，它的戒酒作用是阻断了个体对酒的渴求，并减少饮酒的快感。对酒瘾者来说，它可以延长酒瘾发作的时间，减少发作时所需饮入的酒量和频率。

2004 年第三个戒酒药得到公认，Acamprosate 是 NMDA 型谷氨酸受体部分激动剂，虽然在欧洲已用之戒酒 10 年之久，但对比实验未能证明效果的显著性。目前还有几种受体调节剂正在研究之中，尚未进行临床试验，如 Topiramate 和 Ondansetron。

（三）烟、酒戒断的药物

由于多巴胺在维持成瘾行为中的重要性，抑制多巴胺的再摄取可能也是抗尼古丁渴求作用的途径。相关戒烟药物具有 α4β2 尼古丁乙酰胆碱受体拮抗剂的特性，这就是其抗药物渴求特性的基础，其剂量与其抗抑郁作用剂量相同。

表 8-2　烟、酒戒断的药物及其分类

	烟	酒
部分激动剂		
全部激动剂	Varenicline	—
受体调节剂	尼古丁替代	—
	Bupropion Nortriptyline	纳洛酮 Acamprosate
厌恶剂	—	Topiramate Ondansetron Disulfiram

三、茶和咖啡

人类喝茶的历史悠久，《神农本草经》记载，神农尝百草中毒后倒在茶树下，因树叶上的水流入他的口中而得救，因而称茶树叶可解百毒。周朝时期，茶叶被奉为祭品。秦汉时期，茶已成为宫廷中的饮料。唐朝时饮茶已普及为文人咏诗作赋的文雅之举，那时的京城已盛行茶馆，集聚文人志士谈古论文，促进中国文明的发展。陆羽所著《茶经》一书全面记载了有关茶树培植、茶叶泡制和食用的知识。明清时期，茶已形成六大品系，称绿、黄、黑、白、青和红茶。饮茶的习惯最早在秦汉时期被带到日本，后随中国远洋商贸带到欧洲。在英国，至今仍保持着饮茶盛于喝咖啡的社会习俗。

咖啡起源于阿拉伯文明，传说牧羊人发现吃了咖啡树叶和豆子的羊爬起山来格外轻快。17 世纪，欧洲各地已盛行咖啡店，成为人们社会交往的文雅之处。

可可（cocoa）原产于墨西哥，将可可豆磨成粉煮粥食用，可使人精神振奋。茶、咖啡和可可的有效成分是黄嘌呤类物质，只不过它们的分子结构稍有不同。1920 年，化学家从咖啡中提取出有效成分，命名为咖啡因，其化学结构是 1,3,7-三甲基黄嘌呤。后来从茶叶中提取出的有效成分被命名为茶碱，从可可粉中提取的有效成分被命名为可可碱，二者的分子量相同，是同分异构体。其实茶叶和可可粉中也含有咖啡因。由此可见，咖啡因、茶碱和可可碱三者都含有黄嘌呤，它是嘌呤碱基的一种代谢物，广泛存在于动植物体中，在黄嘌呤氧化酶的作用下转换为尿酸。所以，这些饮料可以提高人体能量代谢的效率，特别是提高细胞代谢中的氧化磷酸化过程，为细胞提供高效的能量，加速代谢活动。除此之外，它对神经系统还有直接的兴奋作用，但其作用机制至今不清。饮茶或咖啡后 30~60 min，血液内的咖啡因达高峰，对中枢神经系统的兴奋作用在饮茶后可持续 2~3 h。3 h 后，咖啡因在血液内的含量减半，其中 90% 分解代谢后经尿液或汗排出体外，血液中 10% 的咖啡因不分解直接经尿排出体外。喝茶和咖啡后其作用的速度和强弱因是否为习惯饮用者而异，也因性格而异。习惯饮用者饮用后发生兴奋作用的速度快于偶尔饮用者，性格内向的人饮用后的兴奋作用强于性格外向者。

9

脑发育、衰老和心理发展

心理发展是心理学的基本理论命题之一,是心理特点随种系进化、年龄增长产生的变化,包括动物的心理发展、人的意识的历史发展和人类个体心理的发展三个方面。发展心理学持毕生发展观,研究个体从产前期至出生、成长和衰亡的心理发生发展规律。而生物学则把脑的发育和衰老看成不同的生物学变化。为尊重不同学科的学术观点,我们将分别讨论脑发育、衰老和心理发展过程。

第一节 脑的发生和发育

脑的系统发生是指从动物到人类的生物进化中,脑形态和功能变化、发展的过程。在母体内胚胎发育,由受精卵到新生儿诞生,人脑形成的历程,称人脑的个体发生。脑的个体发生重复着动物界系统发生的阶梯,又沿袭了人类发展的脉络。

一、脑的发生

低等动物的神经系统为了能在生态环境中对食物或天敌进行空间定位,最先按两侧对称化发展,出现左、右对称的神经链;随后是头侧化发展,在神经链的前端有了脑;高等脊椎动物的脑细胞皮质化发展,在脑的表层有了大脑皮质;灵长类动物则在此基础上出现了额侧化发展,出现了发达的额叶皮质,随后出现内-外维度和背-腹维度的发展,使高级功能得到丰富的脑网络资源。所以,胚胎期人脑的发育重复着这一系统发生过程,从三维立体的动物脑发展为六维超立体的人脑。

在人脑神经细胞发生的初始,围绕神经管壁的上皮细胞形成生发层,又称为套层(mantle layer)。套层内的神经干细胞(neural stem cell)增殖、分化,分别形成成神经细胞和成胶质细胞。神经元来自成神经细胞,神经胶质细胞则来自成胶质细胞。

1. 两侧化维度

在动物界系统发生阶梯上,扁形动物的神经链左右对称,并在前端开始出现头节。如涡虫的神经元集中形成神经节,头部的神经节内有较多神经细胞,对于运动、摄食和识别有明显的作用。Inaki Ruiz-Trillo 等人认为,两侧对称的神经系统的出现,是生物进化的一个非常关键的步骤。环节动物门动物的身体分节,神经系统更趋于集中,头节发达而明显。如蚯蚓位于食管上的一对神经节愈合成脑,左、右对称,在进食和探索中的作用明显,协调机体与环境的关系。人类胎儿脑的发生经历了一个从三脑泡到五脑泡,再由五脑泡发育成五脑基的过程,其间已开始两侧化的发生。

2. 头侧化维度

节肢动物分节的腹神经索在昆虫中得到进一步发展,头端的几对神经节组合成简单的脑。至此,神经系统开始了头脑的进化和发展历程(头侧化)。昆虫的神经系统开始变得发达起来,前三对神经节分别构成了前脑、中脑和后脑。脊索动物如文昌鱼,背部有简单的神经管,脑和脊髓无明显分化,头部的脑泡发出两对脑神经(嗅神经和视神经),后部的脊髓发出脊神经。脊索动物左、右侧的脊神经按体节分布,但不对称,而是交错发出的。鱼类动物的脊柱代替了脊索,脑和感官得到进一步分化,神经系统由中枢神经系统、周围神经系统和自主神经系统组成。两栖纲动物开始从水生向陆生过渡,呼吸介质的改变及环境的复杂性促进了脑的进化。两栖动物的脑组织中开始出现旧皮质,蛙的大脑两半球被矢状裂分开,脑细胞开始从脑室区移向顶部。

3. 皮质化维度

爬行纲动物的神经系统已经完全适应陆上生活。鳄类的脑和脊髓比两栖类进一步发达,大脑半球增大,开始出现新皮质和锥体细胞。至此,神经系统开始了皮质化的发展过程。刺猬的新皮质占大脑皮质的 32.4%,兔占 56.0%,猴占 85.3%,黑猩猩占 93.8%,人类占 95.9%。

胚胎脑皮质化过程大致可分为五个时期。前四期历经 15 周胎龄,形成内、中、外三层的古皮质和旧皮质;第 16 周至出生前,在第Ⅵ、Ⅴ和Ⅳ层的基础上,在其外层又进一步分化成三层(第Ⅰ、Ⅱ和Ⅲ层)的原基。大脑皮质细胞的发生和分化是从深层(Ⅴ、Ⅵ)迁移至第Ⅲ、Ⅱ层和Ⅰ层。3 个月胎龄时刚生成的大脑表面平滑,5～6 个月胎龄开始出现浅沟和脑回。最早出现的是属于古皮质的海马沟,然后是属于旧皮质的嗅脑沟,继而才是划分初级感觉运动区的外侧裂、中央沟、顶枕沟和距状裂,最后出现的是联络皮质的颞上沟和额上沟等。胚胎 6 个月后,脑的发育越来越快,细胞总数是成人脑的 1 倍以上。与感觉皮质相比,运动皮质的中央前回先发生,中央前回的上肢运动区又最先发生,感觉皮质的中央后回后发生。初级视皮质在出生时已成熟,但视觉联络皮质尚在发育中,听觉中枢比视觉中枢发生得更晚些。皮质的内-外侧化在出生时已经开始,但背-腹侧化是在出生后才开始发生。

二、出生后脑的发育

出生后脑的发育是指新生儿到青春期脑的成长和成熟过程。婴幼儿出生时脑重已经达到成人脑重的 25%,大脑皮质出现六层结构,沟回还不明显,树突短小。脑细胞的数目和成人相同,但细胞较小,突触尚未完全形成。六七个月龄的婴儿脑重达到成人脑重的 50%,脑细胞分化,生成新突触。3 岁儿童脑重约为成人脑重的 75%,脑的各部分大小和比例已经类似成人大脑,细胞构筑和层次分化已基本完成,大多数沟回都已出现,脑岛已被临近脑叶掩盖,并形成白质与灰质的明显分界。脑细胞之间的突触总数在学龄前期迅速增长,6岁时脑的突触总数是成人的1.5倍,随后再筛选突触,淘汰1/3,逐渐达成人水平。

(一) 额叶皮质的发育

额叶皮质在人类进化过程中得到很大发展,尤其是前额叶皮质,恒河猴前额叶只占全脑新皮质的8.5%,人类前额叶皮质占全脑皮质的29%。儿童脑重的增加是神经细胞结构复杂化和神经纤维分支增多的结果。脑结构复杂化主要表现在神经细胞体积增大,大脑皮质的沟回加深,神经细胞突触的数量和轴突长度增加。儿童期大脑和神经系统的发育较身体其他部位的发育更快,此时大脑迅速变化,某些脑区域成分在短期内可以在数量上翻倍,结构重组,体积增长。以上变化主要是因为髓鞘化和树突数量及大小的增加,脑细胞的数量不变。

1. 大脑额叶功能的口-尾梯度

额叶皮质在一系列高级认知功能中具有重要作用,包括规划、决策、抽象或概括外部事物之间的关系等。认知控制或面向目标的思维及动作调节,是额叶皮质的重要功能之一,存在着口-尾或前-后的信息加工梯度。换言之,前面的前额叶皮质指导着靠后的额叶皮质,实施抽象或概括目标的执行功能。

2. 额叶的背侧通路和腹侧通路

现在已知的额叶功能梯度至少有背外侧和腹外侧维度,简称为背侧通路和腹侧通路。背侧通路直接参与面向目标的动作规划和执行,腹侧通路负责规划和执行中前后环节关联信息的加工。人脑无创性功能成像的研究,特别是它的结构方程模型研究所得到的数据,有力地支持了脑额叶功能维度理论。

3. 额下回的发育

额叶皮质在人类的许多社会交流和社会活动功能中具有重要作用,特别是额下回,在语言和言语活动中具有重要作用,包括语言感知加工中的语义和句法加工以及言语的产出。额下回也参与镜像神经元系统的活动。镜像神经元系统最初是在灵长类动物的脑研究中发现的,当它们理解同类其他个体所做的动作含义时,这类镜像神经元就兴奋起来,神经元发放神经冲动的频率增加。当然,个体自身模仿对方的样子做同样动作时,这类神经元也会发放神经冲动。

人脑额叶的发育有着自身的分子生物学基础,接触蛋白相关蛋白2的编码基因的信使核糖核酸(CNTNAP2 mRNA)在婴幼儿脑发育过程中的额叶和颞叶内,以及成年人脑的额叶皮质和纹状体回路中,含量都很高;但在啮齿类动物的前脑皮质中却没有这么高的含量,足以证明这类信息分子及其在前额叶皮质的高含量,与人类高级认知功能密切相关。有证据表明,自闭症包含语言障碍和镜像神经元系统的功能障碍者,CNTNAP2 mRNA含量低。

（二）脑白质的发育

皮质传导通路髓鞘化,最终使神经兴奋的传导更加精确、迅速。髓鞘化的发育依次为感觉通路髓鞘化、运动通路髓鞘化,以及与智力活动有关的额、颞、顶叶间纤维髓鞘化。婴儿出生时,大脑细胞轴突基本开始髓鞘化,但大部分其他神经轴突还未完成髓鞘化。6月龄至7月龄的婴儿脑,基本感觉通路已完成髓鞘化。大约6岁时,神经纤维深入各个皮质,逐渐完成纤维髓鞘化。但额叶皮质的神经纤维髓鞘化,直到30多岁才能全部完成。

（三）六维超立体的人脑

三维立体的动物脑在皮质化发展中,首先将新功能从皮质的枕顶部向额侧部发展,但由于大脑半球皮质的表面积有限,额叶难以承接,于是通过多次折叠,形成了新功能的内-外侧化和背-腹侧化的发展策略。最终形成了六维超立体的人脑:左-右侧化、头侧化、皮质化、额侧化、内-外侧化和背-腹侧化。后三项是从非人灵长类动物到人类脑发展的维度。

1. 额侧化

在动物进化中,前额叶皮质迅速增大,猫脑的前额叶只占全脑的3.5%,狗占7%,恒河猴占8.5%,大猩猩占11.5%,类人猿占17%,人类占29%。从这个增长的数据中可以看出,人类的前额叶皮质得到了前所未有的发展。

2. 内-外侧化

对机体内、外环境的分析是高等动物复杂行为的发生前提,大脑在执行这类功能时逐渐形成了内-外侧空间维度。大脑两半球贴近的内侧面和基底面的皮质常称为边缘皮质,负责机体内环境的协调功能;大脑两半球的背外侧面,实现外环境的协调功能。

3. 背-腹侧化

高等灵长类动物已经在后头部的脑结构中,开始了背-腹侧化的发展。在猴的视知觉网络中,腹侧通路负责对物体的识别,背侧通路负责对物体空间定位的知觉。

实际上,额侧化、内-外侧化和背-腹侧化维度与皮质化维度是相随而行的,也是皮质化的表现形式,只是到了灵长类动物以后才得到充分的表达。

（四）脑在发生和发育中对能量代谢的特殊需求

成人的脑重约占体重的2%,但消耗的葡萄糖却占了总数的20%。与成人相比,婴儿期脑发育的耗氧量和葡萄糖的消耗量占全身耗氧量和葡萄糖总量的60%。轴突髓鞘化过程需要合成大量脂肪和蛋白质,这是消耗大量葡萄糖的主要原因。在脑的发生和发育中有两个特殊时期,是其他器官所没有的。在胚胎6个月时,脑细胞增殖达到顶峰,脑细胞数是成人的2倍。随后的2~3个月内,淘汰一半,保留功能良好者。可见,在脑的发生和发育中投入的营养代价是很大的。在出生时这些被保留下来的细胞和成年人脑细胞相比,虽然数量相等,但树突棘很少,还没有与其他细胞形成突触。童年期大脑和神经系统较身体的其他部位发展更快。此时大脑迅速变化,某些脑区成分在短期内可以在数量上翻倍,结构继续重组、体积继续增长,主要是因为髓鞘化和树突数量及大小的增加,大约6岁时,髓鞘化全部完成。大脑额叶部位的增长速度最快,这个部位主要与语言和智力发展有关,研究表明额叶是大脑皮质中最晚成熟的部位。直到6周岁之前,脑内的突触总数逐年增加,6周岁时突触总数已是成年人的1.5倍,然后从6～20岁,逐年淘汰一些用处不大的突触。所以儿童和青少年的脑在发育中,所需能量和营养是很多的。儿童和青少年之所以喜欢吃糖,是因为糖类易吸收,易为脑利用。但需注意,甜食是远远不够的,必须给予丰富的优质蛋白质。

三、青少年和成年人脑的性别差异

在青少年和成年人的脑中,男、女性别的差异不仅体现在全脑的容积上,更明显的差异体现在脑结构和功能上。

(一) 性别差异的相关脑结构

作为性行为中枢和生育功能中枢的下丘脑,其神经细胞上含有密集的类固醇受体蛋白,包括雌激素、雄激素和前列腺素受体。与下丘脑有神经联系的脑结构,例如,杏仁核、终纹床核、孤束核和束旁核,也会有较密集的某一种类固醇受体。此外,基底神经节、海马和小脑也会有较多的类固醇受体。类固醇对大脑皮质功能的影响是通过直接和间接两种方式实现的。脑内的多巴胺能神经元(集中存在于中脑)对类固醇的活动最敏感,中脑缝际核内的5-羟色胺能神经元,也含有类固醇受体。多巴胺能神经元和5-羟色胺能神经元大量弥散地投射到大脑皮质的广大区域内。因而,中介于两类神经投射,大脑皮质的神经元也含有类固醇受体。所以类固醇对大脑皮质的发育也有重大影响,特别是对额叶、运动区、躯体感觉区、后顶叶皮质、无颗粒岛叶皮质和旁海马区皮质的影响更为明显。关于大脑皮质的作用问题目前正在研究之中,人们利用免疫组织化学和原位杂交技术,对不同脑区、不同神经元类型以及类固醇在这些细胞结构上的定位问题,进行着系统研究。成年女性脑的眶额皮质、额区和内侧旁边缘皮质较为发达,尤其是内侧额区、下丘脑、杏仁核和角回均比男性所占的比例大。

有研究者对8～15岁的男孩和女孩各46名,进行磁共振脑容积成像研究,发现女孩的两侧海马、右侧纹状体较大;男孩杏仁核较大。血液分析发现这组被试中年龄较大的男孩血清睾丸激素含量较高,而总含量则没有差异。通过回归分析发现,无论男孩还是女孩,雄激素含量高的,其脑内杏仁核灰质密度较高;雄激素含量较多的女孩,脑内海马也较大。回归分析表明,雄激素含量正比于男孩右侧间脑的灰质密度,反比于顶叶灰质容积;雌激素正比于女孩的旁海马回灰质密度。这些结果说明,在儿童期的脑发育过程中,激素仍然发挥着对脑的组织化作用。

尸检研究也发现男、女大脑皮质的细胞构筑存在差异。女性大脑皮质颗粒细胞密度较高;男性大脑皮质细胞总数多于女性,突触密度也多于女性。儿童脑细胞构筑的性别差异数据不足,所以儿童大脑皮质的数据主要来自脑成像技术。一些研究发现,女童大脑皮质较厚,较明显的是左额上回和额下回;男童左后颞叶皮质较厚。但另一些研究表明,当把年龄、全脑容积和灰质总容积匹配的男、女两组各 18 人进行对比后,发现女性的右侧额叶、颞叶和顶叶的皮质较厚。男、女童脑发育的轨迹是不同的,从 1989 年到 2007 年间,对 387 名儿童进行 829 次脑成像扫描(间隔 2 年扫描一次),对结果进行比较时发现,脑的大小随年龄的增加呈倒 U 形变化,女童的峰值在 10.5 岁,男童的峰值在 14.5 岁,女童早于男童。白质的容积无论男、女都持续增加,直到 27 岁。另一项研究发现,男性的侧脑室大于女性,而女性的胼胝体相对较大。18~21 岁男性的海马明显增大,但此年龄段女性脑的海马却没有增长,可能女性的海马在此之前已经增大了。

(二) 大脑白质的性别差异

磁共振成像技术提供了测量脑结构中白质和灰质比例的方法,结果表明,男性脑白质(主要是胼胝体)和灰质比例明显小于女性。动物的两性比较研究也发现,雄性脑体积大于雌性,但白质量小于雌性。男性脑神经元数量较多(灰质),神经元排列致密,细胞间短距离纤维联系较多,两半球间长距离纤维(胼胝体)较少。生理功能研究发现,女性脑执行语言作业时两半球双侧激活。脑磁图研究发现额叶和顶叶在执行认知作业中发生锁相性变化,证明两个脑叶间发生长距离的功能联系。

Baron-Cohen(2002)提出的理论对儿童自闭症的解释具有较大的代表性,认为自闭症的脑是极端男性化的脑(extreme male brain, EMB)。EMB 理论认为自闭症的脑在 E-S 人格维度上处于极端的 S 端,而 E 端发育不良。成年以后的人格心理测验,得到较高的系统化商(SQ),情感再认测验所得的 EQ 很低。通过磁共振成像技术,可以测量脑内短距离纤维和长距离纤维的比值,发现自闭症儿童短距离纤维较多。由于长距离纤维发育不足,难以从多个脑区之间聚合神经信息,导致移情品格发育不好。自闭症儿童的头颅及颅脑内的脑比同龄儿童的大;但其内囊和胼胝体的比例较小,18~35 月龄的自闭症儿童脑内杏仁核的体积异常大,直到少年期之前杏仁核才不再增大。胚胎期和新生儿早期雄激素,包括前列腺素,对脑的发育占主导作用。这些脂肪性结构的雄性激素分子,可以透过血脑屏障和脑细胞膜,在细胞质内与受体结合,然后进入细胞核促进脱氧核糖核酸转录,并中介脑内的神经营养因子,使神经元树突生长较多的棘突,有利于短距离纤维联系的形成。如图 9-1 所示(见书后彩插),白色的深层纤维明显少于浅层白质纤维。从脑的功能上,图 9-2 可见(见书后彩插)当正常儿童观察手指运动的图片时大脑皮质运动区等不少部位出现激活区;而自闭症儿童则没有激活区的出现,特别是没有镜像细胞的活动。

(三) 脑认知功能的性别差异

男、女性别的差异始于胚胎第一周就出现的 Y 染色体性别决定区(SRY 基因),随后性激素的组织作用一直决定着脑形态和功能的性别特征。青少年和成年人的脑,男、女性别的差异体现在认知功能等许多方面。

男、女性发挥相同认知能力时,脑的激活水平不同。女性脑的激活水平低于男性,成年女性双侧半球激活水平相近,而男性大脑的激活是倾向于区域性的。男孩和女孩对生气的面孔给出相似的反应,而成年女性则比男性对生气面孔给出更强的反应。这可能和神经内分泌垂体肾上腺轴(HPA)功能的两性差异有关。女性对社会性人际交往不利环境的反应也强于男性。

男、女性脑的结构功能差异表现在人格 E-S 维度(即共情-系统性维度)上的差异,女性在 E 端(共情性一端),男性在 S 端(系统性一端)。

此外,重性抑郁症在青春期以前的男孩、女孩中的发病率均是 5%,而在青春期以后的女性中发病率增至 10%,男青年的发病率仍保持在 5% 的水平上。女性的这一变化可能是她们的 HPA 在青春期得到发育所致,而男性则因睾丸激素的分泌增多使 HPA 反应降低。精神分裂症在男性少年期发病率较高。

第二节 脑 的 衰 老

脑的衰老是指在人的毕生发展过程中,脑的结构和功能所发生的与脑发育过程相反的退行性变化过程,这一过程取决于程序性细胞凋亡基因的表达。

一、程序性细胞凋亡基因与神经退行性变化

神经退行性变化是生物体全身退行性变化的组成部分之一,退化(degeneration)的主要分子生物学基础是一种被称为程序性细胞凋亡基因(apoptosis DNA)的功能。这种基因控制生物体内的许多生物化学事件,导致细胞形态学变化,包括细胞内空泡、细胞膜皱缩、细胞核破碎、染色质凝聚和 DNA 破碎,最终导致细胞凋亡。8~14 岁儿童,每天有 200 亿~300 亿个细胞自然凋亡,成年人每天有 500 亿~700 亿个细胞凋亡。这些细胞的凋亡就像落叶一样是自然界新陈代谢的过程。与细胞坏死(necrosis)不同,每天机体又会通过有丝分裂(mitosis)生成新的细胞,所以细胞凋亡和细胞分裂是平衡的。

即使是儿童和年轻人,程序性细胞凋亡基因也每日每时地发生作用,调节体细胞分裂和细胞凋亡的关系。但是到中年以后,细胞凋亡的速度超过细胞分裂的速度,造成某些重要器官的萎缩和容积减少。从四五十岁起,大脑逐渐萎缩,50 岁时大脑平均质量为 1350 g,15 年以后可能只有 1200 g,大脑皮质沟裂变宽,50 岁以后大脑额叶每年缺失 0.55%,2 倍于脑其他区的退行性变化。50 岁以上的中老年人,神经退行性变化是不可避免的,但绝大多数中老年人的神经退行性变化并不会出现退行性疾病,这是由于机体的代偿作用,使继续生存的细胞发挥更大的生物学效应,代偿了凋亡的细胞。例如,60~70 岁的老年人脑细胞凋亡导致脑萎缩 10%,表现为 CT 影像中脑室增大,脑沟裂增宽,但并不一定会表现为智能衰退。相反,老年心理学研究表明,老年人的晶体智力不但不比年轻人差,而且在某些方面还优于年轻人。

伴随着脑结构的退行性变化,脑的血液供应减少了,80岁老人的脑血流量比青壮年时期降低了20%左右。由于脑血流量减少,脑内葡萄糖利用率降低,脑耗氧量也降低。总之,脑的能量代谢普遍降低。此外,与神经功能密切相关的某些脑内化学物质也发生了显著变化。参与细胞间神经冲动传递的一些活性物质,如单胺类的小分子物质和某些氨基酸与胆碱类物质,在不同脑区的浓度都有所降低。和这些活性物质合成与代谢有关的大分子物质,如各种酶,也有相应地减少。值得注意的是,与神经内分泌功能有关的脑内代谢过程,年老时发生显而易见的变化。进入老年期,人类失去了生殖功能,这就是脑与机体神经内分泌功能降低的表现。神经内分泌系统由五个环节构成,其中三个环节都位于脑内;所以,脑内的变化居于中心环节。

老年人运动功能的改变,主要是随意运动方面的变化,运动速度较慢,灵活性不佳。此外,锥体外系功能和平衡功能的改变也影响随意运动的速度,如帕金森病、亨廷顿病等,不但出现运动迟缓、步态不稳和奇异动作,还伴有精神活动的改变。

老年常见的平衡障碍有三种:摔跤、摇摆和步履不稳。摔跤常见于75岁以后,女性比男性更常见,多在缓慢安静走路时或从座位起立时摔倒,说明躯体重力分布变化时不能达到新的平衡状态。摇摆是在老人安静站立时发生的,它表明维持躯体姿势的肌肉在不断地进行精细调节,脑部有其他器质性损伤时摇摆会加重。步履不稳表现为在连续走步时,步子大小不匀。

平衡障碍的发生机制比较复杂,涉及多个系统,目前认为锥体细胞参与的肌肉抗引力作用发生退行性变化是最主要的,因为锥体细胞在年老过程中明显退化。此外,视觉、前庭觉的敏锐度下降,肌肉关节的感受器退化等多方面因素也造成了平衡障碍。

在脑结构和某些物质改变的基础上,脑的生理功能也发生了复杂变化。使用传统方法描记的脑电波,波幅和频率都趋于降低。这似乎与脑血供应和脑能量代谢降低是一致的。20世纪70年代以来,被誉为"脑功能之窗"的平均诱发电位研究,发现这类脑电反应的晚成分随年老过程发生较明显改变,而早成分变化不大。前者表明脑中枢的功能在年老过程中发生了一定的变化,后者表明感觉传入功能改变不大。由此可见,电生理学的研究发现与心理学研究结果并不完全吻合。从心理学研究的事实来看,年老过程中,感知和运动功能发生了显著改变,而高级心理过程未发生显著变化。由此进一步说明,脑结构和生理功能的退行性变化,与心理活动的改变并不完全是一回事。

二、老年期神经退行性疾病

老年期发生退行性变化是普遍的生物学规律,但并不一定会达到退行性疾病的状态,下面介绍的仅为退行性疾病状态。

(一)老年退行性痴呆

老年退行性痴呆是由于脑的退行性变化而出现的严重智能障碍。痴呆是精神医学的诊断术语,退行性痴呆虽然与年老过程脑的退行性变化有关,但这种脑的退行性变化并不必然与年老有关。有些患者年仅 20 岁,就过早衰老,出现了退行性痴呆症状。老年退行性痴呆中的代表性疾病就是阿尔茨海默病,此外还有皮克病等。

这两种病都是脑退行性变化的结果,这种变化虽然与年老过程有关,但未必都发生在老年期。个别报道年仅几岁的儿童也会发生脑退行性病变,出现早老性痴呆。那么,什么是脑的退行性变化呢?脑细胞内逐渐出现蛋白质淀粉样变性,以致形成许多斑块,称为神经炎性斑块;神经原纤维逐渐弯曲缠结。这是判断退行性变化的两个重要病理学基础。此外,脑萎缩、沟裂增宽等是一般年老过程的共同变化,并不是此病的突出特征。

1907 年,阿尔茨海默医生报道的一位 51 岁女病人,以进行性记忆衰退为最初的突出症状,并偶见被害妄想,持续 2~4 年后病情加重,完全丧失时间、空间和人物定向能力;三维立体结构的失认症、手和嘴的失用症、失语症等逐渐出现,继而出现人格和行为紊乱,不知秽洁,饮食无度,最后大小便不能自理,卧床不起直至死亡,总病程 7~10 年之久。阿尔茨海默病患者的尸检结果表明:神经炎性斑块和神经原纤维缠结主要发生在海马、大脑皮质,尤以顶、颞叶为甚。皮克病的病理变化在额叶更为显著。

20 世纪 80 年代以后,利用分子生物学的遗传基因分析技术,对病人脑细胞内神经炎性斑块做了细致分析,从淀粉样变性蛋白质中,分离出 β-淀粉样蛋白 42 肽(Aβ42),即 42 肽链在 β 位发生淀粉样变化的病理性产物,在每克脑组织中,其含量大于 3 nmol/g,即可确诊阿尔兹茨海默病。其含量高达 10 nmol/g,即可导致死亡。Aβ42 是从一种跨膜蛋白 APP695 生成的,后者是由 695 个氨基酸残基组成的蛋白分子,分子大部分游离在细胞膜外,膜内只有少部分。细胞膜外游离的 APP695 分子对年老过程的一些不良因素十分敏感,这些不良因素使 APP695 分子结构变型,造成膜内部分脱落而生成 Aβ42,成为导致神经细胞蛋白质淀粉样变性的前奏。APP695 是怎样形成的,与遗传基因又有何关系呢?研究表明,人的第 21 对染色体负载着合成 APP770 蛋白的密码,经 mRNA 翻译合成 APP770,经过两次剪切形成了 APP695。阿尔茨海默病患者的第 21 对染色体与正常人的二倍体不同,而是三倍体。染色体的异常使 DNA 信息向 mRNA 转录时,缺少一种合成抑制性蛋白酶的密码,因而造成 APP695 是正常人的 2~3 倍。在这种脑代谢异常的背景上,又有不良的年老因素,就会引起 APP695 变构脱落出大量 Aβ42 多肽,导致脑细胞内蛋白质淀粉样变性和神经原纤维缠结。血液中放射性同位素标记的淀粉样变性配体,经 PET 脑成像研究发现,阿尔茨海默病患者顶叶和额叶皮质,特别是后扣带回皮质淀粉样变性的 Aβ42 含量显著增高。近年研究发现,Aβ42 随老化过程在脑内含量有所增高,但正常老年人脑内存在清除机制。由于早老基因(presenilin 1 或 2)的突变,或由于其他因素,如免疫力下降或感染,引起 Aβ42 清除机制受损,就会造成 Aβ42 累积。特别是在边缘皮质和联络皮质的积累,导致细胞间突触传递效能降低,对短时记忆功能发生明显的影响。这种轻度认知障碍(mild cognitive disorders,MCD)的变化可持续多年。Aβ42 进一步累积,才会形成神经炎性斑块。因此,短时记忆为主的 MCD 是淀粉样变性产生神经炎性斑块的先兆。如果在这一阶段发现病人的其他病理变化，包括海马的明显萎缩和载脂蛋白 ApoE4 的免疫反应阳性，应采取早期预防措施：增强免疫力、抗炎治疗和功能训练等，有可能延缓神经炎性斑块的形成。如果在做出阿尔茨海默病临床诊断之前 1 年采取这些干预措施，就可以延缓 10%～15%神经炎性斑块产生的进程，临床诊断之前 3 年干预，可延缓 50%的进程，可使遗传基因突变而注定发病的病程推迟 5～10 年出现，这对病人及其家人也十分有益。然而，目前关于阿尔茨海默病对短时记忆的哪类记忆特性或工作记忆哪一环节影响最大的研究报道却很少。

脑意外（brain failure）一词是指脑动脉硬化造成脑血管障碍所发生的脑病变，在痴呆症状方面类似于阿尔茨海默病。此外，几十年前所使用的早老性痴呆一词，在脑病理学上也认为是阿尔茨海默病或笼统地称为"老年性痴呆"。事实上，在老年期的痴呆症状中，有 50%～70%的病例是阿尔茨海默病，15%～20%是血管疾病或其他已知病源造成的。在死亡率方面，80%的老年精神病人和 70%的动脉硬化性精神病人，多次发病，在两年内死亡；60 岁以上的器质性痴呆病人中，50%在两年内死亡。但是阿尔茨海默病患者，在确诊后仍能活 4～5 年的 65 岁以上病人中，女性平均可存活 6.17 年，男性平均可存活 4.09 年。

在临床诊断方面，神经心理测验作为一种辅助检查手段，并不能对老年退行性痴呆的病源问题提供任何帮助，只能确定或估量症状是否存在及其程度。因而它要对智能的五个方面进行全面测验：注意、语言、记忆、空间视觉能力和抽象认识能力。此外，这一测验手段允许在正常老年人与患病老年人之间进行对比。对老年人的心理测验必须尽可能简便易行，因为老年人容易疲劳和注意力涣散。

简易智能精神状态检查量表（Mini-Mental State Examination）非常适合对老人进行全面和多次重复的检查。它由 30 个简单问题组成：包括定向力 13 个问题，注意和计算 5 个问题，回忆 3 个问题，语言接受和表达能力 9 个问题。每对一题得 1 分，满分为 30 分，少于 20 分者疑为痴呆。

韦氏成人智力量表（WAIS-RC）中的某些分测验，如词汇和类同分测验可以检查老年人的语言概括能力和记忆功能，数字广度分测验能检查视觉空间能力、知觉运动速度和记忆功能，木块图测验可以检查视觉空间能力和问题解决能力。这类测验中，必须注意老年被试的教育和职业背景，因为它可能影响某些分测验的成绩，如词汇和相似性测验等。正常老年人的回答速度可能很慢，痴呆者则可能无法理解问题，不能完成数字符号替代关系的测验。

短时记忆和长时记忆及其相互传递过程改变是老年人最突出和常见的功能变化，有很多方法可以进行这方面的测验。例如，让被试学习和记住 5～10 对联想强度不同的词汇。一般有记忆障碍的人对于生活中形成的老的词汇或过度学习获得的词汇易于保存下来，对于新形成的联想词汇较难记住。痴呆病人不能学会 5 对和 5 对以上词汇的联想。也可以让被试学习和记住 10 个通常采购的日用品的名字,痴呆病人一般不能记住 5 个以上的品名,经常只能记住最后一个,甚至臆造出新的品名(实验中未提过的品名)。此外,让被试看不同的简单几何图形,如三角形、圆形、方形等,10 s 呈现一个,并令其画出此图形。复杂的图形可令其临摹,或采用多项选择的方法。这样就可以测出非语言的短时记忆能力。痴呆病人很少能正确完成 3 项以上。记忆错误或搞混,常常是脑器质性病人出现的症状。上述一些简单测验,对于正常人和普通老年人来讲都比较容易,但痴呆病人却很少能完成。除了完成项目的数量差别外,有些特殊性质的反应,对确定诊断也有重要参考价值。如在精神状态检查时,出现的词干扰现象,即在检查中前一项测验的词语反复出现在被试后面的回答之中,与病人大脑皮质乙酰胆碱转换酶含量降低和大量皮质老年斑有关。痴呆病人常出现的另一类特殊反应,是对语词成对回忆中的某些词有优势反应或易搞混,而在语词自由联想测验时,很难再现第一个词。这些特殊反应是病理性记忆障碍的标志,完全不同于正常年老过程的记忆减退现象。

此外,在检查中对于不同指导语和为了改善操作,主试新给予的启发,正常老人都很容易理解和努力改善或完成项目;但对痴呆病人,无论主试重复多少次指导语和提供启示,都无济于事。

阿尔茨海默病在神经心理测验中的体现可分为三种类型。第一种,各项测验或一部分项目的测验分数低于常模,并且病人在日常生活方面也有显著的功能缺失。测验只不过能帮助证实存在着全面性心理功能障碍。第二种,学习、近事记忆和视觉空间功能的某些丧失,并伴有中度至重度的学习和近事记忆障碍,以及轻度的语言和抽象概括方面的障碍;远事记忆、口头和书面语言能力不受影响,未发现障碍。第三种,一部分病人心理测验的分数下降,严格限于学习和近事记忆,其他认知方面的变化与正常老年人相似。如果病史和检查均排除其他特殊疾病引起的遗忘症,则根据心理测验的这一结果,仍可将病人诊断为阿尔茨海默病,但这必须要随访 3~6 个月以后才能最后确诊。

(二) 帕金森病

帕金森病的临床特点是肌肉僵直和运动迟缓,在此基础上出现静止性震颤、姿势步态障碍、自主神经功能紊乱和痴呆。在老年帕金森病中,特别是 70 岁以后发病者静止性震颤不明显,或完全没有。姿势步态障碍、自主神经功能紊乱和痴呆则是老年帕金森病的常见症状。老年帕金森病的发病率是 2%,而 50 岁以下的发病率为每 10 万人中有 8 人患病。老年帕金森病多为双侧对称性姿势改变,肌张力和运动缓慢是最早出现的症状,甚至会被误认为是风湿病;姿势紧张度下降、尿失禁和便失禁是老人自主神经功能低下的表现。

帕金森病是由基底神经节内多巴胺能末梢内多巴胺含量显著降低引起的。这是由于黑质色素细胞损失 75%,使多巴胺减少而造成的。在纹状体内多巴胺末梢的突触后受体感受性并未发生变化,故外源性多巴类制剂如多巴胺的前体可以起到治疗作用。

多巴胺受体在纹状体内位于乙酰胆碱的中间神经元上,当多巴胺减少时,神经元上的乙酰胆碱与之平衡性失调,故使胆碱能亢进出现运动过度。所以帕金森病一方面可以用外源性左旋多巴治疗;另一方面也可用抗胆碱类药物治疗,两者均可使失去的平衡得以恢复。

20 世纪 80~90 年代脑移植手术治疗帕金森病曾风行一时,最初将人工流产胎儿脑的黑质神经细胞移植到病人中脑黑质中。随后由于伦理道德问题以及移植后的排斥问题改用病人自身肾上腺嗜铬细胞移植到中脑黑质。这种手术移植的治疗效果较好,但持续时间不理想,0.5~2 年内复发,使这一治疗方法冷落下来。2009 年 2 月在 *Nature* 杂志上发表了一篇令人兴奋的短评,对当年进行过胎儿脑黑质细胞移植的老人尸检中发现,15 年以前移植的细胞仍在老人死前的脑内存活着,并且老年退行性变化的颗粒也出现在这个只有 15 岁龄的移植的细胞中。

(三) 亨廷顿病

亨廷顿病可发生于 60~80 岁,伴有对称性运动障碍,发病缓慢。而急性发病者多为脑血管及基底神经节病变引起的。亨廷顿病主要表现为不自主的面部奇特表情,类似马戏团小丑,也有上肢和肩部自发性怪异运动。这些难以自己控制的运动改变,给人以怪癖行为的印象。

亨廷顿病是由于基底神经节多巴胺末梢活动性增强的结果,可能是由于基底神经节的 γ-氨基丁酸对黑质抑制作用较低的结果。去甲肾上腺素和乙酰胆碱系统也发生变化。治疗采用多巴胺抑制剂,如甲基酪氨酸,抑制酪氨酸羟化酶活性从而使多巴胺合成减少。

(四) 运动神经元的退行性病变

运动神经元病是选择性侵犯上、下运动神经元而引起脊髓前角细胞、下位脑干运动神经核及大脑运动皮质锥体细胞或锥体束进行性变性的一组疾病。

常见的四种类型:

(1) 肌萎缩侧索硬化:最常见,常在 40~50 岁发病,男性多于女性。多数患者起病缓慢,常从手部开始,无力和动作不灵活、手小肌萎缩;然后向前臂、上臂和肩胛带发展,由一侧上肢发展到另一侧。萎缩肌肉有明显的肌束颤动、吞咽困难、发音含糊,晚期可出现抬头困难、呼吸困难。最后常因呼吸麻痹或并发肺部感染而死亡。病程自 1 年半至 10 年以上不等。

(2) 进行性脊髓肌萎缩症:病变仅限于脊髓前角细胞,而且影响上运动神经元。按其发病年龄、病变部位又可分为三类。

① 成年型(远端型)进行性脊髓肌萎缩:多数起病于中年,常见于男性,从上肢远端开始,为一只手或两手无力、肌萎缩,渐向前臂、上臂、肩带肌发展。

② 少年型(近端型)进行性脊髓肌萎缩:可有家族史,为常染色体隐性或显性遗传,多数在青少年或儿童期发病,症状为骨盆带与下肢近端肌无力与肌萎缩,行走时步态摇

摆不稳,站立时腹部前凸。

③ 婴儿型进行性脊髓肌萎缩:多为常染色体隐性遗传疾病,在母体内或出生后一年内发病。临床表现为躯干与四肢肌肉的无力与萎缩。在母体内发病者母亲可感到胎动减少或消失,出生后患儿哭声微弱、发绀明显。

(3) 进行性延髓麻痹:多在中年后起病,出现声音嘶哑、说话不清、吞咽困难、唾液外流,进食或饮水时发生呛咳、咳嗽无力,痰液不易外流等症状。

(4) 原发性侧索硬化:患者以男性居多,临床症状表现为缓慢进展的双下肢或四肢无力、剪刀样步态。

第三节 心理发展

发展心理学是心理学基础理论体系中的分支学科之一,认为人的心理发展是一个毕生发展过程。本节将其分为三个阶段简要加以介绍,即儿童期的心理发展、成年期的心理发展和老年期的心理发展。

一、儿童期的心理发展

发展心理学通常将这一时期的心理发展分为:婴幼儿期、学龄前期、学龄期和青春期(青年期)。以下简要介绍婴幼儿期和学龄期儿童的心理发展,以便和第10章基础教育中的认知神经科学问题相呼应。

(一) 婴幼儿期的心理发展

尽管新生儿的脑重仅是成年人的1/4,但脑内神经元的数量却与成年人大体相同。胎儿出生以后神经元的数量不再增多,脑的发育表现在神经元的体积增大,轴突和树突增长、分支增多,纤维髓鞘化,突触不断增多、扩大。脑的发育并非匀速,胚胎时期和婴幼儿时期是脑发育的两个重要敏感阶段。在此期间,生活环境、营养条件对脑的发育有重要作用。视觉发育研究表明,猫出生前视觉系统的基本结构虽已形成,但视皮质内的左、右眼优势柱却是在出生后形成的。出生后轴突延伸,消除和修饰错误突触,迅速形成相同排列的左、右眼优势柱。如果将新生猫的眼睑缝合剥夺其视觉,结果发现,仅7天就可改变优势柱的形成。所以说视觉功能柱,特别是眼优势柱是出生后早期形成的。精神分裂症形态学研究也表明,患者脑内病理性变化发生在胚胎期或发育成熟前的婴幼儿时期。婴幼儿脑发育障碍是造成智力发育迟滞,甚至智力缺陷的重要原因之一。

1. 动作发展和动作发展训练

婴儿的动作发展为心理发展创造了重要条件。从发展心理学角度,将婴儿的动作发展分为大动作发展和精细动作发展两个部分。大动作指行走、跑、跳等全身性动作,精细动作则主要指婴儿手部的动作。其中有重要意义的是手的抓握动作和独立行走,前者为婴儿的认知发展提供了前提,后者则为婴儿扩大活动范围创造了条件。婴儿动作发展遵循以下三个规律:由头到脚、由近及远和由大至小。也就是说婴儿动作的发展是先头后脚,先躯干后四肢,先大动作后精细动作。

在进行婴幼儿动作训练的时候,要考虑婴幼儿的年龄。根据各个年龄阶段动作能力的发展状况,确定训练方法。0～2岁时,应重点训练前外侧触觉和抗重力大肌肉群,具体训练项目可包括:使用不同质地的触觉刺激,接触孩子的皮肤;按摩婴幼儿的牙龈、牙齿等,进行口腔刺激;对于还不会爬的孩子,应先维持其四肢支撑身体的姿势;对于可爬行的孩子,进行爬行训练并逐渐适量增加爬行时间。2～4岁的幼儿,重点训练粗大动作的发展,这一阶段的具体训练可鼓励孩子不用视觉,单靠触摸来辨别物体,并提供多种质感的玩具,还要鼓励孩子做一些简单的跳跃、平衡运动。

2. 感知觉发展

婴幼儿的感知觉发展主要有视觉、味觉、听觉、嗅觉、触觉、统觉和知觉七个方面的发展。

(1) 视觉。

婴儿出生时已有光觉反应,强光照射闭目,但眼的运动尚不协调,有一时性的斜视或轻度眼球震颤,这种情况一般在出生后3～4周消失。出生后第二个月有颜色辨别能力,并能协调地注视物体。3个月时眼睛可追寻活动的玩具或人。4～5个月的婴儿能够认识母亲,看见奶瓶、玩具等刺激物表示出明显的喜悦。视觉与整个心理发育有极大的关系,为了发展婴儿的视觉,可在床上方距婴儿胸部50 cm左右的地方,吊一些色彩鲜艳、体积较大的玩具,或让玩具发出声音,以吸引孩子的兴趣和注意力,刺激孩子视觉功能的成熟,使婴儿对鲜艳的色彩有较强的捕捉力。

(2) 味觉。

新生儿出生后数天味觉就相当灵敏,对各种不同味道的食物有不同反应。到婴儿期,对味觉的反应就更为灵敏,这时可以给予一定的刺激,促进味觉的发展。如用筷子在饭菜上蘸一下,让孩子品尝一下味道,可有效地激发新生儿味觉的发育。

(3) 听觉。

婴儿出生时由于中耳鼓室未充盈空气并有部分羊水潴留,妨碍声音的传导,故听觉不太灵敏,但对强大的声音可有瞬目、震颤等反应。但到2周时便可集中听力,如出现声音刺激,头或眼睛会转向声音的方向。6个月时对母亲语音有反应,约8个月能区别语音的意义。

(4) 嗅觉。

婴儿嗅觉发育较差,1个月后才能闻到强烈的气味,7～8个月嗅觉发育完善,出生后第二年才能识别各种气味。

(5) 触觉。

新生儿的触觉在某些部位已发育得很好,如眼、手掌、足底等处。7个月时的婴儿触觉有定位能力,即当刺激皮肤某点处,手已可准确地抚摸被刺激的地方。

(6) 统觉。

婴儿出生6个月后,父母就应该注意发展婴儿的视觉、听觉、触觉的协调性,通过良好的外界信息刺激,促进婴儿智力的早期开发,使孩子的身心得到健康的发展。

(7) 知觉。

婴幼儿知觉发展包括空间知觉、图形知觉和时间知觉。空间知觉发展的特点是,先学会分辨上下,然后学会分辨前后,最后才学会分辨左右。不同方位分辨的难易也有差别,即分辨上下比分辨前后容易,分辨前后比分辨左右容易。幼儿的空间方位辨别是从以自身为中心过渡到以其他客体为中心的空间方位辨别。成人在动作示范的时候,特别是左右示范,往往需要以幼儿为中心的方位进行。图形知觉和时间知觉都是在逐步的心理发育过程中渐渐习得的,家长在这段时间内可以通过一定方式教导婴幼儿,帮助发展图形知觉和时间知觉。

3. 语言的发展

婴儿的语言发育时间在一周岁前后,每月大概掌握1个到3个新词汇,1.5岁前后掌握的词汇量剧增,进入语言爆发期。这段时间也是婴儿掌握语法的敏感时期。幼儿阶段(3~6岁)是人一生中词汇增长最快的时期,这时家长应给幼儿适当的词汇学习和词汇使用的机会,并让孩子多进行讲简单故事的练习等,这也有利于幼儿抽象思维的初步形成,提高幼儿的语言表达和理解能力。这个阶段幼儿的语法发展趋势有三个特点:从简单句到复杂句,从陈述句到多种句型,从无修饰句到修饰句。在语言表达方面,3岁前的孩子主要以问答形式的对话为主。如"你是男孩还是女孩啊?""女孩。"到了幼儿期,孩子想到什么说什么,内容没有必然的联系,逻辑性较差,话语内容多和周围情景有关。

4. 心理理论能力的发展

心理理论是一种通过将观察和推理相结合,才能表现出来的人际交往的基础能力。观察外界环境、情境和他人的动作,可以猜测出他人的心态、意向,并预测对方下一步行为的能力,是社会行为的最基本的特征。4岁左右的儿童发展出这种能力,为日后发展人际交往能力打下了基础。心理理论能力的发展障碍是自闭症发生的心理病理学基础。

(二) 学龄儿童的心理发展

随着生活环境、人际关系和每天的任务发生较大的变化,学龄儿童付出的体力和精力都比幼儿期有了很大不同,一般智力和情绪智力的发展成为促进脑和身体进一步发育的动力之一。小学儿童心理发展的一般特征主要是协调性和过渡性。这个时期的孩子踏入了一个新的生活环境——学校,为其一般智力和情绪智力的发展提供了客观条件,所以学龄期是孩子智商和情商发展的较敏感的时期。

1. 智力发展

儿童的智力发展主要体现在:适应环境的能力、学习的能力、抽象思维和推理能力、问题解决和决策能力。这是由于进入小学学习生活，要求儿童具有主导活动的能力。小学学习不像幼儿园或其他非学校机构的培养，它具有社会性、目的性、系统性以及强制性。儿童在这里接受的知识是被系统化的以及带有强制性意味的。最初儿童主要对学习过程本身和外部活动更感兴趣。如语文课本上的插图、老师边游戏边教学的方式等。这个时期的儿童教育，老师应实施多样化的教学方式，尽量采取活泼、游戏性质较强的方法教授知识，这样比较容易吸引儿童的注意力。到了中高年级，儿童的学习兴趣就从表面化逐渐转向了课程内容本身，这时会逐渐出现偏科现象。小学期间，儿童的思维推理能力主要以具体形象思维为主，正在由具体形象思维向抽象逻辑思维过渡。正因为是过渡阶段，思维发展难免出现不平衡状态，有的儿童可能在语言表达上发展得较好，有的则可能在算术方面发展较好，这也是偏科现象出现的原因之一。推理能力方面，小学儿童逐渐掌握了直接推理，应以培养间接推理为主。

问题解决和决策能力的发展和培养在小学阶段主要还是以思维的敏捷性、灵活性以及独创性为主。培养思维敏捷性的常用方式就是培养运算思维，但是这也依赖于知识结构、技能等多方面条件，合理的教养方式可适当加快思维敏捷性的发展。在思维的灵活性上，老师适量出一些一题多解的题目，可以培养儿童的发散性思维、灵活解题能力以及提高综合分析的能力。独创性思维的发展在儿童四年级时达到一个转折点，这个时期的儿童首先对具体材料进行加工，如词汇材料的加工，之后模仿原材料进行半独立性过渡，最后进行独立创作。如老师先给一篇标准范文，要求儿童模仿标准范文进行写作，之后脱离标准范文框架进行独立写作。

2. 情绪智力的发展

（1）自我意识的发展。小学儿童和幼儿的最大区别，在于有了更为具体的自我意识。对小学儿童自我描述和自我评价的调查发现，小学儿童对自我的描述，先以外部特征为主，再向抽象心理品质的描述发展。具体外部特征描述在低年级较为突出，如姓名、年龄、性别等，而高年级儿童倾向于描述自己的性格、人际关系等。自我评价方面，低年级儿童顺从、笼统，是具体性描述过程。而高年级儿童则有一定的独立见解、对多方面优缺点进行评价，属于抽象性描述过程。但总体来说，这个时期的儿童对抽象性的和内心世界的评价并不多。值得注意的是，据观察发现自尊心强的儿童的自我评级总是很积极，而自尊心弱的儿童偏向自暴自弃。

（2）友谊观念和人际关系的发展在小学阶段得到了开发，由于心理发展和进入学校的缘故，儿童开始逐步形成和同伴的关系、和教师的关系。这些关系对儿童的成长有着举足轻重的作用。这个阶段，儿童和父母的相处时间不再像以往那么多，父母对儿童的关注减少了很多，关注的重心发生了很大变化，从幼儿时期生活和行为习惯逐渐扩展到交友、学习、处理师生关系问题上。同伴的交往在儿童的心理发展上有重要的意义，儿童开始建立稳定长久的友谊观念，与此同时，情绪智力得到了较快发展。家长和老师应及时给予正确的引导，帮助儿童更好的成长。

（3）小学儿童和老师的关系是重要的，儿童对家长的依恋转移到老师身上，老师的期望和态度对儿童的成长有很大的影响。心理学家做过一个著名的实验，对小学1～6年级学生进行智力测验，测验后从中随便选取了几个学生，告诉老师这些学生是天才。过了一段时间后，再对同一群学生实施心理测试，发现原先抽取出的几个学生成绩比原来都有了很显著的进步，低年级的学生尤其明显。这个实验说明了老师对儿童的发展期望确实起到了一定的作用。所以，在教学中老师尽量给予儿童关注，注意自己对儿童的态度对儿童的发展十分重要。

（4）心理理论模块。人类个体间相互交往的规则和预测他人行为意向的经验集成在镜像神经元网络中，形成心理理论模块，这是4岁儿童才具备的一种脑功能模块。直到成年期形成了个体的世界观、人生观、道德观、处事原则和家国情怀等。总之，正是因为有了心理理论模块，才使人类个体不同于动物。

二、成年期的心理发展与获得性遗传

这里说的成年期主要是指具有生殖能力的生命阶段，因为从生物学上考虑，这一阶段个体的生理和心理状态，对于下一代子女具有一定的表观遗传性。换言之，一个成年人的行为和生理心理状态所产生的后果，不仅是自己的事，有时会通过表观遗传影响下一代，特别是获得性人格特质，如酗酒、行为瘾、强迫或冲动行为等。下一代个体存在这类行为或心态的易感性素质。那么，什么是表观遗传呢？

（一）表观遗传

遗传学界已经达成共识，生命世代交替的遗传机制存在染色体内基因编码和非编码两种方式。早在70多年前，非编码的表观遗传学概念就已出现在遗传学和胚胎学的交叉研究领域；2010年以来，关于表观基因组（epigenome）的研究成果迅速扩展，得到普遍重视（Holliday，2012）。表观遗传是指除DNA之外的全部其他遗传方式，又称为非编码遗传机制，包括DNA甲基化和去甲基化，组蛋白修饰，微RNA（miRNA）或非编码RNA（ncRNA）的翻译后剪裁和修饰，染色质重塑，细胞多能性的维持，等等。这些分子生物学的术语可能很难理解，为此我们在这里做一通俗的解释，虽不很准确，但可能很容易理解。基因是由四种核苷酸按序排列所形成的，其中由四种碱基形成的遗传密码能传递遗传信息，且以必须翻译出来为前提。现在所说的表观遗传或非编码遗传机制，就是在基因密码翻译之后的环节上影响生物遗传的机制。DNA分子以双螺旋方式缠绕在组蛋白上，所以组蛋白修饰得不好，本来应该表面光滑，却凸起个"瘤子"。这个"瘤子"妨碍了DNA密码的读出，该基因虽然还在，但读不出来，失效了。除了组蛋白修饰，其他几项也可做类似的通俗理解。

表观遗传的形式不稳定，而基于DNA编码遗传机制很稳定；表观遗传易受环境因素的影响，而基于DNA编码遗传机制一般不受环境影响；表观遗传在正常条件下就可引出逆转录或重塑，而基于DNA编码遗传机制需通过有丝分裂和减数分裂对遗传信息进行不变性传递(Golbabapour et al.,2014)。因此,就人类生存环境对行为模式的影响而言,表观遗传机制可能更重要。例如,反社会人格者的脑结构和功能网络制约于早期生活经验,改变表观遗传标记,并在随后影响基因转录,影响脑结构、功能和行为模式(Anderson & Kiehl,2012)。社会文化氛围和童年期受到情感忽视等环境因素,在人格偏离中具有重要调节作用(Loth et al.,2011)。物质滥用涉及大脑的长期变化,导致强迫性物质渴求和高复发率。近些年的研究发现,染色体的表观遗传在毒瘾和行为瘾形成中具有重要作用(Nogueira et al.,2019)。

1. DNA 甲基化

DNA 分子在 DNA 甲基化酶(DNA methylase)的作用下,通常在其分子组成中的胞嘧啶上添加一个甲基,从而变成含有 5-甲基胞嘧啶的甲基化基因,失去表达遗传信息的活性,成为沉默基因或印记基因。有报道称,母源印记基因主要影响胎脑发育,父源印记基因主要影响成年脑内的大脑皮质(特别是内侧前额叶和下丘脑的发育)。双亲印记基因表达效应是 X 染色体相连的表观遗传(Gregg et al.,2010)。

2. 组蛋白修饰

组蛋白通过修饰实现对 DNA 表达的调控和特殊蛋白质修饰作用。组蛋白在不同残基上遭到多种类型翻译后修饰,主要有甲基化、磷酸化、乙酰化和泛素化。这些修饰影响着其作为染色质的标记、标志和书签的功能,及其分子生物物理特性(Wang et al.,2013)。甲基化常发生在组蛋白分子的赖氨酸残基(K9),可能有单甲基(me)、双甲基(me2)或三甲基(me3),例如,H3K9me2 或 H3K9me3。在果蝇的卵子生成、精子生成和生殖干细胞维持中,组蛋白甲基化酶都十分重要。而且甲基化组蛋白(H3K9)的去甲基化酶(JMJD1A)在精子生成和代谢的基因激活中具有重要作用,缺乏这种酶的小鼠发生雄性向雌性翻转,并且 JMJD1A 具有调节 SRY 基因(Y 染色体性别决定区)表达的作用,说明组蛋白甲基化这种表观遗传机制在哺乳动物的性别决定中具有重要作用。磷酸化经常发生在组蛋白的丝氨酸残基,即 H3S10ph,多发生在细胞有丝分裂过程中,与能量变化密切相关。乙酰化发生在主动转录区,例如,H3K14ac,可精细激活启动子。泛素化常发生在赖氨酸残基,特别是 H2AK119ub 和 H2BK120ub,H2A 的泛素化与染色体核小体及染色质的维持有关。

3. 非编码 RNA 对翻译后蛋白质的剪裁和修饰

通过非编码 RNA 对翻译后蛋白质进行剪裁和修饰。例如,近年发现在胎生或袋生哺乳动物中,非编码 RNA 在染色体失活机制中发挥辅助作用,以防止 DNA 甲基化过度。在减数分裂中的表观遗传调节具有性特异性,雌、雄种系差异的路径,需要 miRNA 作为其重要的转录后表观调节因子。

4. 染色质重塑和细胞多能性

染色质重塑和细胞多能性主要发生在胚胎期有丝分裂和减数分裂过程中,通过染色质中 DNA、组蛋白和 RNA 之间结构与功能关系,变换出新模式。在受精后数天内,单能性配子基因组被快速重新程序化,以便支持多能性胚胎细胞的生成。此时,染色质快速发生多层次变化,例如,核内转位成分(TEs)促进基因转录过程的洗牌,通过重新程序化,改变基因调节网络。

综上所述,外部环境,包括自然、社会、文化的影响,通过表观遗传和脑内的奖励-强化学习系统发挥作用,其分子生物学基础是神经信号和遗传信号的交流。神经内分泌系统、应激反应系统和免疫系统对两类信号的交流,都发挥精细调节作用,它们与表观基因组的关系及其重要性,还有待进一步发掘。

(二)表观遗传信号与神经信号的交流

遗传信号在生物物种内世代传递,维持种系的延续和稳定发展。遗传过程的分子生物学机制存在于细胞核与细胞质之间遗传密码的转录和翻译过程中,其与外部的信息交流靠表观遗传机制的辅助作用和与神经信号的交流。人的行为和生活经历都是遗传信号由社会、家庭、个人状况和情感经历等因素,通过脑内的奖励-强化学习系统,获得了某种行为模式。其发生作用的内在生物学机制或根源是遗传信号与神经信号的交流、脑内的奖励-强化学习系统和表观遗传机制的融合。人的每种行为和生活经历都是遗传信号和神经信号不断交流的过程,行为瘾的形成也不例外。神经信号和遗传信号的交流点,在分子水平上位于 DNA 的转录过程;在器官水平上,与意识和无意识行为相关的脑结构中实现层次性的交流。神经信号是由神经细胞接受外部刺激时所产生的神经冲动,并沿轴突(神经纤维)向神经末梢传递。神经末梢释放神经递质,通过突触间隙与突触后膜上的受体结合,激发细胞内信号转导系统,从而导致蛋白激酶释放其含高能键的激活亚基进入细胞核,激活核内的基因调节蛋白(如 CREB),启动基因表达,合成蛋白质。由新合成的蛋白质固化神经信息,是长时记忆形成的分子生物学基础。在细胞生物学水平上,这些固化记忆的蛋白质积聚在神经细胞表面上,形成棘突,为新突触的产生创造了条件。这个过程始于外部刺激引发的突触兴奋性改变,止于新突触形成,核心环节是基因表达所生成的蛋白质,需要 40~60 min。所以,突触与基因之间的通信,实现了神经信息的固化,作为每个人一生的资源,是生存与行为的重要资源之一。虽然这个过程在动物进化中具有高度保守性,但每个种属都有自身特有的基因和调节因子,而且在人类的每个个体之间又有个性化的基因序列或表观遗传的动力差别,个体差异制约着基因表达的动力特点。换言之,每个人头脑中的记忆虽然取决于个体经历,但同时也受制于自身的遗传特性和人格特质。

(三)激素共激活受体或共抑制受体的快速信息通道作用

成年个体性激素的快速激活效应中介于其在神经细胞内的基因转录调节因子。雌激素受体(ER)本身就是基因转录调节因子超级家族的成员,其特点是以一个同源双体,作为激素的结合域,称激素应答元件(HRE)。含有 HRE 的受体 ER,既存在于神经细胞膜上,又存在于细胞质和细胞核内。所以雌激素与受体结合,形成同质双体(共激活体或共抑制体),可以快速引起脑细胞核内的基因转录。在成年动物脑中,雌二醇能在不到 30 min 之内诱导出树突棘,显著快于神经信息固化的速度;更重要的是同等浓度的雌二醇,在未成熟动物脑内引起树突棘增生至少 4 h,却显著慢于神经信息的固化。所以,激素作为神经信息传递和固化机制的补充,显著快于一般认知加工过程;而作为遗传信息的辅助因子在传递遗传信息时,发挥慢速的精细调节作用。这种分子生物学过程的特点成为行为快速反应的基础。

三、年老过程的心理发展

每个人对外部世界的认识过程,就是他的认知心理活动,包括感觉、知觉、注意、记忆、学习、思维等许多心理过程,这些认知活动在年老过程中有着不同程度的变化。有的发生退行性变化,有的则继续发展,认识生理心理变化的客观规律,对于理解老年人的心理和提高老年人的身心素质,是十分重要的理论基础。

(一) 老年人的感知与运动功能

感觉是客体个别属性在人脑内的反映,知觉则是人脑对客体各种属性的综合反映。人脑对客体产生感知觉的同时,往往还伴有与该物体相关的运动反应。所以,感知觉与运动往往是相互伴随的初级心理活动。这种初级心理活动制约于年老过程的退行性生理变化,其心理机能常常减退。但每个老年人身体情况不同,感知觉与运动功能的减退程度、出现时间各不相同,各种感觉系统的变化也并非平行地发育,甚至某一感觉功能的减退,并不是衰老的标志。例如,有人年轻时就发生视力减退,另一些人则嗅觉功能减退出现得较早。

1. 视觉老化

视觉系统结构的老化现象,一般仅在高龄老人中显现。由于眼外肌萎缩眼球下陷,泪易溢出。角膜光泽变暗,在角膜-结膜交界处出现灰色环,称为老年环。瞳孔变小,晶状体变厚。由于脂肪沉积,晶状体变黄,且对蓝、绿光的吸收增强。玻璃体混浊,视网膜色素沉积。这些变化常使落入视网膜上的光线减少,是老年人视力减退的重要原因之一。光的绝对感受阈值从 22 岁的 3 lm,到 60 岁时的 5～6 lm,对光强变化的差别阈值提高,特别是对蓝色光的差别阈值提高最明显。如果 20 岁时视力为 1.5,一般在 50～60 岁时变为 1.0,80 岁时仅为 0.35,大多数人在 50 岁以后出现老花眼现象。对物体的空间知觉功能从 30 岁起开始下降,40～50 岁时下降较为明显。颜色知觉的老化现象出现得比较晚,一般在 70 岁以后才开始减退,蓝绿色知觉减退得较为明显。两只眼睛的视觉减退现象并不是平行的变化。一些更为复杂的视知觉现象,如闪光融合频率、螺旋后效、双眼竞争与融合效应、图形几何错觉等,在青、老年人之间也都存在显著差异。对复杂视觉信息处理所需要的最短时间,从 20 岁时的 200 ms,每 10 年增加 20 ms。老年人看书的速度变慢,与视力下降和视觉信息处理所需时间增长有关。充足的照明、从容不迫地阅读对老年人看书学习是很必要的。

2. 听觉老化

听觉系统的结构老化在外耳主要表现为外耳道和咽鼓管的阻塞,在中耳表现为听骨的骨质增生。外耳和中耳的这些变化常导致老年人重听。内耳老化与听觉功能减退的关系比较复杂,可分为感觉性老化、神经性老化、代谢性老化和传导性老化四种表现形式。感觉性老化由内耳听感受细胞的退化引起,主要表现为高频声音的失听,但不影响言语听力。13%的65岁以上老年人对高频声音失听。神经性老化表现为听神经纤维脱髓鞘化且纤维数减少,结果导致老年人对言语声音的鉴别能力和纯音听觉阈值的改变。代谢性老化是由于听觉系统血管萎缩、血流量减少,能量代谢率降低,导致对各种频率声音的听觉能力普遍下降。传导性老化表现为与耳蜗振动有关的结构变硬和萎缩,从而使各种频率声音的听力丧失。除听觉感受器的老化,在脑内与听觉系统关系密切的部分,如颞叶皮质神经元明显减少,轴突脱髓鞘化。听觉系统这些结构老化直接影响听觉机能,59~65岁老年人的纯音听觉阈值明显高于18~24岁青年人,1000 Hz的纯音听阈值相差10 dB,4000 Hz听阈值相差35 dB,低音听觉的年老变化较小。两个纯音的差别阈值在25岁到50岁之间呈线性增高。70岁老年人对两个中频声音的差别阈值是青年人的1倍;对两个高频音的差别阈值则增高2倍之多;对言语单词的知觉阈值青年人为18.5 dB,74岁老年人则为42.0 dB;句子知觉阈值青年人和80~90岁老年人之间相差20~40 dB。由于言语听觉阈值的提高,70~79岁老年人言语的能懂度仅为20~29岁年龄组的1/2。老年人对环境噪声和说话回声的抗干扰能力下降,是其言语能懂度下降的原因之一。所以与老年人谈话应在安静的环境中,讲话的速度应放慢,重要的词或句子要重复一下,以提高老年人的言语能懂度。

3. 嗅觉与味觉的老化

与嗅觉相比,味觉老化得较快,74~85岁老年人舌上的味蕾数与4~20岁时相比仅剩余29%,味觉感受性随年龄增加线性下降。青年人可同时感知多种味道,而老年人往往仅能感知味道最强的成分,这说明年老过程味觉由多相性向单相性变化。嗅觉神经纤维数在50岁以前随年龄增长逐渐下降22.8%,50岁以后迅速减少,到90岁时减少67.7%。与此相应,嗅觉感受阈在50~70岁之间,每年以1.14的系数逐渐增加,70岁以后以1.46的系数增加。

味觉与嗅觉的老化现象一般不会给老年人生活带来不便,年轻时不能吃的怪味食品,年老以后也不再挑剔,反而有助于提高老年人的营养条件。

4. 皮肤感觉的老化

皮肤感受小体的年老过程从幼年就开始了。新生儿每平方毫米皮肤分布100个感受小体,10岁时分布50~60个感受小体,70岁时仅剩下10~20个。有报告表明,触觉感受性在15~50岁之间随年龄增长而增强,50~80岁之间随年龄增长而下降。高龄老年人对温度变化的感受性较年轻人差,因为他们的基础代谢率降低,体表皮肤温度较低。对痛觉的年老变化,研究结果不一致。一方面,痛阈测定未发现显著性年龄差,说明痛觉感受性在年老过程中相对稳定。另一方面,临床医生发现老年病人痛觉耐受性增高,最近的研究报道则认为,虽然80%的老年人常主诉身体不适和躯体的慢性病痛,但以多种科学方法的对比研究表明,在老年病人与年轻病人中,疼痛感并没有显著年龄差异。

5. 老年人的运动功能

老年人的关节、韧带、肌肉和神经系统的退行性变化,常常引起运动功能的降低。20岁的青年人反应时最短,20～50岁反应时缓慢增长,50～70岁尤其是60～70岁反应时迅速变慢。简单目标运动的速度和准确性从20岁起逐渐变差,年轻人完成这类作业时运动神经的发放是连续性的,老年人运动神经的发放则是断续性的。一些更复杂的运动与年龄增长,并不是这种简单的线性相关,如抄写句子中的一些词或数字,20～50岁的被试之间没有显著差异,50～60岁稍微变慢,60岁以后才显著变慢。这些复杂的运动功能与职业训练的关系比其与年龄的关系更大。最近的研究报告对比了完成同一作业时,手的运动反应时和口头报告的反应时,结果表明,无论是青年组还是老年组被试,口头反应时总是长于手的运动反应时,随作业的复杂程度这种差异更显著,但口头反应时的年龄差却比手运动反应时小。他们认为由于在口头反应中有较多中枢环节的参与,在年老过程中口头反应时变化不大,正说明中枢处理速率变化较小,在手运动反应时的年龄变化中,外周因素更为重要。

除了反应时和运动时的研究外,对动物防御跳跃反应的实验发现,老龄大鼠防御跳跃反应的强度和耐久力也显著低于青、中龄大鼠,可能与其能量代谢率降低有关。

(二) 学习过程的年老变化

在心理学理论体系中,学习过程有多种定义和多种模式。传统心理学理论认为学习就是联想的形成过程,把关系不十分紧密的事物在头脑中建立起一种联系,或在刺激和反应之间建立起联系的过程就是学习,现代心理学理论则认为除了联想式学习模式之外,还有非联想式学习、观察模仿式学习或认知学习等。由于各种学习模式的脑机制不同,在年老过程中随脑结构功能老化的非均质性,决定了不同类型的学习过程,老化进程也不相同。一般而言,简单运动式的经典条件反射性联想学习老化得显著些,与知识积累程度关系密切的前后关联式学习,则没有显著的衰退现象。

1. 经典条件反射式学习的老化

20世纪80年代在学习记忆脑机制的研究中,取得了许多突破性进展,其中之一就是关于小脑深部核是瞬眼条件反射的基本中枢。这种学习行为模型的建立过程是先发出一个声音,大约半秒之后就向动物眼睑吹一股气流,动物立即闭眼(瞬眼反应)。经过这种训练之后,声音刚一发出不等半秒之后的气流出现,动物就闭起眼来从而避免了气流刺激,这种学习称为瞬眼条件反射。这一理论发现,对研究老年人的学习心理问题具有重要意义。无论是人还是动物,在年老过程中小脑的退行性变化是较为明显的,小脑浦肯野细胞数随年龄增长而减少,与这种细胞功能相关的纤维,如攀缘纤维、苔状纤维、颗粒细胞的并行纤维也显著减少或发生退行性变化。这些变化既影响感觉运动反应的速度、灵活性、协调性,又影响与之相关的瞬眼条件反射建立过程。

2. 语词联想式学习

语词联想式学习是老年心理学研究中较经典的学习模式,先让不同年龄的人学习建立一些词之间的配对联想,称为学习时相,随后有一个测验时相,检查学习效率。只要向老年人提供足够长的学习时间,学习成绩并没有显著年龄差。除了学习进度的因素外,学习语词材料的难度,对老年人的学习也有重要作用。词意本来就有较高相关性的语词材料学习,青、老年人之间差异不显著,而对那些本来与词意无关,硬要建立新联想的语词学习,则存在着年龄差异。在语词联想学习实验中,老年人面对学习任务总是比年轻人紧张,这是他们学习变差的一个原因。心率、血压、呼吸和血液内游离脂肪酸的一些生理指标分析发现,事先给老年人服用解除紧张、焦虑的药物,使学习过程中这些生理指标不发生显著变化,则老年人的学习效率明显改善。总之,经典联想式学习研究表明,虽然学习过程存在年龄差异,但只要降低学习词表的难度、降低学习速度、减少老年人面对学习任务时的紧张情绪状态,老年人的学习就不比年轻人差。

3. 图片认知学习

上述语词联想学习过程与语词材料意义联想强度有关,那么非文字的图片或照片认知学习是否受年老过程的制约呢?对此问题有一种理论认为,非文字材料的学习自动编码,花费的精力较少,在脑内存储的时间较长。对 20~34 岁的青中年组和 60~75 岁的老年组被试呈现 54 张照片、54 张画片,每张呈现 10 s,分别重复 1、3、5 次,经过一段学习时相,一部分被试立即进入测验时相,另一部分被试经过 10 min 后再进入测验时相,要求被试对每张图片曾看见的次数做出回答,或回答其原来呈现时的方位(视野中心、左侧或右侧)。结果发现,无论是对呈现的次数,还是对呈现的方位,两个年龄组学习成绩没有显著性差异。这一结果说明图片的学习及回忆过程不受年老过程的影响。对这些被试的文化程度、教育背景进行统计分析,也未发现这种学习效果的差异。由此作者认为,图片的认知学习既不受年龄的影响,也不受文化教育的影响,是一种相对稳定的自动编码过程。图形材料的认知学习,在年老过程中并不减退,但对于语义材料的认知学习,却表现出明显的年龄差异。

4. 语义认知学习

青、中、老三个年龄组进行不同层次的语义分类学习,要求被试看到鱼类动物名词按左键,看到哺乳动物名词按右键,如果呈现的语词不属于这两类,则不做任何反应。实验结果表明,随着训练次数的增加,各年龄组被试的反应时都显著加快。这说明学习过程加速了语词的鉴别反应,加速了信息处理系统的编码过程,这种难度不大的语义分类学习没有显著年龄差异。但进一步实验研究发现,随语义分类任务难度加大,分类编码精细程度提高,则引起显著的年龄差异。如果分类学习任务只是区别生物类名词和非生物类名词,则学习效率没有显著的年龄差,但要求被试进一步区分哺乳动物和非哺乳动物,则发现老年组被试的反应时明显加长。这说明,老年人学习过程效率降低主要反映了其精细编码的不足。

5. 前后关联式学习

前后关联式学习模式既不同于经典条件反射或语词联想式学习,也不同于信息处理的认知学习。它强调学习是知识在每个人头脑中的现实化。无论是在正规化教育系统中,还是日常生活中,只要学习材料或任务在每个人头脑中形成联系,理解和概括出它的意义,进行多层次的分析,包括语法水平、语音水平、词汇水平和语义水平的分析,了解其字面含义得到新的知识,就是学习过程。头脑中知识的前后关联过程也是学习,对学习过程的研究发现,老年人阅历广、知识积累丰富,获取新知识的效率并不比年轻人差。

从上述五种学习模式的研究中可以看出,年老过程的学习机能是否老化或降低,取决于对学习含义的理解、学习材料的难度、学习速度、学习模式、学习时的紧张状态等多种因素。联想学习理论的研究发现,经典的简单运动式条件反射建立过程存在显著年龄差,至于老年人语词联想学习是否变差,则取决于学习速度、学习材料的难易和学习时的紧张状态。信息处理学习理论的研究表明,图片或照片等空间信息加工的认知学习是自动化过程,没有显著的年龄差异;语义加工的认知学习,只在加工深度较高时,才呈现出显著的年龄差异。前后关联式学习理论则把学习看成是知识积累过程,随年龄增长知识越多,越易在新老知识之间形成关联。所以,年老进程中的学习能力并不会降低。如此多的理论和研究方法足以说明,学习是比较复杂的心理过程,不同于感知觉或运动过程,不仅取决于生理功能的老化,还取决于老年人的知识结构、生活经历、学习习惯、学习动机、学习兴趣、学习方法、学习材料和学习速率等。老年人原有知识结构的框架较充实,新学习项目与之易发生关联,学习时不要操之过急,由浅入深、循序渐进,浓厚的学习兴趣,较高的学习动机,平时养成较好的学习习惯等都能促进老年人学习效率的提高。对于勇于学习、善于学习的老年人,其学习能力是不会老化的。

(三) 记忆的年老变化

记忆问题不仅是心理学各分支学科关注的重大课题,也是临床医学和计算机科学所关心的问题。因此,记忆研究的进展较快,近年来关于记忆年老变化的研究也有较大的发展。

1. 传统心理学理论对记忆及其年老变化的认识

老年心理学的研究发现了老年人记忆的许多特征和规律。例如,随年龄增长,记忆能力变慢、下降。具体特点为:以有意识记忆为主,无意识记忆为辅;意义识记尚好,无意义的机械识记较差;再认能力尚好,回忆能力较差;远事记忆尚好,近事记忆较差。老年人的这些记忆特点,是由于他们的记忆抗干扰能力较差,记忆干涉效应比年轻人明显的缘故。这些结论近年来受到许多新研究方法的验证,在理论上有了较大的发展。

2. 老年人记忆衰退的认知理论和改善记忆的策略

认知心理学从信息加工的角度将记忆问题从传统心理学理论的定性描述提高到信息处理的定量分析水平,从而收集了大量科学数据,并概括出一些新的理论观点,用以指导改善老年人的记忆策略。

认知心理学将记忆分为三个阶段:感觉记忆、初级记忆和次级记忆;按信息处理的水平将记忆过程分为编码、存储和提取。在老年人记忆实验研究基础上,认知心理学家对年老过程记忆变化规律提出了两种理论:编码论和关联整合论。

编码论认为年老过程记忆减退的主要原因是精细编码不足。这种理论依据的科学事实是记忆材料难度小时,没有显著年龄差异,难度增大时老年人的记忆减退,特别是次级记忆的减退才表现出来。这种记忆的减退现象通过引入记忆线索、说明、解释等提示,加深老年人对记忆材料的理解和精细编码过程,就会得到显著改善。这种理论自出现以来,不断发展完善,并逐渐将研究工作引向老年人记忆策略的探索。例如,中国科学院心理研究所报道,分类复述法、联系法和制造联系法等,能有效提高老年人的记忆能力。

关联整合论是20世纪80年代以来逐渐形成的新理论。这种理论认为编码论存在着严重的缺点,特别是在图形、图片、照片的记忆研究中未能发现编码论所预言的变化,老年人对图形与背景及两者关系的变化都很敏感,这些因素显著影响着老年人对图形材料的记忆效果。当认知的目标图形与背景之间整合较差,无法形成统一的知觉或概念时,老年人的记忆较差,与年轻人相比年龄差异显著,改变图形与背景的关系,形成整合为一体的知觉或概念,就会显著改善老年人的记忆,且老年人记忆的改善显著优于年轻人。老年人记忆的改善,可通过两类操作而实现——概念整合和知觉整合,年轻人只能由概念整合而改善图形的记忆。所谓概念整合,就是将图形与背景或图形与线索间由某一概念实现统一。例如,认知目标图形为蜘蛛,记忆线索为蚂蚁,则概念"昆虫"将之整合为一体,每当蚂蚁出现就会想起与之同属昆虫类的蜘蛛。与概念整合不同,知觉整合是操作两个图形使之构成新的画面,如一个樱桃和一只蜘蛛,可构成蜘蛛吃樱桃的新的知觉整合画面。在这类研究中,并不像编码论那样,对老年人或青年人进行语言提示,加强编码过程均未能显著改善被试对图形的记忆过程。由此进一步证实,图形记忆与语言材料的记忆过程不同,无法用编码论加以解释,并由此得到改善记忆新策略:改变记忆目标与背景之间的关系,使之形成一个知觉整体,就会显著改善老年人的记忆能力。

(四) 老年人智力的发展

20世纪80年代以来,老年心理学对老年人智力问题研究已从一般性描述,进入探讨提高老年人智力的实验条件和手段;从老年人智力是否一定会衰退的争论,进入脚踏实地为开发老年人智力而进行实验研究。一些学者通过实验数据证明,即使对随年龄增长而下降的流体智力,通过反复练习,使老年人对测验方法变得熟悉起来,也会显著改善智力测验成绩。80年代中期,许多老年心理学研究报告都证明,陌生的智力测验材料、难度大的材料、需要付出更多努力的测验项目和要求速度的项目,老年人的测验成绩都比年轻人差,但经过反复练习以后,老年人的这类智力测验成绩都比年轻人提高得更显著。这些研究工作使老年心理学关于智力和老年人智力变化的理论发生了根本性变革——年老过程中智力不断发生着动力改变,继续发展与增长。关键问题在于应该怎样认识老年人的智力,如何测验或考查老年人的智力。斯滕伯格的智力三元论是这方面的典型代表。首先,人们生活或所处的环境、背景和条件的不同,能力和智力的表现形式也就不同。传统的智力测验方法和测验的环境条件,最不适于老年人智力的发挥。其次,智力与人们对环境的成功适应有关,应该用不同的方法测验不同的能力。最后,智力与经验有关,随着经验的积累,一件新奇、陌生的事,就会变得熟悉起来,经验丰富了就会熟能生巧,形成专长和特殊才能。根据这种智力的新概念,老年人的智力不但不会下降,还会继续发展与增长。

当代老年心理学研究已积累许多新方法,有助于老年人智力的发展与提高。第一,老年人应摆脱传统观念的束缚,坚信只要自己努力学习、勤于动脑,智力一定会继续发展;第二,老年人应从自己熟悉的、基础较好的问题入手,逐渐扩大知识面,这样较易提高自己的晶体智力水平;第三,注意在文体活动、游艺中逐渐提高自己的流体智力水平;第四,有意识地运用心理训练方法加速智力的发展。反复训练法、反馈法、言语提示法、策略和注意、记忆训练法,都是行之有效的提高老年人智力水平的科学方法。

(五) 老年人的情感

情感过程的复杂性决定了研究老年人情感变化的基础理论问题,必须采用多种方法研究情感变化的各个方面,如情感体验与情绪表达关系、认知与情感的关系、情感变化的强度与频度、情感变化的生理心理因素与社会心理因素等。因此,典型的心理学研究在被试的选择、分组标准、情感过程的具体特性、数据的处理与分析等方面,必须进行周密设计。这里介绍一篇较为典型的研究报告,把社会经济地位和文化水平相近的240名被试分为三个年龄组:青年组平均26岁,中年组平均46岁,老年组平均66岁。每组又分为男、女性两个小组,每小组40人,均接受一份开放性情感问卷和一份封闭性情感问卷。封闭性问卷由40项问题组成,其中三项问题是考查被试对测验所持的态度。对其余37项问题的测验结果中的七个因素进行主成分分析,考察这些因素在六个实验组之间的差异,从而找出两性老年人的情感活动规律。开放性问卷由7个未完成的句子组成,对被试填空完成这些句子的用词、内容和原因进行量化分析。结果发现,封闭性问卷的七个因素中,两个有显著年龄差异。老年人比青年人和中年人更遵循控制自己情感的某些规范。反之,情感因素在生活中居于中心地位的特点方面,青年人比中年人更为显著,中、老年人之间没有显著性差异。男性被试认为他们比女性更能控制和隐藏自己的情感,而女性被试却称会尽最大努力克制自己的情感表现。情感在女性生活中占更重要的地位。对于愤怒、喜悦、厌恶、害羞、恐惧、焦虑、兴趣、激动和悲伤等不同情感而言,老年人比青年人和中年人更愿意控制自己的喜悦、悲伤、愤怒和厌恶的情绪。同时,老年被试均比中、青年人更认为自己应控制兴趣、激动和害羞的情绪活动。对恐惧情绪所持态度,未发现任何年龄差异和性别差异。在开放性问卷中,他们发现在描述七种基本情感的用词中,只有两种情感具有明显的年龄差异,其他五种情感没有年龄差异。对于喜悦情绪描述的用词中,老年人用词显著少于中、青年被试。在描述害羞的情感中,男青年用词多于女青年;中、老年女性描述自己害羞情感的用词多于男性。各年龄组的被试中,对喜悦、激动和焦虑等三种情感体验的描述用词,女性被试均显著多于男性。在引起各种情感变化的原因方面,引起喜悦、悲伤、焦虑、愤怒、害羞和厌恶等情绪的原因中,自身原因和他人原因的出现率有显著差异。一般来说,除害羞多由自身行为引起外,其他情感多由他人行为引出。激动情感中自身原因和他人原因的发生率是相等的。在兴趣、激动、焦虑和害羞等情感产生的原因中,有一定的年龄和性别差异。老年人很少因其他人的行为引起自己的激动;青、老年人很少把别人的行为,看成是引起自己焦虑情绪的原因;中年人比青年人和老年人更倾向于认为是自身原因引起了害羞。在情感的具体内容方面,也有一些年龄差异。虽然各年龄被试报告悲伤的低沉情感,主要表现为对健康问题的忧郁感,但这种情感随年龄增高而增强。对气愤情绪而言,就青、中年人来说主要取决于事情是否符合自己的心意,其次是个人的得失,最后是个人不愉快的遭遇。对于老年人来说,主要为个人得失而生气,其次才是为是否符合心意与不愉快遭遇而生气。此外,在厌恶情绪内容方面也发现明显的性别差异。男性厌恶个人得失的频数大于女性,女性厌恶身体和生理问题的频率是男性的2倍。

从上述结果中可见,老年人比中、青年人更遵循控制自己情感的原则。自然有人要问,老年人的内心体验是否伴有表情上的抑制?在封闭性问卷研究中,情感抑制因素由两项问题组成,情感控制因素由七项问题组成。两者之间的相关系数在老年组中未达到显著性水平。这说明老年人遵循控制自己内心情感变化的规则,并不必然造成面部表情的贫乏。就各项情感内容的年龄差异而言,老年人对恐惧、焦虑的情感表现与青、中年人没什么差异。至于其他负性情感,如气愤、厌恶和悲伤等,并未发现与年轻人有任何显著差异。因此,那种认为年老过程使情感趋向于忧郁、悲伤、孤独的看法是缺乏科学根据的。可能一些学者所观察到的现象,是由患病老人或由于社会因素与不幸生活事件引起的。孤独、悲伤、忧郁情感并不是年老过程必然伴随的情感变化。总之,根据这项研究结果,老年人对情感的体验和对情感的表现,与中、青年相比,相同之处多于不同。某些研究中关于年老过程情感的变化,可能是性别因素和出生年代不同所引起的。此外,随着社会经济的发展,老年人的晚年生活条件的改善,老年人的情感活动和中青年人的差别越来越小。年老过程情感活动是相对稳定的,即使有些变化,也是生活条件、社会地位变化所造成的,并不是年龄本身所决定的。

(六) 老年人的个性

埃里克森从人们一生中的重大生活事件中分析人格的动力发展,把人的一生分为八个阶段,前五个阶段为人格形成过程(成年以前),后三个阶段分别是青年、成年和老年期。每个阶段都有自我发展和扩张的特殊要求,是否能得到发展和满足,就构成该阶段人格发展的主要危机。如果这种要求得到满足,则人格发展比较充实,能力和性格得以完善发展,否则人格发展就会受到损害。青年时期的主要矛盾是亲密感或孤独感。亲密感就是把自我融入其他人的自我中去,共同享受自我发展中的理想、目标和情感,而不必为失去自己的身份而担心,否则就会出现孤独感。在成年期,主要矛盾是多产或停滞,多产就是为社会的维持和发展做出自己的贡献,创造产品或为社会服务,或者养儿育女;如果不能完成这些使命,就会出现停滞的感觉。老年期的主要矛盾是人格的完整性或绝望之感。人们体会到生命即将结束,回首往事,如果感到自己在成年期各方面都得到发展,老年期就会感到人格的完整。否则就会感到绝望,感到自己是无用之人。埃里克森的理论,强调八个发展阶段的顺序性,老年期的人格特征和类型取决于前几个时期人格发展的情况,特别是取决于成年期人格完善的程度。

老年心理学研究广泛采用"生活满意度"的心理测验,寻求生活满意指数,将积极的情感测验分数扣除消极的心理状态测验分数。在一项5000多人,多年纵向研究中考查32～87岁被试的生活满意指数,结果发现该指数非常稳定,没有任何显著的年龄差异。可以说,随着社会经济文化的发展,老年人的个性和对生活的满意程度是相当稳定的。

专栏二 在脑理论和人工智能领域,2019～2022年我国学者取得的新成果

"学习和记忆"一章提供给读者的,基本上属于学术界已经得到共识的科学知识,对这个学科近几年的新进展虽有些介绍,但比较分散。为了弥补这一不足,这里集中介绍在内侧前额叶大脑皮质细胞类型及其神经回路、神经振荡、复杂社会心理活动和精神疾病的脑网络问题,以及人工神经网络等方面,我国学者在国际前沿杂志所发表的研究报告。这几篇报告不仅涉及当前国际学术界的热点问题,而且分属不同类型,包括两篇发表在 *Nature Neurocience* 和一篇发表在 *PNAS* 上的原创性实验研究报告;还有两篇发表在国际综述性期刊上的元分析报告和一篇发表在 *Frontiers in Psychology* 的评论性理论研究报告。这几篇报告,无论是所研究问题的深度及其数据的完备性还是图表的新颖性,乃至论点论据的严谨性,都达到了国际前沿水平。这说明在脑理论和人工智能研究领域,我国一些国家级的研究机构和高校已经位于世界前列。

1. 内侧前额叶大脑皮质细胞类型及其神经回路的细胞和分子生物学研究

这是当前脑科学细胞和分子水平研究的主攻方向,所需设备和技术方法都很复杂,需要多学科研究人员的配合,包括双光子成像、钙离子成像、离子通道电活动记录技术、局部场电位记录技术,以及刺激动物和采集动物反应数据的系统等。由于目前认为人类的智能活动中,内侧前额叶皮质发挥重要作用,所以近几年在高影响因子期刊上发表的文章很多。杭州科技大学骆清铭教授、中国科学院脑科学和智能技术研究中心龚慧研究员,以及北京生物科学研究所罗敏敏教授等15人共同努力,发表了题为《对小鼠内侧前额叶皮质GABA中间神经元长距离传入纤维的全细胞成像研究》(Sun et al., 2019)。他们发现了内侧前额叶有两个部位的GABA中间神经元受到同一脑区上行性神经支配。这个发出上行性传入纤维的脑区从基底前脑发出胆碱能神经元和从缰核发出5-羟色胺能神经元,该5-羟色胺能神经元也协同释放谷氨酸递质。通过单细胞神经元形态重构技术,他们发现了新的无名通路:前内侧丘脑核-内侧前额叶和纹状体-前内侧丘脑核-内侧前额叶环路。根据个别神经元的投射逻辑,他们把皮质神经元和海马传入神经元分为几类。得到这些传入神经元在皮质内的传入纤维的分布图谱,有助于对内侧前额叶机能结构的理解。

这类跨学科的研究结果表明,根据神经元树突和胞体上的突触后受体蛋白质特性,可将前额叶皮质和联络区皮质的细胞分为百种以上类型,每个神经元周围都有数百微米的空间,分布着自己的树突树和轴突树,以及之间插入的微回路,从而可以形成长距离的脑网络。如图9-3所示(见书后彩插),这些长距离的纤维联系和插入的微回路,给额叶皮质提供了监测或控制认知功能的巨大潜能。特别是内侧前额叶皮质(mPFC)含有大量GABA能抑制性神经元群,可以控制不同的情感和认知功能。mPFC的这些GABA能抑制性神元可以从全脑,包括从皮质下结构,如基底前脑的胆碱能神经元和缝际核的5-羟色胺能神经元,以及丘脑接收长距离的传入信息;它们也从其他新皮质,如视、听和体干外感受皮质,以及通过边缘海马系统和记忆系统得到体内信息。

2. 神经振荡机制的心理学研究

神经振荡机制是近年脑科学的热点课题,它引发了对脑电波功能意义的新认识。北京大学心理与认知科学学院的方方教授课题组,对此课题连续多年研究,在其原有的基础上得到了最新成果(Zhang et al., 2019)。他们利用颜色-运动特征错误绑定实验范式,并结合使用α波频段的经颅交流磁刺激(transcranial alternating current stimulation, tACS)抑制或干扰人类被试脑内的α波,以便测试脑电波α波参与知觉特性的绑定作用。结果发现,如图9-4所示(见书后彩插),α波对知觉特征绑定发挥着决定性作用。

3. 利用无创性脑成像实验数据,对社会心理和疾病机制进行元分析研究

中国科学院心理研究所冯春兰研究员对fMRI和R-fMRI技术采集的BOLD信号

和 MEG、EEG，神经细胞电活动记录的时域信号、它们之间的相关系数以及对脑网络连线和图形矩阵的分析，得到网络的功能中心性，从而识别出脑网络路由器。结果表明，不同认知功能的脑网络路由器与默认网络在空间上重合性较高，说明默认网络在重叠的脑网络中处于核心作用。例如，利用原激活似然估计元分析方法[primary activation likelihood estimation（ALE）meta-analyses]，从参与不同社会关系研究的被试7234人中，对获取的3328个脑区功能数据进行元分析，发现社交中人们处理社会关系，通常激活四个脑网络：突显网络、默认网络、皮质下网络和中央执行网络（图9-5，见书后彩插）。这些网络的激活与社会认知、动机和认知控制功能相关（Feng et al.，2021a；2021b）。

香港科技大学翁教授利用近年期刊公开发表的25篇原始研究报告所提供的数据，进行了元分析（Weng et al.，2022），结果发现被试在完成心理理论任务时的脑激活区及其功能通路。他们对比了精神分裂症病人和健康人之间神经通路的异同，如图9-6所示（见书后彩插）。(a)显示精神分裂症病人组的脑功能通路，(b)显示健康对照组被试的脑功能通路。两图的差异表明，精神分裂症病人组在完成有关心理理论的任务时脑功能通路与健康组被试相比，缺少脑默认网络和静息态网络相关脑区的激活，包括下顶叶、顶叶、扣带回、丘脑等脑区，这些脑结构是默认网络和静息态网络的重要神经节点，参与多项认知加工、情感加工和社会认知加工。这项研究结果所提供的科学事实表明，心理理论不是单一的整体结构（monolithic structure），而是高级的多功能系统（Dorn et al.，2021；Van Neerven, Bos, & Van Haren，2021；Navarro，2022）。

4. 人工神经网络研究的新方向

当代人工神经网络研究领域，由于在2012年图像识别技术国际竞赛中，多层神经网络机器人获得头彩，所以多层神经网络和深度学习算法红遍世界。似乎靠此技术能够制造出战胜人类的机器人。可是，10多年过去了，不但未能造出此类机器人，而且由于多层人工神经网络高能量消耗，限制其广泛应用的可能性。所以，世界各国都在试用第三代人工神经网络技术——脉冲-时间编码技术（spike-time encoding）。但是，脉冲-时间编码技术得到的只能是离散的数字，ANN属于模拟数据计算系列，现有的软件和算法很难接受脉冲-时间编码去处理离散数据。如何将两种技术融合到一起，成为一个公认的技术瓶颈。清华大学的24名作者攻克了这一技术难关，制造出"天机"芯片。这里还介绍另一篇发表在心理学前沿杂志上的理论文章，从ANN的历史发展过程，综述了ANN的神经节点、连接权重、动力学基础与生物脑的根本区别，建议对ANN进行基本概念和技术原理的改造，以便能够逼近人脑的功能。所以，这两篇文章都提出了ANN新发展方向的建议。

（1）无人自行车的自动行驶与"天机"芯片的设计原理。

人工神经网络领域认定，20年前神经生理学所发现的第三种神经编码：脉冲-时间编码是发展第三代人工神经网络的神经科学基础。在技术上，就是把脉冲-时间编码融合到现在的第二代人工神经网络中。清华大学 24 名研究人员在一起,研发了"天机"芯片(Tianjic chip),成功地实现了无人自行车自动行驶的控制。在同一个平台中,同时实施第二代和第三代人工神经网络的算法,统一进行信息处理。清华大学的这项成果发表在 Nature 杂志上(Pei et al., 2019)。这里的技术要点是模拟计算技术和数字计算技术的融合。至于无人自行车行驶问题仅仅是感知运动控制能力还是一般智能问题,值得进一步讨论。换言之,"天机"芯片能否成为 AGI 的普遍适用的硬件平台,还有待于实践的检验;但是它毕竟能在实现无人驾驶的人工智能任务中发挥重要作用。

(2) 人工神经网络如何能逼近人脑?

这是在 Frontiers in Psychology 发表的一篇论文,作者是北京大学心理与认知科学学院邵枫和沈政两位老师。这篇文章系统比较了人工神经网络和人脑,在神经节点及其之间的连接方式,功能实施的动力学特点和能量供给,以及神经计算的算法等方面存在的异同之处。据此,作者列出对 ANN 进行系统改造的具体建议清单。这里简介其主要内容。

ANN 的全部神经节点(node),在接受训练之前完全是同一的初始态,它们接受训练后其信息只能前向传递,所以称为前馈网络,只有训练中输出与目标出现误差,才会发生误差的后向传播;人脑细胞在其胚胎期间就分化出多种类型,特别是有兴奋性(投射性)神经元和抑制性(中间)神经元之分,由于抑制性中间神经元的种类繁多、数量众多,导致反馈抑制普遍存在于各类神经回路中,后向传播也是普遍的。ANN 的前馈网络层级可随意增加,称为多层神经网络,使用深度学习算法;人脑网络至少在感知运动功能中,都是小世界网络,基本不会超出六级神经元之间的五阶连接,所以信息传递路径短,速度快,聚类系数高,模式识别能力强。由于 ANN 中的单元是同一形态的,分布在不同层次上的单元没有形态和功能的重要区别,其能源无法分层、分柱(功能柱)地分别控制,所以只能全网络统一供给能源,在执行认知作业时,全网络耗能函数最大化;人脑在静息状态耗能降低,脑波出现普遍的超低频,作业时仅仅是任务相关的脑区出现局部高频 γ 节律,人脑进行分区、分层、分柱的能源供应控制。

基于上述分析,作者建议 ANN 将神经节点分为至少两种不同类型,与其他节点的连接权重(weight)变化范围,从现在的 0~1,改为 -1~+1。0~1 为兴奋性神经元,0~-1 为抑制性(中间)神经元。设法分层分段地进行能源调控。ANN 的分层不能多于 6 层,可在层之上设阶,4~5 层为一阶,每阶都有明确的功能意义,例如,寄存器、存储器、传感器、A/D 和 D/A 转换器、路由器等,或者是按照心理学分为不同的微回路:觉知、知觉、特征绑定、构建、对比、推理等。

该文进一步建议,当前人工神经网络研究最好是将部分资源从多层神经网络和深度学习算法,转向仿真大脑皮质的复杂神经元,例如,大脑皮质第 2~3 层内那种具有快速分割异或函数计算能力的锥体细胞。这种锥体细胞具有前所未知的特别的,产生于树突的动作电位(dendritic action potential, dAP)。它并不是经典电生理学所说的"全或无"的神经脉冲,而是一种级量反应。这类细胞只有受到阈强度的刺激时,其树突发放的幅值,才是最大的;增加刺激强度,其发放的幅值反而会衰减(Gidon et al.,2020)。既然一个这类锥体细胞等同于一个三层人工神经网络,可以实现异或函数的非线性分割。这种计算能力的器件正是人工智能研究求之不得的(图 9-7)。为何要留恋于同一神经节点的前馈网络?似乎多形态神经节点或高智能的器件更有诱惑力,当代神经生物学发现的 130 多种中间神经元(Tasic et al.,2018)会不会蕴藏着人工智能想要得到的宝贝?

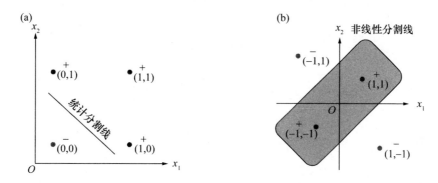

图 9-7　或函数的线性分割与异或函数的非线性分割
(引自 Shao & Shen,2023)

异或函数(XOR)是离散数学中的一种命题逻辑,异或函数是相对于或函数而言的命题。(a)是或函数的分割,只有当两个条件变量 x_1 和 x_2 均为假(0)时,其结果为假(−);其余三个条件下,结果均为真(+),此结果的统计分离是一条直线,称线性分割。因为三个+,均在分割线的上侧;一个 − 在分割线的下侧。在(b)中,异或函数的两个条件变量 x_1 和 x_2 均为假(−1)时或均为真时(1),其结果为真(+);相反,x_1 和 x_2 中,任一变量为假(−1),另一变量为真时(1),其结果为假(−)。异或函数输出结果的统计分离,是一个非线性的闭合曲线围成的平面,称非线性分割面。两个+分布在非线性分割面内;两个−分布在非线性分割面之外。

第三篇

现实生活中的认知神经科学问题

进入21世纪以来,人类社会发生了前所未有的重大变化。随着科学技术和社会经济的快速发展,特别是由资本主义国家发起的虚拟经济模式,加大了各国之间以及各国国内居民之间的贫富差距,激化了许多社会矛盾,其中与认知神经科学相关的问题并不少见。本篇包含的五章,分别涉及基础教育、脑发育障碍、精神疾病问题、毒瘾和行为瘾,以及说谎和测谎的理论与技术问题。

10

基础教育中的认知神经科学问题

第一节　认知神经科学的理论概念对基础教育工作的启示

近几年脑科学相关领域的研究进展,可能为教育问题提供新的启示。为了引起重视,这里仅做提纲性介绍。

一、脑可塑性是神经系统的终生特性

脑可塑性是指大脑先天结构或功能具有一定的可变性。脑结构和功能是生物进化长期累积的结果,后天环境条件不同,引起脑结构与功能相应的变化,其实质是短期事件(从毫秒级的脉冲刺激到数日、数年的病理状态)引起的改变,转化为脑结构或功能模式的长时程事件,包括突触稳定的形成、脑功能区重组等。20世纪60年代初,科学家开拓了脑可塑性的研究领域。半个多世纪以来,从整体、细胞和分子等不同层次上揭示了大量科学事实,证明脑结构与功能存在毕生的可塑性,包括在病理条件下脑功能代偿性变化,实验动物感觉器官状态引起的脑功能区重组和脑内突触可塑性变化,如长时程增强或抑制效应(LTP和LTD),以及细胞内外生化物质代谢的变化。21世纪初又发现了脑白质随功能变化而发生的精细结构改变,以及个体行为通过表观遗传机制发生的获得性遗传效应。所以,神经可塑性变化是脑终生的生物学特性,也是人类个体从生到死、毕生心理发展的生物学基础。它不仅表现为神经突触、棘突等灰质的变化和白质的精细结构改变,还包含递质-受体和细胞内信号转导系统,以及基因调节蛋白和基因表达等一系列细胞和分子生物学变化。

现代生态理论认为脑的进化发展总是制约于生态环境,脑的胚胎发生和个体发育也毫不例外,总是在遗传和环境相互作用中,逐渐完成脑功能模块的构建过程。虽然成年人脑仅占全身质量的2%,但耗能却占全身的20%。在脑个体发生和发育过程中,遗传基因决定所生成的脑细胞及其间联系的突触总数超过实际所需的量,依环境因素从中选择最佳的细胞及其间联系的突触构建功能模块后,再清除超量组织成分。胎儿脑在出生前3~4个月,已形成的脑细胞数便与正常成人的大体相同了。超量的脑细胞数为形成脑的诸多基本功能模块提供了充分的选择余地。胎儿期,神经内分泌系统和自主神经系统调节内脏活动的功能模块很快组建起来,但机体对外环境刺激的感觉-运动

模块,因母体内环境限制无法得到充分发展,造成大量多余细胞的清除。婴儿出生时脑细胞总数与成人相同,但细胞体积小,树突分支少,轴突裸露(成年人细胞轴突覆盖脂蛋白髓鞘,类似电线外包的绝缘层,以保证传导功能)。婴儿出生后在外界丰富的刺激作用下,第一个10年,脑消耗全身总能量之半,主要用于神经细胞轴突髓鞘化、树突分支、胞体增大以及细胞间联系突触的大量形成。4～6岁儿童脑细胞间突触总数是成人的150%,为各种脑高级功能模块构建提供了充分的前提条件,随着各种高级功能模块一个个构建成功,多余的突触逐渐被清除。至16岁或青春期,各种高级功能模块均已构建完毕,脑突触总数完全降至成年人水平。此后脑细胞总数逐日减少,一些细胞的凋亡伴随存活细胞功能效率的提高。

脑可塑性变化的科学证据已相当充分,问题在于它对教育发展的启示是什么,如何将脑可塑性研究成果转化为教育策略或教育措施?可塑性变化的约束条件,可能是从教育角度研究脑可塑性问题的重要切入点。大量实验证明,引起脑可塑性变化的两个必要条件是:环境中的适宜刺激和脑内必需的营养与能量。后者促进细胞得到充分必要的营养因子,以便在生态环境中受到适宜刺激时,脑内出现最佳的神经信息传递和加工过程。

因科学发展水平不同,对充分利用可塑性的适宜环境条件有不同的理解。20世纪20～30年代,巴甫洛夫经典条件反射理论认为,适宜的条件是刺激与强化在时间上的接近。1938年,斯金纳的操作条件反射理论则强调学习的内驱力和动机水平,以及强化时间表的作用,四种刺激与强化时间表分别有利于不同行为模式的获得。然而,近几十年分子神经生物学研究发现,长时记忆的形成不但依靠在细胞之间传递信息的许多分子,还依靠细胞内一些分子将信息传向细胞核内,激活细胞核内的一种基因调节蛋白(如CREB),这是长时记忆形成的必要条件。这种核内基因调节蛋白激活所需要的细胞间和细胞内信息传递过程,在果蝇中至少需要10～15 min,高等脊椎动物需要40～60 min。果蝇形成长时记忆的效果,在1～10 min之内,随学习和复习之间的时间间隔的延长而提高,15 min之后就不再变化。换言之,学习和复习的最佳间隔为10～15 min,与脑内细胞核CREB激活的时间吻合。这说明过于频繁地重复或连续重复默写生字几十遍的做法,未必有利于学生长时记忆的形成。

脑可塑性最大的时期称为脑发育敏感期(sensitive period),此时脑消耗的能量最多,最需要良好的环境条件。动物实验表明,为了促进脑细胞树突分支、形成大量突触,两类必需的物质分别是神经营养因子和兴奋性神经递质。充分利用脑可塑性的脑营养条件,更是值得深入研究的问题。什么食物对儿童脑高级功能的发展更重要?研究发现,食物中的化学物质可以产生各种不同反应,吃东西本该是令人愉快的事,但饮食不当可导致注意涣散、抑郁、惊恐,甚至困倦。营养的早餐应含有充足的蛋白质,仅食水果汁、饮料和甜食所摄入的营养在1 h后就会在体内耗尽,这部分解释了为什么接近中午的几节课,有些孩子会变得烦躁。蛋白质缺乏可能引起情绪淡漠、反应低下或易激惹等。所以,儿童许多行为问题均与营养不均衡有关。总之,为了充分发挥脑可塑性的作用,不但要在教学方法上下功夫,还必须关注儿童营养问题。

20世纪80年代,一些研究利用传统组织化学方法总结出人脑神经纤维髓鞘化的基本规律,揭示出神经纤维髓鞘化最快的时期是在1岁的婴儿期,随后变慢,延续到成年期,不仅有年龄差异和个体差异,还有不同脑区之间髓鞘化进程的差异。一般而言,后头部的脑结构髓鞘化早于前头部脑结构。出生前到出生后一年之内,脊髓和脑干的神经纤维就完成了髓鞘化过程,前部脑结构的神经纤维髓鞘化延续到成年期。短距离的投射纤维髓鞘化早于长距离的投射纤维,更早于联络区皮质间的联络纤维。同时还发现,伴随白质微结构的变化,也就是髓鞘化的发育过程,神经元轴突也发生变化,表现为其直径的变化。而锥体束中的神经纤维(轴突)的直径不再变化。这说明传导神经冲动速度的调节功能已不再单独依靠神经纤维的直径变化,而是由神经纤维直径和髓鞘厚度的比例进行细微的调节。

21世纪前10年,研究者应用DTI技术对脑白质精细微结构与脑高级功能的关系进行了实验研究。Fields(2010)证实,人脑神经纤维的髓鞘化从胚胎期一直延续到成年期。最后完成髓鞘化的是额叶皮质神经元所发出的神经纤维,负责高级认知活动的执行监控。利用磁共振成像技术的认知神经科学实验发现,在进行复杂学习作业后,不仅儿童的脑白质结构会发生变化,成年人的脑白质结构也会发生变化。

Scholz等人(2009)将48名18~33岁的年轻人,分成实验组和对照组各24名,实验组被试每人领取抛、接球器具和用于学习抛、接球的指导书。随后6周进行每周5天、每天半小时的练习,并记录学习成绩。练习前、练习6周后以及停止练习后4周,各进行一次DTI检测,计算脑白质微结构参数。结果发现,这类复杂的视觉运动技能训练,引起顶下沟附近的白质各向异性分形(FA)增高,表明这种训练在成年人中,也能引起枕-顶叶皮质间联系的白质发生显微结构的改变。

Ullen(2009)利用磁共振技术研究了成年职业钢琴家的脑白质。结果发现,职业钢琴家脑内胼胝体较大,这可能是由于他们大多数在7岁之前就开始学琴,此后不停地运用双手进行弹琴作业的结果。也有些研究发现学习钢琴的儿童除了脑胼胝体外,脑锥体束也比一般同龄儿童发达。由此可以推论,从小就不断操作计算机键盘的儿童,也会有类似的脑白质发育特点。

二、睡眠、梦与儿童注意力、学习和记忆的发展

睡眠与梦的研究不再把快速眼动睡眠(REM)看成做梦的同义词,慢波睡眠中也会做梦,且与记忆的巩固有关。特别是慢波睡眠中伴有学习时的线索刺激呈现,更能提高学习和记忆的效果。儿童睡眠不足,可能与多种学习和行为问题相关。这类研究报告能给教育工作者提供很多启示,如教育政策制定者应重视平衡学生的休息时间和完成家庭作业的时间,思考如何科学地安排课后作业。

(一) 儿童的睡眠问题

睡眠对儿童和青少年的学习、记忆过程和学业成绩，都是十分重要的影响因素。研究表明，较差的睡眠、间断增多的睡眠、晚睡、早醒都会严重影响学习能力、学业成绩和心理功能。以前这方面的研究很多，但研究方法不同，之间的结果难以比较。2010年，有研究者在《睡眠医学评论》杂志上发表了对相关文献的分析报告，分别对睡眠质量（16篇文献，13 631名学生）、睡眠时间（17篇文献，15 199名学生）和贪睡（17篇文献，19 530名学生）与学业成绩间的关系进行三项分立的元分析，对性别、年龄和参数估计与学业成绩的关系的分析表明，贪睡与学业成绩间有较强的相关性（$r=0.133$），睡眠质量与学业成绩的相关系数为0.096，睡眠时间与学业成绩的相关系数为0.069。进一步因素分析表明，最大的载荷因子是儿童早期脑前额叶功能变化。年龄因素和性别因素的交互作用明显，说明青春期发育的性别、年龄差异具有重要作用。入睡困难和睡眠持续时间短，是睡眠质量差的常见问题（11%～47%的案例）。儿童睡眠时间应保证每晚9 h，报告案例的45%少于每晚8 h。睡眠时间不足可能有内在原因，如青春期体内激素不平衡的变化；也可能是外在因素，如过早入学、社会压力和学校作业负担过重等，导致晚间上床时间晚，早晨又必须按时起床。据统计，20%～50%的儿童称白天困倦和嗜睡。

(二) 慢波睡眠与梦

自从发现REM以来，广为流传的公式就是REM等同于做梦；但是近期研究认为，这是一个不准确的概念，甚至可以说是错误的概念。事实上，整夜睡眠的各个阶段都有心理活动和梦，只不过是慢波睡眠期的梦与REM的梦的特性不同而已。慢波睡眠期的梦系统性、组织性较差，情节不细腻，但与白天的生活事件关系较紧密；REM的梦更生动，充满惊险的情节，以及较多的情感成分和视觉表象。

(三) 睡眠与记忆巩固

从短时记忆向长时记忆的过渡必须有足够的复述或一定的时间，而最近的一些实验事实为传统的记忆图式理论增添了新的活力，特别是Tse等人（2007）在Science杂志上发表的研究报告，证明大鼠在味觉空间定位的联想学习之后，进一步训练使之形成了味觉-空间联想图式，这种组织化的知识结构能够支持单次快速学习形成的新联想，并迅速巩固记忆。当人们处于慢波睡眠期，给予入睡之前经历的味觉学习中使用过的味觉刺激物，就可以在无意识状态下，隐性再激活入眠前习得的经验，从而使依赖于海马的陈述性记忆得到较好的巩固；但是对于独立于海马的程序性记忆，则没有易化或促进巩固的作用。Rudoy等人（2009）的实验证明，在记忆刚形成后就进入睡眠期，并给予与记忆形成相联系的听觉刺激，则醒来之后记忆的巩固程度明显优于未睡眠者。Wamsley等人（2010）系统研究了睡眠相关的记忆巩固作用，发现睡眠中出现与学习任务相关的梦与记忆巩固作用有关系，并且与快波睡眠期脑海马活动有关。

三、从认知神经科学的角度理解教育学中的若干理论概念

当代脑科学研究的新成果能为教育改革中面临的实际问题提供新的解释,这些问题包括:① 心理素质、智力、能力和潜能等的科学内涵;② 创造能力的实质;③ 个体差异;④ 儿童早期教育。

(一) 心理素质的科学内涵

"心理素质""身体素质"等名词,并不是科学术语,而是源于日常生活和大众媒体,用以粗略地表达某一方面的基本品格。身体素质在医学中常用来描述对某疾病的易感性,如身体瘦长是抑郁症或结核病的易感素质。

1. 经典心理学中的素质、气质和人格特质

在心理学中,与"素质"一词有关的名词是素质、气质、特质,至今这些名词概念仍存在许多不同的定义。以前我们通常将素质看作能力基础的生理特点,如反应快、腿长是短跑运动能力的素质;把气质作为智力基础的脑高级神经活动的特点,或作为性格、人格的一种先天生理基础,如希波克拉底体液说。心理学家利用因素分析法描述人格特征因素,总结出某些相对稳定的行为倾向性,将之称为人格特质,如少言寡语属于内向性人格特质等。这三个名词的科学内涵,以气质的脑科学定义较为清楚,尤以巴甫洛夫高级神经活动理论的解释在科学上较为严谨。

巴甫洛夫在建立高级神经活动类型学说的过程中,十分注重具有可操作性的测定方法和判定标准。他用兴奋过程和抑制过程的强度、均衡性、灵活性测定动物的高级神经活动类型。例如,兴奋过程强弱的判定以 $0.3\,g$ 咖啡因耐受性为标准,服用后兴奋性增强的动物称为强型,反之则称为弱型。对人类高级神经活动类型,除了与动物相似的标准外,还将测定语言(第二信号系统)与非语言(第一信号系统)的相对强度作为分型的客观标准。20 世纪 60 年代,艾森克发展了人格维度理论,认为大脑皮质兴奋性水平是人格特质的重要脑科学基础。他认为皮质兴奋性水平高者为内向性人格特质,反之则为外向性人格特质。皮质兴奋性水平可以利用脑电图加以客观测定。他还应用闪光融合频率等实验心理学方法,作为皮质兴奋性和人格特质的客观测定方法。这说明心理品质与脑功能特点的关系很早便受到生理学家和心理学家的关注,并取得了一定的研究成果。

近些年来,脑科学研究取得了长足的发展,认知神经科学的理论与方法学已臻成熟。一方面,这一领域极大地超出了巴甫洛夫高级神经活动的理论概念。因此,"气质是高级神经活动类型与后天习得特性的合金"这一定义已显不足。另一方面,心理素质这一名词已在我国社会生活和教育中应用多年。素质教育主张对全体学生进行全面发展的教育,以帮助学生形成毕生主动发展的基本品格。吸收当代认知神经科学的最新成果,将当代科学新概念与社会生活中最富生命力的名词结合起来,赋予心理素质以认知神经科学的新内涵,不仅对推动我国教育工作有益,也将促进认知神经科学的发展。

2. 心理素质的认知神经科学基础

认知心理学在过去 40 多年的发展中，基于人类认知活动的实验研究概括出许多基本心理过程的普遍特性，这些特性不仅可以通过认知实验进行严格的科学描述，有些还可进行量化比较。与此同时，神经科学发展的新理论和新技术有助于揭示基本心理品质的脑科学基础。这里将可作为心理素质的科学基础的普遍心理特性及其脑功能参数概括如下。

(1) 内隐心理过程与外显心理过程的相互转换特性及其脑细胞活动基础。

参观、访问或浏览的画面、景观、诗句等，在随后的各类创作活动中自发映射到主观意识中，促进创作任务或作业的完成，是内隐心理过程转换为外显心理过程的例证。早年有意背诵的诗句，在触景生情中自动地出现于脑海中，有助于新诗句或文章构思的过程，则可作为外显心理活动转化为内隐心理活动，再回到外显心理活动的例子。从上面两个例证可以看到，内隐心理活动都是通过外显心理活动的变化加以间接测量的，目前尚未找到直接测量内隐心理活动的好方法。内隐记忆与外显记忆相比，神经细胞活动水平有显著差异，参与内隐记忆的细胞数少、耗能低、信息加工效率高。

(2) 自动加工与控制加工过程的转换效率及其脑代谢基础。

以学骑自行车、学织毛衣的过程为例，一开始总是要全身心、紧张地投入一段时间，多次练习逐渐达到熟练的程度，之后便可以漫不经心地骑车或边聊天边织毛衣。从全神贯注地学习到自动熟练技能的形成，是心理加工过程转化的特性。相反，巧妙应用熟练技能有意识地达到最佳成绩的过程，可以作为自动加工过程转化为控制加工过程的例证，如射击运动员、跳高运动员夺魁，就是这类心理加工的转换过程。两类加工过程的特性在脑功能影像中有明显可见的差异。例如，学习计算机游戏程序之始，脑区域性葡萄糖代谢率普遍增高；三周后操作自如地玩同一游戏程序，则脑区域性代谢率与安静休息时无明显差异。

(3) 心理资源分配的速度与特点及其脑诱发电位特性。

这一点可以通俗地解释为从一心一意做某件事到一心二用或多用时，作业成绩变化的特性。在认知心理学实验研究中，常用增加刺激类型或刺激数目，乃至改变作业目标要求来进行精细的定量研究。可通过平均诱发电位不同成分的多种算法，精细分析某些认知作业中神经信息在脑内传导方向与速度的特性，包括脑左、右两半球间，前、后脑间，表层与深层结构间的传导关系，均可作为心理素质脑功能基础的一种客观参数。脑事件相关电位研究表明，心理资源分配和随意注意转移伴随多种成分的改变。脑自发电活动研究也发现，0～14 岁儿童自发脑电活动复杂性随年龄增长，维度复杂性显著增高。

(4) 心理过程的时序性、复杂条件下的决策水平及其脑影像表现。

这是一种较为复杂的心理特征，可以简单地解释为完成某项心理作业的速度和流畅程度，以及作业成绩的完美性。认知心理学理论认为，任何一种心理作业或问题的解决,都由一系列顺序进行的信息加工过程组成,称为时序性。完成同一项作业,不同人的心理时序既有相似性又有个体差异,特别是在复杂条件下,如情绪波动,个体差异是心理素质的一个重要侧面。认知神经科学研究表明,高智商者完成同一认知任务速度快、脑能量消耗低、信息加工效率高。运用多种脑成像技术可以测出这些生理参数的个体差异。

明确心理素质的上述认知神经科学内涵,有助于我们建立心理素质的客观测评体系和方法。

(二) 创造能力的脑功能回路

什么是创造能力,怎样才能培养学生的创造能力? 教育学家从教育实践中总结出许多宝贵经验,如培养形象思维、发散思维的途径,以及形象思维与抽象思维的综合运用等。然而,创造能力的脑科学基础和深层心理机制仍无确切答案。人类面对眼前要解决的问题,首先要对问题加以理解,分析它的已知条件和问题之所在,搞清拟解决的属于哪类性质问题,这些都可以用问题表征加以概括。随后要选择解决问题的策略或算法,如采用一些前提和结果的推论,称为产生式问题解决的策略;采用逻辑网络的推理关系,称为逻辑推理的策略。决定解决问题的策略之后还要进行验证,可通过算法的应用或科学实验,还可能通过试制样品等方式。最后,就是对结果进行评价。这是创造活动的一般过程。那么,大脑是怎样实现这一过程的呢?

1. 前额叶皮质参与高级认知过程

S. Pallmann 和 A. A. Manginelli 于 2009 年总结了有关前额叶皮质参与高级认知过程的研究报告,指出它不仅参与执行过程的监控,还支持内部思维过程,以及外部驱动因素和内部心理过程之间的整合,特别是直接参与视觉空间特征三段论法的形象推理任务,使奇异的目标瞬时突显出来。在这一认识基础上,设计了对视觉目标和干扰刺激的实验控制,并采用功能性磁共振成像技术证明前额叶皮质前端不仅具有执行功能和监控功能,还对刺激呈现过程中某些精细特征变化进行内隐的检测。所以,内侧前额叶在内隐认知中的功能,也是其参与基本演绎推理过程的重要基础。另有研究者对 225 名健康年轻人进行脑结构和功能性磁共振成像研究,分析了一般智力因素和脑结构与功能的相关。结果发现,晶体智力与皮质厚度相关,流体智力与 BOLD 信号强度更密切。据此作者归纳出 IQ 预测模型,可以解释 50% 以上的变异数,所以,作者认为智力是多相分布的脑机制,而不存在脑的局部定位性。

2. 额叶为主导的复杂脑功能回路

Unterrainer 和 Owen(2006)以河内塔问题解决为模型,利用脑成像技术分析问题解决和策划功能的脑机制。结果发现,在策划解决河内塔任务时,背外侧中额区激活,且没有发现半球优势效应。此外,还发现背外侧中额区与辅助运动区、运动前区之前的前额区、后顶叶皮质以及与许多皮质下结构,包括尾状核和小脑等,有着复杂的功能联系。这说明在解决河内塔一类问题中,背外侧额叶发挥主导作用,计划这一问题的解决,并与一系列皮质与皮质下脑结构形成复杂的脑功能回路。

3. 皮质-皮质下的双向联系

Lewis 和 Todd(2007)提出了情感与认知过程相互作用,进行自我调节的发展,并总结出这一过程的脑功能基础。他们认为应该打破认知和情感过程的分界,智力是情感和认知功能的统一体,是相互作用自我调节的发展过程。首先是皮质与皮质下实现着垂直的上下信息流之间的相互调节。大脑皮质自上而下地发出信息流,启动杏仁核对自下而来的知觉信息和所期望的结果,做出适度反应;而杏仁核使大脑皮质的活动按照刺激的情感意义进行装配。传统神经生理学理论强调,高级脑中枢对下级脑结构进行抑制性调节,却忽略了下一级脑结构的激活和所提供的能动作用,例如,脑干释放神经递质沿上行通路传输到皮质发挥作用。事实上,因为皮质-皮质下的联系总是双向的,因此神经信息的传递是双向性的。

(三) 脑功能和智力潜能开发的科学内涵

科学家采用精细的实验设计,研究了无意识的内隐心理过程。结果表明,以往心理学的全部研究仅是意识过程的变化规律,只是人类心理活动的一小部分。犹如海上漂浮的冰山,露在海平面以上的只是小小的山尖,更庞大的是水平面以下的无意识心理活动。

1. 脑功能和智力潜能开发就是调动内隐知识的过程

1954 年,彭菲尔德(Wilder Penfield)医生出版了一本难得的科学专著,描述了切除癫痫病灶脑手术中发现的科学事实。例如,一名 60 多岁的病人在切除位于颞叶的癫痫病灶之前,对附近的正常颞叶皮质用适当的微弱电流刺激,则病人立即用童声稚气地唱起一首早已失传的儿歌,并不时喊起爷爷、奶奶,或小猫、小狗的名字。停止电刺激,病人就会立即从 50 多年前的生活情景中回到手术台的现实中来。医生请他重复方才唱的儿歌,他却十分茫然,不明白医生要他做什么。这一科学事实说明,人类无意识记忆的容量是无限的,它可以把你一生中所看、所听的一切情景完好无损地存储到头脑中。我们之所以回忆不起来,既不是没把事情放入脑海,也不是记忆痕迹在脑海中随时间推移而消退,真正原因是提取困难,很难投射到意识中来。然而,脑中大量无意识的内存总是找机会发挥作用。利用补笔测验可以证明这一点。你可请一位朋友到家中做客,先跟他在客厅中聊天,客厅墙上挂有许多字画,但你们并不谈及墙上的字画。随后请朋友到另一间屋子,拿给他一张写满许多汉字的偏旁部首的纸,请他用笔把这些半字补笔成完整的字。统计他的补笔结果就会发现,这些字中许多是客厅墙上所挂字画上的字。然而你问他是否按客厅墙上所挂字画上的字完成的作业,他会说:"客厅有字画?我怎么没看见!"这说明无意中映入眼帘的字,竟在随后的补笔任务中冒了出来。可见无意识心理过程在一定条件下自动投射到意识中来,是心理活动的一个重要规律。

智力潜能正蕴藏在这些无意识过程之中。自发的创造活动,即灵感油然而生、豁然开朗的境界,正是源于大量无意识活动,源于头脑中存储的长期经验和经历。脑功能开发正是要创造条件充分利用无意识过程的宝藏,使其在必要时投射到意识中来。从大量教育实践总结出培养学生创造性的必由之路,在于使学生综合运用形象思维与抽象思维能力。形象思维和抽象思维能力,都是意识活动的能力。意识活动调用无意识内存中的经验和知识,使它们服务于现实的任务,就是自发创造活动的基本过程。反之,意识活动转换到无意识活动的现象也随处可见,如学骑自行车、织毛衣等,都是逐渐从控制加工到自动加工的过程。几乎所有年过半百者都常体验到记忆的干涉现象,他们竟然一下子叫不出熟人的名字或一时想不出不应忘记的事;事后,这些却一下子又从头脑中跳了出来。这些现象都说明内隐的无意识活动与外显意识活动的相互转化,在脑功能开发中是不可忽视的环节。

2. 提高无意识过程的蕴藏量

从上述科学事实中,我们不难理解:人脑中的无意识活动的容量是无限的,而意识活动的容量是有限的。因此,脑功能开发的科学内涵是开发无意识心理过程,多接触新事物,浏览知识,提高无意识过程的蕴藏量,再创造条件充分利用无意识过程的宝藏,使其在必要时迅速映射到意识中来。在生理水平上就是要不断提高无意识功能模块的神经效率,效率越高其蕴藏量就越大。这里所说的神经效率就是完成某一事件的信息存储需耗费多少能量,或消耗同一生物能量换取多少事件的信息存储。这种神经效率完全可以用现代科学仪器客观测定。

3. 创造条件促进内隐与外显心理活动的相互促进和相互转化

由于内隐心理活动可以促进意识活动,也可能妨碍意识活动,所以脑开发的含义也在于创造条件,促进内隐与外显心理活动的相互促进和相互转化。那些能提高两类心理活动间转化效率的教育或训练方法,就是最佳的教育手段,这种转换效率可以通过认知神经科学实验,利用仪器进行客观测定。

4. 智力潜能的开发常常是自觉地调节心境,乃至培养美好情操,以便在需要时激励认知的过程

人类的情感和情绪也由意识与无意识两个层面组成。日常生活中,我们常常体验到的持续性的无名烦恼和焦虑,就是一种无意识的情绪状态。无意识心境是一种较为持久的情绪状态,对人们的身心健康影响很大。许多生理因素和病理过程常是无意识心境形成的重要原因,生活环境和人们的意识修养,以及社会价值观对心境的形成也具有重要作用。情操和人格特质持久地影响人们的情感和认知活动。因此,脑智力潜能的开发常常是自觉地调节心境,乃至培养美好情操,激励认知的过程。反之,正确的认知活动有利于调节情感活动。近年研究发现,作为知识积累基础的长时记忆的分子生物学基础相当复杂,不仅包括不同神经细胞间信息传递的神经递质、受体、离子通道等,还包括细胞质内的大量信号转导通路中的许多分子转换事件,更包括细胞核内的基因调节蛋白调节基因表达的过程。例如,cAMP 反应元件结合蛋白(CREB)就是长时记忆形成中的一种关键分子。它的激活通常经过递质-受体-胞内信使等数十种分子链的

传递过程。然而,有一种类似激素的小分子(38肽)却可以迅速激活 CREB,分子生物学研究还发现激素分子可以径直穿过细胞膜乃至核膜,钻入核内快速激活基因调节蛋白。这个发现有可能解释为何在快乐情绪背景下长时记忆不但容易形成而且维持长久,如"一见钟情、刻骨铭心的记忆"。当然这是一种推论,还需科学实验加以证明。但我们可以肯定地说,快乐心境有助于学习和记忆的巩固。

5. 因材施教,发挥所长

因材施教是教育学的理想教育原则。教育学家凭借多年教学经验会对学生的天赋和潜能做出判断。那么,找到一种客观的科学手段,对个体差异进行更为可靠的科学测评,则是一项重要课题。教育测量应该吸收当代心理学的新成果,包括智力测验、情绪智力测验、心理理论能力测验和心理理论模块测验。除了这四项基本能力之外,还应测试社会智力和创造智力,两者与前额叶和内侧前额叶的发育相关。

第二节 "神经神话"对教育工作的误导

自 20 世纪 70 年代以来,无论是教育工作者还是神经生物学和神经科学研究者,都十分关注将动物和人脑的研究发现用于教育。最初,从感觉剥夺和狼孩语言学习研究中,概括出心理发展的"关键期"(critical period)。随后,从神经心理学关于大脑两半球功能一侧化的理论中,引申出"右脑开发说",甚至提出"把荒废的右脑潜能开发出来"。国内外的脑科学家都极力反对这些提法。1999 年 1 月,我国第 111 次香山科学会议的主题是"脑高级功能与智能潜力的开发",三位执行主席提出的"关于进行开发脑研究的建议"写道:"在大量教育论著和科普读物中,直到 20 世纪 80 年代末仍继续将右脑作为形象思维的代名词。教育学家并不直接从事脑科学的前沿研究,很难把握前沿发展的动态,但却急切地希望找到脑科学新的启示。脑科学家对将关键期和可塑性问题引入教育也持怀疑态度,因为他们深知,这些研究主要基于动物实验和病例分析,将其扩展到正常儿童教育问题上,必须小心谨慎。"甚至一些学者认为:"突触密度与智力之间不存在简单的直接的关系……特别是关于学校学习对脑突触的影响甚少。""关键期中给予更多刺激,并不能保证一个发育良好的视觉系统",神经科学家认为"视觉或其他感觉发育的关键期提法没有什么意义,更不用说整个脑发育的关键期了","关键期同正式教育的关系很小"。对这类问题现有的一些乐观说法"更多基于脑传说而不是脑科学"。由此可见,在将关键期与可塑性作为教育相关的脑科学主攻方向时,更应采取谨慎态度。周加仙(2008)在《"神经神话"的成因分析》一文中,列举了国内外教育界广为流传的三种错误及其成因,包括:① 对生命早期突触发展研究的错误推论;② 对"莫扎特效应"的夸大宣传;③ 大脑"10%潜能论断"的错误。她指出"神经神话"(neuromythologies)是指来源于神经科学,但是在演化过程中偏离了神经科学的原始研究,在神经科学以外的领域中传播并稳定下来的广泛流传的观念。"神经神话"运用科学的权威,增加合理的细节,引用科学研究或者科学家的话语等增加其可信度。目前,教育界存在的许多"神经神话"不仅阻碍了人们对科学规律的正确认识,更为重要的是,"神经神话"还可能使教育者形成错误的判断,做出错误的决策,进而影响对学生的教育。因此,分析教育界存在的"神经神话",澄清人们的错误认识,具有重要的意义。

2009年,*Cortex*杂志刊登了J. A. Christodaulou和N. Gaab两位教授的文章,题为《在教育相关研究中对神经科学的运用和误用》。该文指出,神经科学以无创性脑成像技术为有力方法,揭示了正常人脑进行复杂认知活动的动态过程,把认知活动解析为一些操作定义以及与之对应的脑功能系统和通路;同时,教育工作者提供了儿童教育经验、教学方法、课程、教育管理方法以及创建了新的教学设施,特别是提供了管理教学和学习的动态过程理论,包括情感和动机的作用及其在教学过程中的中介作用的理论。然而,两大学科的理论成果和两个领域的专家如何有效沟通,却是一个巨大的问题。教育工作者向神经科学专家提出的问题很多。实际上,神经科学是描述性科学,并不能为解决教育问题提供直接可用的答案。例如,神经科学能为教育实践者解释和描述失读症儿童的阅读能力为何与正常儿童不同,却不能直接指导老师如何更好地教育失读症儿童。因为教育实践面对的每个孩子各有特点,涵盖的内容十分丰富,而神经科学只能给出一般性的描述。如果对此认识不足,就会出现一系列误用或误导,例如,"我们仅仅使用了大脑的10%,90%的大脑在闲置和浪费","左脑负责语言功能,右脑负责抽象思维",很不幸,这种"神经神话"仍在传播。又如行为方面的误导,说失读症儿童倒看字母,导致行为研究的方向错误。再如镜像神经元的发现,不能直接作为课堂教育方法的应用,只能把它作为理解脑如何操作知觉动作执行的机理,或是作为解释"为何"和"如何"的问题。例如,神经成像方法可以用来检验关于失读症发展的特征,包括某个孩子何时、如何表现出阅读困难,是脑的哪一个部位改变所造成的。L. Mason教授在同一期*Cortex*杂志上以《神经科学和教育的联结:可能是一条岔路》一文,指出教师经常使用一些文献中提到过的"神经神话",把学生分为利左脑或利右脑,分别加工语言、逻辑、数字,或形状、图像及空间成分。另一个错误概念是一定类型的学习只发生在某一关键期,否则就很难学到,或者永远失去。有学者指出了一些"神经神话"是经常遇到的障碍。例如,存在"课堂教学中儿童用左脑学习,或者用右脑学习"的说法,不断在基于脑的教学法名义下被误用和传播。以下我们将针对在我国流传范围较广、影响较深的右脑教育说和关键期加以分析,其他几种偏离科学的说法,请参考周加仙(2008)的文章。

一、右脑教育说

20世纪70年代,基于脑的教育策略出现以后,一些教育工作者把大脑两半球功能一侧优势化的理论绝对化地理解为"左、右半球分工说",进一步提出"右脑教育说",在世界范围内广泛流传。以下详细说明"裂脑人"实验研究的历史背景和发展情况。

(一)"裂脑人"实验研究的历史背景

1861年,布罗卡医生在运动性失语症病人脑尸检中发现,其左半球额下回受损,此后便将该脑区定名为布罗卡区,又称为语言运动区。1936年,莫尼斯医生将兴奋、躁动的精神分裂症病人联系大脑两半球的额叶白质切断,作为治疗精神分裂症的精神外科手术疗法,当时轰动世界,许多人为之喝彩,称之为"精神病的新克星"。1949年,莫尼斯因此获得诺贝尔生理学或医学奖。1956年美国议会组建专家组,对数以万计的术后病人进行随访调查,发现几乎没有病人能完全恢复到病前正常的社会生活状态,只不过从兴奋、躁动变成温顺、被动。由于额叶白质切开手术的疗效并不理想,并且随着1950年抗精神病药物的诞生,可以有效治疗精神分裂症。所以,世界各国很快终止了额叶白质切开手术。然而,大批术后病人成为斯佩里教授的被试。

1961~1963年,斯佩里以脑手术后大脑两半球间神经纤维割断的病人为被试进行认知实验。采用速示器单视野呈现的视觉刺激,或双耳分听的听觉刺激,让病人做出准确的知觉反应,或让病人口头描绘所见的图片和字词。结果发现,右侧视野投射到左半球的字词反应正确率高于左侧视野投射到右半球的反应。相反,图片刺激呈现在左侧视野投射到右半球时,病人的正确反应率较高。由此证明,左半球的语言功能占优势,视觉形象知觉右半球为优势。类似实验进一步采用稍复杂的视觉刺激,比如几个物体和一个人同时出现在一个画面上,请病人按自己的理解解释画面,例如,画面上的人在做什么或该人的身份等。结果也证明右半球以形象思维(判断、推理)为优势,左半球以借助语言和概念进行抽象思维为优势。这一理论与经典的脑功能定位理论,即布罗卡发现语言运动中枢位于左半球吻合。右利手的人左半球语言功能占优势,这一发现进一步验证和丰富了经典脑功能定位理论,又是首次在人脑中进行脑功能定位的实验研究,斯佩里因此获得1981年诺贝尔生理学或医学奖。

(二)"裂脑人"实验结果推广的局限性

把"裂脑人"实验结果推广到正常人的教育工作中存在许多局限性。首先,以脑手术后的病人为研究对象得到的结果,未必能表示正常人脑实际存在的规律,因为研究对象和材料的差异,是自然科学结果和结论适用范围的重要影响因素。其次,此后的大量研究报告并不能完全重复这一结果,正常人脑进行思维活动时两半球协同工作,优势和非优势之间是相对的,一般相差不过10%。再次,有人善用右手、有人善用左手,这种利手现象的个体差异是客观存在的,应该顺其自然,使手脑得到较好的发展。可是右脑增智或右脑开发的某些训练,强行让孩子使用左手和左脚,称之为开发右脑、提高形象思维的基本训练。此种做法打乱了个体正常发育的进程,可能会造成某些孩子口吃,严重者会导致儿童性精神分裂症。据1997年文献的统计报道,精神分裂症发病年龄与语言优势半球形成的性别差异十分吻合。因此,语言优势半球发育受阻可能是导致精神分裂症的原因之一。1998年,两位心理学家撰写了题为《人脑功能一侧化的认知神经科学:裂脑研究的教训》一文,开头就说:35年之后,斯佩里的后继者仍继续研究着裂脑病人,以便解决认知神经科学面对的许多难题。随后,该文又列举了大量相互矛盾的科学事实。科学家尝试过许多归纳途径,如语言半球与非语言半球、抽象思维与形象思维、细节加工与全息加工等。然而,这些两分法的研究结果都会在几年以后出现反例的报告,甚至反例竟是同一位学者深入研究的结果。

(三) 左-右侧化是神经系统进化的古老维度,与动物空间定位的感觉运动功能相关

左-右对称性两半球协作是脑进化发展中的古老维度。还没有出现脑的低等动物,如扁虫和昆虫,头节已经出现左、右两半的对称结构。这种古老的维度可以使动物在环境中捕获食物或逃避天敌时进行准确的空间定位。左-右侧视听信号以及左-右方向捕捉或逃跑,对动物生存十分重要。由高级神经中枢活动水平在左-右维度间的精细差值,确定捕捉或逃跑的方向,这就是通常所说的两眼视差、双耳声波相位差等。在两侧化的维度基础上,动物神经系统的发展出现了头侧化的维度,产生了大脑。对大脑而言,除左-右维度外,还有深部(髓质)与浅层(皮质)的维度,也就是皮质化的维度。与生命活动和本能行为相关的脑中枢都位于脑深部,高级功能中枢则位于大脑皮质。灵长类动物的大脑皮质向额侧化、内-外侧化和背-腹侧化进一步发展,才造就了人类的脑。简言之,两半球间左-右维度是古老维度,不可能成为形象与抽象思维等高级功能的唯一脑结构基础。语言和抽象思维密切相关,既然语言运动中枢位于左脑,岂不说明抽象思维也在左脑!对此问题,并不难回答。脑和身体之间的神经投射是交叉性为主,同侧关系为辅。两眼视神经纤维的鼻(内)侧 2/3 部分,交叉投射到对侧脑枕区,视神经颞(外)侧 1/3 纤维,不交叉投射到同侧脑枕区。四肢的感觉和运动功能与脑的关系更是以交叉投射关系为主。左手、左腿运动与右脑相关,右手、右脚运动与左脑相关。那么,说话时舌是整体运动,分不出左、右舌,与脑是什么关系呢?这就给脑出了难题!然而脑很聪明,根据说话人边说边用手辅助表达的特点,喜欢用右手比画的人称为右利手者,左脑兴奋性高,是语言优势半球;喜欢用左手比画的人称为左利手者,右脑是语言优势半球。所以,并不是所有人都是左脑为语言的优势半球。而且这种优势不是绝对的,非优势半球也具有语言功能,正如右利手者的左手并非毫无用处,仍有同右手相似的一切功能。如果右手受伤,其优势可以转移至左手(如写字、用筷子等)。

(四) 语言高级功能的脑结构只有协同低级本能中枢,才能实现语言交流的功能

从高等动物到人类的大脑进化中,除了左-右侧化维度外,还有头侧化、皮质化、额侧化、内-外侧化和背-腹侧化,共六个维度。

简单视、听觉在后头部(枕、顶叶),高级复杂智能更多与前头部(额叶)有关,即高级功能的额侧化进化。与猴、猿相比,人类的额叶皮质异常发达。脑科学研究揭示,大脑内侧面和外侧面也有较明确的功能差异,即内-外维度,外侧面以处理外部信息为优势,内侧面以处理身体内部相关的信息为主。此外,还有背-腹侧功能维度,例如,在后头部视知觉功能回路中,分为背侧视觉通路和腹侧通路,前者是负责回答"在哪里"的知觉,后者是负责回答"是什么"的知觉。最近,已知额叶功能存在背-腹维度,简称为背侧额

叶通路和腹侧额叶通路。背侧通路直接参与面向目标的动作规划和执行功能,腹侧通路负责规划和执行中前后环节关联的信息加工。

近年人脑功能成像的大量实验证据表明,参与高级功能的脑结构不可避免地需要本能行为和基本功能相关的脑结构参与。本书关于语言、思维、情感和意志行为等相关章节所描述的科学事实均可说明这一原理。言语过程,特别是言语的产出,必须有喉肌收缩和声带振动,支配这一发声过程的神经中枢通过无意识的自动的本能行为机制发挥作用。人与动物最大的不同在于语言和意识,这是人类共有的本能行为类型。每一个正常人都有自我的概念和用语言表达意念的本能行为。它既然是人类种属的本能行为,也体现了脑定位的语言运动中枢和听觉中枢功能,这些中枢和其他感觉运动中枢、进食中枢,属同一个结构层次,是低级的自动化的机制。当我们说一句话表达一个意思时,自然有从事目的性调节的脑高级意识功能参与,但对口、舌、唇、声带、面部肌肉,乃至手、眼的协调活动,都有对应脑中枢,包括语言运动中枢进行自动化调节,其中既包括本能行为中枢,也包括自动化的活动。意识的清晰程度(从睡眠到觉醒)由特定的脑中枢调节,但复杂的意识活动则是全脑的功能。所以,人类特有的语言和意识是脑先天遗传和后天习得的"合金",既有头侧化的定位中枢结构,又是全脑活动的结果。语言和非语言功能的半球一侧化,实际上是语言功能中低层次的自动加工过程,不包括语言中的高级智能或情感的内涵。也就是说,语言表达的高级内容没有半球一侧化的优势效应。

(五)模块的新概念——取代左-右半球分工说

20世纪90年代以来,利用多种无创性脑成像技术实验性分离多重脑功能系统(模块),已成为当代脑科学研究的热门课题。研究表明,大量脑功能系统并不仅仅按左-右分工原则组装,更多是按皮质-皮质下,后头部-前头部,乃至背侧-腹侧系统等多种形式组装模块。所以,Michael Gazzaniga说:"对'裂脑人'研究35年了,每过10年都会有新的认识。"但是,这并不意味着两半球功能一侧化理论是错误的或诺贝尔奖发错了,正如不能因为有了量子力学就说牛顿经典力学是错误的。诺贝尔奖既不是科学终极真理的标志,又不能因发展了新理论否定该奖的历史意义。

作为大脑两半球功能一侧化理论的提出人之一,M. Gazzaniga于1976年提出模块(module)的概念,试图取代左-右半球分工说。他指出:"新的观点认为,脑是由在神经系统的各个水平上进行活动的子系统,以模块的形式组织在一起的。"

1983年,认知科学家J. A. Fodor在理论计算机科学和人工智能研究中,也提出了智能的模块性(modularity)。他认为确定功能模块的三条标准是:认知的封装性、域特异性和浅输出性。认知的封装性类似于商品的包装,每个包装就是最小的功能单元;域特异性是指每一包装的单元具有非常专一的功能特性,发挥一种作用;浅输出性是指模块信息加工的结果,可以在无意识中表现出来,无须深层意识活动的干预。这三条标准后来为许多认知心理学家所引用。

20世纪80年代，关于记忆脑机制的认知神经科学研究发现，记忆由许多性质不同的功能系统或模块所组成。怎样判定功能模块呢？双分离原则（double dissociation）是个重要标准。某病人甲脑结构受损，A类记忆发生障碍，而B类记忆完好无损；另一病人乙脑结构受损，B类记忆发生障碍，而A类记忆无损。这时称A、B两类记忆符合双分离原则，是脑内两个不同结构组成的两个功能模块。利用双分离原则得到的许多不同记忆系统又称为记忆的多功能系统理论。1995年，Endel Tulving把这一理论进一步完善，提出人脑内的五大记忆系统：程序性记忆、知觉启动效应、语义记忆、次级或工作记忆和情景性记忆。

利用无创性脑功能成像技术对人类各种高级功能的研究发现大量科学事实，证明了脑高级功能的模块性。概括地说，脑功能模块是一种动态变化的组装。同一种高级功能，如言语，包括听、说、写、想等不同环节，完成每一句话又包括名词、动词、副词等不同语法成分的运用，以及句子的流畅性、韵律、声调等因素。因此关于言语的脑功能模块由多个脑结构按一定时序参与，除优势半球外，还包含着大脑皮质与皮质下脑结构，以及多种感觉和运动成分的关系。现代模块论发现，猴脑枕叶、颞叶、顶叶和额叶至少32个脑区参与视觉功能，这些脑区形成背、腹两大功能系统，分别负责空间知觉和物体知觉。人类神经心理学研究发现，物体识别和面孔识别依靠颞下回的两个临近而彼此重叠的不同功能模块，左、右脑的优势性依认知任务而异。面孔熟悉性判断中右颞叶优于左颞叶，名字识别中左颞叶优于右颞叶。已有的科学事实表明，五大记忆功能模块非常复杂，某些脑结构可参与不同记忆模块，同一记忆模块又由许多脑结构组成。总之，当代脑高级功能模块理论已经极大地改变了简单脑机能定位和两半球分工的理论，正以大量新科学事实不断丰富、完善着脑功能模块组装和动态变化规律。

二、关键期

20世纪60年代初的动物视觉剥夺实验发现，将刚出生的猫或猴的眼睛用眼罩遮起来，长时间后再打开眼罩，则其视知觉能力很难正常发展起来。狼孩语言能力的个案报道，自幼失去语言发展的环境，多年以后即使复得语言环境，其语言能力仍不能达到正常人水平。这些研究揭示了脑在个体发育过程中存在着不同功能的发育关键期，而且是该脑功能结构组建的重要阶段，此时必须有相应的适宜环境条件，环境条件越优越，相应经验越丰富，则功能结构就会组建得越好，相应功能则越强。错过这一时期，即使恢复良好条件，其功能结构也难以顺利组建，相应功能很难发展到完美的程度。然而，实践证明关键期的概念既难以实施，又具有多方消极作用。

D. B. Bailey教授是1999年美国教育部专门组织解决关键期争议问题的首席专家。2002年，在《早期儿童研究季刊》上，他发表了题为《关键期对早期儿童教育是关键问题吗？》的论文，较全面地介绍了儿童教育中的关键期概念产生的背景，在美掀起的应用热潮以及存在的问题。

关键期的概念最早出现在20世纪20~30年代胚胎学、神经生物学和生态学研究领域。早期胚胎细胞（即干细胞）是指一种原生细胞，给予适当条件，就可以发育成多种功能的体细胞，由于从这种细胞诱导出不同体细胞的时间是短而有限的，将之称为诱导的"关键期"。发育神经生物学把这一概念，用于描述动物学习、记忆训练之后，脑内神经元之间形成新突触联系有一定时间性。对关键期的概念，最有力的科学证据是20世纪60年代 David Hubel 和 Torsten Wissel 对猫和猴的实验。他们把刚出生几个月的猫或猴的一只眼睛的眼睑缝起来，过了被称为"关键期"一定时间后，再把眼睑打开。结果发现，这只眼睛的功能永远也不会恢复了。如果把一只成年猫或猴的一只眼睛的眼睑缝起来，经过同样长的时间再打开，这只眼的功能就不会丧失。这就证明在视觉发育中存在一个"关键期"。

1964~1975年，"关键期"的概念在美国社会形成很大的潮流，甚至影响了国家和州议会的立法。以关键期的概念为基础，联邦立法机构通过了一批有关儿童早期教育的法令，建立了许多干预儿童早期教育的组织机构。"关键期"在儿童教育和人的一生中真的那么重要吗？相关学者评论道：这一潮流实际上是毫无意义的。在这一方面，John Bruer 的《前三年的神话》(*The Myth of the First Three Years*)是一本具有代表性的专著。在科学界的普遍反对声中，1999年美国教育部召开了"对关键期的关键思考"的工作会议，邀请神经科学家和早期教育专家共同讨论"关键期"的问题，并出版了论文集，得出了以下六点一致意见：

(1) 关键期有明确的动物实验研究作为科学基础。动物实验证明，一些生物功能存在着发育的关键期，在一定时期选择性接触一些物质，如可卡因和铅，就会导致相应功能的损伤。既然在关键期概念中，主要前提是动物实验，那么这些结论可否应用于人类，是值得进一步研究的。然而，这些感觉剥夺实验和毒物实验的操作条件，绝不可能在儿童身上发生。

(2) 在人类早期发育和心理发展过程中，不可能进行这类关键期的实验研究，也不可能像动物实验那样，观察人脑切片或者完全剥夺一个孩子的语言环境。因此，儿童发育是否存在关键期的问题，永远也不会有准确的答案。

(3) 尽管动物实验证明不仅存在关键期，而且错过该关键期，事后给予同样条件，该功能再也不会获得。在人类脑外伤后，脑功能重组的现象也曾报道仅发生在婴儿期脑外伤，然而近年不少大龄儿童脑外伤，甚至成年人脑损伤，都有康复的效果。建议用"敏感期"的概念，代替关键期，它比较柔和，时间伸缩性大，也不会有错过该期，永远失去重新获得该功能的消极意义。

(4) 关键期可以用于基础生物学过程，但不完全适用于脑高级功能。例如，可能适用于基本视觉功能，但不适用于第二外语学习、阅读学习、数学计算能力以及解决问题的能力的发展。这些高级功能有广泛的条件要求，不可能为其发展确定一个明确、狭窄的时窗。

（5）一旦人们能够学到一种技能,学会、学好,直到好上加好的时窗是很长的,不存在打开的关键期窗口会很快关闭,而且永远别想再学会的情况。这种结论是可怕的,会使那些错过了"关键期"的年轻人终生遗憾,垂头丧气。

（6）虽然学习的窗口很长,但过了敏感期学起来会较难,例如,第二外语学习,这可能是机体可塑性下降的结果,现实生活中可以采取更多的干预措施,加以补救。

"关键期"的过度渲染,已经对社会造成了伤害。由于强调0~3岁对一生发展的重要性,引起一些家境贫困的双亲,不现实地开销三年,希望以此改变下一辈人的命运。由于夸大宣传,使整个社会对三年早教的投资热潮,抱有解决很多社会问题的期望,必然会落空,结果导致更多的社会问题,乃至社会资源的耗费。

综上所述,对于关键期我们可以做出如下两点判断。第一,关键期测定难以实现。脑发育关键期研究已有40多年的历史,但由于不可能在儿童发育期像对动物那样剥夺感知觉条件,进行类似的实验研究,因此儿童许多能力发展的关键期至今不十分明了。即使对语言发育的关键期,也无法实现像狼孩那样的剥夺不同年龄儿童学习语言的环境。只能大体上推论0~2岁是儿童感觉-运动功能和简单语言能力发展的关键期,三四月龄至13月龄为简单感觉运动发育的关键期,知觉表征发育关键期为0~7岁,抽象概念表达和复杂精细语言表达能力直到青春期才能发育完全。不同脑功能结构形成的关键期起始、终止和持续时间不同,而且个体差异很大,很难研究和观察正常儿童脑发育的关键期。

第二,关键期的概念误导了儿童教育工作。关键期的概念蕴含着过了关键期,这一功能就再也无法获得或极难获得的含义。因此使得一些家长十分紧张,担心误了关键期,就耽误了孩子的一生；或者使家长放弃了对孩子的培养,因为过了关键期,培养也是白搭功夫。事实上,绝大多数技能或智能的学习都没有严格的年龄界限,甚至有些老年人退休后还读了大学、拿了学位,或者是圆了儿时的梦,学习了美术或音乐等技能。所以,人的绝大多数能力是终生可获得的。

第三节 性与性别差异的生物学基础

青少年的性知识贫乏而又对之十分敏感,社会上流传的不健康或不科学的读物和说法,很容易误导青少年,加之青少年富有猎奇心理,很容易走偏。同时,家长或者教师本人的相关知识也不是很多。因此,青少年和教育者都需储备、更新性相关知识。

两性（sex）的分辨是按新生儿生殖器官形态所做的判断,在生物学上外生殖器官的形态由基因在胚胎早期所决定。性别（gender）则是以一个人的自我表达为基础,在发育的适当时期逐渐表现出来,不仅有生物学上的含义,还具有社会学意义。性别认同是一个人在对自身生殖系统和第二性征认同的前提下,对自己的社会身份和家庭角色的预期。性别差异中的第二性征和脑结构与功能的差异,是胚胎后期和出生后在性激素作用下,逐渐发育成熟的。所以,性激素对性别差异发挥决定性作用(沈政,2016a)。

一、胚胎早期的性分化

众所周知,两性差异取决于23对染色体中的一对性染色体。也就是说,男性和女性有相似的22对常染色体;一对性染色体不同,男性的一对性染色体是异质XY对,女性是同质XX对。性翻转是指性器官结构和功能的表型与其性染色体基因型相反,即XX型有男性生殖器官,XY型则有女性生殖器官。1990年前后,发现在受精卵的父源Y染色体内出现SRY基因表达,编码一个特殊的基因转录调节因子(蛋白质),从而触发和调节性分化的一系列过程,原始生殖细胞(PGC)会沿着SRY遗传密码的指向,开始男性性腺(睾丸)的发育程序;否则就会按预置的被动发育程序,开始女性性腺(卵巢)的发育。然而,10多年后发现,受精卵中母源X性染色体内,还有一些性别决定基因,如X染色体抗睾丸基因($Dax1$)和雌性腺发育无翅基因4($Wnt4$)。$Dax1$分布在X染色体的剂量敏感的性翻转区(DSS),它的表达决定着雌性性腺的发育,与SRY决定睾丸发育相抗衡。$Wnt4$的表达有利于促进细胞分裂的生长激素分泌;但过度表达就会导致具有XY染色体的受精卵发生性翻转,出现女性表型。近年在一些动物模型中,又发现一些基因或调节因子,其中在雄性决定中发挥作用的有埃及伊蚊M位基因(Nix)、促进雄性胎儿生殖细胞发育的RNA结合蛋白基因($NANOS2$)、SRY盒基因9($Sox9$)、成纤维细胞生长因子9基因($FGF9$)和叉头盒L2基因($foxl2$)等;在雌性决定中具有作用的是叉头盒L3基因($foxl3$)、决定雌性发育基因($RSPO1$)、性致死基因(Sxl)、促分裂原活化的蛋白激酶基因($MAPK$)和抗睾丸发育目标核蛋白1基因($NR0B1$)等。这些基因或其表达的生物活性因子在性别决定中,作用各不相同又相互影响,形成基因网络。众所周知,DNA携带的遗传密码通过转录过程,表达在新合成的蛋白质产物中。一个基因表达的产物(某种蛋白质),可成为下一个基因转录的调节因子。这样在DNA及其产物之间形成了信号分子或生物活性分子间的网络。其中任一环节异常,都可能导致性发育障碍(disorder of sex development,DSD)。例如,$MAPK$基因家族,通过对促进睾丸发育的$Sox9$和$FGF9$活性以及对卵巢发育的$Wnt4$和β联蛋白(β-catenin)活性调节,在雌、雄性决定通路之间,发挥调节和平衡作用。所以,分裂素激活-3-蛋白激酶1($MAP3K1$)基因的突变,会引起$MAPK$信号通路的下行调节变化,导致人类性染色体(46,XY)家族性或散发性的胎儿性发育障碍,新生儿的生殖器官发生不同程度的异常。

总之,无论是性别决定基因表达还是性腺分化,都不是单独取决于某一基因;而是由一系列遗传信号传导路径的协调一致性活动实现的。其中一些决定性别的基因表达,依赖于剂量相关效应,只有每一环节的适度协调性活动,才会有正常的遗传表型。基因型XY者应发育成男性性器官,出生时却是女性性器官,说明发生了向女性的性翻转,其发生概率是1/3000。相反,基因型XX者应具有女性性器官,出生时却是男性性器官,说明发生了向男性的性翻转,其发生概率是 1/20 000。这一概率与发达国家中性少数群体接近人口 10% 的概率相比较,存在至少 3 个数量级的差异。所以,基因和激素的分子生物学根源,最多只能解释性少数群体大约 1‰ 的成因,不是性别烦躁的主要生物学根源。

二、性分化的成因和调节机制

在功能上,与生殖相关的主要性别差异,是雄性攻击行为或雌性攻击行为;在结构上,脑的性别分化体现在脑容量和神经联系方面的差异以及性行为的脑中枢的差异。

(一) 性激素的组织作用和激活作用

有一种观点认为,SRY 基因的性决定作用表现为性腺和外生殖器官的性别分化;分化后的性腺所分泌的性激素,决定着第二性征的差异,包括脑的性别分化和皮肤、汗腺以及毛发等第二性征差异。性激素除由性腺分泌外,还由肾上腺和许多脑细胞合成。肾上腺分泌的性激素一般与性腺分泌的性激素性质相反。换言之,女性肾上腺主要合成雄激素,男性肾上腺主要合成雌激素。患先天性肾上腺皮质增生症(congenital adrenal hyperplasia,CAH)的女孩,由于胚胎期肾上腺功能亢进而合成大量雄激素,随血液循环作用于脑,使其结构分化类似男孩脑。出生后,不典型的女性生殖器表明是女孩,可是脑的分化具有男性特点,导致其童年行为不像女孩而更像男孩的性偏好,表现在对玩具、服装等的偏好。

1. 性激素的组织化作用

人类胎儿体内的睾酮(testosterone),主要由胚胎睾丸细胞生成。睾酮 A 环芳香化后,则变成雌激素或雌二醇(estradiol),芳香化是借助细胞色素 P450 芳香化酶(又称为雌二醇合成酶)的作用而实现的。雌二醇的受体有两种类型:ERα 和 ERβ。在含有性两型细胞的脑结构,即在视前区和下丘脑腹内侧核细胞内,芳香化酶含量高,其次是端脑和间脑也有少量芳香化酶。在新生儿中,性激素组织化作用,使下丘脑视前区的棘突是其他脑结构 2~3 倍,而且增多的棘突是永久性的。出生后,卵巢体细胞和生殖腺内缺乏雌激素受体(ERα 和 ERβ)的小鼠,会发生性翻转。受精后第 6~8 周,胚胎男、女性腺细胞分化并立即分泌相应的性激素,随血液作用于胎脑,发挥性别差异的组织化作用。这种组织化作用主要指性激素驱动的脑结构和功能特点形成过程,发生在胚胎中、后期和新生儿的早期。在胎儿和婴幼儿期的脑性别分化中,首先表现出结构差异,女性脑的下丘脑腹内侧核是性行为的重要中枢,男性脑视前区是性行为中枢。性激素的组织化作用还表现在引导脑白质和灰质发育的性分化,男性脑的白质(主要是胼胝体)和灰质的比明显小于女性。其他动物两性比较也发现,雄性动物脑体积大于雌性,但白质量小于雌性。男性脑神经元数量较多,神经元排列致密,细胞间短距离纤维联系较多,两半球间长距离纤维较少。除脑结构的两性差异外,还表现为许多功能差异,在啮齿类动物中雌雄交配的体态姿势差异明显;人类的两性差异更多体现在高级功能,女性脑执行语言功能时两半球双侧激活,而男性脑局部激活。此外,人格特质中男性化或女性化的差异以及儿童对玩具表现出的性别倾向,都是性激素组织化作用的结果。

2. 性激素的激活作用

成年期动物的血液中必须有足量的性激素,才会表现出完善的性行为,这时性激素对性行为发挥激活作用。雌二醇在血液中的浓度虽然变化很大,但这种变化是以日计算的慢过程,与女性月经周期调节有关。雌激素与神经细胞膜上的受体结合,会产生快速激活效应,以分秒速度变化。成熟动物海马细胞和下丘脑细胞的膜受体与雌激素结合,诱导出快速的钙流入,使细胞快速兴奋;但未成熟脑的海马和下丘脑细胞就没有这种快速效应。可见,雌激素在婴幼儿期和成年期的作用不同,其组织化作用主要是对脑的性分化,激活作用主要发生在性行为的各级神经中枢。雄激素不敏感综合征(androgen insensitivity syndrome)病人,染色体组型为46,XY,但他们体内由于合成雄激素受体蛋白的基因突变,不能合成雄激素受体,因而对体内的雄激素失去反应,外生殖器和第二性征的表型均为女性。

综上所述,性激素的组织化作用和激活作用之间,作用的时窗、靶标和作用时程不同。前者仅在胚胎期和婴幼儿期,在脑的性别分化中通过细胞核内的性激素受体发挥作用,是慢时程持久性作用;后者发生在成年期,在各级性行为神经中枢内通过细胞膜和细胞核内、外分布的性激素受体,发挥快时程的性行为激活作用和性周期的维持。由于人类脑和脊髓的神经细胞体,成年后不可能再生(神经纤维除外),性激素对各级神经中枢不能再发生组织化作用。

(二)神经机制

1. 脑内的性别二态性核及其调节网络

动物研究发现,雌性和雄性性相关脑中枢分别位于下丘脑腹内侧核和内侧视前区,特别是后者细胞形态随性行为发生明显变化,称为性别二态性核(sexually dimorphic nucleus,SDN)。利用免疫组织化学法,在公绵羊(Ile-de-France rams)脑内发现,参与性动机和性行为调节的脑中枢除下丘脑内侧视前区外,还有室旁核、终纹内侧床核。雄性之间发生性吸引的公羊脑内,内嗅区皮质得到激活。利用基因敲除技术,分别使雄、雌性小鼠脑内合成色氨酸羟化酶-2的基因缺失,结果导致其性偏好行为丧失,雌性小鼠表现出同性性偏好。从而证明,5-羟色胺能神经元在性偏好中发挥重要作用。在人类被试中,异性性偏好男性下丘脑前区第三间质核(the third interstitial nucleus of the anterior hypothalamus,INAH3)体积较大,相当于异性性偏好女性的2倍。利用无创性脑成像技术研究的大量文献表明,人类性行为过程至少由性期待、性享受和性满足三个时相组成,由数十个脑区参与形成的五个网络相继兴奋:性欲网络、性唤起网络、性平台期网络、性高潮网络和性不应期网络。内侧前额叶,特别是其中的眶额叶皮质是自主神经功能和神经激素功能的高级调节中枢,在性高潮中发挥主要作用,与扣带回和腹内侧前额叶,共同成为人类情绪和情感的新皮质高级调节中枢,调节边缘系统的旧皮质和

2. 奖励、强化学习行为和脑内的奖励-强化学习系统

人们的性需求和性唤起，通过中脑被盖区中 65%～85% 的多巴胺能神经纤维，投射到伏隔核，这一通路还是需求或厌恶刺激及其得失评估的"集线器"。纹状体和伏隔核与获得奖励动作的调节和行为表达有关，它们构成脑奖励-强化学习系统。中脑被盖-伏隔核多巴胺通路不仅与性行为相关，还与人们的多种需求相关，包括多种行为瘾。前额叶皮质与皮质下的伏隔核和腹侧苍白球之间的网络，成为各种行为瘾的后共同通路，网络成瘾、赌博成瘾等行为瘾都会使这些脑结构的细胞体和树突上增生密集的棘突，成为这些成瘾行为难于彻底戒断并易于复发的脑结构基础。多种需求信号或厌恶信号都在伏隔核和眶额叶皮质中有所表达，包括意识和无意识层次的情感需求。男、女同性性偏好者在应激刺激之后 10～50 min 之内，其唾液内可的松浓度变化与其生理性别相反。换言之，男同性性偏好者肾上腺皮质激素的分泌更接近女性，女同性性偏好者肾上腺皮质激素的分泌接近男性，性偏好调节着内分泌的应激反应性。

3. 无意识网络和意识网络相互作用

神经生理学认为朝向反射是新异刺激所引起的非随意反应，包括头面部不自觉地转向吸引对象、瞳孔轻微变大、心率轻度加快、呼吸瞬时性抑制和皮肤电活动增强等自主神经生理反应。心理学将这种反应看作被动性非随意注意和无意识心态瞬时变化的生理学基础，不包含意识活动成分。在儿童性心理发展研究中，对婴幼儿性别差异的测量，常使用玩具和颜色不同的物体，观察儿童优先抓取的物体性质和颜色，作为儿童无意识的性倾向指标。性社会学调查使用的问卷，含性吸引等四维度条目，测定人们的性倾向；"酷儿理论"（Queer theory）利用多维度问卷，强调性倾向中的高级社会心理成分；2011 年美国医学科学院提倡使用性吸引、性行为和性别身份三维度问卷。尽管各派学者观点不同，但却一致发现，性吸引相关问题的调查数据较为稳定，其他维度的测查结果因被试的生活环境变化和生活阶段不同而异。这体现了生物学根源的相对稳定性和社会性因素的不稳定性。上述与人类性倾向和性行为相关的脑网络可分为本能网络和意识网络两个层次，考查其相互作用可加深对非异性性倾向获得和形成的神经基础的理解。作为无意识性本能的神经结构基础，包括视、听、嗅、味和触等感觉系统，接受环境因素的刺激，经传入神经，到脊髓腰段的性中枢和下丘脑性中枢。同时，这些传入神经的侧支达到脑干网状结构，并弥散投射到纹状体、苍白球、伏隔核和杏仁核等皮质下神经核团以及海马等边缘旧皮质。参与性倾向意识成分的脑结构几乎分布于全脑，其中发挥关键作用的是眶额叶、腹内侧前额叶、前岛叶、扣带回和颞下回等新皮质。其中颞下回作为视知觉高级中枢，在"一见钟情"式的性冲动中发挥启动作用。

同性性行为源于性分离（sexual segregation）的生态环境，动物界的同性性行为是生存竞争的产物，也是自然选择的手段之一；而人类社会中的同性性偏好和同性性行为则具有异源性，应采取跨学科观加以理解。对相关问题感兴趣的读者，可以参考沈政于

2015年和2016年发表在《科学通报》上的四篇文章,题目分别为《对同性恋和性取向异源性的跨学科观》《关于外源性同性性行为和性少数群体的发展观》《什么是性倾向的生物学源?》《关于男同性行为的两个美国判例及其法理学和科学基础》。

专栏三　关于人类同性性行为的概述

1. 同性性行为的源头

人类同性性行为源于古人类晚期实行的性禁规,即同一氏族内部之男性和女性不得发生性行为。为此,男、女性分别住在不同处,男狩猎、女采摘,不得接触;只有遇上另一个氏族,在两合氏族的男、女性之间才可以发生性行为。这种性关系称为两合氏族群婚制,其目的是避免近亲交配,产出不健康或畸形后代。然而,两个氏族能够相遇的时机,在当时的地球生态环境中,存在着许多不可预测的因素。在相当长的时间里,不发生两个氏族相遇,则该氏族持续着性分离状态(sexual segregation),类似于动物界同性性行为发生的重要生态环境(沈政,2015a,2016a)。

远古非洲皮肤性病泛滥,那时的人们认为女性是灾难之源头,为避免祸端,在男、女性接触之前,必须用干粉或干布将女性阴道处理好,由此形成了干性(dry sex)的习俗。进一步极端化的"割礼",即在女孩成年之前由老妇人持刀削掉女孩的阴蒂,并在阴道口划上两刀,结果是妇女阴道结疤,成年后性生活忍受极大痛苦。丈夫不忍让妻子承受疼痛,常常在外寻求同性性行为(Djamba,2013;沈政,2015b)。

古希腊常年城堡争夺之战,造成军人长期处于性分离的环境,当局对英勇善战者赠以同性伴侣为奖励,结果导致军中同性性行为泛滥,相关疾病流行,军力大减,最终败北。两次世界大战时期,在西方军队中,都有同性性行为泛滥的历史事实。第二次世界大战后,美军中数十万有着同性关系的军人,拒绝政府的治疗安排,占据几个港口城郊,形成美国性少数群体聚居区(沈政,2016b)。

2. 为何21世纪会出现同性婚姻合法化的纷争

第二次世界大战后,世界各国都面临经济恢复问题,欧洲许多国家的轻工业资源很快受益;但到20世纪60年代末,日用品和轻工业品的生产已经饱和,其中一些国家缺乏能源和矿产资源,遭遇经济发展的困境。此时,北欧资本转向"性工业",并立即收到显著的经济效益。例如,1969年年底举办的"性博览会",当即收到数亿美元的经济效益,刺激了性相关产业的发展。随后,一些国家从国外引入性工作者,包括同性性工作者。90年代以后,由于互联网的普及,欧洲的性产业得到更大的发展(沈政,2016b)。另外,由于苏联解体,北约势力东扩等因素导致的移民潮,进一步加大了欧洲社会的贫富差距。建立正常的家庭对许多人是力所不及的,即使具有较好学历的部分人,其收入也难以达到建立理想家庭的要求。在美欧人口统计中,具有较高学历的人保持同性性行为的人数并不少(沈政,2016a)。

第二次世界大战后,以美国退伍军人为主体的性少数群体聚居区,在20世纪80年代的艾滋病流行中,得到社会的同情和资助。所以,在90年代因他们的选票和经济实力,总统也不得不在白宫正式接见其代表。总之,在欧美国家里,性少数群体的人数和势力随社会贫富差距加大而增加。面对这样的社会现实,西方极少数国家的政治家为缓和社会矛盾,提出了同性婚姻家庭合法化议题,但随后却再无他国跟随,至今已悄然无声。

现代西方国家正处于资本主义社会后期,资本巨头们不但操纵经济,也左右着政治、法律乃至军事。他们的势力还通过文学、艺术和各种媒体左右着社会舆论,引导着社会潮流。就像军火商们喜欢战争和枪支买卖自由,大毒枭们故意混淆非法毒品和合法药品的界线,把某些毒品说成是娱乐品或保健品一样,性产业相关资本尝到了发展和扩大性服务对象的甜头,硬是把人类进化过程中,实施性禁规发生偏差而引出的同性性行为,说成是社会进步的新生活方式;硬是把蕴含着感染多种疾病的危险行为,描绘成个性解放或追求新生活的美好行为(沈政,2016b)!

3. 婚姻和家庭

婚姻家庭从两合氏族群婚制开始,经过两合氏族对偶婚,直到一夫一妻婚姻制,不但给男女双方,也给了子女和老人一个稳定的生活环境,维持着家庭、血缘、民族和国家等社会存在形式,对财产和产业的继承,生产技术和科学技术的传承与发展,乃至生产力的提高和人类文明发展,都发挥着重大作用(谢苗诺夫,1983)。金融资本统治的社会,家族、血缘或传宗接代的观念早已为性解放和性享乐所冲击,家庭稳定性变差,离婚率迅速上升(Hekma,2014),过度追求性享乐,导致性功能障碍人数直线上升(Fugl-Meyer & Fugl-Meyer, 1999;Johannes, et al., 2000)。

家庭和婚姻与私有制并行而生,虽然在私有制存在的社会中,家庭和婚姻具有五大属性:生物学属性、经济属性、政治属性、法律属性和教育属性;但是,爱情、亲情和血缘则是婚姻与家庭的基础。其中爱情的基础可以变化,随着私有制的消亡,家庭的形式和属性也会发生重大变化,但亲情和血缘是永恒不变的(沈政,2016b)。

11 儿童神经发育障碍的认知神经科学基础

儿童神经发育障碍是由多种遗传性或者获得性病因导致的,包括认知、运动、社会适应行为等功能脑区的慢性发育障碍,一般在发育早期出现,受到发育进程的影响。《精神障碍诊断与统计手册(第五版)》(DSM-5)将神经发育障碍分为八类,包括智力障碍、交流障碍、孤独症(自闭症)谱系障碍、注意缺陷/多动障碍、特定学习障碍、运动障碍、抽动障碍和其他神经发育障碍。儿童神经发育障碍源于基因异常带来的对大脑正常发育和功能的影响,其特征是在儿童早期发病,通常伴有认知缺陷,并且随着时间的推移持续发展。

第一节 孤独症谱系障碍

A. 在多种场景下,社交交流和社会互动方面存在持续性的缺陷,目前或曾经有下列情况(以下为举例,而非全部情况):
1. 社交情感互动中的缺陷(例如,异常的社会接触、不能正常地对话、分享兴趣减少,情绪或情感的减少,不能发起或无法对社交互动做出回应)。
2. 社交互动中使用非言语交流行为的缺陷(例如,言语和非言语交流的整合困难、异常的眼神接触和身体语言,理解和使用手势方面的缺陷、面部表情和非言语交流的完全缺乏)。
3. 发展、维持和理解人际关系的缺陷(例如,难以调整自己的行为以适应各种社交情境、分享想象的游戏或交友困难,对同伴缺乏兴趣)。

B. 刻板重复的行为模式、兴趣或活动,目前或曾经有下列 2 种情况(以下为举例,而非全部情况):
1. 刻板或重复的躯体活动和言语(例如,重复进行简单的躯体刻板运动,反复翻转物体,模仿他人言语等)。
2. 僵化地坚持仪式化的行为模式(例如,对微小的改变感到极端痛苦,思维模式僵化,问候仪式化,需要每天走相同的路线或吃同样的食物)。
兴趣面窄,兴趣强度大、专注度高(例如,对物体的强烈依恋或先占观念,过度局限的兴趣)。

3. 高度受限的固定的兴趣,其强度和专注度是异常的(例如,对不寻常物体的强烈依恋或先占观念、过度的局限或持续的兴趣)。
4. 对感觉刺激的过度反应或反应不足,或对环境感受方面的不寻常兴趣(例如,对疼痛、温度的感觉麻木,对特定的声音或质地的异常反应,对物体过度地嗅或触摸,对光线或运动的凝视)。

C. 症状存在于发育早期(直到社交需求超过有限能力时,缺陷才会完全表现出来,或可能被后天习得的策略掩盖)。
D. 这些症状导致社交、职业或其他重要功能有临床意义上的损害。
E. 这些症状不能用智力缺陷(智力发育障碍)或全面发育迟缓来更好地解释。智力障碍和孤独症(自闭症)谱系障碍经常共同出现,做出孤独症(自闭症)谱系障碍和智力障碍的合并诊断时,其社交交流应低于预期的总体发育水平。

孤独症是发生在儿童期的一种发育障碍,对儿童的社会行为、社交交流和认知的发展影响广泛。DSM-4-TR将孤独症称为广泛性发育障碍,包括孤独症、阿斯佩格综合征(Asperger syndrome)、雷特综合征(Rett syndrome)、童年瓦解性障碍(childhood disintegrative disorder),以及待分类的广泛性发育障碍。DSM-5将除了雷特综合征的其他四种类型统称为孤独症谱系障碍(ASD)。孤独症谱系障碍是一组表现广泛的神经发育障碍,包括两个症状维度——社交交流障碍和刻板行为。在近年来的统计中,孤独症的患病率大幅度提升。

社交交流障碍是孤独症的核心症状,孤独症患者的社交交流障碍具有多场景性和持续性,个体未发展出与其年龄相符的社会人际关系,在人际沟通上存在严重问题,儿童常常表现出较少的面部表情交流、联合注意技能的缺失、较少的对社会情境的兴趣、难以维持同伴关系、想象游戏的缺乏等特征,无法根据场景做出适应行为,缺乏与他人建立和发展关系的能力。

刻板行为是孤独症的另一重要症状。孤独症儿童在行为、兴趣、活动方面受限,喜欢把东西维持原状,花相当多的时间在一成不变的仪式性行为上,例如,转圈、歪着脑袋、将双手在眼前挥舞、咬自己的手等。

孤独症患者症状的严重程度存在显著的个体差异,这种差异与智商和语言水平有关。孤独症儿童的智商和语言能力是衡量症状严重程度的指标(Lord & Bishop, 2015)。其中孤独症儿童群体中约80%的个体智力落后,20%的个体智力正常或超常。智商高于其他孤独症患者甚至远超正常人的患者属于高功能孤独症群体。与中重度孤独症患者相比,高功能孤独症与正常个体的差距更小(Rourke et al., 2002)。

一、孤独症的生理与认知神经科学基础

(一) 遗传因素

孤独症被认为是神经精神症状中最具遗传性的一种。针对孤独症双生子的研究表明,同卵双生子的同病率(50%~80%)远高于异卵双生子(30%)。此外,孤独症在兄弟姐妹中的同病率(25%)也远高于普通人群,如果有 2 个以上兄弟姐妹患有孤独症或者患有孤独症的家庭成员为女性,则在兄弟姐妹中再次发生孤独症的概率上升到 50%(Muhle et al., 2018);即使家族中没有被诊断为孤独症的患者,也常会发现有类似认知功能缺陷的个体。多数孤独症病例涉及多个基因,具有复杂的遗传性,其中 DNA 序列和染色体结构罕见和突变都对孤独症的发生有影响,目前已证实了多个位点和等位基因的重要作用(Murdoch & State, 2013)。

(二) 免疫学机制

免疫系统有三种功能,即外来抗原监测、抗感染和组织重塑,在生长发育、维持健康和伤口愈合过程中起到重要作用。孤独症患者的免疫功能紊乱,免疫系统不同部分的功能有所下降或增加。

中枢神经系统(CNS)功能的维持需要免疫系统的参与。在神经发育过程和整个成年期,正常的免疫过程都会影响神经系统的功能和特征。其中,细胞因子(免疫系统的信号分子)起着重要作用。细胞因子既充当化学引诱剂,指导生长,又充当神经营养因子,保障大脑和脊髓发育神经元的存活。孤独症患者中枢神经系统的发育异常与免疫系统有关。母亲围产期环境不良或感染可能带来更高的孤独症患病风险,因为促炎性细胞因子和神经毒素的释放会导致后代的大脑整体网络失衡(Rose, Ashwood, 2015)。孤独症患者的脑标本研究也证实了免疫反应对孤独症的作用,研究者在不同年龄段(4~45 岁)的孤独症患者脑标本中都发现了持续性神经炎症。目前已证实多种细胞因子与孤独症有关。例如,白细胞介素(IL)-1β(一种免疫系统中重要的促炎性细胞因子)参与了中枢神经系统的多种功能,也被认为是海马体维持正常学习和记忆过程所必需的。IL-6 和肿瘤坏死因子(TNF)-α 等促炎性细胞因子也参与了空间学习和记忆过程(Li et al., 2009)。

小胶质细胞属于抗原呈递细胞(APC),它与树突细胞和巨噬细胞有相似之处。小胶质细胞是大脑的吞噬细胞,能够调节神经元的死亡和清除凋亡神经元,在中枢神经系统的发育和维持中起着核心作用。作为中枢神经系统固有免疫系统的一部分,小胶质细胞参与中枢神经系统的许多反应过程,并与神经系统疾病(如多发性硬化、阿尔茨海默病和病毒性脑炎)的发生有关。小胶质细胞还可以表现出广泛的功能,包括参与产生突触、突触修剪和干细胞增殖的过程。越来越多的证据表明,小胶质细胞的激活异常或功能障碍会导致孤独症等严重神经发育障碍。小胶质细胞在发育过程中对突触的修剪起着关键作用,因此它在发育过程中与突触多样性缺陷、大脑区域之间的功能连接降

低、社会互动受损以及孤独症患者重复行为增加有关(Takano,2015)。

(三) 神经递质

目前已知多种与孤独症发生相关的神经递质。与正常个体相比,孤独症患者血液中的5-羟色胺、阿片样肽、神经肽和GABA等水平发生了变异。

5-羟色胺,又称为血清素,是一种生物胺,对许多生理过程有着广泛的影响,如昼夜节律、食欲、情绪、睡眠、运动和认知等。5-羟色胺存在于神经系统的5-羟色胺能神经元、内分泌系统的神经内分泌细胞以及免疫系统的血小板和淋巴细胞中。大约1/3孤独症儿童的外周血小板5-羟色胺水平持续升高,表明异常免疫反应可能参与5-羟色胺调节。因此5-羟色胺选择性重摄取抑制剂可用于一些孤独症患者的重复行为的治疗。目前对于孤独症患者血小板5-羟色胺升高的机制尚不清楚。

阿片样肽和阿片受体是中枢神经系统内神经发育、干扰迁移、增殖和分化的重要调节剂。过量的阿片样肽会对大脑发育和行为产生有害影响,孤独症可能是阿片样肽水平或活性异常的结果。虽然阿片类药物免疫抑制作用的确切机制尚不清楚,但它们可以作为细胞因子,通过外周血和/或胶质细胞上的受体发挥作用。

神经肽是来源于中枢和周围神经系统的生物活性小肽。根据动物模型,神经肽催产素和血管升压素在社会认知、关系和依恋的调节中起着关键作用。孤独症患者血浆催产素水平明显低于正常儿童。根据循环免疫功能色谱法的分析结果,与正常儿童相比,孤独症患者血液中的血管活性肠肽(VIP)、降钙素基因相关肽(CGRP)、脑源性神经营养因子(BDNF)和神经营养因子的浓度都有所增加(Ashwood & Van de Water, 2004)。

GABA是一种抑制因子,由兴奋性神经递质合成。以往研究者观察到孤独症患者在染色体位点15q11-q13区域的微缺失/微复制。15q11-q13位点包含许多编码GABAA受体特定亚基的基因,即*GABRB3*、*GABRA5*和*GABRG3*,分别编码β3、α5和γ3亚基。GABA基因功能和孤独症谱系障碍的突变之间存在关联,研究发现,孤独症谱系障碍个体GABA能基因的表达降低且GABA相关蛋白在孤独症谱系障碍个体脑样本中的密度降低(Coghlan et al., 2012)。

除此之外,孤独症患者与正常人群的谷氨酸和谷氨酰胺含量不同,孤独症患者通常表现出谷氨酸含量升高与谷氨酰胺含量下降。孤独症患者血浆中的去甲肾上腺素(一种交感神经系统的神经递质),也比同年龄的正常人群在仰卧和站立时更高(Lake, Ziegler, & Murphy, 1977)。

(四) 神经机制

1. 脑体积

幼年时期的脑体积增加是孤独症患者的显著特征之一。以往研究发现即使在对儿童的智商、身高和总颅内容积进行了控制之后,孤独症患者的总脑容量和脑室容量也表现出相比于正常儿童的增加。具体而言,孤独症患者的左侧扣带回、左侧缘上回、双侧杏仁体、双侧尾状核等区域相较于正常个体体积更大。

孤独症儿童脑体积随发展轨迹有所变化。患儿在出生时头部大小位于平均值或低于平均值,但从6～12个月开始,皮质表面积增大,到1～2岁时普遍出现大脑体积增大,并表现出较大的头围。这种体积增大尤其表现在杏仁核、额叶皮质和颞叶皮质内与社交、情绪、情感处理、语言相关的区域。这种过度生长可能反映了未经历典型凋亡和未经历早期修剪的神经元的过度生长,而并不代表新的神经元发育(Muhle et al., 2018)。在青春期和成年期后,与正常同龄人相比,患者的脑体积不再有显著差异。孤独症患者在幼儿期表现出脑体积的加速生长,但又在青春期相比于正常个体体积增大偏少。此外,在弥散张量成像的研究中还发现了孤独症儿童与正常儿童不同白质束的发育差异(Yu et al., 2020)。

脑体积的差异能够在早期预测孤独症患病风险。其中,有更大的轴外液量(蛛网膜下腔的脑脊液)、更大的总脑容量、更大的头围和更大的侧脑室体积的婴儿之后更可能被诊断为孤独症。另外,婴儿12～15个月时,如果轴外液量与脑容量之比大于0.14,也有更大可能性在之后被诊断为孤独症。孤独症症状的严重程度也与大脑的过度生长程度有关。其中更早且更多地出现大脑过度生长的个体预示着更严重的孤独症症状(Baribeau & Anagnostou, 2015)。

2. 脑网络连接

孤独症通常涉及三个大脑网络之间连接的异常:在社会认知中发挥作用的默认网络、与注意力有关的突显网络,以及通常在认知任务中激活,与执行功能和决策有关的中央执行网络。正常个体在这三个网络中都有所发展,表现出短程连接减弱,网络之间隔离增加,以及中央执行网络和默认模式网络之间的负连接增加。因此,正常个体在青少年晚期,将呈现出中央执行网络和默认模式网络的显著负相关。然而在孤独症患者中,网络的连接特征保持稳定,从青春期早期/中期到晚期,三个网络没有明显的纵向变化,无法在青少年晚期达到中央执行网络和默认模式网络之间的负连接关系。这种过于稳定的连接模式可能影响孤独症患者大脑的信息处理,进而影响孤独症患者的社会互动。因此,中央执行网络和默认模式网络之间的功能性连接模式也对孤独症青少年晚期的适应行为变化有预测作用(Lawrence et al., 2019)。

3. 小脑

小脑整体体积的增加是孤独症儿童的特征之一,与整体较大的脑体积成比例。然而,并不是所有的研究都发现了差异,可能还与处于不同发展阶段的儿童本身的脑体积变化有关。小脑与大脑半球中的许多皮质和皮质下结构相连,充当着与这些区域相关的许多认知、语言、运动和情感功能的调节剂。小脑在条件反射、预期计划、注意力、情感行为、视觉空间组织和感官数据采集控制中起到作用。

孤独症患者的许多与小脑有关的功能是紊乱的。小脑在感觉运动加工和维持身体平衡中具有重要的意义,其功能缺陷与孤独症患者轻微运动损伤的特征一致。此外,小脑还在情感、记忆、注意力、语言和认知回路中发挥重要作用,因为它与许多皮质区域和网络高度相连。小脑发育不全的患者不仅会出现共济失调,还会出现认知和情感障碍。因此小脑的结构差异能够部分解释孤独症患者的社会功能障碍(Baribeau & Anagnostou, 2015)。

孤独症患者的小脑结构也存在差异,包括小脑蚓部发育不良和体积减小。然而,也有其他研究者在孤独症患者中观察到小脑蚓部的体积增加,因此一些人提出了孤独症患者在该区域的低和高的双峰分布。利用磁共振波谱进一步研究孤独症儿童的神经代谢产物,会发现孤独症儿童存在着小脑蚓部的神经元丢失、细胞膜代谢异常与髓鞘发育不良等特征。蚓部后叶在促进语言功能方面具有重要作用。累及蚓部后叶的获得性小脑损伤,与轻度认知障碍、执行功能缺陷、表达语言障碍和情感迟钝有关。

小脑深部核,包括顶核、球状核和栓状核的异常也与孤独症的发生有关。但这些核组的神经元的大小随年龄而有所不同。在5~13岁的儿童患者中,小脑深部核组的神经元异常大且数量丰富;但21岁以上的孤独症患者在这些核组中却均表现出神经元数量的显著减少。提示孤独症的潜在神经病理学特征与发展阶段有关(Fatemi et al., 2012)。

4. 前扣带回皮质

孤独症患者通常表现出大脑体积异常,脑干、小脑、边缘系统和新皮质异常。其中行为、影像学和病理学研究中最常报告的异常皮质区域是前扣带回皮质,它是边缘系统的关键组成部分,对情感和认知行为以及运动活动有重要贡献。以往研究利用多种手段发现了孤独症患者前扣带回皮质的异常。在正电子发射断层成像研究中,孤独症患者表现出前扣带回皮质的脑血流减少以及葡萄糖代谢减少(Haznedar et al., 1997)。在fMRI研究中,孤独症患者表现出前扣带回皮质与其他多个皮质区域以及前扣带回皮质亚皮质之间的连接异常(Zhou et al., 2016)。在结构神经成像的研究中,孤独症患者也显示出前扣带回的体积和厚度的明显差异(Doyle-Thomas et al., 2013)。

前扣带回皮质是与额叶高度连接的区域,其功能与自主调节以及社会情感处理、奖励预期和错误监控有关。前扣带回皮质厚度越大,孤独症患者的社会性发展结果就越差。前扣带回皮质还与其他新皮质区域共同参与了社会互动的检测,包括检测不良结果和改变行为。因此,前扣带回结构连通性缺陷也能解释孤独症患者的刻板行为(Baribeau & Anagnostou, 2015)。孤独症患者前扣带回、额叶和纹状体结构之间的连接改变还与社会奖赏反应的受损和社会交流受损有关,在心理理论中起到作用。连接前扣带回皮质与相邻额叶皮质和颞顶叶的通路还参与了联合注意,孤独症患者在联合注意方面也存在缺陷。此外,其他归因于前扣带回皮质的行为还有情绪学习、目标导向行为、长期的社会情感依恋、情绪控制、对变化条件的适应性反应以及空间上复杂的双手运动协调等(Redcay et al., 2013)。因此,前扣带回皮质是导致孤独症患者异常情感、行为和社会交往的重要区域。

5. 杏仁核

杏仁核是与情绪调节有关的核团,位于侧脑室下方和海马体稍前处。杏仁核在妊娠早期(胚胎30～50天)发育,但直到出生后细胞核才分化。杏仁核与杏仁核周围皮质融合,邻近尾状核的尾部,并与许多大脑区域复杂相连,包括新皮质、基底前脑、边缘纹状体(伏隔核和基底前脑)、苍白质核、新纹状体结构(尾状核和壳核)、海马结构等。

杏仁核在威胁监控、记忆形成和情绪反应中有着重要作用。杏仁核的结构变化可能影响眼神接触和注视的形成(Baribeau & Anagnostou, 2015)。孤独症患者在边缘系统特别是杏仁核区域有关的发展轨迹有所改变,部分研究者认为孤独症患者的杏仁核相比于正常个体体积减小,但也有一些研究发现孤独症患者杏仁核体积增大。这种矛盾结果可能是年龄差异带来的。孤独症儿童(7.5～12.5岁)的左、右杏仁核体积大于正常儿童,但孤独症青少年(12.5～18.5岁)的杏仁核体积与正常青少年无差异。正常儿童的杏仁核体积从7.5岁到18.5岁大幅度增加,而孤独症儿童的杏仁核虽然最初较大,但并没有像正常儿童那样随年龄增长。

孤独症患者的杏仁核结构变化是复杂的。其他精神症状,例如,部分孤独症患者伴随的焦虑症状也可能导致该区域结构改变。因此,杏仁核对社会认知和行为的贡献仍有待进一步阐明。

6. 基底神经节

基底神经节包括纹状体(尾状核和壳核)、苍白球、黑质、下丘脑核和伏隔核。基底神经节在自发性运动控制中起着核心作用,也参与了程序学习、奖赏处理,并构成社会情感回路(Baribeau & Anagnostou, 2015)。

基底神经节的功能与孤独症患者的特征有密切关系。在基底神经节的功能受损时,任务相关的神经信号将其传送到前额叶皮质,导致前额叶皮质的异常同步模式。具体而言,在正常个体中,基底节的激活与枕区和前额皮质区的同步性小幅度降低有关;然而,在孤独症个体中,基底节的激活会导致枕区和额叶皮质区的同步性增加。这种增加的同步可能是基底神经节信号门控机制不佳,从而导致信号未经选择地复制到前额叶皮质的体现。对前额叶皮质信号的优先排序和过滤失败可能使患者的认知灵活性和执行功能普遍受损,从而出现孤独症谱系障碍的特征(Prat et al., 2016)。具体而言,孤独症患者的尾状核体积和生长速度相比于正常个体有所增加。尾状核的增大与刻板行为、自我伤害以及社会交流缺陷有关(Langen et al., 2009)。伏隔核则对于感知奖赏有着重要作用。额叶纹状体电路中伏隔核的连接/激活受损可能解释了孤独症患者社会奖惩处理受损现象(Baribeau & Anagnostou, 2015)。

以往有不少关于孤独症患者基底神经节的结构和功能异常的研究。例如,一些研究发现,与正常个体相比,孤独症患者的背侧纹状体增大。这种差异可以在幼儿中观察到,并随着年龄的增长而加剧(Langen et al., 2009)。另一些神经成像研究显示,在学习和高级认知任务期间,孤独症患者的基底神经节的激活程度低于对照组。此外,孤独症患者和对照组的基底神经节和皮质区域之间的连接模式也存在显著差异。基底神经节回路异常与孤独症患者语言过程和社会认知的受损有关(Middleton & Strick, 2000)。

7. 额叶、颞叶和顶叶区域

前额叶皮质位于大脑最前部,参与认知、注意力、语言以及社会和执行过程。前额叶皮质在解剖学上包括背外侧前额叶、腹内侧前额叶、额叶和眶额区,它们通过长距离的联合纤维与颞叶和顶叶区域相连,共同构成了"社会脑网络"。孤独症患者额叶和颞叶区域的体积减小、激活减少。前额叶区域还与年龄有关,孤独症儿童前额区域的神经元数量明显增多,与孤独症年幼患者的总体脑容量增大一致(Baribeau & Anagnostou, 2015)。从功能的角度,脑回和颞中回与孤独症患者面部表情处理缺陷有关,颞叶则与语言的发展和理解有关,因此颞叶是处理面部线索的一个重要结构。孤独症幼儿表现出颞叶活动早期缺陷,单光子发射计算机断层成像技术的研究表明,孤独症患者的颞叶血流量明显下降(Gillberg et al., 1993)。

孤独症患者心理理论和镜像神经元系统缺陷的假设也与额叶、颞叶和顶叶结构有关。心理理论指孩子学会区分自己和别人的想法和知觉。孤独症儿童的心理理论发展是延迟或受损的,这种受损涉及前额皮质和颞顶叶交界处的结构;镜像神经元系统代表的是一组神经元,这些神经元不仅在个体执行某个动作时激活,而且在另一个个体执行该动作时也会激活。镜像神经元系统在学习、语言发展和心理理论中起着重要作用,因此与孤独症以及其他精神疾病有关。镜像神经元系统还与额下回和顶叶上部等结构相关。这些区域的活动减少或结构变薄是孤独症患者社会交流缺陷的重要影响因素(Baribeau & Anagnostou, 2015)。

二、理论模型

(一) 执行功能障碍

执行功能包括计划、抑制、灵活性和工作记忆等过程。正常个体利用多项执行功能去完成超出自动化范围的活动,例如,制定与行为相关的策略和计划、转移话题、保持工作记忆、解决需要创新能力的任务等。

孤独症儿童相比于正常儿童在执行功能方面存在缺陷。其缺陷表现在多个方面:计划、灵活性、反应抑制、工作记忆等,即使是孤独症群体中能力较强的个体也不可能达到与他们的认知水平相匹配的执行功能水平,因为他们不能执行一个综合的行动计划。背外侧前额叶皮质在执行功能中起到重要作用,而孤独症患者在执行功能任务中表现出背外侧前额叶区域激活的降低。研究证实了孤独症患者在多方面的执行性功能缺陷。在 Go-Nogo 任务中,孤独症患者表现出反应选择/监控方面的缺陷,但随着年龄增长有所改善(Høyland et al., 2017)。在工作记忆相关的任务中,孤独症患者虽然表现出完整的工作记忆容量,但在高工作记忆负载要求下,其有效分配容量的能力受到干扰

(Bodner，Cowan，& Christ，2019)。

执行功能缺陷并不是孤独症独有的特征,这种缺陷也在注意缺陷和精神分裂症患者中被观察到。然而,孤独症儿童的执行功能缺陷有其特征,如孤独症儿童在灵活性与计划性方面较弱,却在抑制性方面较强(Sigman，Spence，& Wang，2006)。

(二) 心理理论缺陷

心理理论是对他人意图、观念、期望等心理状态的推断。在很大程度上,孤独症患者在心理理论任务上的表现明显低于正常个体。心理理论的缺陷会对孤独症儿童的社会关系产生深远的影响,因为情感和行为反应依赖于理解他人精神状态的能力。

心理理论缺陷可以解释孤独症儿童的社交交流障碍,如用语失范、缺乏假装游戏、缺乏尴尬和同理心等现象。在实际社会交往中,人们需要直观地掌握正在发生的事情以及对各种事件做出适当的自发反应。在自发地应用心理理论的同时,必须处理快速的"在线"社会信息,促进适当的社会活动。因此,自发的心理理论的缺陷能够导致社会交流的缺陷。孤独症患者在需要适当的社会功能的大多数领域表现出困难,往往表现出对社会线索注意的减弱。即使语言和智力水平较高,他们的社会适应行为也滞后于正常个体。根据自闭症的社会动机理论假设,自闭症婴儿的社会认知差异是由于社会刺激对自闭症个体的激励作用较小导致的。这种理论认为奖励系统有一个模块化的组织,社会激励在这个组织中被选择性地削弱(Happé，Cook，& Bird，2017)。另外,中脑边缘奖赏通路的核心脑区——伏隔核和腹侧被盖区的蛋白质连接异常与孤独症儿童社交受损有关(Supekar et al.，2018)。

心理理论能力与多种能力有关。语言能力是影响孤独症儿童心理理论发展的重要因素,研究者认为,语言能力对于孤独症儿童心理理论促进的原因可能是一种补偿性的策略,即儿童可能通过类比精神状态与言语内容,增强对动词和语义的理解,从而更好地完成心理理论任务。在实际中,这种语言的作用还体现在母亲和孩子之间的自发对话中,如果母亲经常在沟通中提到心理状态,也能增加孤独症儿童的心理理论任务成功率(Kimbi，2014)。此外,由于错误信念任务需要从一个人的角度转移到另一个人的角度,因此患有孤独症的儿童在执行功能和认知转移(即在两种刺激之间切换的心理能力)方面的问题也会影响其心理理论的发展(Pellicano，2010)。

但总体上社会理解能力是独立于一般智力的,也正因为如此,有些孤独症患者对非社会性的,如物理、数学、工程等问题,具有很强的理解能力。这种现象可能是由于共情与智力的神经基础相对独立导致的。

(三) 弱中心统合

中心统合理论指的是一种特定的认知方式,包括理解更广泛背景的能力。弱中心统合理论表明,孤独症的核心缺陷是不能将局部细节融入整体,因此弱中心统合是孤独症中枢紊乱的基础。由于社会信息处理的各个方面都需要整合,例如,处理面孔的能力或语境语言的意义等,因此整体信息处理中的认知知觉缺失可能与孤独症的社会交流障碍有关。

中心统合理论解释了孤独症儿童在某些方面的特殊能力现象。研究发现,孤独症儿童在需要详细而非整体信息处理的方面做得更好。其原因在于孤独症患者的视觉刺激的整体和局部成分并不像正常个体中那样具有层次结构。相反,这些成分是独立和被同等处理的,因此在感知视觉刺激时无法整合。中心统合理论解释了大约20%的孤独症儿童在数字、音乐、艺术和诗歌方面的特殊能力现象。因此,在孤独症群体中有艺术技能的人可以很精确地再现视觉场景,尽管他们的认知能力有限。

弱中心统合理论还适用于对孤独症患者重复和刻板行为,以及狭隘兴趣和过度选择行为的解释。神经影像学研究表明,在嵌入图形视觉搜索任务中,对照组被试动用前额皮质来完成这项任务,而孤独症患者表现出比正常个体更大的腹侧枕颞区的激活。这种与物体知觉相关的区域激活可以反映出一种零碎的策略,与将目标作为一个整体保存在工作记忆中(由前额皮质提供支持)的全局策略不同(Sigman, Spence, & Wang, 2006)。

第二节 注意缺陷/多动障碍

> A. 持续的注意缺陷和/或多动-冲动的模式,且干扰到个体正常行为或发育。
> 1. 注意缺陷:下列6项(或更多)症状至少持续6个月,且与发育水平不相符,并直接影响了社会和学业/职业活动。
>   a. 经常不能密切关注细节或在作业、工作或其他活动中犯粗心大意的错误(例如,忽视或遗漏细节,工作不精确);
>   b. 在任务或游戏活动中经常难以维持注意力(例如,在听课、对话或长时间的阅读中难以维持注意力);
>   c. 当别人对其讲话时,经常看起来没有在听(例如,即使在没有任何明显干扰的情况下,依然显得心不在焉);
>   d. 经常不遵循指示以致无法完成作业、家务或工作中的职责(例如,可以开始任务但很快就失去注意力,容易分神);
>   e. 经常难以组织任务和活动(例如,难以管理有条理的任务;难以把材料和物品放得整整齐齐;凌乱、工作没头绪;不良的时间管理;不能遵守截止日期);

f. 经常回避、厌恶或不情愿从事那些需要精神上持续投入的任务(例如,学校作业或家庭作业);
　　g. 经常丢失任务或活动所需的物品(例如,学校的资料、铅笔、书、工具、钱包、钥匙、文件、眼镜、手机);
　　h. 经常容易被外界的刺激分神;
　　i. 经常在日常活动中忘记事情(例如,做家务、外出办事)。
2. 多动和冲动,下列症状符合 6 项(或更多),持续至少 6 个月,且与发育水平不相符,并直接影响了社会和学业/职业活动。
　　a. 经常手脚动个不停或在座位上扭动;
　　b. 当被要求坐在座位上时经常离开座位(例如,离开他所在的教室、办公室或其他工作的场所);
　　c. 经常在不适当的场合跑来跑去或爬上爬下;
　　d. 经常无法安静地玩耍或从事休闲活动;
　　e. 经常忙个不停,好像"被发动机驱动着"(例如,在餐厅、会议中无法长时间保持不动,可能被他人感受为坐立不安);
　　f. 经常讲话过多;
　　g. 经常在提问还没有讲完之前就把答案脱口而出(例如,接别人的话;不能等待交谈的顺序);
　　h. 经常难以等待轮到他(例如,当排队等待时);
　　i. 经常打断或侵扰他人(例如,插入别人的对话、游戏或活动;没有询问或未经允许就开始使用他人的东西)。
B. 若干注意障碍或多动-冲动的症状在 12 岁之前就已存在。
C. 若干注意障碍或多动-冲动的症状存在于 2 个或更多的场合(例如,在家里、学校、工作中,或与朋友或亲属互动等其他活动中)。
D. 有明确的证据显示这些症状干扰或降低了社交、学业或职业功能。
E. 这些症状不能仅仅出现在精神分裂症或其他精神病性障碍的病程中,也不能用其他精神障碍来更好地解释(例如,心境障碍、焦虑障碍、分离障碍、人格障碍、物质中毒或戒断)。

　　全球大约 7% 的儿童患有多动症。在儿童期临床诊断的病例中,50%～80% 的患者的症状会持续到青春期,30%～50% 的患者症状会持续到成年期。在儿童发展过程中,多动症患者学业成绩更差,更可能留级、辍学和被开除,与同龄人和家人的关系差,有更多的焦虑、抑郁、攻击行为以及早期物质滥用、虐待、驾驶事故和超速违规等行为,在成人社会关系、婚姻和就业方面表现出困难(Barkley,1997)。

　　注意力集中困难是多动症儿童的主要特征。多动症儿童很难专注于某事或坚持完成任务,并在小学期间表现出明显的症状。他们通常在学校里无法持续专心听讲,东张西望和心不在焉。甚至从事他们有兴趣的娱乐活动,也只能维持很短的注意力,半途而废。

活动过度是多动症儿童的另一主要特点。此类儿童通常精力过剩,表现出不断地活动。这种过度活动的表现有时可以追溯到婴儿时期,具体表现为哭闹、入睡困难、喂食困难、活动过多等。学龄期则表现为在一些需要安静的场合依然表现出过度的活跃,说话更多。

多动症还可能导致多种功能受损,包括人际关系的受损,高危或意外的发生,以及物质滥用、冒险行为、意外怀孕等(杨广学,张巧明,王芳,2017)。

多动症更多地出现在男孩之中,是女孩的 5~10 倍。但女孩出现注意力不集中的症状的概率与男孩相同。多动症的女孩通常不像男孩那样表现出活跃和好斗,因此很少被建议去做行为评估。多动症女孩也面临着学习和社会问题的风险(Gaub & Carlson, 1997)。

一、多动症的生理与认知神经科学研究基础

(一) 遗传与基因

儿童期和青少年期多动症的遗传率约为 0.75,远高于抑郁症,接近于其他高度遗传性疾病,如精神分裂症和双相情感障碍。多动症与染色体异常(如脆性 X 染色体)有关。例如,具有额外 Y 染色体(XYY)的男孩表现出更多的多动症症状,同时伴有语言和表现能力的降低;脆性 X 综合征也与多动症有关;患有特纳综合征的女孩通常缺少第二个 X 染色体,并表现出注意缺陷。染色体的研究证明了注意力和学习问题可能是由遗传缺陷引起的(Mulligan, Gill, & Fitzgerald, 2008)。

(二) 神经基础

1. 前额叶

在多动症的研究中,研究者重点关注的区域是前额叶。根据前额叶的功能模型,前额皮质的首要功能是形成具有统一目标的跨时间的行为结构。正是这些行为结构的新颖性,使得前额叶皮质在它们的形成中至关重要。追溯功能帮助目标导向行为结构的形成和保持,预期功能则促进对事件或预期采取行动的准备。这些功能与工作记忆的神经心理学概念相同。

多动症儿童的前额叶功能异常是年龄依赖性的,随发育过程而变化。正常的右利手幼儿左眶额/前额皮质和右枕额皮质相较其同系物厚,但随着年龄的增长发生了逆转。因此到了成年早期,则表现出更大的右侧前额叶和左侧枕叶皮质。而在患有多动症的右利手儿童中,这种不断变化的皮质不对称的后部基本保持完整,但前额叶皮质的不对称却消失了。研究发现,在对照组中没有表现出典型的偏右额叶的不对称,且与正常对照组儿童相比,患有多动症和阅读障碍的儿童的右额宽都明显较小。对照组儿童的大脑表现为右、左额叶不对称,而多动症和阅读障碍儿童的额叶宽度相等(Gilliam et al.，2011)。

2. 胼胝体

胼胝体的异常也与多动症有关。胼胝体是人脑内最大的一束有髓鞘纤维，连接左右大脑半球的同源区域。它的发展涉及两个半球的中线胶质细胞群的胚胎形成和引导跨越中线的特定分子的表达。多动症患者的前胼胝体有异常的生长轨迹。患者的前胼胝体在生长中出现中断，这种中断导致了前额皮质不对称发展的中断，解释了胼胝体和额叶前皮质一致的异常发育。以往有关多动症患者胼胝体的研究产生了不一致的结果，一些研究认为多动症个体前胼胝体和后胼胝体的选择性降低，但另一些研究认为多动症个体与正常个体的胼胝体功能并没有区别(Gilliam et al.，2011)。

3. 尾状核

尾状核是与运动调节系统有关的皮质下结构。多动症是特质冲动性在早期的表现，特质冲动性神经模型主要关注中边缘多巴胺系统及其与中皮质多巴胺系统的前馈和反馈投射。中边缘多巴胺系统包括尾状核和壳核的腹侧区域以及从腹侧被盖区到伏隔核的神经投射(Beauchaine，Zisner，& Sauder，2017)。以往针对多动症患者的研究表明，患者右尾状体平均体积略小于正常个体，而左尾状体平均体积与正常个体无显著性差异。在控制总尾状核体积后，女孩尾状核比男孩大。多动症患者的尾状核体积还受到年龄的影响，其中患有多动症的 16 岁以下儿童尾状核体积较小，而在 16 岁后趋于正常。此外，患者尾状核的代谢水平也较低。当多动症儿童服用了哌醋甲酯时，代谢水平可以达到正常。更精确的研究确定了多动症主要是右纹状体(一个涉及尾状体的皮质下区域)代谢不足导致的。同样在给予哌醋甲酯后，代谢活性水平恢复正常。在多动症儿童中，被确定为代谢不良的区域正是那些投射到额叶并参与启动和调节运动活动的皮质下区域。这可能意味着多动症患者起门控作用的重要的神经细胞功能异常。因此在纹状体代谢较低的情况下不能抑制对刺激的反应，也不能控制运动调节系统正常工作。多动症儿童不能抑制对新环境刺激的反应，从而有更高的非选择性的反应(Schlochtermeier et al.，2010；Krain & Castellanos，2006)。

二、理论模型

(一) 低中枢神经系统兴奋

艾森克认为，内向者比外向者有更高的唤醒程度，其中涉及的重要结构是脑干网状上行激活系统的功能，大脑皮质的兴奋被认为是该系统刺激的结果。内向者有更活跃的网状激活系统，因此对环境刺激更加敏感，而外向者为了补偿他们较低的生物性觉醒水平则寻求更多刺激。多动症的个体天生唤醒低下，因此通过增加活动和寻求外部刺激来补偿(White，1999)。此外，多动症患者的中枢神经系统的低唤醒还在脑电图的研究中被发现，研究表明，患者具有阵发性或弥漫性 θ 波活动增加、慢波增加、α 波减少和平均频率下降等特征。由于患者的大脑皮质抑制功能不足，导致皮质下中枢活动增多，从而表现出多动行为。

(二) 成熟滞后

多动症患者的大脑发育障碍的本质一直存在争议。以往研究者对此有两种假说：大脑发育迟缓假说与完全偏离正常发展模式假说。但近期的一些研究通过追踪的方式发现，注意缺陷多动障碍（ADHD）儿童的区域性发育模式与正常儿童相似，其中初级感觉区在多峰、高阶关联区在皮质厚度峰值之前达到峰值。然而，多动症患者大脑大部分区域达到峰值厚度的时间有明显的延迟：在多动症患者中，50%皮质点达到峰值厚度的中位年龄为 10.5 岁，明显迟于正常群体中 7.5 岁的中位年龄。其中前额区的延迟最为关键，因为前额叶对包括注意力和运动计划的控制认知过程有着重要作用（Shaw et al.，2007）。

成熟滞后模型的神经生物学理论支持来自横截面结构成像的研究，该研究发现了多动症患者在皮质-纹状体-大脑区域较小的尺寸，这些区域在多动症患者中发育很晚。此外，大脑活动的研究也证明了多动症患者在随年龄呈线性发展的区域缺乏激活。EEG 研究表明，与正常个体相比，青春期前和青少年时期多动症患者的慢波活动（主要是 θ 波）增加。这一结果被解释为多动症患者的唤醒水平不同，这种不同的唤醒水平可能是由于功能性皮质成熟延迟所致（Markovska-Simoska & Pop-Jordanova，2017）。神经心理功能的研究发现了多动症儿童成熟滞后模型的进一步证据。多动症儿童表现出执行功能的延迟发展，包括抑制性、自我控制、注意力等，这些功能主要依赖于额叶的回路。而多动症儿童在外侧前额叶皮质的延迟最为明显（Shaw et al.，2007）。

(三) 脑功能异常

成熟滞后并不能完全解释多动症儿童的发展轨迹。多动症儿童的认知表现尽管随年龄有所改善，但与正常儿童相比仍然存在缺陷。在活动过度方面，多动症儿童的表现始终与更年幼的健康儿童相似，几乎没有表现出发育追赶。这项研究表明，虽然多动症儿童的部分功能的缺陷可以解释为发展缓慢，但患者的其他功能（如抑制控制）与正常发展儿童相比则呈现出不同的发展轨迹（Berger et al.，2013）。另外，ERP 数据也不支持多动症患者的发展滞后假说。多动症患者的发育状况可能在行为或行为水平上与正常儿童随年龄发展的轨迹相似，但这些相似的行为并不能由神经激活模式的相似解释。以往在 ERP、MRI 和 fMRI 的其他研究中也表明，多动症患者与典型发展个体的大脑模式几乎没有共同之处，多动症可能是异常的脑基础所致，而非成熟延迟（Anderson et al.，2014；Shahaf et al.，2015）。

(四) 行为抑制缺陷

行为抑制是指三种抑制功能，抑制预期的反应、抑制正在进行的反应与干扰控制，它们会对运动系统产生直接的影响。对预期反应的抑制是行为调节的一个组成部分，因此复杂、高阶的行为和认知，包括社会行为、计划、熟练的运动行为、等待和语言产生，都依赖于有效、有目的的抑制控制。当抑制减弱时，大量的活动无法以适当的方式进行,解释了多动症合并型患者的冲动性多动和注意力不集中的现象。

多动症儿童在多种与行为抑制相关的任务上表现较差。在运动抑制任务,如 Go-Nogo 范式、停止信号任务、变化范式(与停止信号范式相关)和延迟响应任务中,多动症患者都很难准确地完成任务;患者在反应抑制的任务上也表现很差。当任务要求停止正在进行的反应时,或者当反馈表明反应无效或不适应时,多动症患者很难停止其反应。除此之外,患者还表现出先前反应模式的持续性,即使情况已经发生变化,他们依然难以调整其活动;除了在任务成绩上的差距,多动症患者的行为抑制问题还在抑制任务的具体表现上被注意到,例如,延迟反应任务上的异常注视转移(Barkley, 1997)。

(五) 工作记忆缺陷

工作记忆系统是临时存储和处理信息的系统,用于指导行为。工作记忆的缺陷被认为在多动症中起着关键作用。在多动症工作记忆方面的研究有口头工作记忆与空间工作记忆两类。口头工作记忆是对数字记忆广度进行评估。在这个任务中,参与者被要求以向前和向后的顺序重复数字串。多动症儿童相比于正常儿童数字跨度更小,正常儿童比多动症儿童回忆的数字更多(Karatekin & Asarnow, 1998)。

工作记忆的三个主要组成部分包括一般中央执行系统及语音和视觉空间子系统。语音子系统负责语言材料的临时存储和操作,而视觉空间子系统则为非语言视觉和空间信息提供临时储存。广泛的神经心理学、神经解剖学、神经影像学和因子分析研究支持了这两个子系统的独特功能,被认为是一系列认知过程的基础,其作用从记住一个电话号码到计划、学习、推理和理解(Karatekin & Asarnow, 1998)。工作记忆模型的中央执行系统也能解释多动症儿童的注意力不集中行为。中央执行系统是负责监督和协调附属系统的注意控制者,在控制和集中注意力方面起着关键作用,在并行任务之间分配注意力,提供工作记忆和长期记忆之间的连接,研究证实多动症患者该区域受损(Kofler et al., 2010)。

(六) 注意缺陷

多动症患者的注意问题主要包括注意广度小且易分心。游戏是幼儿时期最重要的活动,因此游戏场景是儿童表现出注意力和冲动控制不足的重要场景。与正常儿童相比,多动症儿童在游戏中的注意问题反映在游戏任务中的活动较少,而任务外活动较多等方面。多动症儿童在自由玩耍时更容易改变活动,在有组织的任务中更活跃,注意力更少,与发育迟缓有关。但情境也对行为有着重要影响,多动症儿童并不会在所有活动中表现出注意缺陷(Alessandri, 1992)。

实际上,导致儿童多动症的原因还存在着共同作用。如多动症患者在执行功能、学习和抑制方面的缺陷也部分归因于工作记忆的缺陷。并且,行为抑制和工作记忆的缺陷也可能存在共同作用。如在反应抑制任务中,多动症儿童无法调整其反应,这可能是由于无法准确记忆正确的反馈导致的,这种无法准确记忆的状况会影响之后的反应抑制(Lee, Vaughan, & Kopp, 1983)。然而,虽然多动症患者的抑制功能与工作记忆存在共同作用,但在机制上两者存在差异。抑制功能与前额叶皮质的眶额区及其与纹状体腹内侧区的相互联系有关。而工作记忆的功能是由前额叶皮质的背外侧区及其与纹状体中央区域的相互联系所支配的。

第三节　特定学习障碍

> A. 学习和运用学业技能的困难,存在至少1项下列症状,且持续至少6个月,尽管存在针对这些困难的干预措施。
>   1. 不准确或缓慢而费力地读字(例如,读单字时不能正确地大声朗读或需要缓慢、犹豫、频繁地猜测,难以念出单字)。
>   2. 难以理解所阅读内容的意思(例如,可以准确地读出内容但不能理解其顺序、关系、推论或更深层次的意义)。
>   3. 拼写方面的困难(例如,可能添加、省略或替代元音或辅音)。
>   4. 书面表达方面的困难(例如,在句子中犯下多种语法或标点符号的错误;段落组织差;书面表达的思想不清晰)。
>   5. 难以掌握数感、数字事实或计算(例如,数字理解能力差,不能区分数字的大小和关系,用手指加个位数字;在算术计算中迷失;转换步骤)。
>   6. 数学推理方面的困难(例如,应用数学概念、事实或步骤去解决数量的问题有严重困难)。
> B. 受影响的学业技能显著地、可量化地低于个体实际年龄所预期的水平,显著地干扰了学业或职业表现或日常生活,得到标准化成就测评和综合临床评估确认。
> C. 学习方面的困难开始于学龄期,但直到受到影响的学业技能的要求超过个体的有限能力时,才会完全表现出来(例如,在定时测试中,读或写冗长、复杂的报告,有严格的截止日期的任务或特别沉重的学业负担)。
> D. 学习困难不能用智力障碍、未校正的视觉或听觉的问题,其他精神或神经症性障碍、心理社会的逆境、不充分的教育指导来更好地解释。

学习障碍个体在阅读、数学或书写上的能力明显低于其年龄、智商、受教育程度所期望的能力。

阅读障碍发生率为5%~15%,对儿童的认知、情感、自我概念以及社会性发展都会产生重大的影响。阅读障碍患者尽管得到了足够的指导、拥有完整的智力和感官能力,但他们在词汇识别和拼写方面依然存在困难(Peterson & Pennington,2015)。

数学障碍发生率为6%左右,其中70%的患者是男孩。患者通常在识别数字和符号、记忆、对齐数字和理解抽象概念等方面存在困难。由于在理解抽象概念或视觉空间能力方面有问题,并在算术计算和/或数学推理能力上有核心缺陷,患者的神经心理过程被认为是不成熟或受损的。

书写障碍发生率为10%左右。书写障碍儿童尽管粗大运动发育正常,但手眼协调存在问题,从而导致书写不良。此类儿童的写作通常较短、不太有趣或组织不好,同时在完成拼写、标点和语法方面存在困难。

一、学习障碍的遗传率

人类认知和个性的个体差异具有中等遗传率(通常约为0.50)。阅读障碍和阅读能力正常的同卵双生子和异卵双生子的相似度分别为68%和40%。这种遗传性随着年龄而变化,阅读能力的遗传率随着年龄增长而有所增加,增加的原因可能在于儿童会选择适合自己水平的阅读任务,因此这是基因与环境交互作用的结果(Peterson & Pennington, 2015)。具体到阅读的各项技能,遗传率有所差异。语音译码的遗传率高达0.93,阅读识别的遗传率是0.45,拼写的遗传率从0.21到0.62不等(孟祥芝,周晓林,2001)。

关于数学障碍遗传率的研究不多,但有一些关于数学能力遗传率的研究,以及考虑数学能力极端维度——数学学习障碍和数学天才的研究。这些研究显示,对数学能力遗传率的初步估计在0.2~0.9之间,后来进一步确定数学能力的遗传率大概在中等程度。本节主要介绍阅读障碍的理论模型及相关研究结果。

二、阅读障碍的理论模型

对阅读障碍产生原因的解释有语言特异性理论与语言非特异性理论两类。语言特异性理论认为,阅读障碍来源于语言学层次的加工缺陷。例如,部分研究者认为,阅读障碍的核心缺陷在于解码,即将一个单词分解成足以阅读整个单词的部分,再阅读单个小单词的能力。其中很重要的概念是音位学,音位学指学习和储存音位的能力,阅读者分解单词的音以获得与字母匹配的音素,并将声音组合成有意义的单位或单词。大约80%的儿童在7岁之前就可以正确使用音素,但沟通障碍和学习障碍患者的语音意识存在缺陷。阅读障碍最常见的潜在特征是无法区分或分离口语中的音素,在学习基本的视觉词汇时经常遇到困难,例如,在换位(was/saw, scared/sable)、反转(m/w, u/n)和省略中经常出现错误,这些错误在阅读障碍幼儿中很常见。

语言非特异性理论认为,感知觉的发展问题在阅读障碍中起着重要作用,阅读障碍可能是由更深层、更基本的视觉与听觉障碍造成,例如,视听觉能力的损伤或发展不完善等原因(孟祥芝,周晓林,2001)。

(一)阅读障碍的大脑结构与功能偏侧化研究

阅读障碍患者相比于正常人群呈现出两侧脑的高度对称。语音加工主要是左脑的功能。因此阅读障碍患者两侧脑的对称性甚至偏右脑的对称性可能与其解码困难有关。阅读障碍患者的弱偏侧化是由右后半球注意力系统早熟以补偿左后半球损伤造成的。

　　脑成像的研究证实了失偏侧化是阅读障碍的重要特征。阅读障碍与口语表达区域和视觉过程区域的脑区激活有关,异常脑区主要存在于左半球。以往在CT和MRI的结构成像中发现,正常个体大脑两半球的不对称性与阅读功能有关,相比于正常儿童,阅读障碍儿童在顶枕区并未表现出这种不对称性,甚至出现了不对称性的反转。阅读障碍儿童在角回区域的右侧大于左侧,而正常个体却呈现出左侧大于右侧的特点。fMRI、脑磁图和ERP对脑激活特征的研究进一步证实了阅读障碍患者语音加工的差异主要在于左下额区和颞区,联结失调区域在左半球的腹侧视觉联合皮质和颞顶区。具体而言,患者左后半球有两个区域未被激活:一个是对语音处理和音素转换至关重要的颞顶区域;另一个是枕颞区,包括参与全词识别的视觉词形成区。同时左额下回的异常激活也常被提到(Peterson & Pennington,2015)。因此左半球认知资源加工能力的不足是阅读障碍儿童的显著特征(王恩国,2018)。

　　初级视皮质的横截面面积的研究也证实了阅读障碍患者与正常个体脑功能偏侧化的差异,它反映了阅读相关的神经通路异常。阅读障碍患者的外侧膝状核巨细胞与正常个体相比有组织学层面的变化,且表现出异常的视觉诱发电位和大脑对巨细胞特异性刺激的激活。有研究测量了阅读障碍者和非阅读障碍者的初级视皮质的横截面神经元面积。发现虽然阅读障碍和非阅读障碍者在双侧视皮质各层的平均神经元横截面积没有显著差异,但非阅读障碍者的大脑在左半球有较大的神经元,而阅读障碍者的大脑并没有表现出不对称性(Jenner, Rosen, & Galaburda,1999)。因此,左侧初级视皮质的不对称性特征在阅读障碍者的大脑中不存在。

　　除此之外,阅读障碍患者还表现出后颞上侧白质的减少,以及左颞顶叶区和左额下回局部白质变化的特征,并在识别快速变化声音时,两半球的连通性降低。阅读障碍患者相较于正常个体更弱的左白质优势可能与他们的音位声学信息处理和整合问题有关,这再次证实了大脑偏侧化与阅读障碍间的联系(Vandermosten et al.,2013)。

(二) 程序性记忆损害

　　阅读障碍属于发展性语言障碍的一种,涉及流利解码(处理字形音位映射)的困难,在很大程度上可以解释为程序性记忆下大脑结构的异常,并依赖于基底神经节及其脑区。基底神经节及其相关脑区在语言功能中起到重要作用,是与程序性记忆有关的重要结构。语法、词汇、语音、发音和言语的产生与感知等都依赖于程序性记忆,因此程序学习能力较好的个体也表现出较好的学习和认知能力。发展性阅读障碍患者的程序性记忆明显受损,表现出包括言语产生的受损、(视觉)语法学习困难、非典型句法处理困难、非典型时间加工困难、语言预测困难、工作记忆较差等特征。

　　解剖学研究与功能成像的研究中均发现了阅读障碍患者在基底神经节(前尾状体和壳核)和额叶(运动区和下额叶)等与程序性记忆相关脑区的脑结构与脑活动的异常。阅读障碍患者中最常见的是颞上/颞下和颞下/腹颞区以及小脑区域的异常,但壳核和前尾状体的异常也有研究报告。序列反应时研究发现了阅读障碍患者的壳核以及辅助皮质运动区、小脑和顶叶区域的激活异常,佐证了程序性记忆在阅读障碍中的作用(Ullman et al., 2020)。

(三)巨细胞异常

根据细胞的大小与生理特征,视网膜中10%的神经节细胞属于巨细胞,其他90%的细胞为小细胞(Stein & Talcott,1999)。其中巨细胞区携带快速、低对比度的视觉信息,而小细胞区携带慢速、高对比度的信息(Hubel & Livingstone,1991)。虽然阅读障碍者与非阅读障碍者的小细胞层相似,但阅读障碍患者大脑中的巨细胞层更不规则,细胞体更小,大小和形状也有差异。通过观察,阅读障碍患者大脑的平均和中位巨细胞区域都明显较小。与对照组相比,阅读障碍组的平均巨细胞面积小27%,平均小细胞神经元面积无显著性差异。

有研究者对巨细胞异常带来的具体影响进行了解释。阅读障碍患者的视觉系统巨细胞处理低对比度的信息更加缓慢。较小的细胞体可能会有较薄的轴突,而较薄的轴突会有较低的传导水平(Livingstone et al.,1991)。但膝状体和皮质之间的传导速度较慢并不是唯一的影响因素,因为巨细胞轴突直径减少30%只会导致大约1 ms的延迟,即使直径减少到原来的1/2或1/3,也只会导致几毫秒的延迟。很有可能视觉通路的巨细胞分裂也会导致阅读障碍,导致信息处理的异常或延迟具有累积效应,因此最终当观察到的诱发电位延迟20~50 ms时,需要视觉辨别的任务延迟100~200 ms(Galaburda & Livingstone,1993)。

(四)眼跳与激活延迟

阅读障碍儿童存在眼跳的延迟。研究发现,阅读障碍儿童的眼球运动在方向和深度上的潜伏期相较于正常儿童更长,眼跳(纯的或联合)表达延迟的发生率明显较高。因此,控制视觉注意力从近到远转移的困难可能是阅读障碍的根源(Bucci, Brémond-Gignac, & Kapoula, 2008)。另一项研究也发现,虽然阅读障碍患者与正常儿童在手动反应时间任务上的表现相当,但被试对左视野呈现目标表现出比对照组更长的眼跳潜伏期。证实了阅读障碍者的眼跳延迟可能是其阅读困难的基础(Judge, Caravolas, & Knox, 2007)。

这种延迟还体现在脑激活的时间进程上,以往脑磁图的研究发现,阅读障碍者与正常人群在左后颞枕区有着明显的差异,阅读障碍患者通常激活延迟或完全没有激活。ERP的研究也再次佐证了阅读障碍者的启动延迟现象。阅读障碍患者在词音辨别任务中的颞中顶区启动明显慢于正常组,甚至完全没有启动的出现。启动的失败或缓慢给患者的阅读速度和效果带来损害(孟祥芝,周晓林,2001)。

12

毒瘾和行为瘾

鸦片、吗啡、海洛因、可卡因、致幻剂、兴奋剂和一些人工合成的新型化学物质能引起人们严重的生理依赖和心理依赖,并且随着使用次数增多,达到同样效果所需剂量迅速增高;为了再次得到它,甚至不惜丧失个人尊严和做出有害社会和家庭的行为。这类物质被称为毒品。此外,过去的几十年间,在毒瘾的科学研究基础上,人们逐渐加深了对某些异常行为或称之为"问题行为"的认识,包括赌博障碍、游戏成瘾、网瘾、食瘾、强迫购物行为等,统称为行为瘾。本章我们将分别讨论这些成瘾问题及其认知神经科学基础。

第一节 毒品成瘾

一、毒品

很早以前人们就认识到,毒品是一类能引起人们严重心理依赖、生理依赖或戒断症状的化学物质。人们为渴求毒品,不惜丧失其应有的社会角色和职能,甚至丧失人格与人性。对我国危害最大的毒品是阿片类物质(如海洛因等)和化学合成的生物胺(如摇头丸等);此外,可卡因、致幻剂和大麻等毒品也常有,新型毒品近年来在国内也有所传播。

(一) 鸦片、吗啡、海洛因

每个中国人都不会忘记,1840年的鸦片战争是我国沦为半殖民地半封建社会的起点。鸦片是罂粟科植物上未成熟的球形果内的乳白汁液,经空气氧化后产生的红褐色胶状物。鸦片内含有20多种生物碱,其中以吗啡的含量最高,其次为可待因和罂粟碱等。人们很早就知道鸦片能解除难以忍受的疼痛。《本草纲目》中记载,鸦片可用于治疗腹泻、痢疾、脱肛等疾病。1806年,德国化学家从鸦片中提取出有效成分吗啡,提纯后的吗啡作用比鸦片强10倍以上。1832年,又有人从鸦片中提取出另两种生物碱:具有镇痛和止咳作用的可待因,以及镇痛药盐酸哌替啶(又称杜冷丁)。1898年,美国人将吗啡分子上的两个羟基替换成乙酰基,制成了海洛因,比吗啡作用更强。从吸食鸦片到注射吗啡或吃海洛因,是吸毒的阶梯。使用阿片类物质的初期,人会产生一种舒适、安逸和飘忽之感，继而产生满足的心理体验，随后还可能产生多种神秘的幻觉，精神兴奋，言语增多，这种状态可持续 8~10 h。长期服用成瘾后，智力明显下降，呈现一种没有思想、没有焦虑的无名欣快状态，有时还会出现多种白日梦，似乎身临其境那样真实、生动、新奇，这种安逸舒适体验消失后，取而代之的是空虚、焦虑、恐怖，白日梦也变得十分可怕，还常产生感知觉综合障碍。例如，楼房和各种建筑突然变得非常庞大，走在街上犹如身陷万丈深渊，极度恐怖。因此，成瘾的人对阿片类物质的心理依赖不是渴求舒适之感，而是为了逃避这种度日如年的可怕境地，至于生理上的依赖现象更是痛苦不堪。吸毒者的可悲下场，应唤起每个人的警醒。

为什么吗啡对人有这么大的吸引力？过去专家们一直是从社会心理和社会道德等方面认识和解释这一现象。直到 1975 年才得到惊人的发现，大脑能产生一类结构与吗啡非常相似的物质，因为这类物质在结构上是一种多肽，又是脑内生成，所以取名为脑啡肽。脑啡肽在神经信息传递中，具有神经递质的作用，也是神经信息传递的重要物质之一。利用脑啡肽传递神经信息的脑细胞大多分布在中脑导水管周围灰质。这些脑组织与痛觉、情绪等生理反应有关。20 世纪 80 年代，在脑内又发现了比脑啡肽作用更强的两类吗啡样物质，即内啡肽和强啡肽，分布在丘脑、边缘系统和大脑皮质的一些细胞内。脑啡肽、内啡肽和强啡肽从神经细胞的突触末梢中释放出来，到突触后细胞膜上与特殊受体蛋白分子（阿片受体）结合，从而调节人类的情绪、情感、感觉和内脏功能，能整合多种感觉的功能，具有镇痛作用，产生欣快感效应。正因为脑内生成的吗啡样物质在结构和功能上都和吗啡相似，所以两者就存在着竞争现象。吸毒的人最初从体外吸入的吗啡，进入脑内立即和脑中阿片受体结合，产生镇痛、安逸、舒适之感，但大量吸入的吗啡把脑内吗啡样物质的功能冲垮了，使大脑对外来的吗啡产生了依赖性。如果得不到外来的吗啡，就会产生各种戒断症状。脑内的吗啡样物质和阿片受体相结合的生物学机制正是鸦片、吗啡和海洛因等毒品成瘾的生物学基础。

（二）可卡因

弗洛伊德在 1884 年写给未婚妻的信中提到："我正在试用一种富有魔力的药物，它的魔力与吗啡并驾齐驱，甚至会大大超越吗啡。"这种药物就是可卡因。可卡因是从古柯叶中提取出来的生物碱。1874 年，可卡因被成功地用于眼科手术的局部麻醉。1884 年，弗洛伊德又将它用于治疗抑郁症和顽固性神经痛的病人。口服 20 mg 可卡因之后，病人的抑郁或疼痛消失，代之以喜悦、兴奋的心情，并对一切事物都充满了信心，感到自己有足够力量和能力去完成平时无法胜任的工作，可使懦弱的人变得勇敢，沉静的人变得口齿伶俐。可卡因的作用很快，静脉注射 10~25 mg，2 min 内便产生药效，5 min 药效达高峰并可持续 1 h。将少许可卡因放入鼻内，15~60 min 内就被鼻黏膜和毛细血管吸收而产生药效，这种作用可持续 4~6 h。然而，随着服用可卡因次数增多，病人所需的剂量与日俱增，最后导致可卡因性精神病状态，比吗啡戒断症状更可怕。病人会陷入一种抑郁绝望的境地，体验到一种可怕的痛苦幻觉，似乎蛇在身体表面爬行，蚂蚁或臭虫在皮肤上钻进钻出,痛苦难忍,无法入睡,甚至自己要用刀子切开皮肤,抓出幻觉中的虫子。有些人除幻觉外,还会出现妄想和强迫动作。这些可怕的毒性作用造成的痛苦使人难以忍受。20世纪初,各国已将可卡因列为毒品加以禁止。但是,可卡因的贩卖和滥用一直未能杜绝。1991年3月,Science杂志刊登了一篇关于可卡因成瘾的文章,里面有这样一段话:"1980年,可卡因再次被看成是安全而不致成瘾,且可使人产生欣快感的物质……几乎半数25~30岁的美国人都尝试过可卡因。"这篇文章详细地总结了可卡因成瘾和戒断研究的成果,仍不可否认,可卡因具有成瘾性与毒性。所谓"不致成瘾",大多是由于价格昂贵而中断服用或产生的痛苦体验使人们停止使用。

可卡因这种富有"魔力"的物质也引起了精神药理学家、心理学家和生物化学家的极大兴趣。20世纪70年代研究发现,可卡因对脑内单胺类神经递质释放后的重摄取过程产生抑制作用。也就是说,脑内那些小分子的化学信号一经释放出来,可卡因能使其在突触中一直发生兴奋作用。20世纪80年代研究发现,可卡因能有效提高多种单胺类神经递质的受体敏感性,发生超敏性效应。多巴胺的四种受体、去甲肾上腺素的两种受体和5-羟色胺受体,都会在可卡因作用下发生超敏性效应。许多研究发现,可卡因还能引起其他神经递质及其受体功能的增强,包括脑啡肽和阿片受体、乙酰胆碱和两类胆碱能受体等。由此可见,可卡因的"魔力"在于它可以对脑内的突触前和突触后的传递物质发生促进作用,其引起的心理效应与精神运动性兴奋剂十分相似。

(三) 精神运动性兴奋剂——苯丙胺

1887年,化学家合成了苯丙胺,直到1927年,才肯定了它有升高血压、扩张支气管和使中枢神经系统兴奋的作用;1935年开始用于治疗发作性睡病,1987年用于治疗儿童多动症,1939年用于治疗肥胖症。1970年,在美国举行的世界举重赛中,8名举重优胜者被检出服用了苯丙胺,被取消比赛成绩和比赛资格。除苯丙胺外,目前已知存在多种精神运动性兴奋剂,如甲基苯丙胺(冰毒的主要成分)、哌醋甲酯(利他林)等。

服用苯丙胺可使人产生兴奋、愉快的心情,倍感自己力大无比。将苯丙胺注射到大鼠体内,可观察到其在箱内跳高的高度和次数是注射盐水的大鼠的许多倍。尽管苯丙胺对精神和运动有如此强烈的兴奋作用,但事后却会使人感到精疲力竭,数日难以恢复。如果使用苯丙胺次数太多或剂量过大,就会出现类似精神分裂症的精神错乱状态,幻觉、妄想、行为紊乱。因此,滥用苯丙胺的危害应引起人们,特别是体育工作者的警惕。

与可卡因相比,苯丙胺的作用稍单纯些,主要作用于单胺能神经系统,使神经末梢的单胺类神经递质(主要是多巴胺和去甲肾上腺素)大量释放,迅速参与神经信息的传递。因此,就其促进神经递质的释放作用来说,苯丙胺与可卡因类似,一个促进释放,另一个抑制再摄取,虽然作用方式和环节不同,结果却是一致的,即使突触间隙的神经递质含量增高,从而更有效地传递神经信息。那么,为什么苯丙胺会使人具有异常的精力与体力呢?研究发现,苯丙胺与咖啡因都能使大脑某些结构中的还原型辅酶Ⅰ

（NADH）含量增高，且苯丙胺的作用比咖啡因强且持续时间更长。由此，我们可以说苯丙胺和可卡因这类化学物质既能增强脑内信息传递，又可增强脑能量代谢。

（四）致幻剂

南美仙人掌毒碱、墨西哥毒蕈素和麦角酸二乙基酰胺（LSD-25）是三种最常见的致幻剂。在南美洲的印第安部落，每当宗教节日，他们就把晒干的南美仙人掌顶部的小球放在口中咀嚼，几小时后就出现了销魂状态，视幻觉异常丰富，周围物体的形状、颜色都格外离奇，时间好像停止不动，对自身的感觉是似我非我，又似乎身临仙境。化学家从南美仙人掌中提取出有效的致幻物质麦司卡林，其结构类似交感胺，比苯丙胺的结构略复杂些。

LSD-25 是一种合成有机物，它的致幻作用完全是偶然发现的。1943 年，德国化学家柯夫曼在实验室研究麦角衍生物时，忽然间感到头晕，精神恍惚，周围的事物变了样，并出现了大量幻觉。两小时后恢复正常，他立即测定了试管里的化学物质，才知道 LSD-25 具有致幻作用。LSD-25 的致幻作用是麦司卡林的 10 000 多倍，口服 1/20 000 克就能产生与麦司卡林相似的幻觉。此外，LSD-25 还会引起联想障碍、情感障碍，使人处于紧张状态，产生对周围世界的不真实感，这些都是精神分裂症的症状。所以，精神分裂症的研究者把 LSD-25 和其他致幻剂引起的这种状态称为"模式精神病"。柯夫曼继对 LSD-25 的研究之后，1958 年又成功分析出了墨西哥毒蘑的有效化学成分。

墨西哥的原住民在大量蘑菇中发现一种可以引起视幻觉的毒蘑。据说吃了少量毒蘑后可以看到上帝在眼前闪现。直到 1958 年，才从这种毒蘑中提取出有致幻作用的化学物质——墨西哥毒蕈素，实际是一种天然吲哚胺，与神经信息传递中的单胺类物质结构相似。

服用致幻剂的个体会出现大量幻觉、妄想，思维散漫，荒谬离奇，情感与现实不协调，但智能正常、记忆力佳，事后能回忆起当时的体验，说明致幻剂引起的症状类似精神分裂症。

（五）大麻

大麻是一类天然植物，我国现存最早的中医药著作《神农本草经》对大麻已有记载："多服令人见鬼狂走。"华佗曾用大麻汤作麻醉药进行外科手术。印度于 9 世纪将大麻作为药用，而欧洲在 17 世纪才用大麻止痛或麻醉。19 世纪中叶，西方国家才将大麻当作毒品。对大麻的有效成分经过数十年的研究，直到 1964 年，才分离出四氢大麻酚，随后又分离出二氢大麻酚。大麻在人体内的作用和代谢过程，直到 20 世纪 80 年代初才被基本弄清。低剂量（5～7 mg 四氢大麻酚）主要产生镇静作用，使人感到舒适安逸、嗜睡。这时它在脑内主要作用于胆碱类神经递质，使其释放量降低，同时增加抑制性神经递质 γ-氨基丁酸的释放。在大脑内的作用部位以隔区、海马及两者之间的联系为主。高剂量大麻（多于 15 mg 四氢大麻酚）则以兴奋作用为主，使人感到无名的欣快。此时，脑内出现单胺类神经递质重摄取过程的抑制，单胺能神经系统作用增强，类似可卡因的作用。

近十几年,对大麻的研究取得了突破性进展。Katona 与 Freund(2012)总结出人脑内存在着内源性大麻信号系统(endocannabinoid signaling system)。内源性大麻素(eCB)和脑内的谷氨酸分子、γ-氨基丁酸分子一样,也是脑内的一类神经递质,包括两种分子:大麻素(anandamide)和花生四烯酸甘油(2-arachidonoyl glycerol)。它们的受体都是具有七个跨膜结构域的 G 蛋白偶联的大蛋白分子,现在已经分离出两种受体蛋白,分别称大麻素受体 1(CB1R)和大麻素受体 2(CB2R)。

(六)新型毒品

1. 芬太尼

20 世纪 60 年代,为了解除肿瘤病人的疼痛,研发出人工合成的强效麻醉性镇痛药物——芬太尼(fentanyl),实际上是一种阿片受体激动剂。初次用药,常引起头晕、目眩、恶心、呕吐、疲倦、嗜睡、头痛、便秘、贫血、水肿等副作用,甚至出现严重毒性反应,如呼吸抑制、四肢肌肉僵直、抽搐、昏迷等。芬太尼有多种使用途径,口服、肌注、静注、吸入等,最普遍的用法是皮肤粘贴片。2010 年开始流行于西方国家的毒品市场。

2. K 粉

K 粉是麻醉药氯氨酮(ketamine)的俗称,是一种 NMDA 受体激动剂。近年来研究发现它也是一种快速抗抑郁药,能够引起内侧前额叶皮质快速产生大量谷氨酸(Hare et al.,2020)。临床前动物试验表明,内侧前额叶皮质锥体细胞的兴奋是氯氨酮引起啮齿动物抗抑郁反应的前提条件。

3. 冰毒

冰毒是可吸服的甲基苯丙胺(smokable methamphetamine)的俗称,是一种结构类似苯丙胺的精神运动性兴奋剂,又称为脱氧麻黄碱,其生产工艺简单、成本低廉,所以许多非法生产者为牟取暴利而非法生产之。

4. 摇头丸

摇头丸是一种混合毒品,是以可卡因、苯丙胺和少许致幻剂等制成的药丸,口含此药丸会增强跟随音乐摇头的效应,因此而得名。

二、毒品成瘾与复发的脑机制

(一)脑内的奖赏系统和成瘾的神经通路

1. 毒品的自我刺激实验与脑内的多巴胺奖励-强化学习系统

1954 年,两位美国研究生在实验室偶然发现大鼠脑内的电自我刺激现象,引发了研究脑内的快乐情感中枢的热潮;但经过近 20 年的大量实验研究,研究者未能证实快乐中枢与痛苦中枢的存在,只发现了自我刺激呈阳性的脑结构具有奖励或强化效应。心理学家和行为药理学家为研究阿片类物质,设计了一项猴子的自我刺激实验。在猴子的颈静脉安装一个小导管,导管再与一个微量推进泵连接起来,微量泵的电开关放在猴笼内。猴玩弄开关,偶然间打开了微量泵,一滴吗啡溶液注入血管内,泵随后自动关闭,结果猴子会连续不断按动开关,以渴求吗啡的注入。如果不是每次按开关都能得到吗啡,而是按许多次才能得到一次吗啡注入,则猴的反应速度很快增高,甚至可达每小时数千次的反应,说明猴子对毒品的渴求十分强烈。

不仅猴,大鼠、猫、鸽等许多实验动物,都存在渴求毒品的自我刺激行为。通过这类动物行为模型,20世纪70~80年代,首先发现了多巴胺奖励-强化学习系统,如图12-1所示,中脑腹侧被盖的大量多巴胺类神经元合成的多巴胺类神经递质沿轴突传输到额叶皮质、伏隔核等,通过那里的神经末梢释放。这个通路是药物成瘾的神经基础。毒品引起的这些变化和学习记忆过程以及长时程增强的机制基本相同,通过G蛋白偶联受体家族,诱发的细胞内信号转导系统,再通过蛋白激酶催化亚基进入细胞核,使那里的基因调节蛋白激活,引起基因表达,合成更多的受体蛋白。不同之处在于脑回路分布的差异,药物成瘾回路主要在中脑腹侧被盖-前脑伏隔核通路,而一般学习记忆在海马、杏仁核和相应大脑皮质之间形成的回路中实现。可卡因和摇头丸等生物胺类毒品最初的靶神经元,就是脑干内的单胺类神经元,特别是多巴胺能神经元。当多次吸毒成瘾后,前脑基底部的伏隔核细胞树突上的棘突增多,从而导致脑强化系统的异常增强。

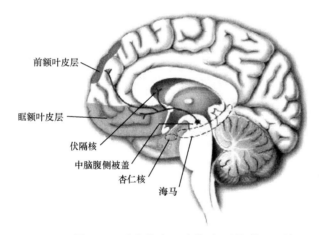

图12-1 脑内的多巴胺奖励-强化学习系统

海洛因、吗啡等物质主要通过分布在中脑导水管周围灰质的阿片受体发挥药效。这些毒品能刺激相应脑结构神经元的突触后膜,产生异常多的受体并增高其活性,这种效应很快造成这些神经元树突形态的改变。由于树突上受体蛋白大分子迅速增多,导致树突上棘突密度增大。

2. 伏隔核是毒品成瘾的关键脑结构

在20世纪80年代,研究者发现各种毒品成瘾的基本生物学机制是相同的,不同之处仅在于药物进入脑内最初的靶神经细胞在脑内的部位不同。如图12-2所示,海洛因等阿片类物质首先击中中脑导水管周围灰质(PAG)内那些树突上分布着阿片受体的神经元；可卡因和苯丙胺等生物胺类毒品最初的靶神经元，就是脑干腹侧被盖区（VTA）的单胺类神经元。不论哪种毒品引起的分子生物学和细胞学变化（树突上棘突增多）都不停留在最初的靶部位，而是扩展到隔区的伏隔核（NAc）。因此伏隔核就成为毒品成瘾的关键脑结构。

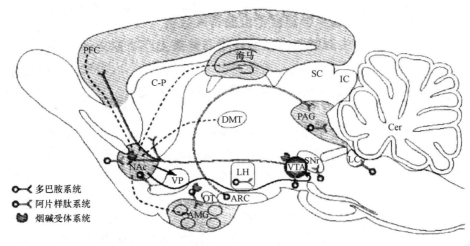

图 12-2 大鼠毒瘾的神经回路

（引自 Nestler, 2004）

VTA：腹侧被盖区，NAc：伏隔核，LC：蓝斑。

(二) 神经适应性机制和成瘾的最后共同通路

根据药物成瘾的脑机制，药物成瘾过程可分为三个阶段：急性效应期、过渡期和成瘾期。

1. 急性效应期

药物的奖励效应涉及整个脑内动机回路中超生理水平的多巴胺释放，导致细胞内信号转导功能的改变，即多巴胺 D1 受体兴奋引起 cAMP 依赖性蛋白激酶的激活；继而使细胞核内的转录调节因子 CREB 的磷酸化；随后出现即刻早基因表达，并产出 cFOS；它们又促使发生几小时到几天的神经可塑性变化。这一系列细胞生物学变化广泛分布在动机调节的脑回路中，并启动导致成瘾的细胞事件，但却不能直接引出成瘾的长期后果。

2. 过渡期

从药物娱乐性应用到成瘾的过渡期，与重复用药所积累的神经元功能变化有关，并且是在停止或减少用药之后的数日或数周之后，才会出现药瘾。它的基础就是分子生物学的适应性反应，也就是多巴胺 D1 受体中介的长半衰期的蛋白质激活，例如，ΔFosB 是细胞核内的一种转录调节因子，调节 AMPA 受体亚单位和细胞信号酶的生物合成。由 ΔFosB 长时程诱导而形成的基因表达模式，不仅是吗啡类药物作用的后果，可卡因的慢性应用在伏隔核内,也引起同样模式的基因表达。除了 ΔFosB 的这种作用外,在腹侧被盖区内的谷氨酸受体(GluR1)亚单元的增多,也会在可卡因停止用药的一些天以后,导致药瘾的发作。此外还有些蛋白质,如酪氨酸羟化酶、多巴胺转运子、RGS9-2 和 D2 自感受体等,都涉及在停止用药后一些天导致药瘾的发作,可能这些蛋白质引发神经信息的多巴胺传递变化,仅仅是一种代偿反应,而不是直接导致成瘾的过渡。

3. 成瘾期

对复发的易感性可持续数年并伴有与之相应的长期细胞学改变是成瘾期的特点。有趣的是人类渴求药物的行为和大鼠毒瘾模型中十分敏感的步行动作一样,这种蛋白质及其功能的变化,通常是随戒断药物时间增加而变得更大,并最终变成永久性的成瘾。

对药物的渴求行为与从前额叶皮质到伏隔核的谷氨酸能投射通路的细胞适应性变化有关。因为这一投射是渴求药物行为的最后共同通路。这是药瘾的最基本特征,可能是改善和治疗的突破点。前额叶皮质内药物诱导的长时程形态学可塑性,改变了谷氨酸能化学传递功能,受体耦合的 G 蛋白亚型 Gi 中介的 G 蛋白结合蛋白 AGS3 含量增高,导致向伏隔核投射的谷氨酸能投射活性增强。前额叶皮质锥体细胞兴奋性增高可能是 AGS3 控制 D2 受体信号转导,从而使 D1 信号转导功能相对增强。因此,前额叶 D1 受体阻断可以缓解对药物的渴求行为。伏隔核的突触前适应表现为伏隔核内突触前释放谷氨酸递质增多,是其对药物适应性反应的一种形式,这种增强的谷氨酸释放诱导了药物的渴求,这是因为这类适应性反应通过促代谢性谷氨酸抑制性自感受体(mGluR2/3)的变化,降低了突触前抑制性调节。伏隔核的突触后适应性表现为突触后受体蛋白密度增加,改变了谷氨酸受体细胞内的信号转导。

(三) 成瘾行为的最后共同通路和复吸诱因作用回路

药物成瘾的核心行为特征是药物戒断多年以后复发,仍有连续不断的复发易感性,表现为渴求药物的行为和不可抑制的欲望。所以,最终成瘾阶段的特点是渴求药物的动机具有超强的重要性。从前额叶皮质到伏隔核的谷氨酸能投射,是引发药物渴求的最后通路。在这个通路的药瘾病理学基础中,有如下关键环节:

(1) 前额叶神经元内的 G 蛋白信号系统的改变,增强了向伏隔核投射神经元的兴奋性。

(2) 在伏隔核内由于降低了突触前的抑制性调节,从而增强了突触囊泡的可释放性,导致了突触前谷氨酸递质释放的增强。

(3) 伏隔核突触后蛋白的改变导致树突形态的固化和信号转导特性的巩固。因此,使前额叶对行为的调节能力下降,包括决策能力和非药物动机刺激的显著性降低。在此背景上,当可预见药物能利用的刺激出现时,就会使前额得到深度激活,并立即驱动伏隔核的谷氨酸投射通路,再度激活了药物欲望。

(四) 药瘾复发的机制

1. 动机功能回路的失调和重组

药物的重复应用导致动机功能回路的重组,其中特别关键的是药物渴求和渴望的最后共同通路的功能适应性。与从前得到药物有关的线索、轻度应激状态和又得到一次微量药物三个因素之一,都可能在成功戒毒若干年后,一下子导致毒瘾再次发作。当代无创性脑功能成像的研究证明,上述三个因素会诱发渴求药物和渴望药物的最后共同通路激活。该通路由前额叶皮质、伏隔核髓质和腹侧苍白球组成(Kalivas & Volkow, 2005),从前额叶皮质兴奋向伏隔核释放谷氨酸能神经递质,引起后者激活。谷氨酸受体拮抗剂能有效防止毒品或得到毒品的线索所引起的药瘾复发效果。药瘾复发之后,伏隔核立即增加谷氨酸末梢释放功能,只要能有办法避免谷氨酸释放的增加,就能防止渴求药物的药瘾复发。伏隔核内与药物渴求和渴望关系最大的是髓核(或芯核),正常人中这个区也就是控制习得行为的结构。这个结构与前额叶皮质有密切联系,包括前扣带回和眶额皮质。成瘾者渴望药物时前额叶皮质激活,这时出现平时无药物时能引起其激活的生物学阳性奖励刺激,例如,美好的性唤醒物就失去了作用,其他的决策也受到抑制。所以,前扣带回和眶额皮质的功能失调,使追求药物的可利用性成为压倒一切的先占性动机,大大超越了对正常生物学动机以及对认知功能的调控能力。换言之,前扣带回和眶额皮质的过度活动类似于强迫-冲动性障碍的病人,促成对药瘾者吸入药物的冲动性行为。

2. 刺激模式相依的子回路

作为药物成瘾的第二个原理,就是药物渴求回路可由不同刺激模式激活,也就是说,有不同模式的子回路。由最初得到药物的线索所激活的子回路,是由杏仁基底外侧核组成的;轻度应激和单剂量药物启动的药物渴求,却不伴有杏仁基底外侧核的兴奋,而是杏仁核以外的结构兴奋。所以,无创性脑成像研究并不一定总能发现杏仁核的激活与药物渴望强度相一致。

3. 需要多巴胺神经递质的传递

既然药物渴求可由不同模式的刺激所诱发,它们必须要通过中脑-皮质-边缘多巴胺投射的参与,才能导致药瘾复发。但是药物早期急性应用所伴随的奖励效应,与其引起伏隔核内多巴胺的释放增加有关;而药瘾复发并不伴有伏隔核内多巴胺释放增多,却引起前额叶和杏仁核的多巴胺释放增加。前额叶多巴胺末梢释放增加,使其激活并增加向伏隔核释放谷氨酸前体。伏隔核内多巴胺传递功能的降低可能与成瘾者对自然奖励刺激失去敏感性有关。

三、毒瘾和药物滥用的治疗和预防

对毒瘾和药物滥用的治疗和预防研究进展,包括替代疗法、厌恶疗法和心理疗法,还包括发展一些调节药物,用以改变与药物滥用者脑内奖励-强化学习系统的神经信息传递功能。

1. 实验动物自我用药方法的效度

动物自我用药的规律对人类药物滥用和药瘾治疗可以提供重要启发,但这类研究方法的效度是必须强调的,它分为三类:效标效度、预测效度和结构效度。

(1) 效标效度:反映动物的行为模式与人类药瘾症状之间的相似性,至少应该对动物自我用药的频率和剂量能够准确测量,并与人类吸入药物之间有一定关系。

(2) 预测效度:实验模型应能反映出动物对药物的反应程度与人类对药物反应之间的可比性。人类对某些药物的易感性应该从动物自我用药实验模型中得到较高的预测启示。同样,实验室中发现的降低动物自我用药的方法或药物,也应在人类治疗中有相关效果。

(3) 结构效度:模型的原理应该与人类药瘾发生的病理生理过程有一定的可比性。目前由于对人类滥用药物和治疗的理论还不完善,所以动物实验的理想结构效度也无从判断。对药物自我应用的实验方法,主要在大鼠和猴中建立起来,也有些药物成瘾问题,使用转基因小鼠或基因敲除小鼠进行自我用药实验,都采用静脉灌注的给药方法。海洛因成瘾与治疗方法是较为常用的自我用药的动物实验方案。烟瘾的问题也常用尼古丁动物自我用药的动物实验方法进行研究。对酒精滥用治疗问题也采用动物自我用药模型,化学物质成瘾的易感性和对其治疗的方法,也可以用于研究药瘾复发的规律。所以,对药物成瘾的各种问题,均可采用动物自我给药的方式加以研究,包括药物成瘾形成过程、维持、消退和复发,观察是否存在特殊规律,例如,给予强化的方式、次数以及剂量的不同效应等。

2. 替代治疗

替代治疗是指利用美沙酮作为海洛因的替代物进行戒断症状的治疗。美沙酮是 μ-阿片受体的完全激动剂,美沙酮和海洛因的药物代谢动力学相同,都可以引起 μ-阿片受体的兴奋;但两者也有不同之处,虽然美沙酮的受体激动作用的强度不如海洛因,但它的作用时间长,也就是说具有高亲和性。海洛因与受体结合的效应仅维持 1 h,美沙酮的作用则是 36 h,所以美沙酮的替代治疗作用十分理想,不但维持药效时间长,而且较为安全,药物强度比海洛因小很多。所以,一些人主张用美沙酮长期替代海洛因,价格低,只用口服,不需像海洛因那样静脉注射,从而降低了 HIV 感染的概率、不稳定的性关系以及犯罪发生率。

除了像美沙酮和尼古丁等激动剂可以作为替代治疗以外,还有一类部分激动剂,也可用于替代治疗,这类部分激动剂既能兴奋受体也能阻断受体,具有双重作用(表 12-1)。

表 12-1　治疗剂及其作用机制

类别	阿片类	精神运动性兴奋剂
部分激动剂	丁丙诺啡	—
全部激动剂	美沙酮	—
受体调节剂	纳洛酮	莫达非尼 托吡酯
	—	双硫仑

丁丙诺啡(Buprenorphine)是 FDA 2000 年批准使用的阿片受体部分激动剂,是用于治疗阿片类药物成瘾的处方药。它只能部分地刺激成瘾者 M 型阿片受体,所以不能真正治疗对药物的渴求,却能因部分刺激了 μ-阿片受体,使其饱和,出现天花板效应。与美沙酮或海洛因相比,缺少了因足量激动 μ-阿片受体而发生的安神效应。但是这种替代药物必须在医生指导下使用。特别是戒断症状明显而且刚戒毒时,血液中还有较高的毒品含量,这时使用丁丙诺啡,由于高亲和性会导致戒断症状突然停止。

3. 精神运动性兴奋剂依赖者的替代治疗和受体调节剂

用于治疗精神分裂症、双相情感障碍的药物阿立哌唑(Aripiprazole),是 D2 受体部分激动剂,可用于治疗可卡因、甲丙胺等依赖。

受体调节剂是一大类成瘾精神药理学药物,由 FDA 批准使用的第一个受体调节剂是安非他酮(Bupropion),具有抗抑郁效应,其作用在于抑制去甲肾上腺素和多巴胺的再摄取。

第二节　行　为　瘾

赌博障碍、游戏成瘾、强迫性购物行为等被称为行为瘾,但是目前只有赌博障碍被列入 DMS-5,ICD-11 将游戏成瘾列入行为瘾。虽然诸多行为瘾的表现各不相同,但却有类似的临床特点:① 突显行为超越其他行为的优势性;② 突显行为伴随着肾上腺素含量冲高而导致的情绪变化,激动和兴奋性增强,抑郁状态降低;③ 对突显行为的耐受性迅速增强,只有提高突显行为的强度,才能达到同样的情绪激动状态;④ 具有戒断症状,减少或停止突显行为时,就会出现不愉快的情感或生理戒断症状;⑤ 会与其他活动或行为冲突,或个人与他人的冲突;⑥ 会复发,缓解后不久又回到这种优势突显行为状态。这些核心特点存在于所有行为瘾之中(Derevensky,2019)。总之,行为瘾的这些特点与物质相关障碍完全吻合,两者的认知神经科学基础也必然有共同之处。

一、行为瘾的主要类型

(一)赌博障碍

与成人相似,有赌博问题的青少年更有可能发生其他问题,包括焦虑、抑郁、多动症、药物滥用和违法行为等。赌博障碍者报告有较多的人际交往困难,较差的学业成绩或工作表现,并有较多社交问题。相关研究表明,青少年问题赌博者使用互联网的频次和成年人相似。最后,其他风险因素,包括接触赌博广告或许可的赌博场所的活动。2018年的一项研究报告,对欧洲的13 284名青少年使用匿名问卷进行了调查,结果显示近30%的青少年有过赌博的经历。

(二) 游戏成瘾

游戏成瘾是指数字游戏或视频游戏成为当事人突显的优势行为,以致严重影响个人和家庭日常生活,直至严重妨碍其履行社会、职业、教育方面的义务,并且持续相当长的一段时间(数月至一年)。尽管个体已知沉溺于游戏的不良后果,还是无法控制游戏行为。发达国家报道游戏成瘾的发生率为1.5%~9.9%。

(三) 网瘾

网瘾的特点是上网成为超价的先占观念和行为目标,上网是其生存和生活的第一要素,以致严重影响学业和正常生活。西方国家的研究报告,18~21岁大学生中的网瘾发生率是3.2%。认知、情感和执行功能相互作用理论认为,网瘾是易感因素、应对策略和认知情感触发作用交互所导致的执行功能降低的结果。

(四) 食瘾

食物的摄入具有两大作用:一是补充能量,二是引起主观快感,在正常人体内,这两种作用相互协调平衡。食瘾是由于主观快感亢进,饱感降低所致。Volkow等人(2012)提出了人类进食行为和肥胖的脑功能机制。人体能量平衡的脑调节中枢位于下丘脑,包括饱中枢下丘脑室旁核(PVN)和饿中枢下丘脑外侧区(LH),以及与营养和代谢相关的许多其他脑区,通过40多种神经递质进行精细的平衡调节。大脑通过三条途径和多种神经递质对进食行为进行控制:学习和条件反射途径(海马、杏仁核)、快感和诱惑反应(中脑腹侧被盖区-伏隔核的奖励系统)和自上而下的抑制与行为决策通路。进食行为在多个脑网络相互作用中得以实现,饥饱感中枢位于下丘脑,调节快感的脑结构主要是中脑-边缘多巴胺通路。在围穹隆的下丘脑区至中缝苍白核之间,散布着一些褐色脂肪组织,它们分泌一种多肽——促食欲素(orexin),作用于中缝苍白核前侧(rostral raphe pallidus, rRPa)之交感神经节前神经元,发生三类不同作用。一是食欲肽与其分布在rRPa的交感神经节前神经元突触前部位的受体捆绑,增强谷氨酸的继续释放,兴奋rRPa的交感神经节前神经元;二是食欲肽直接作用于rRPa的交感神经节前神经元上的受体,引起后者的兴奋;三是食欲肽与rRPa的交感神经节前神经元上的受体捆绑,刺激内生性大麻素的合成,从而逆行性抑制突触前成分对GABA的紧张性释放。由此可见这三种作用均可提高食欲,增加进食行为(Tupone et al., 2011)。

(五) 强迫性购物

持续的重复购买成为应对负性事件的主要手段,与毒品的渴求和戒断症状相似,其特点是兴奋性购物有助于减轻负性情绪。强迫性购物的发生率为1%~8%。大多数研究报告中,女性发生率高于男性(Maraz,Van den Brink,& Demetrovics,2015)。强迫性购物会导致大量的债务、法律问题、个人痛苦和婚姻冲突。实证研究表明,强迫性购物常伴有抑郁和其他精神障碍症,如冲动控制障碍、进食障碍、酒精依赖等。强迫性购物的心理生物学、药理学和生理学研究是必要的,因为大多数研究都基于自我报告法(调查、访谈等)。

二、行为瘾的认知神经科学基础

无论是物质成瘾还是行为瘾,除与环境因素有关,还涉及遗传因素。据西方流行病学调查的结果,近半数物质成瘾的人都有家族史。然而,至今尚未找到与物质成瘾有关的基因组。在禁毒工作中,能找到预测成瘾的易感性因素或生理心理学参数,是一项极有意义的工作。物质成瘾的中脑腹侧被盖区到前脑伏隔核的回路与自我刺激行为的脑强化系统完全吻合,说明一些重复行为一旦使多巴胺奖励-强化学习系统兴奋性增高,就会巩固这种行为模式所对应的神经回路,导致感觉神经元和运动神经元之间联系强化。这一奖励-强化学习系统所发生的分子神经生物学和细胞学变化不仅与物质成瘾和行为瘾相似,还与长时程增强和长时记忆形成的机制相似。

中脑边缘多巴胺系统是需求或厌恶刺激及其得失评估的集线器,而纹状体和伏隔核与获得奖励动作的调节和行为表达有关,它们构成脑奖励-强化学习系统。脑的内侧前额叶,特别是其中的眶额叶皮质是自主神经功能和激素的最高调节中枢,也是情绪和情感的高级调节中枢。凡是能引起交感神经高度兴奋的行为,都很容易激活脑奖励-强化学习系统,包括行为瘾。这部分脑高级中枢与皮质下的伏隔核和腹侧苍白球之间的网络,成为各种行为瘾的最后共同通路。网瘾、赌博等多种行为瘾,都会使这些脑结构的细胞体和树突上增生密集的棘突,成为这些成瘾行为难以彻底戒断,并易于复发的脑结构基础。

三、行为瘾的治疗

行为瘾的治疗与对其他问题行为处置的方法相似,如强迫行为、冲动行为和部分癫痫所致的人格改变以及反社会行为等,主要依靠药物治疗,同时辅以行为治疗。

(一)行为治疗

行为治疗包括动机干预和认知行为治疗,或两者的结合。认知行为疗法包括问题行为的分析和相应的思想以及情感管理。处理高风险的情节,避免问题行为发生,建立一个防止复发的计划。利用正念疗法培养注意力和自控力,减少固有的不适感,降低对线索敏感性和对赌博的渴求。赌博心理治疗干预的形式包括自助手册、群体干预、面对面干预、在线干预以及虚拟现实干预(Luquiens et al.,2019)。对于赌博障碍者进行心理治疗前后的生活质量问卷调查的元分析表明,行为治疗具有一定的疗效(Bonfils et al.,2019)。

(二) 药物治疗

DSM-5 将强迫症与其他相关障碍合并称为强迫及相关障碍（OCRDs），强调共同的维度量表。这个量表首先在正常人群中完成测试，满足了要求极高的内部效度一致性，这就为正常人群和病态人群之间的比较提供了科学手段。尽管如此，Robbins 等人（2012）所列举的科学数据表明，强迫行为和冲动行为常见于多种精神疾病中，包括药物滥用、进食障碍、注意缺陷多动障碍、人格障碍、自闭症谱系障碍、精神分裂症和躁狂症。所以，对强迫行为和冲动行为有效控制的药物，因人和疾病性质不同而异。例如，对于强迫性神经症，最有效的控制药物是选择性 5-羟色胺再摄取抑制剂（SSRI），因为该症状的基础是重复性行为的习惯化和脑内眶额皮质内部结构和功能整体性不足；对于抽动秽语综合征中的强制性小动作控制，最有效的是抗精神病药物，因为有明显的家族病史和儿童早期发病的特点。但是这两种疾病还是有共同的遗传内表型。通过神经认知范式（neurocognitive paradigm）的实验研究发现，反应抑制和认知僵化的脑功能基础，是眶额皮质和纹状体神经回路的功能障碍。

在药物依赖的实验数据中，可以发现强迫行为和冲动行为之间的关系。利用动物自我静脉给药的实验方法，发现一些动物个体不顾足底电击的疼痛感，还是不断出现自我注射行为。这种具有高频冲动行为的个体，更容易形成强制性物质成瘾行为，说明个体特质性冲动是强迫症状出现的基础。

对于自闭症谱系障碍的激惹行为和强迫性自伤行为的药物处置，目前可以使用利培酮和阿立哌唑两种非典型抗精神病药物，但它们同时具有镇静、增体重、易导致代谢障碍和锥体外系障碍等副作用。虽然至今尚无有效治疗自闭症谱系障碍的药物，但最近研究发现，将脑下垂体分泌的催产素滴入自闭症谱系障碍患者鼻腔，半小时后进行 fMRI 检查，与滴入不含激素的对照组相比，症状有明显改善。

此外，Noskova 等人（2019）和 Gadallah 等人（2020）使用元分析对 300 多例病人的用药情况进行统计，结果发现乙酰半胱氨酸（N-acetylcysteine）可用于协同治疗强迫行为，也就是帮助 SSRI 发挥更好的疗效，但此药物不宜作为主要治疗药物使用。

13

精神疾病的脑科学基础

　　精神疾病是一种病情较重的心理障碍,指在各种生理、心理和社会环境因素影响下,大脑机能活动发生紊乱,导致认知、心境和行为等精神活动不同程度障碍的疾病。随着科学的发展,人类对精神疾病的认识不断深化。现代医学诞生之前,将精神疾病看成是妖魔和鬼魂附体的结果,轻者采用驱魔打鬼的巫术,重者焚烧或极刑处之。直到现代医学诞生,人类认识到脑与心理活动之间的关系,才开始以科学的观点,分析和整理精神疾病的各种现象,逐渐走向用心理功能的整体性和心理现象的协调性认识精神疾病。19世纪末,以德国古典精神医学理论为基础,将精神障碍分为性质不同的三大类疾病:躯体器质性、心因性和机能性疾病。当时对内生机能性精神病的诊断和分类十分混乱,数十种疾病名称均以突出症状或预后命名,如妄想症、早发性痴呆等。1911年,瑞士精神病医师 E.Bleuler 根据心理活动的统一性和协调性原理,提出精神分裂症的疾病名称和诊断标准,从而统一了内生机能性疾病的认识。此后将精神分裂症、内生情感精神病等机能性疾病,看作一大类重症精神障碍,预后不良。1911~1951年,精神医学试图按照脑机能定位的学术思想,寻求发生精神分裂的脑高级功能部位,未有所得;在神经内分泌系统中试图寻求病源所在,也是一无所得。在治疗方面根据精神分裂症病人癫痫发作后,精神症状缓解的现象,开展了"休克"疗法。1934年先用化学药物,分别注射樟脑油、戊四氮或其他兴奋剂,诱发病人的癫痫大发作,直到1938年才改用电刺激,进行电休克治疗;因电休克使人目不忍视,又改用胰岛素休克治疗。由于至今其治疗原理仍不十分明了,其疗效的不稳定性也就难以改善。1936年,受到猿猴额叶白质切开后变得驯服温顺的启示,莫尼斯开创了精神外科疗法,至1956年的20多年间,数万名精神病人接受了额叶白质切开术的治疗。结果却令人大失所望,几乎没有病人能痊愈出院恢复病前的社会角色,甚至不能过上正常的家庭生活。这些病人大都不能出院,在医院终其一生。

　　20世纪50年代,以氯丙嗪为代表的抗精神病药物诞生了。这类药物能使难以管理的精神病房变得安静有序,使兴奋躁动的病人变得顺从,甚至在2~3个月的住院治疗后,可以回家服药巩固疗效,大大减少了医院病床量的需求。抗精神病药物的诞生,是患者和精神医学的福音。时至今日,第一个药物氯丙嗪仍然是最好的。后来几十年的研究,都没有再取得这样的突破性进展。第一代抗精神病药物能完全拮抗多巴胺受体 D2；后来研究出来的第二代抗精神病药物，既是多巴胺受体 D2 的拮抗剂，又与其他受体（如 5-羟色胺 2A 受体）高度结合。但是近年出现的一些新药，是多巴胺受体 D2 的部分拮抗剂，它在细胞内、外对多种受体都有亲和力。到目前为止，可以说抗精神病药物疗效的研究进展并不理想。主要是在降低药物副作用和改善药物耐受性方面取得较好进展。目前，大约 30% 病人的症状对抗精神病药物没有反应，只有 60% 病人有部分改善，且有残存症状。对精神分裂症阴性症状群和认知缺陷，基本疗效不佳。此外，长期服用抗精神病药物，容易发生高血糖、高血脂、肥胖和糖尿病等，这也影响了病人长期使用的效果（Girgis et al., 2019）。虽然精神药理学和基础神经科学的大量实验研究已经证明，这类抗精神病药物作用于脑内的单胺能神经通路，调节脑内神经信息的传递过程，从而调节情绪、情感和行为活动水平。能合成单胺类神经递质的脑细胞都分布在脑干背侧，如蓝斑、中缝核，最高级的是分布在中脑黑质和腹侧被盖的多巴胺能神经元。这样分布的单胺类神经元，怎么可能是妄想之类的精神分裂症核心症状的发作之源呢？这不仅提示，抗精神病药物亟待突破性发展，更有可能提示，当代精神医学的各种治疗方法，特别是抗精神病药物可能还没有触及精神分裂症的核心所在！况且，研究表明：抗精神病药物不会改变首发精神病患者的多巴胺合成能力，而且症状的改变与多巴胺合成能力的改变无关（Jauhar et al., 2019）。因此，精神医学正面临着巨大的变革，相信从理论到治疗方法都会在现有的理论基础上，向前迈进一大步。

第一节 精神疾病

一、精神疾病的种类

精神医学是研究人类精神障碍的医学分支学科，主要研究精神病和神经症两大类疾病。精神病是迄今病因尚不十分明确的精神疾病，大体上认为是由遗传和代谢的异常所引起的疾病，但对具体遗传和代谢的机制还不完全了解，故又称为内生机能性精神病。神经症是慢性心因性疾病，尽管具体表现轻重不一，种类繁多，但共同特点是由外界不良环境和不完善人格特性相互作用的结果。因而，只要改变环境或克服不良性格因素，这类变态心理均可治愈或减轻。由于神经症，即使长久不愈，也不会导致精神衰退，所以又把神经症称为轻病。与之相对应的重病，是精神分裂症等精神病，多以严重精神衰退或情意性痴呆为结局，以致终生住院，失去劳动能力和社会生活能力。

（一）机能性精神病

机能性精神病，包括四类不同的精神疾患，即分裂症、偏执性精神病、情感性精神病，以及其他非典型性和混合型精神病。

1. 精神分裂症

精神分裂症的突出特点是在意识清晰、智能正常的背景上，以思维过程障碍为主的一类心理障碍。精神分裂症的症状大体可分为阳性症状和阴性症状两大类。阳性症状包括幻觉、妄想、思维破裂、行为紊乱等现象。阴性症状包括情感淡漠以致减弱或缺失、行为懒散、孤独退缩等现象。如上所述,精神分裂症基本特点是:紊乱的思维过程与情感和意志行为相互不协调,思维过程与外部环境不协调和病前基本人格的破裂。精神分裂症常常导致严重的结局。病人多数失去劳动能力和社会生活能力,甚至日常生活不能自理,不修边幅,不知秽洁。

根据临床特点,精神分裂症又分为五种临床类型,即紊乱型、紧张型、妄想型、未分化型和残留型。紊乱型精神分裂症,除精神分裂症的基本特点外,最突出的特点是思维破裂、情感不协调,以及行为紊乱、荒谬而愚蠢。紧张型精神分裂症的基本特点是木僵、蜡样屈曲、缄默、被动顺从、违拗、刻板动作、模仿动作、持续动作或不可控制的冲动性兴奋状态。妄想型(或偏执型)精神分裂症,以思维内容方面的妄想为突出症状,也常伴有幻觉。未分化型精神分裂症是不能列入上述三种类型的临床类型。残留型精神分裂症是患有上述四种类型中任何一种之后,仍残留某些以前的症状的一种慢性精神分裂症。我国现行的精神分裂症临床类型,青春型相当于本节讲的紊乱型,单纯型、潜隐型相当于这里讲的未分化型。

2. **偏执性精神病**

此类病症包括偏执狂、急性偏执状态和感应性偏执状态三种精神障碍。偏执狂具有顽固的被害妄想、夸大妄想和嫉妒妄想,但不伴有幻觉和其他思维障碍,也没有不协调的情感体验与表现,长久不愈也不会导致精神衰退或人格分裂。其妄想内容不像妄想型精神分裂症那样荒谬不着边际,而多为可以使人理解的系统性夸大、嫉妒与被害妄想。急性偏执状态多由不利的环境刺激所引起,由精神因素而造成的短暂偏执状态,一般突然出现又很快消失。感应性偏执状态是由于受到至亲或朋友的偏执状态或偏执狂的影响而发展起来的一种妄想状态。偏执性精神病不同于妄想型精神分裂症,它由人格弱点、社会心理因素等原因形成,长期不愈也不会导致人格衰退,但是仍然把这类疾病放在机能性精神病中。偏执性精神病和妄想性精神分裂症均是最常出现法律问题的精神病态。某些恶性案件就是由于这类病人在妄想支配下造成的,如自杀、自伤、他伤、他杀、控告、诬陷等案件均可能与精神分裂症和偏执性精神病有关。

3. **情感型精神病**

此类病症是以情感改变为主的心理变态,以忧郁情绪为主,对一切事物失去兴趣,有无力感、失眠或多眠、食欲降低、体重减轻、自责负罪感等变态心理现象的称为抑郁型;而以情感高扬为主,思维奔逸、意念飘忽、随境转移、精神运动性兴奋、睡眠减少、注意力难以集中等变态心理现象则称为躁狂型。单相情感型精神病只有抑郁型,双相情感型精神病则是抑郁状态和躁狂状态交替出现。

4. **其他非典型性和混合型精神病**

难以诊断为上述三类疾病的精神病即归为其他非典型性和混合型精神病。

（二）神经症

神经症主要包括四类心理异常，即焦虑性心理异常、躯体不适性心理异常、解体性心理异常和做作性心理异常。

1. 焦虑性心理异常

焦虑性心理异常可分为五种类型，即极度焦虑症、一般焦虑症、强迫症、恐怖症和非典型性焦虑症。极度焦虑症指对平时不引起恐怖的无关刺激也出现十分严重的恐惧反应，如气急、心悸、胸痛、窒息感、头晕感、皮肤特殊紧张感、非现实感、出汗、战栗等。一般焦虑症可表现为紧张、不安、疲倦、心悸、出汗、胃肠紊乱、忧虑、担心、激惹、失眠和无法集中精神等现象。强迫症主要体现为反复出现的强迫观念和强迫行为，影响了正常生活和工作。恐怖症指对某一环境（如广场等）或某一器物有无名的恐怖感，并竭力避免介入此环境或不再接触此器物。除上述四种类型以外的焦虑性心理异常，均可列入非典型性焦虑症。

2. 躯体不适性心理异常

躯体不适性心理异常可分为五种类型，即心因性疼痛、转换性心理异常、躯体患病感、疑病感和非典型性躯体不适性心理异常。这类异常心理的共同特性是没有相应临床体征，只有情感因素促成的躯体不适感。单独一种疼痛反复出现为心因性疼痛；几种疼痛交替出现为转换性心理异常；多年陈诉患了某种疾病，到处检查治疗，则属躯体患病感；把正常感觉错误理解为严重疾病的症候，称为疑病感。除上述表现以外的躯体不适感，均可归入非典型性躯体不适性心理异常。

3. 解体性心理异常

解体性心理异常包括四种类型，即心因性遗忘、心因性神游、多重人格和人格解体。突然间不能回忆起自己的全部重要事情和理解自己的处境，称为心因性遗忘。跑到一个新的地方，不能回忆起自己过去的一切，完全以另外一个人的身份出现，称为心因性神游。年龄、性别、身份不同的多种人格不断交替出现在一个人的身上，称为多重人格。对自己的存在突然怀疑，有不真实感和虚无感，称为人格解体。

4. 做作性心理异常

为了生活中的某种目的，努力控制和故意做作下产生的躯体和精神症状，则属于做作性心理异常。

神经症也可分为八种类型，即神经衰弱、焦虑症、癔症、强迫症、恐怖症、疑病症、器官性神经症和其他神经症。焦虑症、恐怖症和强迫症三类与焦虑性心理异常相符；疑病症、器官性神经症相当于躯体不适性心理异常；癔症则与上述解体性心理异常大体相符。

（三）器质性精神病

器质性精神病是脑和躯体器质性病变引起的精神障碍，包括痴呆、谵妄状态、遗忘综合征、器质性偏执状态、器质性情感综合征、药物中毒和戒断症状中的心理异常。是否存在上述器质性异常心理现象,首先要通过常规的神经精神检查,得到一般印象,再根据所存在的器质性异常心理现象,选择适当的神经心理测验方法,或建议进行详细的神经系统检查或 CT 等辅助检查,以确定这种器质性异常心理现象的严重程度和神经病理学性质。在精神检查中要注意器质性异常心理现象的突出特点,以便确定是下列哪种综合征。

1. 器质性痴呆

器质性痴呆是一种由于脑器质性损伤引起的记忆力、理解力、判断力、抽象和概括等思维能力的严重损坏。这种损坏可能是一种至今尚不明确的原发性退行性痴呆,也可能是由于多发性脑血管梗死引起的痴呆,还可能是由于酒精或其他化学物质中毒而引起的痴呆。

2. 谵妄状态

谵妄状态是由于脑器质性疾患引起的意识障碍。此时注意、记忆和定向能力也发生变态,并伴有幻觉和精神运动性增强等异常心理现象。这种状态也可能是物质戒断时出现的震颤性谵妄(伴有心动过速、出汗和血压增高等躯体变化),也可能是苯丙胺或其他化学物质中毒或戒断引起的谵妄。

3. 器质性遗忘综合征

器质性遗忘综合征是由脑器质性疾患引起的近期记忆能力的缺失,这时注意、判断和其他概括性思维能力仍保持完好。脑外伤、脑震荡、脑血管意外、药物中毒等,均可出现器质性遗忘综合征。

4. 器质性偏执状态

器质性偏执状态是脑器质性疾患引起的妄想状态,也可能是由于苯丙胺、致幻剂、大麻或其他化学物质引起的。

5. 器质性幻觉

器质性幻觉多是由脑器质性疾患引起的,也可能是酒精、致幻剂或其他引起幻觉的化学物质作用而引起的。

6. 器质性情感综合征

器质性情感综合征是由脑器质性疾患引起的躁狂和忧郁状态,也可能是滥用致幻剂或其他对情绪过程有影响的药物所引起的。能引起中毒性心理异常的化学物质包括酒精、阿片类物质、大麻、致幻剂、兴奋剂、吸入剂、咖啡因和其他有毒物质。有些化学物质使用以后,戒断时也会出现变态心理现象,如阿片类物质、苯丙胺等药物。

在一般人看来,意识不清、好坏不知、打人毁物等是严重精神病的标志,但对精神科医生来说,这些却是癔症的常见症状,是在不良人格基础上由精神刺激所诱发的轻病。相反,某人神志清晰、智能正常,可以正常生活工作,仅出现某种特别荒谬的行为或想法,令人感到有些古怪,一般人并不将其视为精神病人;但在精神医生看来,这是急需住院治疗的严重精神病人。由此可见,精神科医生对精神病人的诊治,是一般人靠生活经验与常识所无法解决的。精神医学认为心因性精神病、神经症和人格障碍都是在人格发展不成熟、不完善的背景上，与不良环境或人际关系相互作用的结果。这些疾病的治疗首先要改变环境或人际关系，进行心理治疗，以适当药物作为辅助治疗。对于内生性精神病，如精神分裂症和情感性精神病，则是脑代谢异常的后果，某些病人发病前的不良精神刺激仅是这些疾病的诱因，并不是真正的病因。因此，对这类病人必须以抗精神病药物治疗为主，心理治疗只能在疾病恢复期发挥辅助治疗作用。

精神科医生之所以将精神分裂症视为严重精神病，是因为这种疾病的预后较差，几乎 1/4 以上的精神分裂症病人无法治愈，或发展为情意性痴呆，而以终生丧失社会生活能力为结局；或以荒谬行径害人、害己，导致可怕的后果。那么，这类严重精神病都有哪些症状，其脑功能障碍何在？精神分裂症的核心障碍体现在意识清醒、智能正常的前提下，不同层次心理活动产生了分裂。这种分裂在早期可能仅表现在局部性心理活动中，如幻觉或思维内容的某些方面。这时病人仅给人以古怪之感。由于病人主要或大部分心理活动仍很正常，没有相关专业知识和经验的人，自然看不出病人患有严重疾病。但在疾病发展严重时，可出现整个思维的破裂，情感意志的分裂，最终导致病人与社会生活和周围人际关系的分裂。

二、精神疾病的常见症状

（一）感知觉障碍

既然感觉和知觉是主体对客体属性的反映，障碍就应从它同外部客体的关系中加以理解。没有客体存在而出现了感知觉的体验称为幻觉。根据刺激强度与主体感受性的关系，可区分为感觉的增强（过敏）或减弱（迟钝）。此外，根据主体对幻觉的体验，可分为真性幻觉和假性幻觉；根据幻觉的复杂程度，可分为原始性幻觉和不完全性幻觉、反射性幻觉和入睡前幻觉；根据幻觉出现的原因，可分为脑器质性感知改变、心因性感知觉改变和机能性精神病的感知改变。

感觉异常可表现为感觉过敏（或增强），较弱的外部刺激就引起很强的主体感觉，普通的声音被认为震耳的轰鸣，普通的气味会引起难以忍受的刺鼻感。与此相反，感觉减退（或迟钝），则是对强刺激甚至损伤性刺激的反应不灵敏。常见于神经症（特别是癔症），还可见于忧郁状态的群体。

内感性不适是另一种感觉异常现象。这时主体总感到自己身体的某部位很不舒服，或者虽说不出究竟哪一具体部位，但总觉得不舒服。这种精神症状可以在许多疾病中出现。比较典型的癔症球和癔症头圈就是最常见的一种病理现象。病人声称咽喉部有个球状物梗塞着，呼吸感到困难或头上有个钢圈箍着，十分痛苦。内感性不适也可以出现在抑郁症、更年期精神病中，甚至可能出现在精神分裂症患者中。这种内感性不适的感觉异常往往伴随着疑病观念，是很难消除的症状。

对感觉异常的各种病理心理现象，必须提高警觉。因为在很多情况下这是神经系统器质性病变的早期症状,只有经过神经系统检查,排除器质性病变之后,才能确认是精神疾病。感觉异常虽然会给主体带来痛苦,但如未伴有其他精神症状,则不会导致犯罪行为。当内感性不适伴有疑病妄想或忧郁症状,则必须提高警惕,防止自杀。如果感觉过敏伴有被害妄想,则有可能出现违法行为,必须密切注意。

1. 错觉

错觉是对客体歪曲的反映。根据不同感觉通路,可分为视错觉、听错觉、味错觉、嗅错觉、触错觉等。根据主体对错觉的态度又可分为幻想性错觉与真性错觉。错觉偶见于健康人中,特别是在过度疲劳、入睡或刚从睡眠中醒来时,以及在某些特殊心境下,常易出现错觉。一般说来,在健康人中出现的这些错觉是十分短暂的现象,经过验证很容易纠正和消除。某些感染性疾病或一些化学物质中毒以及成瘾药物戒断过程均可出现大量错觉;在某些心理因素的影响下,或癔症发作期,或某些脑器质性病变(如精神运动型癫痫),也常常出现错觉。上述这些情况,错觉通常是在意识不清晰的背景下出现的;与之相对应的是精神分裂症病人在意识清晰背景上出现的真性错觉,并把错觉当作真实的感觉加以对待,例如,把自己的母亲看成是怪物,拿刀去砍。意识清晰的背景上产生的错觉和轻度意识不清的状态下出现的错觉都可能导致危险行为。

2. 幻觉

幻觉是在没有客体存在时出现的知觉体验。根据主要知觉通路,可分为视幻觉、听幻觉、味幻觉、嗅幻觉、运动性幻觉和内感性幻觉等。正常的知觉具有客观性、恒常性和完整性。幻觉不具备正常知觉的特性。根据正常知觉特性的情况,可把幻觉分为真性幻觉和假性幻觉。真性幻觉投射于外部空间,是通过主体相应感觉器官而出现的幻觉,内容比较"真实"、完整。假性幻觉定位于主体内部空间,并不是通过感官得来的,内容不够鲜明、生动和完整。具有真性幻觉的人,确信这种知觉(如声音)是来自附近某处,亲耳所闻,内容生动而具体。具有假性幻觉的人,则认为这种知觉(如声音或形象)好像是从脑子里发出来的,不需要用耳朵听或眼睛看;虽然幻觉的内容不那么生动、清晰,但幻觉的主体仍确信自己知觉到了,常见于精神分裂症病人中。

视幻觉常出现在意识到障碍的背景之上,多由于感染性疾病或某些化学物质中毒所引起,视幻觉的内容常是些奇异可怕的妖怪或猛兽,生动多变。嗅幻觉通常是非常难闻的气味,在颞叶和海马部位的脑器质性病变中,常出现嗅幻觉。味幻觉常表现为感到食物中出现怪味。触幻觉则表现为感到躯体表面有昆虫爬行、通电感或异性接触感。运动性幻觉则是感到自己的肢体或全身处于某种运动之中,无法控制。上述各种幻觉均可以出现在意识清晰的精神分裂症病人中,且常与妄想同时存在。病人把这些幻觉内容作为妄想的支柱。因而,这类幻觉常常促成危险行为,必须给予足够重视。

听幻觉是意识清晰背景上最常出现的幻觉,内容可能是多种多样、性质不同的声音,其中言语性幻听最常见,讲话人的性别、年龄、讲话的位置均非常清晰,讲话的内容多与病人有关,讽刺、嘲笑、斥责、谩骂,从而引起病人气愤,与之争辩。有时幻听是指示性、命令性的,要病人去做什么或不做什么,即使是伤害自己或伤害亲人的命令,也无法不照办。精神分裂症病人在幻听驱使下出现危害自己、他人或社会的行为是较为常见的。

机能性幻听是听觉受到某一现实刺激时所伴随的幻觉。这种幻觉随现实刺激的呈现和中止而发生或消失。例如,听到钟表的声音和水流声音时,出现一种言语性幻听,两种声音并存,清晰可闻。另一种幻觉称为反射性幻觉,与机能性幻觉相似,也是在现实刺激的条件下出现的幻觉,但它是由于大脑内的反射性机制在另一感官内随现实刺激而发生的幻觉。如每当听见关门声就产生视幻觉。机能性幻觉和反射性幻觉多见于精神分裂症,病人常在此基础上出现妄想。此外,病人听到脑子里的声音,认为别人在读他的思想,称为读心症,也是常使病人深感痛苦的幻觉症状,多见于精神分裂症,可能导致危险行为。

(二) 感知综合障碍

感知综合障碍是指个体在感知某一现实事物时,作为一个客观整体来说认识是正确的,但对这一事物的个别属性(如形状、大小、颜色、位置、距离等)却产生与该事物实际情况不相符的感觉障碍。常见的感知综合障碍有空间知觉改变、时间知觉改变、运动知觉改变和自身身体结构的知觉改变。空间关系的知觉障碍,表现为病人见到的人、物等发生变形,如视物显小或视物显大等。时间关系的知觉障碍,是指把从未见过的人看成是过去见过面的人,或者把过去很熟悉的老朋友当成陌生人。运动知觉障碍是指把静止的物体看成运动的物体,或者把运动的物体看成静止的物体,结果事物都突然变了样,缺乏真实的感觉。自身躯体的知觉障碍表现为自己身体某部分发生变化,如头变大等。这类感知综合障碍主要见于癫痫病人,也可见于精神分裂症病人。感知综合障碍也可形成自伤或他伤的危险行为,造成严重后果。

(三) 思维障碍

思维障碍是指在对客观事件的分析、综合、比较、抽象、概括、判断、推理等思维过程中存在的异常现象。大体可从思维速度、联想方式、逻辑形式、表达形式和思维内容等五个方面去认识和研究思维过程的改变。

1. 思维速度

思维速度方面的障碍,又称为思维过程障碍,包括思维进行过速、过缓和阻滞,是比较容易观察到的症状。思维奔逸是在心理活动兴奋性增强的背景上出现的。这时脑内的思维联想加速、思潮澎湃,新概念不断涌现,造成意念飘忽、随境转移。这种思维奔逸或意念飘忽的外在表现就是口若悬河、滔滔不绝,一个概念还未说完就出现下一个概念,前后概念之间还可能以音韵或意义连接表现为音连和意连。

与上述情况相反,思维迟缓时,某种概念在脑内停留很长时间,思维速度受到阻抑,思考问题很困难,对问题反应迟钝,语言很少,语流缓慢,语声低沉,回答问题很慢,总是说"想不起来"。与思维迟缓情况相似的是思想贫乏,这时虽然言语也很少,但与思维迟缓不同。思维迟缓时,思维过程完好,仅是速度与进程变得缓慢;而思想贫乏时,则是思维过程停滞,头脑空虚,缺少思想内容,概念与词汇贫乏。

思维速度改变的另一种形式并不表现为思维加快或减慢,而是表现为思维过程的突然中断,或者在思维过程中突然插入不相干的概念和想法。这些情况大都发生在意识清晰的背景上,多属于精神分裂症的症状。思维奔逸常见于躁狂症,思维迟缓常见于抑郁症。此外,在某种药物作用下,也会出现这种兴奋状态或忧郁状态。思维内容贫乏,常见于精神分裂症和脑器质性精神病。

2. 联想方式

思维联想过程的特点之一是具有目的性。如果思维过程缺乏这种鲜明的目的性,就是不正常的思维。联想散漫,主题不突出,中心思想不断变化,使人无法理解谈话的内容和目的。这种思维散漫现象进一步严重,就会出现思维破裂。这时,不但每一段话之间缺乏内在逻辑,甚至每句话之间的关系也不够紧密,结果就形成了句子的杂乱堆积,语无伦次,支离破碎,甚至形成词的杂拌,连一句完整的话也难说清。思维散漫、破裂性思维和词的杂拌都是在意识清醒的背景上呈现的,是精神分裂症的显著特征。还有一种被称为思维不连贯的症状,表现为言语零碎、概念之间毫无联系,有时还伴有幻觉和情绪上的变化。这种思维不连贯现象多在感染性躯体疾病、脑器质性疾病或某些化学药物中毒时意识不清晰背景上出现。

联想方式的另一种改变为病理性赘述,表现为受检者在叙述一件事情过程中,联想枝节过多,对不必要的细节过分详尽地描述,无法扼要讲述,一定要按自己的方式讲完的一种精神病理状态,见于癫痫等脑器质性及老年性精神障碍受检者。

3. 逻辑形式

逻辑性是正常思维过程的重要特征之一。思维逻辑障碍表现为患者的推理缺乏严密的逻辑关系,因果倒置或出现一些古怪离奇的因果关系,使人不可理解,逻辑倒错,主要见于精神分裂症。

语词新作是比较特殊的一种逻辑障碍,以自己特殊的古怪逻辑杜撰新的文字,只有他自己才能解释和理解。把很多不相干的概念凝缩在一起,称为思维凝缩。例如,某病人造一字,表示他自己是羊年生的,在娘肚子里长大的。语词新作这种特殊的逻辑障碍是精神分裂症的特征性症状。与此相近的一种逻辑障碍称为象征性思维,即用一个非本质的普通概念去代替另一类本质不同的事物,这种代替是荒谬的、不可理解的。例如,某病人把辽宁产的扣子缝到上海产的衣服上,称为"辽海两地一线牵"。

4. 表达形式

言语和语言是思维的形式,当思维过程出现病态现象时,也必然在语言上表现出来。上述几种思维过程的病态表现都包括思维表达形式——语言——的改变。而这里所指的思维表达形式是一种特殊的形式,即刻板言语、重复言语、模仿言语和持续言语。

刻板言语是指对某一无意义的词或句子的机械性刻板重复,常见于精神分裂症。

重复言语主要是重复每句话最后几个字或词,多见于脑器质性障碍或癫痫。模仿言语是指听见别人说什么就跟着学什么,是紧张型精神分裂症病人的言语特点。持续言语是指跟别人对话时,总用对前一个问题的答案去回应以后的各种问题,常见于癫痫或其他脑器质性障碍。

5. 思维内容

思维内容障碍对于司法精神医学来说是非常重要且常见的问题。这类问题不如思维形式上的改变那么容易鉴别,往往要根据对很多现象和背景材料的分析,才能做出最后的结论。思维内容障碍有强迫观念、超价观念和妄想等几种形式,其中以妄想最为常见。思维内容障碍的类型、严重程度多种多样,同法律问题的关系也千差万别。

强迫观念是在主体的头脑中反复出现、难以排除的思想内容。它与妄想不同,主体意识到这种反复出现、难以排除的思想内容是没有必要的,甚至是不正常的,力图摆脱,但仍无法避免。因而,主体感到很苦恼,主动要求别人或医生帮助他们改变这种状态。强迫观念常见于强迫症,也可见于早期分裂症。一般情况下,强迫观念较少涉及刑事案件,较多与民事纠纷、劳动鉴定等问题有关。

超价观念(或称优势观念和先占观念)是在职业、社会地位和性格等因素的基础上,由于某种强烈情绪影响而在意识中占主导地位的一些观念。这些观念的出现没有显著的思维形式障碍,且有现实生活基础,故不显得荒谬。实际上是一种由强烈情感支持的片面性判断,与性格上的弱点有一定关系。牵连观念、嫉妒观念和疑病观念等,只要没有达到牢固程度,都可列为超价观念。

妄想是最常见的思维内容障碍,是指一种与现实相脱离而又荒唐的固执想法。这种想法很顽固且与病人的文化程度、社会背景及平时思想不相干,又不能通过说服、教育和各种验证途径加以动摇。具有妄想的人对妄想内容坚信不疑,缺乏认识和批判能力。妄想的类型主要按其内容划分,也可以按其产生时的心理特点划分。

原发性妄想是突然出现的、不需任何解释的想法,如见到一张圆桌立即意识到世界末日的来临。这种妄想没有其他心理上的原因可以解释和理解,根据其出现的内容,可分为妄想心境、妄想知觉与妄想回忆。这是精神分裂症特有的思维内容障碍。与原发性妄想相对应的是继发性妄想,是感知觉障碍或情感障碍,以及在人格改变基础上演变而来的妄想,如在幻觉和错觉基础上出现的被害妄想、被控制妄想;在情绪高涨状态下继发的夸大妄想和在忧郁状态下继发的自责自罪妄想与疑病妄想;在性格缺陷背景下继发的关系妄想、嫉妒妄想;在老年智能缺损前提下继发的被窃妄想;等等。继发性妄想不仅见于精神分裂症,也可见于其他多种精神病。

根据妄想的内容,又可分为关系妄想、嫉妒妄想、钟情妄想、被害妄想、影响妄想、夸大妄想、罪恶(自罪)妄想、疑病妄想、虚无妄想、变兽妄想、特殊意义妄想、被窃妄想等。在这些妄想中关系妄想、嫉妒妄想、被害妄想、影响妄想等常常是造成他伤和凶杀等恶性事件的基础;罪恶妄想、疑病妄想和虚无妄想常常是自残自杀的先兆,值得密切注意。

(四) 情绪和情感障碍

情绪和情感是人们对外部事物认识过程所伴随的主观体验及其外在表现。情绪和情感的体验与表现，都是以对外部事物的认识过程和体内某些生理改变为基础的。情绪和情感障碍的特征是情绪和情感过程与外界环境不协调，与主体对外界的认识过程不协调，或者情绪和情感内心体验与外部表现不协调。情绪和情感障碍可根据其性质、强度、协调性和稳定性等分为多种类型。

根据情绪和情感的性质和强度可分为情感高涨、情感低落、焦虑和恐怖等不同状态。情感高涨状态表现为欣喜若狂，喜形于色，眉飞色舞。由于内部体验和外部表现比较协调，故富有感染性，使周围的人也受到这种情绪的影响。情感低落则表现为痛苦、忧郁、忧心忡忡，甚至号啕大哭。焦虑状态表现为紧张不安，担心会发生意外事件，惶惶而不可终日。恐怖状态表现为对无关紧要的物品或环境有一种说不清原因的恐怖感。情感高涨、情感低落、焦虑和恐怖等情感改变也经常出现在正常人的情感变化中。精神医学中的情感障碍比较持久，且没有相应的原因，一般见于情感性精神病、焦虑性神经症和恐怖症中。

根据情绪和情感过程的协调性，可分为情感倒错、情感淡漠、情感迟钝、矛盾情感、欣快状态等。这些症状的共同特点是情感体验与情感表现之间不协调，或者与外部环境不协调。

情感迟钝和情感淡漠表现为对外部刺激不能产生相应的情感反应。情感迟钝则表失了对周围朋友和亲人的正常感情，即使对强刺激的情感反应也比较平淡。情感迟钝进一步发展就是情感淡漠。情感淡漠表现为对一切事物，甚至对亲人的生离死别也无动于衷。情感迟钝和情感淡漠主要见于精神分裂症。情感倒错表现为情感活动与环境的不协调。矛盾情感表现为对同一件事同时出现相互对立的矛盾情感，并对这种矛盾情感的出现不觉痛苦，不力求摆脱这种状态。无论是欣快还是强制哭笑都不伴有相应情感的内心体验，也说不清楚为什么，欣快状态常见于脑器质性疾病。

(五) 意志和意志行为障碍

意志是人们自觉、有目的地调节与控制自己行为的心理活动，意志行为则是意志活动的外部表现和结果。意志和意志行为与情绪、情感和认识过程有密切的关系，即知、情、意三者是统一的心理活动。意志和意志行为障碍表现为意志增强和意志行为的过度、意志减弱和意志行为的抑制、意志缺失的行为和不协调的意志行为。

意志增强可能是由于情感高涨或激惹状态而引起的，也可能是在幻觉和妄想支配下出现的，还可能是在某些化学物质作用下出现的。意志增强表现为精神运动性兴奋行为、冲动行为、自杀行为等。精神运动兴奋性行为主要表现为知、情、意均呈现较高的兴奋水平。躁狂状态、激惹状态以及在酒精等物质作用下，均可出现精神运动性兴奋状态。偏执性精神病、精神分裂症等病人在妄想或幻觉支配下，可能表现出顽固的意志行为。此时，意志行为中没有精神运动性兴奋那样高昂的情绪色彩。妄想和幻觉支配的意志行为也可能以冲动行为的方式表现出来，来势凶猛，常常指向妄想中迫害或控制他的对象，造成恶性案件。自杀行为也是一种经过思考的意志增加行为，多见于忧郁状态的病人或精神分裂症病人。

与上述现象相反，意志减弱和意志行为的抑制状态，则主要表现为懒散、退缩、孤独，对一切事物失去了兴趣，没有任何打算，甚至个人的生活和卫生都不能自理，是精神分裂症的结局之一。与这种伴有情感淡漠的意志减退不同，精神运动性抑制则保持着强烈的情感体验。多见于心因性忧郁或抑郁症，此时言语和动作均减少，感到力不从心，完成不了自己的工作和社会义务。严重时可出现忧郁性木僵状态。言语动作和表情等精神运动性行为全部受到抑制。反应性木僵则是在另外一种强烈精神刺激震动下出现的精神运动性行为抑制现象。紧张症包括木僵状态、蜡样屈曲、缄默、被动服从、违拗、刻板动作、模仿动作、作态、紧张性兴奋和冲动行为。这些动作和行为的障碍并不伴有相应的意志活动，它们是脑内运动系统的病理性抑制机制所造成的。即使是紧张症的冲动行为也是突如其来，没有主观内心体验和明确的行为意向。紧张症主要见于精神分裂症，也可见于心因性精神病、抑郁症和脑器质性疾病。

不协调的意志行为是指意志过程与认识过程或情感过程之间的不统一，以及对外界环境反应的失调。这时的行为缺乏正常意志行为所具备的自觉性和目的性。强迫行为和强制性行为失去了行为的自觉性，这类行为不是出于自己的意志支配，而是在强迫观念或其他病理过程下出现的。强迫行为是在强迫观念支配下出现的，伴有摆脱和控制这种行为的意志活动，在完成无法抗拒的强迫行为之后，有强烈的体验。强制性行为是不符合本人意愿但又不受自己支配的动作，可突然出现或终止，病人不以为意，完成强制性行为后，也不感到痛苦。强迫行为见于强迫症，偶见于精神分裂症早期；强制性行为则常见于精神分裂症病人。矛盾意志和模棱两可的行为，是在病人的思维、情感中表现出的矛盾状态和行为上的模棱两可现象，把一件东西拿出来又放进去，走两步又退回来，想说话又不说，等等，这种现象也见于精神分裂症。意向倒错、怪异行为和不协调性运动兴奋状态，都是常见于精神分裂症的不协调行为。意向倒错表现在病人的食物本能、性本能和防御本能行为的荒谬离奇。怪异行为表现为挤眉弄眼、做鬼脸、头戴痰盂等难以理解的荒谬现象。精神分裂症的这类怪异行为有时伴有运动兴奋状态，如打人、毁物等，都是与外部环境不适应的不协调行为。

意志缺失的行为表现为，病人突然做出某行为或机械地重复某一动作，但却不知为什么会发生这种行为，没有和这种行为相一致的意志活动；或在日间发生意识轻度障碍时出现的漫游行为，可持续数日，事后对自己的行为也不能解释。

第二节　精神分裂症疾病性质的研究进展

一、精神分裂症的疾病性质

(一) 神经信息化学传递的机能障碍

1. 多巴胺神经递质的功能亢进

精神药理学研究发现,正常人服用一些药物,如苯丙胺、L-多巴(L-dopa)和利他林等,如果药物剂量足够大或服用多次,可引起幻觉、妄想等类似精神分裂症的阳性症状。症状已经缓解的精神分裂症病人,服用这些药物可导致疾病复发;症状不明显的精神分裂症病人服用这些药物可使病情迅速恶化。动物实验证明,这些药物引起脑内多巴胺类神经递质功能增强。苯丙胺能促进多巴胺从突触前的囊泡中大量释放到突触间隙。L-多巴可以透过血脑屏障直接进入脑内,成为合成多巴胺的原料,促进多巴胺的生成。相反,一些能解除精神分裂症阳性症状的药物,如氯丙嗪、利血平等,均能降低多巴胺递质作用。利血平促使突触前末梢内大量单胺类神经递质耗竭,以致神经冲动传来时,该神经末梢无法再向突触间隙释放递质。氯丙嗪等抗精神病药物阻断多巴胺的释放和与突触后膜受体的结合。这类精神药理学资料表明多巴胺神经递质功能亢进或降低与精神分裂症阳性症状的出现、加重或缓解之间呈一定相关性。因此,20世纪70年代初曾认为多巴胺神经递质的生成及功能亢进是精神分裂症产生的脑机制。

2. 多巴胺受体亢进

根据多巴胺递质功能亢进说,服用抗精神病药物引起类帕金森病副作用,可能是最有效的治疗剂量。因为当时已经确切知道,帕金森病的病理机制在于脑基底神经节内多巴胺功能降低。既然精神分裂症是多巴胺系统功能亢进的结果,服用抗精神病药物使病人出现类帕金森病副作用,说明已使其脑内多巴胺功能降低,自然应该是有效剂量。所以20世纪60~70年代初,在精神病临床治疗中曾追求大剂量用药,以期快速治疗病人。然而,20多年的临床经验表明,抗精神病药物对精神分裂症阳性症状的治疗效果与其是否伴有类帕金森病副作用并无直接关系。对精神分裂症病人脑内多巴胺含量的直接测定也未能发现与病情变化的一致关系;相反,意外死亡的精神分裂症病人脑生化分析表明,其脑内多巴胺受体含量是正常人的2倍。

多巴胺神经通路在脑内有两条。发自中脑被盖A8和A10区,经隔核、嗅结节分布于大脑皮质,称为多巴胺中脑-边缘通路,在边缘结构和大脑皮质中含有高密度的多巴胺D1受体;中脑A9区是黑质致密部,发出较长的多巴胺能神经纤维到达纹状体,形成黑质-纹状体多巴胺通路,纹状体内含较多的多巴胺D2受体。多巴胺D3受体是自感受体,分布于黑质细胞的树突和胞体上。抗精神病药物作用于多巴胺中脑-边缘通路,使那里的多巴胺D1受体的活性受到抑制,与其抗精神病的治疗作用有关;抗精神病药物作用于多巴胺黑质-纹状体通路,引起那里的多巴胺 D2 受体功能的阻断,与其引起类帕金森病副作用有关。抗精神病药物也可以作用于黑质细胞上的多巴胺 D3 受体,引起这种自感受体的激活,造成多巴胺生物合成和释放的负反馈,使多巴胺通路同时发挥作用。由此可见,抗精神病药物通过不同的多巴胺通路和受体发生不同作用。

(二) 精神分裂症的多源病理学说

经过几十年的基础研究和临床总结,目前已不再把精神分裂症的病理基础看成是脑内多巴胺递质及其受体功能亢进的单一疾病,而是一大类多源病理机制的复杂疾病,含有多种神经递质及多种受体功能异常。包括氨基酸递质,如谷氨酸、丝氨酸、环丝氨酸、甘氨酸和 γ-氨基丁酸以及谷氨酸的 NMDA 受体;还有多种单胺类递质及其多种受体,如多巴胺 D2 受体、5-羟色胺Ⅱ型受体(5-HT2);脑内胆碱类递质及其受体的异常,也在精神分裂症中具有重要作用。分子遗传神经生物学研究已经发现,精神分裂症有多染色体、多位点基因突变,包括 1q21.22,1q32.42,6p24,8p21,10p14,13q32,18p11,22q11.13。所以,现在认为精神分裂症是一种复杂的疾病,具有多位点基因突变导致的多种神经递质及其受体功能失调的多源病理基础。

(三) 精神分裂症的脑形态学改变

广泛应用计算机断层扫描术和核磁共振技术以后,才逐渐积累了一些科学事实,首先于 20 世纪 90 年代发现精神分裂症的症状有其脑形态学基础。

研究者报道慢性阴性精神分裂症病人的侧脑室比正常人的大 2 倍之多,这些病人的脑脊液压力正常,说明脑室扩大并不是由于脑压增高所致,而是由于脑萎缩。对这些脑室增大的精神分裂症病人进行家族研究发现,其兄弟姐妹的 CT 检查并未发现脑室增大。他们还对脑室增大的精神分裂症病人进行了回顾性研究,追溯他们在校时的学习成绩,结果表明 21 名脑萎缩的精神分裂症病人学习成绩显著低劣,与同学接触欠佳。这表明,阴性症状为主的精神分裂症病人大脑缓慢萎缩。对某医院长期住院的精神分裂症病人和非精神分裂症病人死后进行脑组织学检查,结果发现精神分裂症病人脑内神经细胞明显丧失,许多脑结构为异常多的胶质细胞所占据。这些脑结构改变与病人生前的行为障碍有一定关系。孤独、退缩、情感淡漠等与脑室周围边缘系统结构、下丘脑的损伤有关;言语贫乏和言语思维障碍与苍白球和边缘系统损伤有关;刻板行为与下丘脑和海马损伤有关。总结精神分裂症的脑 CT 研究发现,阴性精神分裂症病人脑室扩大,半球体积缩小了 8%,长度缩短了 7 mm,大脑皮质丧失 12%。除这些普遍性变化外,颞中回、旁海马回和苍白球等结构丧失最为严重。左颞叶皮质丧失 21%,右颞叶皮质丧失 18%。这些结构的丧失程度与疾病症状严重性相关。细胞学研究发现,受损部位并没有通常脑损伤伴随的胶质细胞增生现象。由此推论,精神分裂症病人的旁海马回和颞叶是在胚胎发育过程中受损所致。

利用 NMR 技术研究精神分裂症病人的脑形态学变化,进一步证实了脑 CT 的结果,病人脑室明显扩大,旁海马回明显萎缩。

利用PET技术研究精神分裂症病人脑区域性糖代谢率,众多研究结果基本一致,发现病人的脑额叶皮质糖代谢率显著低于正常人,旁海马回和额叶的脑区域性血流量也显著降低。

2005年,利用磁共振灌注成像技术,对精神分裂症、自闭症和失读症病人的研究发现,这些病人脑白质中深层长距离纤维明显少于正常人,从而认为脑各区间长距离纤维发育不足是这些疾病的重要基础。长距离纤维发育不足可能是由三个基因突变决定的。

(四) 两类精神分裂症的脑代谢和脑形态改变间的关系

许多偏执型和青春型精神分裂症病人,患病早期存在大量阳性症状,丰富的幻觉、妄想、破裂性思维和荒谬的行为变幻莫测,经过数年反复发作,疾病的阳性症状逐渐减轻,代之以情感淡漠、意志衰退,出现了阴性症状。当然也有如单纯型精神分裂症病人,原因不明地潜隐发病,孤独退缩症状逐渐加重,从始至终都是阴性症状。那么,这两类不同的精神分裂症是否有共同的脑机制呢?目前虽然缺乏系统的证据,但有些科学家认为多巴胺受体亢进和脑萎缩及代谢率降低之间存在着密切关系。M. Mayia 和 A. Carlsson 等人提出,精神分裂症病理过程最初源自中脑的多巴胺能神经元和大脑皮质的谷氨酸能神经元之间的功能平衡性破坏。多巴胺含量增多或多巴胺受体亢进为一方;谷氨酸缺乏或兴奋性氨基酸受体功能低下为另一方;或者其中单独一方变化,或者两方发生相反的变化,都是精神分裂症阳性症状的病理机制。由于这种代谢过程发生在大脑皮质中,引起兴奋性氨基酸为神经递质的神经元大量衰退,伴随着区域性糖代谢率下降,脑萎缩也逐渐变得显著起来,这种变化在颞叶、边缘结构和额叶皮质最明显,于是阳性症状逐渐变为衰退的阴性症状。对于那些潜隐性渐进衰退的阴性精神分裂症,其疾病可能源于胚胎期或个体发育的早期,如3～15岁神经元间关系修饰或重组阶段出现了病变,以旁海马回损伤为主。

K. Kasai 等人2002年综述了精神分裂症的神经解剖学和神经生理学的研究进展。他们总结了利用fMRI、磁共振波谱成像、PET、事件相关电位和脑磁图的研究成果,认为精神分裂症是一种具有多源性病理基础的疾病。具有思维障碍的精神分裂症病人,听觉平均诱发电位P300幅值降低、潜伏期长,语音音素分辨诱发的事件相关脑磁图研究发现,精神分裂症病人脑磁功率在100 ms以后的反应低于正常人,fMRI和PET研究发现,精神分裂症病人的思维障碍严重程度,与左半球颞上回和颞中回的激活水平呈反比关系。在精神分裂症各种症状中,处于核心地位的是认知障碍,它的基础之一是感觉门控机制的缺损,利用双听刺激实验范式,可发现精神分裂症病人存在着P50抑制缺损的病理现象,无论是发病期还是疾病的缓解期,甚至阴性症状病人的直系亲人都存在P50抑制不足的现象。其他精神疾病,如创伤后应激障碍、抑郁症、帕金森病等发病期虽然也有P50抑制缺损现象,但随病情好转,P50抑制也会转为正常。

二、精神分裂症的研究进展

内生性精神障碍,包括精神分裂症和情感性精神病,是发病率高、危害性大的精神疾病。长期以来,一直以症状和病程作为主要诊断依据,缺乏实验室或临床检验上的客观诊断标准。由于精神现象学上的症状是一类动态多变的定性描述,往往导致对同一案例由不同专家给出不同的诊断结论。在司法鉴定中,常因此引起激烈争辩,法官也很难裁定。

自 20 世纪 60 年代起,研究者大多认为,脑内神经递质及其受体的代谢障碍是内生性精神障碍的生物化学机制。这一认识主要来自精神药理学和神经生物学研究,但对疾病诊断却无重大影响。

现在,我们对精神疾病性质的认识有了新进展:内生性精神障碍有其脑形态学基础,有其电生理学的遗传内表型性状,有基因基础,有其诊断参照的生物化学新指标,而且对幻听这种最常见的症状及其严重程度,也有与之对应的脑形态学参数。可以说,距离将这些科研成果转化为公认的临床诊断的方法已为时不远。

(一) 精神分裂症的"遗传内表型"及其电生理学诊断指标

遗传内表型(endophenotype)的概念最初是 20 世纪 70 年代精神分裂症遗传学研究中所采用的术语,是指对精神分裂症家族研究中,生化测试或显微镜观察的阳性所见。只要这些参数或性状在精神分裂症家族成员中,与其精神分裂症临床发病率相比,高出 10 倍的,均可视为精神分裂症的"遗传内表型"。2003 年,这一概念扩展到神经生理学、生物化学、内分泌学、神经解剖学、认知功能和神经心理学检查中,成为精神分裂症临床诊断与其基因型之间的中介因子,或者说是精神分裂症发病的危险因子。当代分子遗传学和精神医学正是通过这些内表型,才逐渐发现它们相对应的动物模型及其基因型。

Price 等人(2006)以题为《多变量的电生理学遗传内表型》一文,报道了对具有 60 个遗传家庭背景的 53 名被试所进行的四项电生理学遗传内表型实验分析,包括失匹配负波(MMN)、P50 波、P300 波和反向眼动的电生理学指标。这篇研究报告的分量在于站在跨学科的高度审视了以往 20 多年精神病电生理学的研究成果。采用了经过严格遗传学标准选定的 53 名被试,分别进行了四种电生理指标的实验研究,并对其结果以对数回归模型进行了综合分析,发现四项指标的共同使用,不仅回归系数达到显著水平,也使诊断精确度达 80% 以上(图 13-1)。

Clapcote 等人(2007)在 *Neuron* 杂志上发表一篇题为《小鼠突变基因 *Disc 1* 的行为表型》的重要文章。该文将 20 多年来关于重症精神病研究中所发现的 130 个基因中,被列为首位的 *Disc 1*,进行了跨学科的基因型、表型和内表型的综合研究,证实了 *Disc 1* 确实负载着人类重症精神病的遗传基因。在这篇文章中,选择了 *Disc 1* 基因点突变小鼠(L100P)以前脉冲抑制(PPI)作为精神分裂症的内表型,验证了 PPI 与 L100P 基因突变中 *Disc 1* 基因的关系,从图 13-2 可见,在 100P/100P 的基因突变鼠中,低强度声(69 dB)的前脉冲刺激产生的抑制效应几乎为零,正常鼠+/+组的抑制效应为 50% 以上。这说明通过 PPI 行为表型和其相应的电生理参数,能够较好地确定相应的基因型。

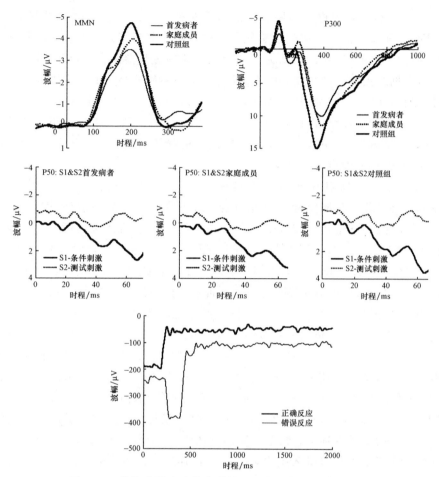

图 13-1　精神分裂症遗传家谱的四项电生理学内表型示意
（引自 Price et al.，2006）

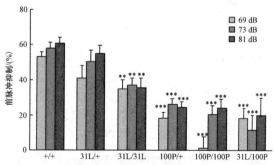

图 13-2　两种 *Disc 1* 基因突变型小鼠的 PPI 内表型
（引自 Clapcote et al.，2007）

2006年,有研究者报道了利用病人的血清对神经肌肉节点乙酰胆碱释放的作用,对精神分裂症和双相情感障碍进行鉴别诊断的方法。其技术路线是在神经肌肉标本中记录神经肌肉节点的终板电位,作为乙酰胆碱释放的客观指标,再将病人血清提取物滴入标本中,根据终板电位的变化,对两类精神病进行鉴别诊断。其主要原理是病人血清中所含的腺苷,作为一种生物活性物质,存在于细胞内液和细胞外液中,它与神经细胞突触前膜上的腺苷受体结合,调控突触前膜神经递质的释放功能。双相情感障碍病人血清中腺苷含量较高,可引起突触前膜神经递质的释放抑制,终板电位发放抑制;而精神分裂症病人的血清没有这一效应。

除以上三篇文章所利用的电生理指标,近年还有许多关于P300波、P450波、N400波和后慢波作为诊断指标的研究报告。这里主要介绍其中两种,即PPI和P50。PPI是前脉冲抑制(prepulse inhibition)的缩写,源于大鼠的惊跳反射,一个意外的强声刺激,引起惊跳反射,事先用了苯丙胺的大鼠这一反射更强,这种现象曾于20世纪70~80年代视为精神分裂症的动物模型。90年代,在此基础上,发现若在强声之前有一短的弱声脉冲(前脉冲),则惊跳反射受到抑制,称为前脉冲抑制。几乎与行为研究的同时,发现人类被试的PPI伴有十分精细的电生理指标。在强声之前0.5 s先发出的短声刺激,能有效地抑制强声刺激的听觉诱发反应。精神分裂症病人惊跳反射强于正常人,但PPI现象却很差。如图13-3所示,间隔0.5 s的两个强度相同的短双声刺激,分别诱发出两个潜伏期为50 ms的P50波,右侧的第二个短声诱发的P50波幅仅是第一个声诱发波(左侧)的12%,称为P50抑制现象,精神分裂症病人的P50抑制很差。PPI和P50抑制缺失的科学事实,共同支持了精神分裂症的感觉门控理论(sensory gating theory)。概括地说,感觉门控理论认为,精神分裂症的病理基础是感觉门控缺失,导致大量无关的信息进入脑中,搅乱了脑功能。图13-4表明,PPI、P50反应具有

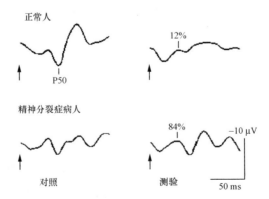

图 13-3　正常人与精神分裂症病人的 P50 抑制

对照是第一声刺激,测验是第二声刺激,带标记的向下的波峰是P50波,上、下两个标记的波峰差就是P50波幅。

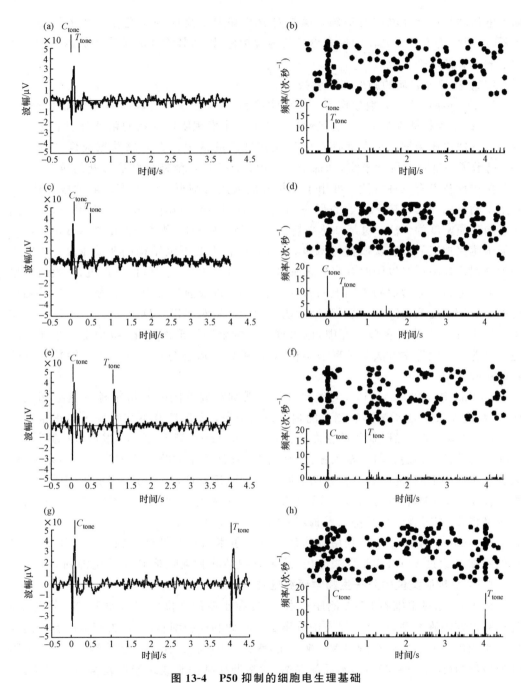

图 13-4　P50 抑制的细胞电生理基础

随两个声刺激的间隔增加(图中 C_{tone} 与 T_{tone} 的间距)到 1 s 以上[图(e)至(h)],抑制现象消失。

细胞电活动和局灶性电位的基础。尽管对 PPI 和 P50 反应的研究经过几十年的漫长历程，但至今仍不能将之作为疾病诊断的客观指标，因为其诊断的正确率仍达不到统计学上的显著性水平。

(二) 精神分裂症的脑形态学参数

约 110 年前，精神分裂症作为一个疾病单元，由于未能通过病理解剖发现脑形态学改变，被确定为机能性疾病；之后虽然应用 CT 技术发现阴性症状的精神分裂症伴有脑内旁海马回皮质萎缩，并未动摇机能性疾病性质的认识。直到磁共振成像技术的发展，揭示了一批新的科学事实，动摇了该认识，并孕育着精神分裂症诊断的重大变革。磁共振成像技术有三种方法，可用于对精神病人进行脑形态学检查。灌注成像法，主要用于测量脑白质；基于体素的形态测量（voxel-based morphometry，VBM），是快速测量脑灰质密度的方法；对某一感兴趣区局部脑灰质密度测量法。虽然 VBM 的精确度低于感兴趣区局部脑灰质密度测量，但可以比较大范围脑结构的灰质密度，所以在精神分裂症诊断中可以同时观察较多脑区灰质密度，更有实用价值。最近，一批研究报告一致报道精神分裂症病人颞上回和内侧前额叶，以及前扣带回、杏仁核和岛叶等脑结构中的灰质密度明显降低，说明脑细胞明显少于正常对照组。*Disc 1* 基因突变的 100P 小鼠在 PPI 缺损的内表型研究中，也出现明显的脑萎缩形态变化，特别是左半球额区更为显著。电生理学方法与脑形态学相结合，可以从形态与功能统一中证明精神分裂症的疾病性质。

Molina 等人（2008）报道，对经典神经阻滞剂疗效不同的两组精神分裂症病人用 P300 幅值和 ROI 法对脑形态测量的相关研究结果，发现疗效不佳组病人与正常组相比 P300 波幅值低，额区脑灰质密度降低。García-Martí 等人（2008）报道，以幻听为突出症状的精神分裂病人与正常人相比，利用 VBM 法测量的脑灰质密度有明显差别，病人脑灰质在颞下回、岛叶和杏仁核明显减少。同时还发现，精神分裂症病人幻听症状的严重程度，与左额下回、右中央后回、右颞上回和左旁海马回的灰质密度之间存在明显定量负相关，幻听越严重且持久者脑灰质密度越低（图 13-5）。

Korzyukov 等人（2007）利用癫痫病人进行手术治疗时栅格电极记录 P50 反应得到的数据并通过 LORETA 算法分析，结果表明颞叶和额叶是 P50 发生的脑结构。

(三) 脑细胞类型的分子生物学研究进展

近年来，通过单细胞 RNA 测序技术，已经在小鼠的视皮质和运动皮质区分出 133 种抑制性脑细胞类型，在感觉皮质中分离出三种抑制性脑细胞，对行为调节起着不同作用。小清蛋白阳性反应细胞（PV^+ 神经元）跟踪丘脑输入，介导前馈抑制；生长抑素阳性反应细胞（SST^+ 神经元）监测局部兴奋，对晚期持续抑制或缓慢反复抑制提供反馈；血管活性肠肽阳性反应细胞（VIP^+ 神经元）被非感觉输入激活，释放兴奋性神经元和 PV^+ 神经元。抑制细胞类型的固定分布被分为两个层次：感觉运动皮质的 PV^+ 神经元和额叶皮质的 SST^+ 神经元，包括联络皮质。最近发现在前额叶皮质中的抑制性 GA-

BA 信号通路,特别是小清蛋白阳性反应的 GABA 篮状细胞和兴奋性锥体细胞之间的 GABA 信号通路,是 γ 振荡活动和工作记忆所必需的。因此,适当使用这种信号的干扰,有助于改善精神分裂症病人的 γ 波振荡和工作记忆(Dienel & Lewis,2019)。

背外侧前额叶具有三个解剖分辨率:六层总皮质灰质,仅限于第 3 层灰质和由锥体细胞与 PV$^+$ 神经元组成的第 3 层局部回路。与正常对照组相比,精神分裂症患者的谷氨酸含量在总灰质匀浆中较高,但在仅限于第 3 层或第 3 层局部回路的样本中含量较低。相反,GABA 的综合指数在各组间总灰质匀浆中无差异,却在精神分裂症患者第 3 层和局部第 3 层回路中较低。这些发现表明,精神分裂症患者背外侧前额叶的兴奋和抑制平衡因解剖分辨率的不同而不同,这突出了特定层次和细胞类型的研究,对于理解与疾病相关的皮质回路变化具有重要意义(Dienel et al.,2019)。

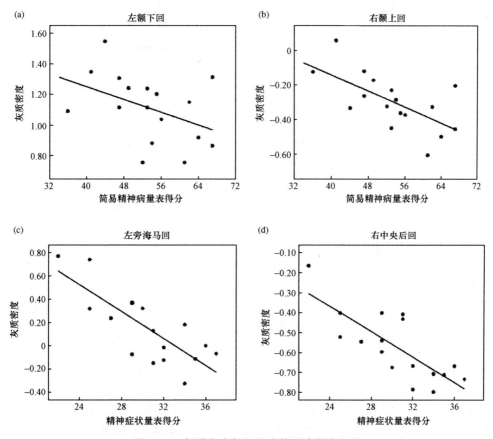

图 13-5 灰质密度与幻听症状强度的负相关

14

说谎与测谎的认知神经科学基础

说谎和欺骗是人类社会生活中一种屡见不鲜的行为,说谎者从某种自身利益出发,有意隐蔽、掩盖或修饰事物的真实情况,尽力使与其交往的人或群体对他的话信以为真。在多种社会背景下,都可能出现说谎和欺骗的行为。子女出于对长辈的爱,有意隐瞒真实病情,是常见的善意谎言;而犯罪嫌疑人在审讯中否认杀人事实,则是典型的恶意说谎。在两种极端情况之间有多种性质不同的谎言和欺骗,分别发生在社会生活的各种场合之中。伴随说谎和欺骗行为,必然有受骗者上当受骗,事后他们知道真相,就会对说谎骗人的行为深恶痛绝。面对一些重大案件或是非问题,人们更是关切事实真相。因此,从古至今,为辨识谎言,人们不仅从社会经验的角度总结出测谎的谋略与方法,而且总是试图找到一些科学方法,有效测谎。20世纪初,记录血压、呼吸和皮肤电变化的多导生理记录技术问世,很快被用于测谎,在常识和经验的基础上发展为至今广泛应用于世界各地的传统测谎技术。

传统测谎技术基于人们说谎时常伴随心跳加快、脸红和出汗的常识,警察依据审讯经验对被测人进行审讯式提问,同时利用多导生理记录仪(polygraph)进行记录。对每个问句要求被测试人只回答"是"或"否",并由主试在仪器上记录问句和回答的时间标记以及答题的性质,事后分析每个问句结束和回答后的皮肤电反应(5~10 s)、呼吸、指脉和血压(2~3 s)等自主神经系统功能的变化。比较探测问题、无关问题和基线问题引起的生理参数的变化程度,就会得出是说谎还是诚实的结论。这种测谎技术已经被应用了近百年,随着科技的发展,仪器更新换代,直至最近,发展出计算机控制的测谎仪和自动评分系统,使传统测谎方法获得了现代科学的外表形式;然而,测谎的原理却停留在常识和经验的基础上,百年不变。传统测谎技术中,审讯式的提问,句子长短不一、语气不同,由主试代替被试按反应键,对测试数据不进行精细数学分析和显著性检验等,都不符合心理学实验的科学标准。当代生理学和心理学,以及某些临床医学的诊断结论中使用的统计分析、信号检测、判别分析,证据科学中的D-S证据决策分析等,都是测谎可以借鉴的分析方法。可惜传统测谎技术,只关注自身的办案经验和编题方法,对反应曲线的分析主要依靠直观判断。

本章将测谎或辨识谎言的科学技术分为三类:多导生理记录仪和传统测谎技术、基于事件相关电位的测谎研究和现代脑成像技术测谎技术。最后,我们将介绍说谎和测谎的心理生理学假说。

第一节　多导生理记录仪和传统测谎技术

在《英汉医疗器材与生物医学工程学词汇》(方军,1985)中,"polygraph"的中文是"多导生理记录仪","导"字是导联的简称。心电图记录有标准导联、胸导联等多种导联方式,脑电记录则有单极导联和双极导联的区别。多导生理记录仪是指有多种连接人体的导联方式,记录多种生理参数的仪器,广泛应用于人体生理学和基础医学研究。因此"polygraph"并不是测谎专用的仪器,把它译成测谎仪或多道心理测试仪,都不准确。"道"与"导"一字之别,是电子技术和生物医学工程两类学科间名词术语之别。仪器的制造者关注的是放大器通道数,"道"是通道(channel)简称,指放大器的通道。导联数和通道数不完全相同,既要考虑放大器的通道数,更取决于连接人体的方式,即导联方式。所以,从用户角度出发导联方式最重要。

1895年,意大利第一次采用脉搏和血压参数作为重大案件嫌疑人是否说谎的生理指标。1932年,美国开始采用呼吸、血压、脉搏和皮肤电四项生理指标,作为测谎的生理参数;1945年,又增加了肌肉电活动的记录,总结出至今广泛采用的五种电生理学参数作为测谎生理参数,并制订对照问题测试方法。随着电子工程技术的发展,多导生理记录仪的技术水平不断提高,利用它进行五种生理指标的记录,并不存在很大技术问题。如何记录、怎么分析这些生理参数,才是判定是否说谎的关键技术问题。而这种关键技术是在办案经验或审讯经验的基础上,总结出来的编题和测试方法。这就是为什么多导生理记录仪的测谎技术,长期得不到科学界认可的原因之一,即仪器原理和结构是简单的,而方法是警察的审讯方式。

一、传统测谎方法

测谎之前要花很多时间了解案情、阅读案卷,然后从中找出要审讯的问题,这些都与一般办案没什么不同之处。编题和测试方法是测谎技术的精髓,随后是审讯式的测试,最后是阅图和写报告。下面简要地介绍这些方法。

(一) 编题

了解案情之后,应设置出五类问题,用以讯问被测人,这些问题各自作用不同。编题和测试方法的确定,是测谎的核心技术。

1. 中性问题

中性问题或称为无关问题,是与案件无关的问题,对被测人不会产生心理刺激。例如:

　　你叫王××吗?
　　你今年22岁吗?
　　现在屋里的电灯亮着吗?

今天是阴雨天吗？

　　这类问题一般安排在测试刚开始时，使被测人在面对陌生测试环境和仪器的紧张心态得到缓解，以适应提问和回答节奏。同时考查被测人回答中性问题时，多导生理参数的记录情况是否平稳。

　　2. 探测问题

　　探测问题又称为相关问题、关键问题、目标问题或主题问题等。需要特别说明的是，目标问题的名称在传统测谎技术中的含义和在脑电测谎中的含义不同，后者不是相关问题或探测问题的同义词，而是与案情无关的对照问题。所以，在脑电测谎中目标问题和对照问题是同义词。虽然有这么多的名称，但都是指与调查的案件直接相关的问题，包括案件情节相关的各种问题。例如，案件发生的时间、地点、方式、同案人和作案动机等。办案人员把这类问题又称为"五W"问题，"who, when, where, what, why"，即"何人，何时，何地，做何，出于何动机"。

　　例如：

　　　　你知道是谁杀了王××吗？
　　　　王××是昨晚11：30被杀的吗？
　　　　王××是在××路8号他的住处被杀的吗？
　　　　王××是前胸遭到刀刺而死的吗？
　　　　王××是因欠了一大笔钱还不上被杀的吗？

　　相关问题是测谎所要搞清楚的问题，被测人对这些问题的回答是真实的，还是说了谎，才是测谎的主要目的所在。

　　3. 控制问题

　　控制问题，又称为对照问题、基线问题。任何人在日常生活中总有些难以启齿的问题或一些不情愿让人知道的有辱尊严的或不光彩的行为。这些能引发否定答案的问题称为控制问题，实际上是些与案情无关的说谎问题。

　　例如：

　　　　你考试作弊吗？
　　　　你偷拿别人的东西吗？
　　　　你爱占小便宜吗？
　　　　你以前做过见不得人的事吗？

　　这类问题之所以又称为对照问题或基线问题，是因为我们假定被测人一定会在回答时说谎，此时的各种生理参数就成为对案情相关的问题是否在说谎的参照比对的准绳。

　　4. 牺牲问题

　　牺牲问题又称为过渡问题。在测试中加入这类问题，但却不分析它的结果，所以称为牺牲问题，它的作用是在无关问题到相关问题之间起到过渡作用。

例如：

你愿意老实回答我的所有问题吗？

对××案件的问题，你愿如实回答吗？

5. 题外问题

题外问题又称为征象问题，设定这类问题是为了明确被测人是否信任测试人，以及被测人是否还有更关心的问题。

例如：

除了刚才问的以外，你害怕我会再问你别的问题吗？

除了刚才讨论的问题以外，我不再问你新的问题了，你相信吗？

（二）测试方法

上述五类测试问题并不是同时使用，取决于案情和测谎的测试方法，目前总结出的测试方法有10种，使用的问题类型及提出问题的顺序各不相同。

1. 刺激测试法

刺激测试法（stimulus test）又称为卡片测试法（card test），即使用扑克牌或数字卡片，先取五张，请被测人从中选取任一张上的数字写在纸上，不要让测试人知道。然后依序询问被测人写的是什么。

最前面两个问题是五张卡片数字以外的数，是为了克服被测人回答第一个问题时的不适应或紧张反应。要求被测人对所有问题回答"不"。根据生理反应，特别是皮肤电反应，确定他写下的数字。一般测试总是从刺激法开始，因为它与案情无关，一方面可以使被测人适应测试环境和测试方法，同时还可以观察仪器记录功能是否正常。此外，它的测试结果会使被测人体验到仪器和方法的准确性。

2. 相关/无关问题测试法

对相关问题（R）和无关问题（I）回答时，生理反应大致相等者为诚实回答，R>I的反应为说谎的指标。除了两类问题，还穿插牺牲问题（S_C）和题外问题（S_Y）。这种测试的典型题序是：$I_1, I_2, S_C, R_1, I_3, R_2, I_4$……

3. 控制问题测试法

控制问题测试法（control question test，CQT），又称为准绳问题测试法。在同一组测试中，五类测试问题都使用，它的标准排列顺序是 $I_1, I_2, S_C, C_1, R_1, C_2, R_2, C_3, R_3, S_Y, I_3$，在 R 和 C（控制问题）的比较中判定结果。CQT 方法变式很多，如单一探测问题法、多探测问题测试法、唯你测试法、怀疑-知情-参与测试法、改进的一般问题测试法等。

4. 犯罪情节测试法

犯罪过程和情节是作案人亲身经历的，他必然知道一切。因此，根据对案件发生的时间、地点、作案工具、后果等知识是否掌握，作为测定被测人是否为实施犯罪者的指标，是犯罪情节测试法(guilt knowledge test，GKT)的基本原理。可以设定多个犯罪情节的探测问题，每个问题再配上 4~5 个陪衬问题，作为一组测试。所以 GKT 可以有多组测试问题，探测问题应由大范围至小范围、由浅入深，逐级提问。陪衬问题应与探测问题属同一类型、同一层次；但却是与案件无关，与探测问题有明显差异的问题。只有这样，才能比较出两类问题引发的反应之间的差异。

与 GKT 相近的还有紧张峰测试法(POT)，GKT 和 POT 又被统称为隐秘信息测试法(concealed information test，CIT)。

(三) 心理生理参数的记录和分析

采用不同的导联方法通过传感器和多导生理记录仪，采集和记录多种生理信号，比较不同类型问题引出的生理反应，作为测谎的生理指标，这就是多导心理生理测试的基本方法。在这些周围和自主神经系统功能的生理参数中，皮肤电变化最为明显，占有重要地位，但它的反应时间较慢，而且变异性大。最快的在提问之后 1 s 开始，最慢的在 4 s 后才开始变化。变化持续时间和恢复到基线的时间变异性也很大，在十几秒范围内变化。脉搏和呼吸的变化比较快，一般是在提问结束后 2~3 s 发生脉搏的明显改变。呼吸变化与脉搏有一定关系，人们紧张时一般是呼吸抑制，幅值降低或频率变慢。然而，近两年对脉搏的量化分析表明，它不比皮肤电变化的测谎可靠性差。这里先介绍现在普遍使用的评分方法。

1. 强度分析法

强度分析法经常被用于 GKT 结果的分析，其基本特点是因人而异的三级评分，将每个被测人的测试记录图从头至尾看一遍，人为地把最高和最低的反应幅值之间分为高、中和低三类，相应的分数是 2，1，0 分；每一组测试中所具有的案情相关问题数为 n，则被试所得满分就应该是 $2n$，那么半满分值就是判定说谎的标准。也就是每组测试所得分数等于或高于半满分值($>n$)为有罪、说谎或知情，所得分数低于半满分值($<n$)为无辜、诚实或不知情。还有一种强度评分是在三级的基础上增加为五级，以 0 为中心正、负各两级，-2，-1，0，1，2，分出向上和向下的变化，或与对照问题引起的变化相比较，相关问题引起的变化大于对照问题得负分，小于对照问题得正分。

2. 概率分析法

比较相关问题和对照问题的反应图谱，把前者大于后者的反应次数除以相关问题总数，所得到的百分比，作为说谎概率。

3. 自动评分系统

通过计算机编程，将人工评分的规则编制成自动评分软件，实现计算机自动读图给出结果。其中，关键的问题是使用一定的特征点和区分变量，才能鉴别出诚实或欺骗。

4. 辨识方法

既然欺骗和谎言是一种人类复杂的社会行为,涉及人的认知、情感、动机冲突、意向和执行功能,这种行为因具体社会环境和社会情节不同,以及说谎人的个人人格特质、身体的生理状态和心态不同而异。因此,识别诚实与谎言只靠某一项生理参数直观测量,就很难避免发生错误,必须通过一些科学的辨识方法,经过计算和统计分析,才会得到一个相对准确的结论。

测谎既要参照人类行为的普遍规律,又要参照被试的个人稳定特点,还要依时间和环境不同出现的心理生理功能状态不同,综合地进行个体心态和行为的鉴别。目前在认知神经科学文献中已引用了自助法(bootstrap)、判别分析和信号检测等分析方法,对测谎所得数据进行分析比较,权衡差异的显著性水平和判别阈值,给出最终的客观结论。

二、21世纪以来的研究进展

从上面的介绍中,可以说当今世界各地流行的测谎技术是基于审讯经验的测试方法,技术关键是问题的设定和提问方法。对于办各种案子的审讯和调查人员,设定问题是他们所擅长的,充分发挥了他们的专长;但对于实验科学来说,这种句子长短不一、语气轻重不等的刺激呈现,是很难控制的,更与神经生理学实验的要求相差甚远。对于心理生理学实验而言,十分重视的反应时和正确率的行为参数,却无从得到。而且,应用多导生理记录仪测谎时,问题开始、结束和被测人的反应,均由主试按键做标记。这就导致皮肤电反应、呼吸、血压、脉搏的变化与被测人的反应之间缺乏精细的时间关系,心理生理学的时序性原理无法考察。更重要的是这类测谎技术所能达到的正确率,也无法令人满意。据美国2003年公布的数据,难以做结论的测试占总测试数的19%~34%,能得出结论的测试正确率达81%~91%,但假阳性率,即冤枉无辜者的概率为5%;假阴性率,即放掉坏人的概率为2%。所以,不仅科学界不接受这类测谎技术,法庭也不予以采信。但作为警察侦破案件的手段之一,对侦查方向的确定和某些案件的侦破,确实能起到较好的作用。这种测谎技术,尽管从理论到方法学上都达不到现代科学标准,不为科学界和法庭科学所接受,但仍在侦查工作中应用。这种状态促使一些科学家,努力对传统测谎技术加以改进。

(一) 心理生理参数的量化方法

传统测谎采用的评分方法建立在直观比较的基础之上,进行反应强度或概率比较。随着计算机化的自动评分系统研发过程的推进,研究客观度量反应图谱的方法被提上日程。地理学绘图曾使用一种转轮笔,本是用于计量山脉或地域的边界线长的工具,脑电图分析者借此来分析脑电图曲线的线长。现在计算机自动读取呼吸、脉搏、血压和皮肤电反应在一定时间内的曲线线长,并不是很难的事。为了改善传统测谎技术,近年出现了一批利用线长定量分析测谎图谱的研究报告。Elaad 和 Ben-Shakhar(2006)发表了题为《隐秘信息测试中的指脉波长度》的研究报告。首先综述有关研究文献,关于犯罪情节测试中判定罪犯或无辜的评定法是由 D. T. Lykken 在 1998 年提出来的,凡是对相关问题的反应显著大于无关或中性问题者可以确定为罪犯。作者在 2003 年的研究中报告皮肤电变化的可靠率较高,如果加上呼吸波线长、呼吸波幅值和周期三个参数,则测谎效果更好。心率变化不如皮肤电可靠,通常在相关问题刺激后 8 s 之内心率变慢可作为判定罪犯的一种指标。Iani 等人(2004)认为指脉幅值降低是周围血管收缩的结果,说明交感神经激活或耗费心神。Hirota 等人(2003)证明在 GKT 测试中提出相关问题后 15 s 内有周围血管收缩反应。指脉线长(finger pulse line length,FPLL)变短、脉率下降和指脉幅值降低三者一致性变化,可以提高测谎的准确性。呼吸波长由提问开始后 15 s 内呼吸反应波总线长计算,取 10 次 15 s 总线长;起始时间点依次从提问时刻延后 0.1 s。提问起始为零时刻,第一个 15 s 为 0~15 s,第二个 15 s 为 0.1~15.1 s,最后一个 15 s 线长取自 0.9~15.9 s。每个 15 s 时窗的线长由计算机以 20 Hz 采样率进行计算,呼吸线长定义为由 10 个 15 s 线长值转换为呼吸线长标准 Z 分数,即平均值和标准差。每次测试有 6 个相关问题提问,对每个相关问题之后均取 10 个 15 s 的记录长度,进行 60 个 15 s 线长的标准分变换,得到每次试验的呼吸线长均值和标准差。对指脉波长度和皮肤电反应也如此计算。不同的是皮肤电反应取刺激后 1~5 s 的记录。结果发现三种量化的生理反应在有罪和无辜之间的差异均超过随机水平,在置信度为 95% 的接收者操作特征曲线图上。它们的等感受性曲线均在左上部,指脉线长生理参数好于呼吸线长,接近皮肤电反应检测精度 83%。作者对同一批被试进行第二轮测试,发现结果明显变差,其检测精度略高于随机水平,为 41%~75%,作者在讨论中认为这正说明 GKT 测试的基础是朝向反射,随刺激重复反应消退。而且两次测试也有不同之处,前者比较相关问题与无关问题的差异;后者比较模拟盗窃组的相关问题与无罪组被试对犯罪情节相关的项目之间的反应差异。这种差异也是造成测试 Z 检验精度明显下降的原因之一。

Vandenbosch 等人(2009)在 Elaad 和 Ben-Shakhar 的研究报告基础上,比较了指脉线长、指脉幅值(FPA)、脉率(PR)、心率(HR)、呼吸线长(RLL)和皮肤电反应(SCR)在模拟盗窃实验中的测谎检测精确度。实验方法基本与前一篇报告相似,结果表明在 95% 置信区间上,基于 D. T. Lykken 评定法的检测正确率分别是:皮肤电反应 78%,心率 46%,呼吸线长 50%,指脉线长 81%,脉率 42%。通过信号检测的接受者操作特征曲线验证分析,在这些生理指标中,只有指脉线长的检测精度接近皮肤电反应,是可以很好应用的测谎指标。在讨论中作者认为,FPA 与 PR 都在随机水平之上,虽然不能作为独立的测谎生理指标,但与 FPLL 结合起来会将检测精度提高到 0.83。一方面,通过回归分析可以发现 FPA 与 PR 都对 FPLL 有所贡献,它们与皮肤电反应一样,都是交感神经活动的结果。另一方面,心率的降低却是副交感神经活动增强的结果。所以,作者认为在隐秘信息测试中的朝向反射是交感神经和副交感神经共同激活的结果。

作者支持 Elaad 和 Ben-Shakhar 的研究报告,对朝向反射的消退性进行了比较研究,发现 SCR 和 RLL 随问题的重复使用发生习惯化效应;但 FPLL 却不出现习惯化效应。作者还分析了与已有 FPLL 能够增加 SCR 与 RLL 的检测精确度的研究报告结论不一致的原因,可能是检测时窗 10 s 与 15 s 之差引起的,也可能是记录皮肤电所用左右手以及电极位置不同引起的。

(二) 模拟实验设计

Bell 等人(2008)不仅利用呼吸和皮肤电曲线的线长量化生理参数,还在模拟测谎的实验设计中做出了新的改进。他们将对照问题分为两种类型,即导向性谎言和可能性谎言。例如,你曾经犯过错吗?它引导被试说谎,称导向性说谎。在 10~20 岁之间你曾为了避开所遇到的麻烦而撒过谎吗?这样提问有可能引出谎言,称可能性谎言。实验中相关问题或探测问题是从钱包内模拟偷窃 20 美元。因为传统评分办法是比较被试对相关问题与对照问题的反应强度,罪犯对相关问题的反应强度大于对照问题,无辜者的对照问题反应强度大于相关问题。因此,测谎的结果经常受制于被试如何理解对照问题并对其怎样反应。设置两类不同的对照问题并编制不同判分程序由计算机自动评分。将 120 名被试分为 4 组、各 30 人,分别是模拟盗窃犯、无辜组、导向性谎言对照组和可能性谎言对照组。结果发现,改变对呼吸波的传统评分方法,用比较中性的无关问题的反应和导向性谎言反应之间的差异作为罪犯判定标准。结果为,检测准确度提高 5%,不改变无辜者的检测准确度;对皮肤电反应而言,采用反应曲线线长测量代替波幅,将识别谎言的准确率从 81% 提高到 86%,对无辜者的无结论判定从 12% 降低至 5%。

(三) 测试结果可靠性的科学验证

20 世纪 40~50 年代,在雷达技术发展中遇到了如何识别信号和噪声的问题。在信号检测中,为了检查雷达信号接收器对噪声背景下信号的敏感性,提出了信号检测论的技术方法。雷达接收器在检测噪声背景上的信号时,可能会发生四种结果:击中、漏报、虚报和正确否定,击中和正确否定均属正确检测,漏报是假阴性或称没有检测出信号,虚报是假阳性或称无中生有。心理学家于 20 世纪 70 年代引用这一理论,研究人在噪声背景下检测信号时,奖惩和事先告知的先验概率对信号识别的正确率、假阳性率和假阴性率的影响规律。为了表示人们对信号感受性变化,研究者设计出一种图示方法,称为接受者操作特征曲线(ROC),用横坐标表示假阳性率,纵坐标表示真阳性率,再把不同的判定标准下所得数据连成一条曲线。这条曲线可以说明,噪声强度不变而信号强度变小时,辨认信号的难度增大;相反,噪声强度和信号强度差不变时,随判别标准不同,ROC 也不同。在同一条 ROC 曲线上的各点感受性相同,所以称 ROC 为等感受性曲线。ROC 曲线随着检测标准的不同而发生位移,正确检出率和假阳性率也不同。

Gamer 等人(2008a)通过 275 名不同来源的模拟罪犯和 53 名无辜者的测试数据,

比较了在 ROC 上三种测试结果的异同：SCR、HR、RLL，结果如图 14-1 所示。SCR 处于 ROC 最高位置，准确率为 86%，随后是 HR 和 RLL。通过逻辑回归模型使三种生理参数以一定权重加以结合，结果比用任何一种参数都更好地提高了测试结果的可靠性，其结果如图 14-1 中黑实线所示。除了这篇研究报告，在前面介绍的几篇生理指标量化研究的报告中，也都应用 ROC 曲线验证自己的实验结果。这说明信号检测论的方法已经成为测试技术的重要组成部分。

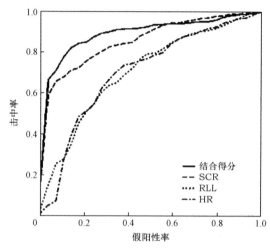

图 14-1 Z 标准分差异的 ROC 对比分布
（经授权，引自 Gamer et al., 2008a）

（四）测谎的基础理论

20 世纪 20~40 年代，巴甫洛夫在狗唾液条件反射实验中发现，对于已经建立起唾液条件反射的狗，给予一个意外的新异性声音刺激，则唾液分泌条件反射立即停止，狗将头转向声源方向，两耳竖起，两眼凝视，瞳孔散大，四肢肌肉紧张，心率和呼吸变慢，做出应对危险的准备。巴甫洛夫认为这种对新异刺激的朝向反射本质是脑内产生了外抑制过程。新异刺激在脑内产生的强兴奋灶对其他脑区发生明显的负诱导，因而抑制了已建立的条件反射活动。随着新异刺激的重复呈现，失去了其新异性，在脑内逐渐发展了消退抑制过程，抑制了引起朝向反射的兴奋灶，于是朝向反射不复存在。由此可见，巴甫洛夫关于朝向反射的理论主要是根据动物的行为变化，概括出脑内抑制过程变化规律，用神经过程及其运动规律加以解释。具体地讲，脑内发展的外抑制是朝向反射形成的机制，而主动性内抑制过程——消退抑制的产生，引起朝向反射的消退。

E. N. Sokolov 于 1963 年发表题为《高级神经功能：朝向反射》的理论文章，主张朝向反射是由一个包括许多脑结构在内的复杂功能系统所调节的。这一功能系统的最显著特点是在新刺激作用下形成的新异刺激模式与神经系统的活动模式之间的不匹配，也是这种反应的生理基础。刚刚发生的外部刺激在神经系统内形成了某些神经元组合的固定反应模式。如果同一刺激重复呈现,传入信息与已形成的反应模式相匹配,朝向反射就会消退。所以在一串重复刺激中只有前几次刺激才能最有效地引出朝向反射。几次刺激之后或几秒钟之后,朝向反射就消退;但刺激因素发生变化,新的传入信息与已形成的神经活动模式不相匹配,则朝向反射又重新建立起来。E. N. Sokolov 认为无论是第一次应用新异刺激引起的朝向反射,还是它在消退以后刺激模式变化再次引起的朝向反射,都由同一神经活动模式匹配的机制所实现。具体地讲,这种机制发生在对刺激信息反应的传出神经元中,在这里将感觉神经元传入的信息模式和中间神经元保存的以前刺激痕迹的模式加以匹配,如果两个模式完全匹配,传出神经元不再发生反应。两种模式不匹配就会导致传出神经元从不反应状态转变为反应状态。进一步实验分析表明,不匹配机制引起神经系统反应性增加的效应可以发生在中枢神经系统的许多结构和功能环节上,其结果是大大提高对外部刺激的分析能力或反应能力。

20 世纪 60～80 年代,世界各地的许多心理生理学实验室系统地研究了朝向反射的各种生理变化。心率、血压、血容量、呼吸、皮肤电和瞳孔都是自主神经系统功能变化的生理参数;肌肉电活动和骨骼肌张力是神经系统的间接生理指标;脑电活动则是脑功能状态的直接生理指标。新异刺激引起瞳孔散大、皮肤电导迅速增强等交感神经的兴奋效应;头颈肌肉和眼外肌肉收缩使头转向刺激源;脑电图出现弥散性去同步化反应,皮质的兴奋性水平提高,这些朝向反射的生理变化对于各种新异性刺激的性质是非特异性的。无论是声刺激、光刺激或温度刺激以及痛刺激,只要它对机体是新异的,都会引起这些生理变化。不仅刺激的性质,刺激量的差异对朝向反射的生理变化也是非特异的。例如,刺激接通或消除都会同样地引起这些朝向反射的生理变化。朝向反射生理变化的这种非特异性使之与适应性反应和防御反应显著不同。温刺激引起外周血管和脑血管的扩张,而冷刺激则使它们收缩。这就是说,适应性反应随着刺激性质的不同而异。在有害刺激引起的防御反应中,无论是周围血管还是脑血管都发生收缩。这种血管的收缩反应,在重复应用有害刺激的过程中并不会减弱,说明它与朝向反射的成分不同,不易消退。总之,朝向反射的多种生理指标变化不同于适应性反应和防御反应,其特点在于对不同性质刺激或一定范围强度的刺激均给出非特异性反应。对重复应用同一模式的刺激,则朝向反射消退;变换刺激模式则再次呈现朝向反射。所以,刺激模式在朝向反射中具有重要意义。

20 世纪 80 年代,对朝向反射各种生理变化进行精细分析以后发现,各种生理变化出现的时间和稳定性不同,其心理生理学意义也各不相同。60 年代,心理生理学家普遍认为皮肤电反应是朝向反射最稳定的生理指标。然而,新异刺激的皮肤电变化潜伏期大约为 1 s,达到波峰约需 3 s,恢复到基线约需 7 s,所以为了引出朝向反射的皮肤电变化,最适宜的重复刺激间隙期至少为 10 s。几次重复以后皮肤电朝向反射就会消退。

Gamer 等人(2008b)设计了犯罪活动测试(GAT),记录 108 名女性被试皮肤电反应和心率反应,用以分析和验证朝向反射的作用。他们将被试分为三组,每组 36 人,一组作为盗窃犯模拟入室偷窃;第二组作为物业清扫工,目睹了前一组人入室盗窃的全部过程;第三组对入室盗窃一无所知。相关问题是失窃房间室内的陈设和家具特点,每段测试由 1 个相关问题和 5 个无关问题组成,每个问题均以声音和显示屏上的图像同时呈现,刺激间隔 30 s,刺激呈现时间在 8~10 s 间随机变化,刺激消失时刻作为被试按键反应的命令。对盗窃组被试的指示语要求他们对所有问题均回答"不",这样对相关问题的"不"回答就是谎言;对知情组和不知情组的被试,要求他们如实回答一切问题。对皮肤电反应的记录将其反应幅值转换为对数 0,0.1,…,0.4;对心率则转换为每分钟的搏动次数,并以 8 s 刺激呈现期为基线值计算。结果如图 14-2 所示,无论是皮肤电反应还是心率变化,知情组与罪犯组都显示相似的变化规律,这与不知情组显著不同。也就是对犯罪活动细节的刺激物,无论是盗窃者还是目睹者,可能都引发了朝向反射。随后作者对重复多次后的皮肤电反应进行观察,尽管重复次数和刺激后的时间间隔不同,都发生明显消退现象;而心率变化却未出现消退现象。所以,作者得到的结论是,朝向反射的理论还不能解释心率的变化规律,朝向反射理论还不是理想的测谎理论基础。

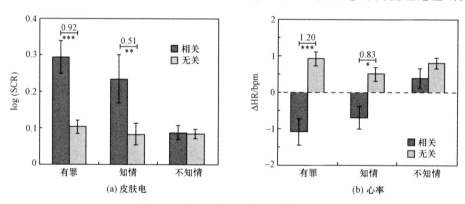

图 14-2 皮肤电反应和心率变化比较

(引自 Gamer et al.,2008b)

我们认为,把朝向反射理论作为测谎的基础理论是一种误导。因为巴甫洛夫开拓的朝向反射研究,是基于狗条件反射受到新异刺激在脑内发生的外抑制,是无意识的不能自我控制的生理反应;而测谎过程,被试受到的审讯或提问是有明确社会心理含义的关键问题,虽然也是一种强烈刺激,但不同于引起朝向反射的新异刺激,被试对相关问题的反应过程是耗费心神的意识活动,是一种控制加工过程,脑内的生理基础比外抑制过程复杂得多。测谎所面对的不是单纯的神经生理学问题;而是复杂的社会心理与心理生理学问题。用单纯的神经生理学范畴的朝向反射理论作为指导测谎研究的基础理论,不会推进这一技术的发展。当代认知神经科学,特别是社会情感认知神经科学以及心理生理的理论,才是高级社会心理——测谎研究的理论发展方向。

这里值得指出的是,在同一历史时期,即20世纪60~80年代,一个新兴的科学分支:心理生理学从生产劳动效率和人-机界面的工程心理学的角度出发,研究了皮肤电、心率、血压、脉搏、呼吸和瞳孔与眼动等生理参数,以及脑电波和事件相关电位的变化规律,但不是以朝向反射的神经生理学理论为基础,而是以人类信息加工的时序性、容量有限性和两类加工过程的概念为指导加以研究,更贴近在测谎研究中遇到的理论和技术问题,以下将介绍这些理论。

三、自主神经系统功能的心理生理学理论概念

第二次世界大战之后,经济的发展需要对生产劳动效率和工程心理学中人体生理参数进行测定和分析。为适应这种社会需求,心理生理学(psychophysiology)逐渐发展成为一个成熟的心理学分支学科。随着心理生理学理论和生理信号处理技术的发展,心率和呼吸——作为信息加工的不同时序和心理容量变化的生理指标获得了许多新的理论意义和应用价值。

1. 心率和呼吸变化的阶段性

心理活动的时序性、心理容量(心理资源)有限性和两类加工过程的概念,是理解被试面对认知操作任务时,心率与呼吸变化规律的基础。在信息加工中,心率变化的时序性及其与心理容量的关系可总结为以下四个阶段:

(1) 如果在反应命令之前有一个警告命令,在警告命令和反应命令的间隔期内,心率和呼吸变慢。间隔期从6 s增加到9 s或12 s时,发现从第6 s开始变化,说明心率与呼吸为执行反应命令做好了精确的时序性准备,以节约心理资源。

(2) 随后,当命令刺激出现的一瞬间,心率、呼吸大幅度变慢。

(3) 命令刺激出现时,立即引起心率和呼吸进一步变慢,变慢的幅度随着刺激意义增大而增加。

(4) 最后,给出运动反应时,导致副交感神经抑制,心率和呼吸从减速变为逐渐加速的过程,取决于运动反应的周期或频率。

心率和呼吸在认知操作反应中的这种准确时序性变化,可以作为认知加工及心理容量变化的灵敏生理参数。心率和呼吸生理参数主要适用于符合加因素法的认知反应,超出这种认知行为模型的研究工作,还有待于进一步发展。

2. 心率和血压在进行测试中的变化规律

Koers等人(1997)报道,当人们接受一个刺激作为准备执行一项任务的警告信号S1,随后间隔几秒,直到出现执行命令S2,如图14-3(a)所示,心率和血压均出现三时

相变化模式:下降、略回升再下降,血压的变化比心率延迟几秒。如果这一反应带来不同的奖惩后果,则三时相模式不变;但反应的潜伏期和幅值不同。如图 14-3(b)所示,奖励反应后果引起心率的反应潜伏期(2180 ms)短于惩罚(图 14-3(c))反应潜伏期(2670 ms),收缩压变化的潜伏期为 2690 ms,幅值－2.6 mmHg,也快于惩罚后果的潜伏期(3150 ms);但惩罚引起的反应幅值高(－3.9 mmHg),舒张压有相似的变化规律。

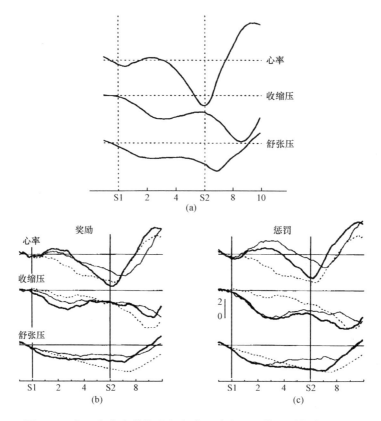

图 14-3　在两个命令的作业任务中心率和血压的三时相变化模式
(引自 Koers et al.,1997)

3. 呼吸的人为控制

C. J. Wientjes 在《心理生理学中的呼吸、方法和应用》的文章中,对呼吸的变化规律和中枢调节机制做了全面的分析,首先他对呼吸周期进行了精细的描述。如图 14-4 所示,其中重要的是潮气量、吸气时、呼气时、呼吸周期、吸气间歇时和呼气暂停。

如果人为地改变呼吸记录图谱,可以从图谱中加以鉴别。如图 14-5 所示,图(a)(b)(c)(d)中的虚线均是正常呼吸图谱;(b)(c)(d)中的实线是人为控制呼吸的图谱,(b)是有意缩短呼吸间隔,(c)是有意增加吸气量,(d)是深吸气、快呼出。

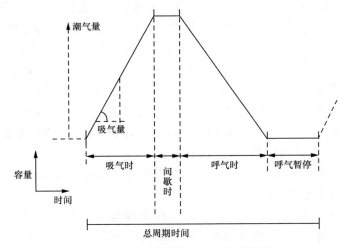

图 14-4 呼吸周期的时间和呼吸量

（引自 Wientjes,1992）

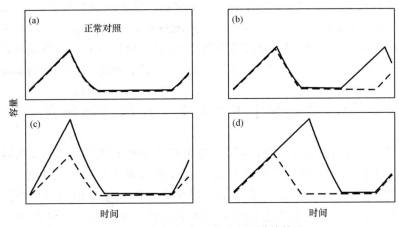

图 14-5 人为改变正常呼吸图谱的效果

（引自 Wientjes,1992）

4. 瞳孔舒缩反应与减法法则

瞳孔的舒缩反应由交感神经和副交感神经支配,其中枢位于中脑、顶盖前区、下丘脑。皮质对低位中枢也有调节作用,所以对瞳孔舒缩行为的记录和分析,有助于对信息加工过程脑机制的分析。20 世纪 70 年代,高分辨率红外线摄像技术与计算机技术相结合,已能对瞳孔连续自动检测,其分析范围可在 2～10 mm 之间,灵敏度可达 0.01 mm 的变化值。实际上,在明或暗的不同照明度下,瞳孔直径仅相对变化 0.1～0.2 mm,说明瞳孔自动检测系统的灵敏度和量程范围足以达到测定的实际要求。但是,由于眨眼运动和眼球运动以及头部运动所造成的伪差,使其有用的数据损失 30%～40%之多。

Bradshaw(1968)的实验中,先给被试一个警告命令,间隔 2.25～5.5 s,再给一个按电键的运动命令。在这一标准反应时的实验中,被试的瞳孔在警告命令发出后的 2.75 s 时扩张,也就是说,在预计命令刺激呈现时,瞳孔扩张出现第一个峰;当运动命令出现并有按键反应时,出现第二个瞳孔扩大的峰值。Richer 等人(1983)在 Go/No-Go 范式的实验中发现,Go 反应伴随瞳孔扩张 0.25 mm;而当 No-Go 不做反应或反应抑制时,瞳孔扩张 0.17 mm。两者之差(减法法则)被认为是运动执行所引起的瞳孔舒张值。Ven der Molen 等人(1989)在 Go/No-Go 的实验范式中,同时记录心搏率和瞳孔舒张反应。结果发现:随着反应中引起的 Go 反应次数的概率,从 0.25,0.5 增加到 0.75,出现 Go 反应时心率下降和瞳孔扩大的现象,且逐渐变得明显。因此,他们认为瞳孔和心率都可作为被试对刺激反应准备状态的心理生理指标。

除心搏率、呼吸和瞳孔之外,皮肤电反应、眼动等都是心理生理学常用的自主神经系统功能的重要生理参数,但眼动的变化除反映自主神经功能外,更多反映随意性眼动的中枢机制,是一项较复杂的心理生理学参数。综合心理生理学关于自主神经系统功能参数的研究结果,与其说它们反映认知活动及其生理机制的时序性,还不如更恰当地说,它们主要反映出心理容量有限性的生理学基础。这些生理参数在认知活动中,以缓慢的级量变化为主要特征,更多地与被试注意准备状态和唤醒水平密切相关。与这种变化特点不同,脑中枢的生理参数既随着认知活动时序性不同而异,也随被试唤醒注意状态等心理容量不同而异。因此,脑事件相关电位,是心理生理学研究的重要方法。

第二节 基于事件相关电位的测谎研究

20 世纪 80 年代,已经走过 20 多年研究历程的事件相关电位技术,积累了一批科学事实,证明事件相关电位的某些重要成分可以作为脑认知功能的生理指标,反映知觉、注意、记忆的功能变化。因此,科学界已经把事件相关电位记录和分析技术视为人脑认知功能之窗。在事件相关电位研究的著名实验室里,对 P300 波的研究做出重要贡献的科学家 E. Donchin 教授较早地预言 P300 波成分可以作为测谎的客观脑功能指标。随后在 20 世纪 80 年代至 21 世纪初,各著名高校的事件相关电位实验室先后发表 P300 波测谎的研究报告,北京大学相关实验室还承担了"九五"国家重点项目的子课题"脑电波心理测试",现在这里简要介绍基于脑认知功能之窗的测谎研究。

一、利用事件相关电位经典成分的测谎方法

1. 犯罪情节测试与怪球范式的结合

20 世纪 80 年代初,E. Donchin 等人报道,两个频率不同的纯音以不同概率呈现给被试,要求被试在心里默数小概率(占 15%)呈现的声音次数,而对大概率(85%)呈现的声音不做任何反应。这个实验发现,在刺激呈现后 250～600 ms 之间出现一个较大

的正波。经反复研究发现，P300 波幅值随着事件出现的概率而变化，小概率事件引出的 P300 波幅值大于大概率事件。小概率事件随机出现在大概率事件之间，似乎是打乱大概率事件出现规律的怪球，由此将这个实验范式称为怪球范式（oddball paradigm）。随后一些实验室研究发现，很多认知活动都可以诱发出 P300 波，涉及注意、知觉和记忆等多种认知过程。其潜伏期随着刺激的性质和认知作业的难度而变化，其幅值大小则取决于刺激对被试的意义和该刺激在整个刺激序列中呈现的概率。与前者呈正比关系，与后者呈反比关系。也就是说刺激对被试来说心理学意义较大，其引出的 P300 幅值越高；而呈现的概率越大，则引出的 P300 幅值越低。P300 成分的这一特性被巧妙地用于测谎研究中。

E. Donchin 和他的学生 L. A. Farwell 以及 J. P. Rosenfeld 等人都把怪球范式和测谎中的犯罪情节测试（GKT）结合起来，进行了事件相关电位模拟测谎方法的早期探索。此后的许多实验室都进行了 P300 波测谎的模拟实验研究。这类模拟实验大都采用三类刺激物：

（1）无关刺激，以大概率（70%～80%）呈现；

（2）目标或靶刺激，以小概率（10%～15%）呈现，要求被试做按键反应或心理默数其呈现次数；

（3）探测刺激，以小概率（10%～15%）呈现，要求被试不做任何反应（与大概率事件要求相同）。

刺激材料可以选择面孔照片、日期、电话号码和地址门牌号等。这种模拟实验的要点是探测刺激的性质和呈现概率都与靶刺激相同，但却故意做出与无关刺激相同的反应。在 Farwell 与 Donchin（1991）等进行的实验中，将模拟犯罪信息作为探测刺激（probe），以小概率呈现，要求被试故意做出与大概率呈现的无关刺激一样的反应；对小概率呈现的靶刺激做出相反的反应。对三类刺激诱发的 P300 波，并通过自助法对 P300 振幅和两两相关的相关系数进行了比较，检验这种怪球范式诱发的事件相关电位用于测谎的可能性。结果显示当被试了解探测刺激所涉及的模拟犯罪信息时，探测刺激将与小概率的靶刺激一样诱发较大的 P300 波形［图 14-6(a)］；而当被试不了解犯罪信息时，探测刺激诱发的 P300 波形与无关刺激类似［图 14-6(b)］。

此外，一些研究者也检验了此方法在少数具体案例上的有效性。结果表明，应用事件相关电位分析，将 P300 成分作为犯罪信息的测试指标，具有一定的可行性。但是这一方法在实际案例中应当如何应用，还存在争议。

2. N400 作为犯罪情节信息的测试

N400 成分是由 M. Kutas 与 S. A. Hillyard 首先认定的，他们给被试呈现一些由等个数单词组成的句子，其中 1/4 的句子以一个意想不到的词结尾（如，"他剃掉胡子"和"他剃掉眉毛"），结果发现以意外词结尾的句子比正常句子引起的 N400 幅值较高。研究者进一步发现，N400 容易被视觉和听觉通道上的语义反常诱发。N400 幅值随语义反常的程度而变化,反差越大,幅值越大。与 P300 不一样的是,N400 的幅值对刺激概率的变化并不敏感,但是对语言范畴的偏差有相当高的特异性。

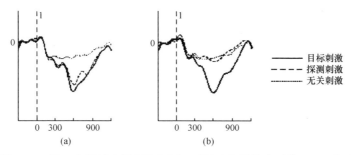

图 14-6　同一名被试在不了解(a)和了解(b)犯罪信息时的 P300 波形
(引自 Farwell & Donchin,1991)

利用 N400 测谎的前提假设是:当被试识别出一个刺激事件与其语义和情节记忆不协调时,会产生高幅值的 N400 波。

Allen,Iacono 与 Danielsen(1992)在研究中让被试从 7 类词中选出一类来学习,这些词在一个认知任务中作为目标刺激,另 4 类词(不在原来的 7 类之中)作为非目标刺激,5 类词以相等概率随机呈现。休息 30 min 后,让被试学一组新词,然后再做一次认知任务,这回以新学的词作为目标,原先学的词与另 5 类词作为非目标,每类词又以相同概率随机呈现。然后进行了三个实验,第一个实验指示被试忽略先学过的词,第二、第三个实验指示被试承认学过的那组词(即把它们作为目标),但否认先学过的那组词(即把它们当作非目标)。鼓励被试,防止他们的脑电波被实验者识别出他们在撒谎。第三个实验还给被试 5 美元,奖励他们愚弄"测谎系统"。被试通过按左键指认刺激是目标,按右键指认刺激是非目标。根据 ERPs 波形幅值的差异,Allen 等人用贝叶斯后验概率方法分析,发现每个实验都几乎完全地(三个实验平均为 94%)把学过的词识别为学过的,仅有平均 4% 的假阳性率,误把没学过的词识别为学过的。改变指示语并不能影响这种识别结果。也就是说,鼓励被试撒谎,并无明显效果。因此,ERPs 波形在相关与无关刺激上的差异可能揭示了信息差异本身,即使是在"审问"的意图明确的情况下也如此。我国学者陈云林和孙力斌(2015)将贝叶斯决策原理引入多导仪图谱数据分析,提出"心理信息是总纲,贝叶斯定理是工具,两个分布是起点,证明关联性是目的"作为多导仪生理测试技术的基本原理。

3. 关联性负变测谎实验

方方等人报道了采用关联性负变(CNV)测谎的研究结果(Fang,Liu,& Shen,2003)。实验显示,P300 和 CNV 作为测谎的指标有较好的效果,在合理的测试中能够得到可靠的结果(图 14-7,见书后彩插)。这两种成分反映了被试对关键刺激认知加工的不同侧面。其中 P300 反映的是被试对刺激的分类,CNV 反映了被试的反应加工。二者结合,反映了被试说谎的神经活动,为测谎提供了新方法。进一步我们需要研究这种差异在其他条件下是否存在,比较它们之间的关系,讨论说谎是否是一种特异的加工过程。

二、脑波测谎研究

1. 国际发展趋势

事件相关电位的测谎研究报告早期主要集中在 P300 成分,后来有研究报道了内侧额叶负波的发展趋势。用 P300 成分测谎的正确率不同实验室报道不一,L. A. Farwell 和 E. Donchin 报道利用自助法相关系数统计处理可达 87.5% 的正确率;几年以后 Farwell 申请脑指纹发明专利,宣布正确率可达 100%。Wolpe(2005)在一篇测谎技术评论性文章中以"骗局"(The Hype)为小标题,介绍 L. A. Farwell 的脑指纹测谎技术。Rosenfeld 等人(2004)发表的文章中,提出当前事件相关电位技术不可能使正确率达到 100%,并且简单有效的反测谎方法,可使正确率降为 35%~44%。Rosenfeld(2002)比较了 P300 幅值自助法统计分析正确率为 80%~95%;Abootalebi 等人(2006)除采用前述两种方法之外,还使用了小波分析方法,正确率为 74%~80%,并认为还需进一步考查它对反测谎的敏感程度。

21 世纪初出现的两个研究发展趋势值得重视。一方面,在犯罪情节测试和 P300 相结合的研究基础上,发展为隐秘信息的研究热点,发表的文章较多,研究对象不限于正常人,还有患不同精神疾病的被试,实际上已成为可否测知人脑存储隐秘信息的问题。另一方面就是把基于 P300 波的认知测谎引向基于内侧额叶负波(MFN)的研究,实际是基于情绪和执行功能的心理生理测试。虽然文章数量不多,但很有分量。2009年,张庆林课题组在《大脑研究》(*Brain Research*)上发表一篇研究报告。其实验设计的特点是用偏好、态度等具情绪色彩的刺激物,要求被试违心地表达喜欢或厌恶、同意或不同意、好或坏等反应。与情绪表达中的谎言相对应的是内侧前额叶功能有关的 MFN 波或错误相关的负波 ERN,以它们作为说谎的心理生理指标。

2. 事件相关电位测谎的自助法

通常实验室研究是两组以上被试,每组至少十几个人,一组作为实验组,另一组作为对照组。控制实验中,使用的自变量,如熟悉和陌生两种面孔照片,请被试做按键反应,熟悉照片按一个键,陌生照片按另一个键,记录下来的反应时和正确率以及脑事件相关电位,这些就是因变量。一组被试按屏幕上呈现的照片属性做正常如实的按键反应,称为对照组;另外一组被试作为实验组,对两张熟悉照片中的一张做出不认识的按键反应(说谎),另一张照片如实反应。无论是按键反应的反应时和正确率,还是从头皮上记录下来的脑电波,都进行全部被试组的平均处理,求出两组的平均数。然后,再求出每个被试的反应值与组平均数的差异,把所有被试的差异相加,求出全组的均差。比较两组之间平均数的差异是否达到显著性,作为最终研究报告的结果。但是,在现实的测谎工作中,或者是对病人的病情诊断中,都必须对每个个体的测试结果做出判断。也就是说一个被试做完了测试,必须判断出他的反应是说谎还是诚实。很难像理论研究那样,比较两组之间的平均数之差是否达到统计意义上的显著性水平。这时只好把一个被试的全部实验数据看成是两组被试的反应。例如,一个被试对 8 张陌生照片总共做出 320 次反应,对每张熟悉照片各做出 40 次反应。如果在每类照片的总体数中随机取出 30 次,当作一个人的测试结果,然后再随机取 30 次反应作为第二个人的测试结果,这样重复做下去就可以得到虚拟的 N 个人的测试数据。从一个人的总体实验数据中推举出类似一些人的实验数据的过程,称为自助法(bootstrap)。从一个人的数据中自举出一批人的数据,再按组间平均数据差异显著性的统计处理方法,就可以得到同一个人对靶刺激照片、探测照片和无关照片之间反应时的平均数据差异,以及头皮上记录的 P300 波幅值平均数差异,做出显著性分析。在 E. Donchin 和 J. P. Rosenfeld 的实验中,都采用该方法判断一个被试是否说谎。与通常的组间平均数差异检验略有不同,不是以 95% 作为置信度($p<0.05$),而是放宽标准以达到 90% 作为显著性差异的置信度。换言之,只要有 90% 的把握就可以断定该被试在说谎。

3. 心理生理信号多时窗采集分析技术

本书作者于 1996～2001 年间承担了"九五"国家重点项目子课题"脑电波心理测试",其研究结果先后发表在国际出版物中,第一篇采用 GKT 和 CQT 两种方法分别实施于不同的测谎情境,并对 P300 的幅值进行分析以达到测谎目的。第二篇采用 CNV 慢波测谎。2005～2007 年,本书作者领导的研究组与相关方合作,先后在北京和大连两地,进行了以人面孔图片为主要刺激类型的模拟实验,目的是检验通过事件相关电位的实验方法是否能够区分出被测人是否熟悉某一特定人。以面孔为刺激材料进行实验的原因在于面孔是一种较强的实验刺激材料,并且对面孔的认知差异是否能够被检测,在实际案例中有重要的应用意义(如判断嫌疑人是否认识被害人等)。在实验中,我们采用怪球范式下诱发的 P300 成分,以及更早期的负成分作为测试指标进行了分析,通过多种方法比较了不同指标在判断被测人认知活动差异中的作用,并对测试方案给出了评价。

2008 年本书作者领导的北京毫纳心脑测试诊断技术研究所吸收认知神经科学发展所积累的许多新科学事实,发展了心理生理信号多时窗采集与分析系统,是以综合分析中枢和周围神经系统生理信号为特点的新测谎方法。说谎行为的脑科学基础,至少涉及大脑内侧前额叶、扣带回、杏仁核等脑结构,由这些结构组成的脑复杂功能回路有特定时序性的心理生理活动或代谢活动变化。测谎技术的目标就是要瞄准这些脑结构的生理参数,获取和分析这些脑回路的心理生理信号。此外,严格遵循心理学实验设计的基本方法学原则,严格控制测谎中自变量的时间和强度特性,准确测定反应时。概括地说,测谎过程中被测人必然出现三类心理活动:认知、情感和执行过程。通过认知过程把握测谎环境、人物和自己的角色以及面临的形势;伴随认知过程必然产生情绪反应,并在内心出现动机冲突,形成总体应付对策;在测谎过程中,被试面对眼前呈现的语音或图像刺激,通过认知-情感活动产生决策,做出执行反应。在执行反应中既有应付对策和决策的长时记忆功能,又有对眼前刺激做出反应的工作记忆的参与。虽然有数不胜数的说谎情节,但在说谎所伴随的这些复杂心理活动中,最核心的环节是强烈动机支持的反常执行功能和对执行过程的超常监控。这个核心环节是耗费心理资源的意识活动,必然需要较多的脑代谢和生理能量所支持。该项目中实现的测谎方法是对说谎或诚实反应中的反应前正波(PRP)、内侧额叶负波(MFN)等诸多生理参数进行时间锁定和多时窗的分析,并对其进行统计处理,得到准确的测谎结果。

同时采集脑电信号和周围神经系统生理信号,利用多时窗,分别对不同时序特性的信号加以处理和显示。对脑电信号和眼动电位采用$-0.2\sim 1\ \text{s}$时窗,对呼吸和脉搏采用$1\sim 2\ \text{s}$时窗,对皮肤电、血压和体动采用$2\sim 20\ \text{s}$时窗。

进一步,对脑电信号后处理是分别采用刺激呈现时间锁定和反应时间锁定两种方式分析事件相关电位,这些都是国内外测谎设备中所不存在的功能。具体到测谎结论的得出,主要是通过分析如下相关生理心理参数:

(1) 把 P300 等认知成分作为说谎中反常执行功能额外耗能的生理参数。

人类对视、听信息加工是从后或侧头部的视、听感觉皮质向顶和前头部的高级联络皮质逐级进行的,初级无意识的自动加工不受是否说谎的影响;但高级意识的加工活动却对说谎核心环节十分敏感。比如,利用熟悉和陌生面孔照片进行模拟测谎中,对熟悉的探测照片故意做出陌生照片的反应,对熟悉的靶刺激照片进行正常反应。结果是探测刺激诱发的 P300 波幅总是低于靶刺激,因为说谎的核心环节耗费了心理生理能量。近年来,基于 P300 波的 GKT,把探测刺激与无关刺激相比,可诱发出显著高幅值的 P300 波,看作被测人头脑中记忆的作案情节的证据。我们既把 P300 和 N400 波等认知成分的改变作为对犯罪情节记忆的生理参数,更把它作为工作记忆执行器反常执行过程所额外耗能的生理参数。所以,探测刺激引出的 P300 波幅显著低于靶刺激。

(2) 把 MFN 波作为说谎伴随着超强监控功能的生理指标。

当代认知神经科学表明,面对复杂任务时,工作记忆的中央执行器不仅承担执行功能还对执行过程是否得当进行监控。与这一功能相关的脑结构主要是内侧前额叶和前扣带回,MFN 波是其激活的生理指标。我们把高幅 MFN 波作为说谎伴随着超强监控功能的生理指标。

(3) 结合大脑额区生理参数与周围神经系统生理指标,对情绪进行综合分析。

说谎不仅包括对相关问题的认知,即知觉、记忆和注意,还必然伴有复杂的情绪动机活动,包括紧张焦虑情绪、矛盾意向、动机冲突等。当代情感认知神经科学已证明,除了由前额岛叶调控的外周自主神经功能(呼吸、心率和皮肤电)的慢生理反应之外,情绪活动还通过杏仁核与丘脑引起大脑的快速反应,在接受刺激的 100 ms 左右就会在前额叶出现生理改变。因此,通过前额叶电报和鼻咽电报检测两类时序不同的情绪相关的生理参数,分析说谎过程中所伴随的情绪反应。将大脑特别是额区的生理参数与周围神经系统生理指标进行综合分析,在本实验室中作为测谎技术的重要环节。

(4) 说谎过程中心理活动及其相关生理参数的时序性。

说谎是一种复杂的心理活动,涵盖多种时序不同的认知、情感和决策执行过程,快速反应发生于刺激呈现后 50 ms 出现 P50 波,在被试反应发生后 70 ms 出现 MFN 波,这些反应出现在快时窗,统称为快时窗反应;1~4 s 出现呼吸和脉搏的变化,称为中时窗反应;在被试按键或应答反应后 5~15 s 出现皮肤电慢生理反应,称为慢时窗反应。多时窗采集与分析系统通过对多时窗反应,即-0.2~1 s 时窗反应、1~4 s 时窗反应和 5~20 s 时窗反应,进行全面分析,为准确测谎提供了一种全新方法。

(5) 刺激时间锁定和反应时间锁定的生理参数。

在测谎过程中,被测人在接受刺激的瞬间和对刺激做出反应后都会发生激烈的心理活动,因此除了三类时窗,还有两个锁时叠加的时间点。

最后将上述生理心理参数的分析、应用形成测谎新范式,即新的测谎方法。

迄今为止,已有的测谎范式是基于多导生理记录仪的 GKT、CQT 等;GKT 方法也用在基于事件相关电位的怪球范式中。多时窗采集与分析系统从现代认知神经科学基础研究中吸收一些新方法,作为新的测谎范式。

一是 Go/No-Go 范式。要求被试对靶刺激按键(Go)反应,对非靶刺激不做反应(No-Go),如何对探测刺激反应由被试自己确定。比较三类刺激的 P300 成分和反应前正波(PRP)的差异。由于探测刺激和靶刺激性质接近,诚实者应做出 Go 反应,而说谎者抑制这一反应,给出 No-Go 反应;但它的 ERP 却更类似 Go 效应。采用刺激时间锁定的叠加方式处理 ERP。这是对说谎者反常执行功能的检测。

二是 Flanker 范式。请被试始终把两眼注视显示屏正中的黑十字,用两眼余光观察在十字左右两侧空白方框内的变化。其中一方框发出闪光作为线索,提示刺激将出现的位置;但只有 80% 的概率是准确的提示线索,还有 20% 的概率提示线索不准确,刺激出现在对侧,即出现在没有提示的方框内。被试的任务是分别根据刺激出现的位置尽快按鼠标器左键或右键。把与案件相关的图或字词以 10% 概率方式呈现;把对照问题的图或字词以 10% 概率方式呈现;无关的字词或图以 80% 概率方式呈现。比较平均反应时和事件相关电位的幅值,主要是比较 PRP 波和 MFN 波。采用反应时间锁定的叠加方式处理数据。它主要是检测说谎者超常的执行监控过程。

4. 事件相关光信号采集分析系统与测谎方法

事件相关光信号采集分析系统以红外成像技术为基础,其造价和测试条件与功能性磁共振技术相比,具有很大优越性,而且测试脑功能的生理参数是含氧与去氧血红蛋白的分布,又接近 fMRI 所测的 BOLD 信号。所以,在国际学术领域中特别重视近红外成像技术的发展,出现了许多基础实验研究。G. Gratton 等人 1995 年发现了脑的快速光信号。在视觉刺激的事件发生后 0.1~0.3 s 时窗内,被试的枕部出现了散射光信号,可能与脑细胞兴奋过程中钾、钠、钙离子在细胞膜内外分布的变化有关。2006

年，K. A. Low 等人又发现利用听觉刺激怪球范式，小概率呈现的刺激可在主动反应的被试右额中回记录到潜伏期 0.35 s 的正向事件相关光信号（EROS）；而在被动反应的被试左内侧额叶诱发出潜伏期 0.13 s 的负向 EROS。这一结果与事件相关电位的变化十分相似。脑事件相关电位研究领域中，已有许多研究报告利用怪球范式测谎，因此我们引用 EROS 技术测谎。与脑事件相关电位测谎相比，它的优点是既有相同的时间分辨率又有更好的空间分辨率（不超过 1 cm，相比之下事件相关电位的空间分辨率在 2.0 cm 以上）。此外，它很适用于前额区的测试，所以特别符合测谎的要求。因为无论是说谎的认知成分，还是情感成分，乃至执行控制或监控成分，都有前额叶皮质及附近的脑结构参与。

总之，利用 EROS 对脑功能进行基础研究，是一项国际前沿技术。我们之所以利用这一技术发明事件相关光信号采集分析系统与测谎方法，是看重 EROS 具有比脑事件相关电位更好的空间分辨率。将 EROS 作为测谎的脑功能指标，在国内外测谎技术领域中尚未见报道。

该系统的特点是，克服传统测谎技术和产品中存在的不足，吸收传统测谎技术和产品的经验，同时吸收当代认知神经科学的最新理论和近红外成像技术。发明的事件相关光信号采集分析系统及其测谎方法由光导帽、近红外激光器、散射光信号采集控制系统、事件相关光信号处理软件和测谎软件五个部分构成。

三、事件相关电位作为心理生理学参数的基本理论依据

事件相关电位是心理生理学最主要的脑功能生理参数，并把它作为心理生理过程的时序、容量和加工过程的重要指标，基于下列实验事实。

（一）事件相关电位作为信息加工时序性和心理容量分配的生理指标

脑事件相关电位作为一种重要的脑功能参数，在心理生理学基本理论发展中的意义是不容忽视。脑事件相关电位在信息加工过程研究中，既可以作为信息加工结构特性，即时序性的重要参数；又可以作为其容量分配的重要参数。Meyer 等人（1988）系统论述了脑事件相关电位作为心理时序参数的理论基础。Donchin、Isreal(1980) 和 Coles (1989) 的理论文章较深刻地讨论了脑事件相关电位在心理资源分配和信息加工时序性研究中的意义。关于时序性和容量分配的双重意义的争论，在 Coles、Gratton 和 Donchin(1988) 的长篇讨论中进行了富有针对性的论证。

1. 脑事件相关电位与心理时序性的理论问题

Meyer 等人（1988）将脑事件相关电位在心理生理实验中用于探讨信息加工时序性的原理，概括为 6 条推理规则：

（1）脑事件相关电位各成分意义的确认。如果实验中某一控制变量对某一心理过程有特殊影响，那么脑事件相关电位的某一成分及其参数也随之变化。这时可以推论脑事件相关电位的这一成分是该信息加工过程或其以后过程的生理指标。从而认定这

一脑事件相关电位成分的心理学意义。

(2) 控制因素作用部位的确认规则1。如果已明确脑事件相关电位的某一成分是一种特殊心理过程的生理参数,而且该控制因素对脑事件相关电位这一成分的潜伏期和这一心理活动的反应时同时发生影响,这时可以做两种推论:该因素作用的部位是这一心理过程;这一因素作用于由其引起的外显反应为中介的心理过程。脑事件相关电位的改变,正是这种外显行为和心理过程的脑功能指标。

(3) 控制因素作用部位的确认规则2。如果已明确脑事件相关电位的某一成分变化,是某一特殊心理过程的表现,控制因素对心理活动反应时的影响大于对脑事件相关电位成分潜伏期的影响。这时可以推论,该控制因素影响这一心理过程的子过程。它是刺激引起外表行为的中介,不是直接影响该事件相关电位成分的因素。由此,该规则可以引申出另一项规则:如果这一因素对该脑事件相关电位成分的潜伏期有影响,则可推论,这一效应是由于该因素作用前一心理过程而产生的。前一心理过程的活动,是导致对刺激的外显行为和脑事件相关电位成分变化的基础。控制因素作用部位的两条推论规则相比,规则2的推论意义更大,因为它不仅帮助我们确定控制因素发生作用的部位,而且还能推断其他有关的过程。这种推理的意义还可以从下面两条规则中进一步体现出来。

(4) 加工阶段的确定规则1。如果明确脑事件相关电位某一成分是某些心理过程的生理参数,并且两个实验因素对该脑事件相关电位成分潜伏期的作用可叠加起来,那么就可推论,这些因素影响了不同的信息加工阶段,其中可能有与脑事件相关电位成分有关的加工阶段,也可能影响其他一些加工阶段,甚至有可能作用于更多的信息加工阶段。由此还可引申出这样一条规则:如果两个因素对事件相关电位这一成分潜伏期具有交互作用,则可推论,这两个因素共同作用于事件相关电位这一成分所反映的信息加工过程,或者是其之前的加工阶段。这条规则可由斯滕伯格的相加因子法则推导出脑事件相关电位的潜伏期。

(5) 加工阶段确定规则2。如果明确脑事件相关电位的一个早成分和一个晚成分分别是两个不同心理过程的生理参数,而一个控制因素对两个脑事件相关电位成分具有相同的作用,那么可以推论这些过程是不重叠的阶段,而且这一因素作用于第一阶段或这两个阶段之前的另一个阶段。

(6) 因素作用部位确认规则3。如果已知脑事件相关电位某一成分是某一特殊加工阶段的生理参数,并且该波峰的潜伏期制约于实验控制变量,则可推论为控制变量影响这一加工阶段,而不是作用于前一阶段。

在认知心理生理学实验中,利用上述6条规则讨论脑事件相关电位某一成分的心理生理学意义及其作用的部位,以及认知加工过程的阶段性。除了这6条推理规则,认知心理生理学家还十分注重脑事件相关电位各成分间机能意义的重大差别。E. Donchin等人系统地综述了事件相关电位中内生性成分的特点,及其与人类认知活动的关系。他们指出,可将事件相关电位分为外生性成分与内生性成分。外生性成分的特点在于其波幅及出现的潜伏期与外部事件的物理特性,如刺激模式的性质、强度等有关。与之不同,事件相关电位的内生性成分,虽然也由外部事件触发,但它们的形态与特点仅与事件的部分物理参数有关,更多特点则制约于人类被试的心理状态及其对外部事件的理解。因此,物理参数相同的外部事件在不同情景时对同一被试引出的诱发电位,或在同样情景时对不同被试引出的诱发电位的内生性成分往往不同;相反,一些物理参数不同的外部事件,只要被试对其意义的理解相同,平均诱发电位的内生性成分就十分相似。

Snyder 等人(1980)报道,听觉刺激、视觉刺激和躯体感觉刺激均可在被试头皮上引出波形与分布相似的 P3 波。这些诱发反应的差异,仅表现为波幅及其波峰出现的潜伏期不同。由此可知,P3 波虽与外部刺激事件相关,但又有其相对稳定的固有特征,它是与被试神经系统功能状态有关的脑内生性成分。Ritter 等人(1983)发现,事件相关电位的内生性成分,可以作为人类认知活动中信息处理阶段性的脑功能指标。他们指出,在 P3 波之前的 N2 波与人类对外部刺激的模式识别有关,而 P3 波与对刺激的理解和分类过程有关。R. Näätänen 进一步发展了事件相关电位内生性成分的概念,认为它应包括 N2 波与 P3 波。根据其在人类认知过程中信息处理的意义,又将 N2 波分为两种成分。较早出现的 N2 波又被称为不匹配负波,与人类认知活动开始时,脑对外部事件的差异匹配有关,可能是脑的次级感觉皮质活动的结果;稍后出现的 N2 波成分,又称为 N2b 波。它与 P3 波的前部分 P3a 形成一个两相综合波 N2b-P3a,这种综合波才是真正的事件相关电位的内生性成分,与人类对外部刺激的朝向反射有关。Renault(1983)也提出事件相关电位中的 3 种内生性成分:顶-枕区皮质 N2 波在知觉信息处理的时相内出现;中央区皮质的双相 N2b-P3a 综合波,与人类被试对外部刺激进行主动性信息加工有关,代表脑内沿着 N2 波所指出的方向对外部刺激的认知决策过程;顶叶 P3b 波代表认知过程的终结,往往在被试对刺激给出运动反应时出现此波。简言之,3 种内生性事件相关电位反映了人脑对外部事件信息处理的完整过程:顶-枕区 N2 波代表信息处理开始时相;中央区 N2b-P3a 综合波代表信息处理的决策时相;顶叶 P3b 波代表信息处理的终结。事件相关电位的内生性成分不仅对信息处理过程,而且对信息处理的结果也是有效的探测工具。Radil 等人(1985)以速示器向被试呈现数字,并记录他们的视觉平均诱发电位。结果发现,被试正确认知数字时,P3 波波幅增高的概率为 65%;相反,不能正确认知数字时,P3 波波幅增高的概率只有 10%;平均诱发反应的 P3 波无显著差异的概率为 25%。内生性成分除能反映人类对外部事件信息处理过程与结果外,尚可反映出在信息处理过程中脑各部的机能关系。Kok 等人(1985)发现,人脑的事件相关电位中有 3 种顺序出现的波与字母认知活动有关:首先是潜伏期约 200 ms 的 N2 波;随后是潜伏期约 500 ms 的 P3 波;最后是广泛分布的正慢电位,其潜伏期为 600~700 ms。P3 波和正慢电位的波幅,左半球的总是大于右半球的。N2 波的波幅在字母呈现视野的对侧半球中,总是大于视野同侧半球。他们认为,N2 波可能反映出视觉通路直接投射的传入纤维的活动,而左侧半球优势的 P3 波和正慢波,则反映出被试对字母意义的理解与注意。这一现象可能反映出,在文字材料的认知活动中,与视野对侧半球的 N2 波仅和感知刺激有关,无论发生在哪侧,最后总是传入左侧半球,表现出左侧优势的 P3 波和正慢波。换言之,文字的认知与理解主要是左半球的功能。Lovrich 等人(1986)对人类在字母视觉感知及其向语音和语义的转换过程中,人脑事件相关电位的动力过程进行了系统研究。他们发现,如果仅仅要求被试判定视野中是否有字母呈现时,则其平均诱发电位中没有 N2 波和 P3 波的显著变化;如果进一步要求被试认知字母时,则发现其枕区为主的 P3 波;如果再进一步要求被试读出字母的语音时,则 P3 波不仅出现在枕区,还出现在颞-顶区。

综上所述,事件相关电位的内生性成分主要是 P3 波,也有些学者将之扩展为包括 P3 波之前的 N2 波和 P3 波之后的慢电位。它们在人类认知活动中的变化,不仅能反映出人类信息加工过程的阶段性与信息加工的结果,还能反映出大脑各部分之间的功能关系。因此,脑事件相关电位的内生性成分,是研究人类认知活动脑机制的有力工具。

2. 脑事件相关电位作为心理容量分配的客观生理指标

20 世纪 70 年代,心理生理学对脑事件相关电位进行实验研究时,使用了怪球范式。这种刺激概率效应的研究,在认知心理生理学发展中成了经典标准的实验范式。此外,还采用了双重作业或双重任务法,对事件相关电位波幅的变化与心理容量分配的关系进行了研究。80 年代,用关于早通信和一侧化准备电位的实验范式,对事件相关电位和心理容量的分配问题进行了更精细的研究。

(1) 怪球范式。这种实验范式最初是由 Duncan-Johnson 和 Donchin(1977)采用,他们利用两个音高不同的声信号,以不同的概率(10%~90%)随机顺序呈现。结果发现,小概率呈现的刺激总是引出幅值较高的 P3 波。他们认为,高概率呈现的刺激在被试头脑中形成了对刺激呈现的主观概率,期望下一个呈现的刺激是高概率者。但是,偶尔呈现的小概率事件打破了期望的主观概率,这是造成 P3 波波幅增高的原因。因高概率呈现事件而形成的主观概率,使被试对其反应较少耗费心理资源;而小概率偶然事件则引起较多耗费心理资源的反应。由此可以推论,在怪球范式中,P3 波幅值的高低,是心理资源耗费程度的生理参数。

(2) P3 波波幅与心理资源分配。Isreal 等人(1980)研究了工作负荷不同,心理资源的分配也不同时,脑事件相关电位中 P3 波幅值的变化。被试坐在屏幕前,头上戴着耳机,心里计算两个随机发出的声音中某一个声音呈现的次数,事件相关电位被同时记录,结果表明,总是小概率呈现的声音引起较高幅值的 P3 波,这是"怪球范式"的实验。在这个实验基础上,要求被试在听声音计数的同时,必须注视屏幕上运动着的光标,光标可沿一维或二维方式在屏幕上移动。结果发现,视觉任务降低了怪球计数任务诱发的 P3 波幅值。他们将这一结果解释为工作负荷增大,双重任务使心理资源分配发生变化,用于计数"怪球"的资源减少,是 P3 波波幅值降低的原因。

3. 一侧化准备电位

Coles（1989）系统地总结了一侧化准备电位（lateralized readiness potential，LRP）的研究工作和基本概念。一侧化准备电位的实验范式是一个警告命令 S1，随后跟着一个按键的运动命令 S2。比较被试用左、右手按键所引起的两半球相应区（C_3、C_4）事件相关电位之间的差异。结果发现，总是按键手的对侧半球的运动相关电位幅值高。两半球 C_3、C_4 区运动相关电位之差，称为与运动准备有关的脑事件相关电位，简称为一侧化准备电位。他们计算一侧化准备电位的公式为：

$$LRP = [Mean(C_4 - C_3) + Mean(C_3 - C_4)] \div 2$$

式中的 $Mean(C_4 - C_3,)$ 为左手按键时的运动相关电位差；$Mean(C_3 - C_4)$ 为右手按键时的两半球运动相关电位差。将左、右手按键时所得的两半球相关电位差相加再平均。这一算法的理论基础是心理资源分配随着参加反应的两侧大脑结构不同而异。一侧化准备电位不仅与感知觉和运动过程有关，也与快速知觉和反应的运动有关。所以，这种研究和分析方法，从脑事件相关电位中，不仅得到心理容量分配的结果，也可就认知加工的时序性得到有价值的信息。

（1）快速知觉的信息。Gratton 等人（1990）设计了一种实验模式，利用字母 H 和 S 分别作为警告信号（S1）或命令信号（S2）。警告信号也具有命令呈现的线索意义。当字母作为 S1 时，呈现在屏幕两侧；当字母作为 S2 时，呈现在屏幕中间。位置 1 的 S1 与 S2 字母相同，且以 0.8 的概率呈现；位置 2 的 S1 与 S2 字母不同，也以 0.8 的概率呈现；位置 3 的 S1 与 S2 字母相同，以同等概率呈现。实验结果表明（图 14-8），那些能充

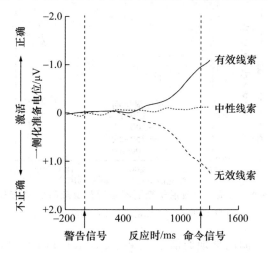

图 14-8 有效线索与无效线索对 LRP 的作用以及反应时的变化
（Gratton et al.，1990）

对有效线索的正确反应时为 263 ms，正确率为 97%；对中性线索的正确反应时为 357 ms，正确率为 90%；对无效线索的正确反应时为 403 ms，正确率为 47%。

分利用线索的,正确反应率达 97% 的被试,平均反应时为 263 ms,一侧化准备电位约为 $-1\,\mu$V;一般地利用线索的被试,正确反应率达 90%,平均反应时为 357 ms,一侧化准备电位约为 $0\,\mu$V;不能利用线索的被试,正确反应率为 47%,平均反应时为 403 ms,一侧化准备电位为 $+1\,\mu$V。他们认为一侧化准备电位的大小与认知过程的决策和给出反应的正确率有关。

Coles、Gratton 和 Donchin(1988)进行了与上述实验模式相同的研究,但他们并不分析被试的按键反应时,而是记录和分析手指的肌电反应。结果发现(图 14-9),脑事件相关电位中一侧化准备电位为 $-0.6\,\mu$V 的数值,与手指肌电反应密切相关。所以他们认为,$-0.6\,\mu$V 的一侧化准备电位可作为肌电反应出现的脑中枢指标。进一步分析手指肌电反应的反应时,结果发现了两类不同的反应时,快速的肌电反应时为 $150\sim199$ ms,此时被试的正确反应率为 55%;慢反应时为 $300\sim349$ ms,被试正确反应率为 82%。这一结果使他们认为快反应是慢反应的准备机制,说明一侧化准备电位 $-0.6\,\mu$V 的成分中,包括两类外周效应的中枢机制,与快肌电反应有关的一侧化准备电位具有准备电位的意义。这类实验表明,一侧化准备电位虽是一种运动相关电位,反映了心理资源分配状态,但运动反应对知觉决策也有重要意义,这便引出感觉-运动系统间的早期通信现象。这一研究方法及其所发现的现象,对探讨测谎试验中外周生理参数和脑事件相关电位的关系,具有重要启示。

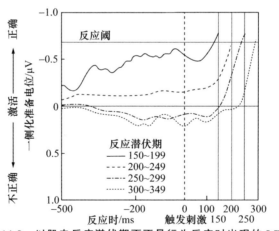

图 14-9 以肌电反应潜伏期而不是行为反应时出现的 LRP

(引自 Coles,Gratton,& Donchin,1988)

(2) 感觉-运动系统间的早期通信。Coles、Gratton 和 Donchin(1988)等系统总结了感觉与运动系统之间的早期通信现象。较为典型的实验模式是 Erikson 和 Schultz (1979)的 5 个字母实验,又称干扰兼容实验。屏幕正中的字母 H 或 S,分别为命令被试用左或右手按键的信号,该字母两侧各有两个字母作为干扰或线索出现。命令信号与两侧干扰或线索的关系可分两类:

第 14 章　说谎与测谎的认知神经科学基础　　　　　　　　　　　　　　　321

$$\begin{array}{c} \text{H H H H H} \\ \text{S S S S S} \end{array} \text{或} \begin{array}{c} \text{S S H S S} \\ \text{H H S H H} \end{array}$$

前者称两类信号为兼容性关系，两侧字母与中间字母的一致，可为正确反应提供线索；后者称不兼容性关系，两侧字母对中间命令信号产生干扰作用。在这一实验模式中记录和分析一侧化准备电位，分别给出兼容或不兼容刺激模式引出的运动相关电位。他们又将两种条件下被试的总反应和其中正确反应的一侧化准备电位，分别绘出曲线加以比较。结果发现了有趣的现象：面对于不兼容的两侧字母，被试的正确反应只能激活感知觉系统，抑制不正确的反应；而兼容的两侧字母，主要激活运动反应；两种条件下的正确反应之间的一侧化准备电位，是激活感知系统还是激活运动的反应系统？然而，这两条一侧化准备电位曲线却有较大的重合，仅仅在最初 100～200 ms 有一定的差异，随后两条曲线重合起来。这说明在 100～200 ms 的差异中，感觉系统和运动系统间有着交流通信过程。通信的结果是两者统一起来，一侧化准备电位曲线重合。在比较两种刺激条件下，即兼容和不兼容条件下被试的全部反应，包括不正确反应的一侧化准备电位曲线，则两条曲线重合较差。这进一步证明，只有对两种刺激条件的正确反应才有早期通信现象。正确反应是耗费精力和心理资源的过程。因此，一侧化准备电位中的早期通信现象，也是心理资源分配的客观心理生理学参数。

第三节　现代脑成像测谎技术

美国国家科学院专家组在 2003 公布的调查报告中指出："在过去 5 年里，脑功能成像技术用于情感过程的研究还处在萌芽状态，这些研究与测谎可能有内在联系，但对欺骗相关的大脑活动的研究还只是开始。"这份报告引用 S. A. Spence 最早使用 fMRI 对说谎机制的研究，也就是关于自传性信息记忆任务的模拟说谎实验。这份报告发现相对于诚实回答，说谎时被试的腹外侧前额叶和内侧前额叶明显激活。Lee 等人（2002）有类似发现，对出生地的故意说谎引出大脑皮质前额叶、顶叶、颞叶、尾状核和后扣带回明显激活。这类研究在 2003～2007 年每年有两三篇、不超过 10 篇研究报告发表，但在 2008 年一年就有近 20 篇脑成像的测谎研究报告发表，发表这些研究报告的期刊不仅限于 *NeuroImage*，*Human Brain Mapping*，还有 *Brain Research*，*Brain Cognition*，*Neuron*，*Cerebral Cortex*，*Trends in Cognitive Science* 等影响因子很好的学术期刊。除了在文章题目中有欺骗与测谎的这批文献，还有更多关于认知、情感、动机、执行功能等方面的认知神经科学研究报告。通过这些文献，大体可以看出，2008 年测谎研究已迈入新的历史时期，得到许多科学家和实验室在基础理论研究上的重视，测谎理论和方法在今后若干年会有较大突破。

这里应该说明，关于说谎和测谎的研究主要是对正常年轻被试施测的，进行实验室模拟测谎情节，少数研究的被试有脑外伤史但没有造成局部大脑结构损伤，还有更少数的研究报告是以监狱中的犯人作为被试;而关于情感、动机等方面的研究,被试各不相同,有较多研究报告以局部脑损伤病人或精神病人作为被试。以下内容涉及的综述和分析,仅限于说谎和测谎的研究报告,不涉及情感和社会交往行为的研究资料。

一、说谎实验研究中的脑成像方法

自 2003 年以来,已有 30 多篇采用无创性脑功能成像技术进行测谎的研究报告,其中利用 fMRI 的最多。fMRI 通过 BOLD 信号检测完成某种认知操作或某种心态下的脑激活区。2001～2005 年,不超过 10 篇研究报告都是实验室模拟说谎的研究报告,对一批被试的实验结果进行组平均数差异的显著性检验,从而得到说谎时的脑激活区。2005 年至今已经转向通过这类组间差异的研究建立模型,再用模型参量对某个人进行测谎研究。2008 年英国精神医学家 S. A. Spence 报告了首例服刑犯人认罪的司法鉴定,使 fMRI 技术从实验室模拟研究,迈入实际应用。

(一)蓄意谎言与无意出错

2002～2005 年,多篇研究报告虽然具体使用的磁共振成像仪器型号和技术参数不同,模拟欺骗的形式不同,但所得结果一致发现说谎时脑前额叶和扣带回激活,说谎时的反应时长于诚实回答的反应时,说谎时脑激活区比诚实回答时增加很多,至少是增加了对行为反应的执行监控强度的脑激活区。Davatzikos 等人(2005)提出了高维度非线性模式分类法,用于区别说谎和诚实的脑激活的空间模式。利用这种方法处理的 fMRI 结果使对 22 例被试的测谎正确率达到 99%。尽管如此,人们还是担心,fMRI 测谎是否能把蓄意谎言和无意出错区别开来。

Abe 等人(2008)通过字词假性记忆实验范式,证明 fMRI 中的脑激活能够有效地区别错误记忆和蓄意说谎。Lee 等人(2009)进一步设计了字词再认实验范式(word recognition paradigm),先让被试学习一组词,正确再认率为 70% 时,称为学习。随后混进一些未学习过的单词,以使有可能出现 30% 的错误再认率,可以当成假阳性率,即没有学习过的词错认作学习过的词。他们把后一过程称作测试时相。测试时相试图检测三种情况下的脑激活区:① 正确再认学过的老词并且正确拒绝未学习过的新词;② 无意中错记,把学过的老词误认为新词加以拒绝(假阴性率),把未学习过的新词误认为老词(假阳性率);③ 蓄意认错,明知是新词故意当成老词反应,明知是老词故意认作新词(谎言)。对被试给出实验条件的指示语,一种是要被试尽最大努力,做出最好的字词再认成绩,另一种要求被试伪装记忆有问题,给出最差的字词再认成绩,并对于能做出骗过计算机的结果给予奖励。每名被试完成四组测试,其中两组做诚实的正确再认反应,两组蓄意给出错误再认反应,结果发现两种条件下脑激活区的差异主要是在左额下回(BA47)和右后扣带回(BA23)以及左楔状回。经统计学检验之后,左额下回的差异显著性水平 $p=0.039$;右后扣带回差异显著性水平为 $p=0.007$;楔状回差异未达到显著性水平。由此证明,fMRI 测谎不至于把无意出错当成蓄意骗人,能给出较好的测试正确率。Yu 等人(2019)对 991 个欺骗案例和 484 个虚假记忆案例进行元分析研究,其结果表明,虽然两者都伴有左额上回的激活,但是欺骗比虚假记忆还存在更多脑区的激活,包括右颞上回、右岛叶、左下顶叶和额上回的激活。所以,这些结果证明,fMRI 技术能够分辨出欺骗和虚假记忆。

(二)多种谎言类型的分辨

Sip 等人(2008)以《测谎的范围和限度》为标题,质疑当代测谎研究,特别是 fMRI 测谎能否适用于多种类型的现实谎言的识别。Haynes(2008)引用 Ganis 等人(2003)发表的基于 fMRI 数据的不同类型谎言识别模式分类算法,并给出图 14-10。横坐标表示 A 脑区的激活水平,纵坐标表达 B 脑区的激活水平,这样二维坐标图上可以清楚看出两种谎言的分辨以及两者之间忠诚反应的脑激活模式。他们的理论观点明确表达为 fMRI 数据识别谎言、诚实和谎言的类型,不是根据激活的脑区,而是脑激活模式的分类。虽然从理论上如图 14-10 这样简洁明了;但实际上这需要复杂的数据驱动算法,特别需要强有力的统计学方法。Ganis 等人(2003)、Davatzikos 等人(2005)和 Kozel 等人(2005)的一系列研究报告,是这一问题研究的代表。

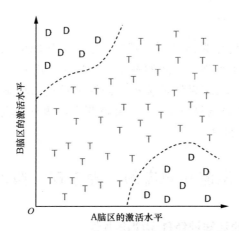

图 14-10 非线性模式分类器
(引自 Ganis et al.,2003)
可以区分出不同类型谎言和诚实的脑激活区。T:诚实的脑激活区,D:谎言的脑激活区。

Abe 等人(2006)利用 PET 研究了说谎和说真话时不同脑结构的作用。他们发现背外侧前额叶(DLPFC)、腹外侧前额叶(VLPFC)和内侧额叶(MPFC)皮质的激活,总是与故意假装说知道(认识)和不知道(不认识)的谎言相关;前扣带回(ACC)的激活仅仅与假装不知道(不认识)的谎言相关。ACC 区域性脑血流增加在说不知道的谎言时与 DLPFC 的激活正相关。因此,他们得到的结论是内、外侧前额叶皮质参与各类谎言,而扣带回仅仅参与说"不知道"或"不认识"等否定类谎言。

(三) 实际案件测试

实际上,研究者最担心的问题是实验室模拟实验与实际应用之间的差别。S. A. Spence 等人于 2008 年在英国进行了一例在押犯人的实际案件测谎。该在押女犯人 42 岁,于 4 年前被判虐待婴儿罪入狱;但其本人始终否认有意在婴儿饮料中加大量盐的行为,一直不断申诉,其家人和朋友也认为她是无辜的。因此,对其进行 fMRI 测谎。使用仪器为2.3 T磁共振成像仪,每 3 s 采集图像数据,180 s 为一组,测试 60 次图像数据,计四组测试,采用单激发回波成像技术,T2 加权功能性成像,体素(voxel)为 $(2.88 \times 2.93 \times 4)\ \text{mm}^3$。测试问题呈现在机房中安装着射频线圈的计算机显示器上,提出的问题是:

你有意伤害那个婴儿;
你在他喝的糖水里放入很多盐;
你认为自己是无罪的;
你对你丈夫说了案件的实情;
你对婴儿护理部的职员说了谎;
你对医务人员说了真话。

要求她通过按键选择不同颜色作为回答"是"或"否"。6 个问题的顺序按 ABCCBA 方式在测试组之间变换。第 3、4 组测试之间的题序完全颠倒。代表"是"或"否"的键的颜色规则也按一定顺序变换。测试结果涉及被控告问题的反应时明显变长,特别是回答承认罪行的反应时最长。fMRI 结果显示,犯人大脑两半球腹外侧前额叶(BA47)和前扣带回皮质(BA32)激活水平很高。

第四节 说谎和测谎的心理生理学假说

一、说谎的脑功能基础的认知神经科学理论雏形

说谎的脑功能基础对测谎技术的发展发挥着重要作用,特别是利用功能性磁共振成像的研究报告和利用事件相关电位的测谎研究。这些研究结果揭示了许多新科学事实,即说谎是一个涉及认知、情感动机和执行功能的过程。

(一) 认知理论

认知理论关注说谎时大脑的认知过程,主要是记忆和再认过程,传统测谎技术中的 GKT 方法就是通过被试是否具有犯罪情节的知识对被试是否有罪加以裁定。利用事件相关电位基于 P300 成分的测谎实验研究,也把 P300 成分作为犯罪情节记忆的生理参数。所以,在三类刺激诱发的 P300 幅值比较中,如果探测刺激与靶刺激诱发的 P300 波幅值差小于探测刺激与无关刺激引起的 P300 波幅值差,且在统计学上达到显著性

水平,则认定被试要么是犯罪嫌疑人,要么是见证人(知情人)。如果探测刺激与靶刺激诱发的 P300 波幅值差大于探测刺激与无关刺激诱发的 P300 幅值差,则认定被试是无辜的。怎样从当代认知神经科学的基本概念理解这一测谎原则呢?

(1) P300 波是脑的内源成分。按事件相关电位理论,P300 波是脑的内源成分,它的幅值不取决于外部刺激的物理特性,而取决于刺激对被试的生态意义,刺激的意义是被试脑内记忆功能的体现。案件细节对犯罪嫌疑人或目睹犯罪过程的知情人具有很强的心理含义,所以相比无关刺激会诱发出较高幅值的 P300 波。

(2) 朝向反射理论。经典神经生理学关于朝向反射的理论认为,具有强新异性的刺激或具有强生态意义的刺激(如疼痛),不但能引发较强的朝向反射,包括皮肤电、心率、呼吸和脑自发节律的生理变化,而且也不易形成习惯化;新异性弱或生态意义性不强的刺激引发较弱的朝向反射,且很快习惯化。犯罪相关的情节对于不知情的无辜者,没有什么意义,所以它们和无关刺激一样引发较弱的反应,两者诱发的 P300 幅值差异很小。

简言之,犯罪情节测试技术既符合经典神经生理学的朝向反射理论,又符合事件相关电位内源成分的理论观点,所以是一种具有认知神经科学基础理论支持的技术方法。然而,这种测谎技术的发展至今不尽如人意,测谎的准确率一般为 85%～95%。为此,一些研究者试图通过严格控制的实验,找到改进现有 GKT 测谎方法。例如,Meijer 等人(2007)、Elaad 和 Ben-Shakhar(2008)通过实验设计,对比分析不同因素对 GKT 测谎准确度的影响。他们分别发现,除认知因素之外,隐秘信息方式、刺激呈现的序列,以及被试的心态,特别是焦虑等情绪对测谎结果都有显著影响。所以,研究者认为在 GKT 测谎技术中还有认知以外的因素发生作用,这是 GKT 技术无法得到理想测谎结果的重要原因。换句话说,仅靠认知功能的心理生理指标,不可能准确测谎。

(二) 情绪动机理论

利用多导生理记录仪进行测谎,可能是因为说谎必然伴有情绪和动机的变化,随之出现心率、血压、皮肤电等自主神经系统功能的改变。与这一常识有一定关系的理论概念就是唤醒水平(arousal level)。唤醒水平是指有机体在应激源作用下,即在不利于生存或有害刺激环境中,出现全身性应激反应,大脑皮质普遍兴奋性提高,交感神经兴奋增高,全身代谢率提高等。当犯罪嫌疑人面对自己罪行即将被揭穿,面对法律制裁,不得不采取谎言相救之际,唤醒水平一定升高。唤醒水平是 20 世纪中期,神经生理学和心身医学提出来的理论概念。传统测谎技术中的 CQT 法可以从说谎的情绪动机理论中得到支持。

现代情感认知神经科学的发展丰富了情绪、情感和动机的脑理论,如本书第八章所述,当代情感认知神经科学已不再把丘脑、边缘系统看作脑内高级中枢,还有新皮质,特别是内侧前额叶皮质的参与。

(三) 执行功能说

谎言的执行功能说强调各类谎言实现的核心是执行功能,即与大脑额叶有关的行为策划和动作监控、执行控制、冲突监控、情绪控制和工作记忆等功能。说谎是复杂的心理活动,说谎类别不同,其心理过程细节不同,但必然包括一些共同的心理过程,如知觉、记忆、说谎意向、执行功能抑制、认知与执行功能间的冲突、决策等。很多研究者使用事件相关电位技术研究人的说谎行为。研究最多的是用 P300 推断被试是否了解犯罪情节,其中包括故意隐藏真相和伪装遗忘者。尽管事件相关电位被广泛应用于测谎研究,但是到目前为止,还很少涉及说谎的认知加工。实际上,说谎也受很多因素的影响,如人格特质、习惯和所处环境。目前认为说谎的认知加工包括说谎的意图和策略,以及说谎的运动反应,也就是企图和执行阶段。一个重要的问题是说谎是一种特有的加工还是一种与其他认知加工类似的普通的目的加工。

近期的研究认为,执行控制加工在说谎行为中起着重要作用。无论参与说谎的认知和情绪加工的程度如何,最终都要执行一个与事实不符的反应,也就是抑制一个真实的反应,执行一个冲突的反应。比起真实的反应,执行加工在说谎上起着更大的作用。说谎实际上也是冲突解决策略的加工。在冲突反应的研究中(如 Stroop 效应),发现冲突的情景会使反应的准确率下降,反应时延长。fMRI 研究表明,不确定的反应或冲突的反应激活额中回和前扣带回。前扣带回在冲突反应中起监控作用。已有的文献表明,各种说谎过程必然抑制正确答案的表达,并引出说谎与正确回答的冲突,这种抑制发源于说谎意图。因此,类似连续重复的 Stroop 效应所揭示的前扣带回(ACC)、外侧前额叶皮质(LPFC)以及运动意图相关的脑结构,如辅助运动前区(pre-SMA)和背侧前额叶皮质(DPFC),都可能参与说谎过程。当现实的刺激物呈现时,通过知觉脑机制对现实客体形成知觉,正常条件下理应给出知觉反应(语音反应或按键反应),但此时说谎意图通过其记忆提取回路与意图表达的相关结构抑制正常知觉反应回路(pre-SMA,DPFC)。因此,说谎意图或动机、常规反应的抑制、冲突监测和行为的控制与调节等,是说谎的必要心理过程,与之对应的关键脑结构是 ACC,pre-SMA,PFC(包括 DPFC 和 LPFC 两部分)。

二、欺骗或说谎的心理结构及相应脑回路

生理学、心理学、认知科学和社会科学的结合,是理解欺骗及其检测技术原理的必要前提。当代心理生理学和社会认知情感神经科学为理解欺骗开发了一些新的测谎方法,积累了广泛的理论和技术基础。这里所讲的说谎与测谎原理的生理心理学假说是作者于 2012 年总结的,由四个功能解剖学子模块组成,包括认知、理解他人的心智化能力、抑制和情绪调节(冲突管理)子模块。每个都具有三维属性:时序维度是一个连续的时间维度(毫秒级的横坐标);资源分配是一个离散的强度特性(纵坐标);信息处理过程是一个离散的质变维度,含意识和无意识两个过程。每个子模块有着特殊的功能,认知

子模块通过感知觉、注意和记忆实施基本认知功能;理解他人的心智化能力子模块给出相关方之间的人际互动信息;抑制子模块负责决策、抑制习惯的反应,规划一些表情和动作以及执行监控;情绪调节(冲突管理)子模块是最高的子模块,完成一系列复杂的有意识的活动,如社会自我保护行为,认知、情感和道德冲突的调节控制。欺骗的心理结构及相应脑回路和心理过程总结如表 14-1 所示。

表 14-1 欺骗的心理结构及相应脑回路和心理过程

心理过程	关键脑结构	加工过程	测谎参数	
			事件相关电位(ERP)和事件相关光信号(EROS)[①]的时间参数	ERP 和 EROS 的波幅参数
基本认知过程	下顶叶,下颞叶,前额叶,体干运动区,海马-杏仁核	自动加工过程:不费心神的、自动的、习惯化的和刻板的	刺激锁定为零点的 150 ms, 100 ms	ERP:N1 或 P1
理解他人的心智化能力	内侧前额叶,颞顶结合部		180~220 ms, 250~600 ms, 600~900 ms	N2,P3
意向与执行过程	前扣带回,内侧额叶,前额叶	控制加工过程:耗费心神的、深思熟虑的、需要规划的和可预测的	反应锁定为零点的 PRP−200 ms[②]	PRP−200 ms
冲突管理	内侧额叶,前扣带回,眶额皮质,杏仁核		MFN 100 ms[③]	MFN 或 ENC 70 ms[④]

注:① 指 ERP 和 EROS 出现的时间参数,带负号的数字指零点之前的时刻,无负号的数字指零点之后的时刻。
② PRP 指的是反应前正波,或称反应前 200 ms 时刻的正波。
③ MFN 指的是内侧额叶负波,或称反应后 100 ms 的负波。
④ ENC 70 ms 指的是反应后 70 ms 时刻出现的错误纠正负波。

(一) 欺骗的基本认知过程及其脑回路

如图 14-11 所示,食物刺激引发猴子简单的取食运动反应时为 250~260 ms,其中从视网膜传送的信息达到初级视皮质(V1)为 40~60 ms,随后到达 V2、V4、PIT 和 AIT,产生食物的知觉。信息继续达到 PFC、PMC 进行是否取食的决策,通过 MC 发出取食动作的命令沿锥体束达到前臂的肌肉,做出取食动作(Thorpe & Fabre-Thorpe,2001)。

虽然图 14-11 中的数据来自猴子,人类大脑的神经元数量比猴子脑回路复杂许多,以下数据来自人类的大脑,可以帮助我们比较人类和猴子的差异。记录电极分别被事先埋置在感知疼痛的脑区:次级感觉区和前扣带回。结果发现,对外部负性刺激和正性刺激的最早反应出现在次级感觉区,潜伏期分别是 135 ms 和 171 ms,随后出现在前扣带回的反应潜伏期分别是 119 ms 和 193 ms。脑岛与次级感觉区间存在大量相互关联,其反应潜伏期分别是 180 ms 和 225 ms,比次级感觉区晚 50 ms。这些事实说明前扣带回及其之前的低级脑结构的激活都是无意识过程,可能是对测谎程序中无关项的反应。这些反应在说谎测试时,被多种说谎抑制所掩盖,包括说谎意向、情感和说"不是"的反应,这类抑制发生在前扣带回和前额叶皮质。

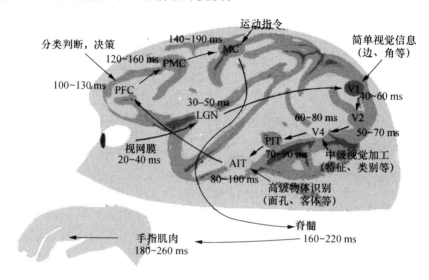

图 14-11　猴子感知-运动反应的神经回路及反应时
(引自 Thorpe & Fabre-Thorpe,2001)

(二) 理解他人的心智化能力

对说谎的评估中,舌回、下顶叶、内侧前额叶、颞上回、楔前叶和双侧颞顶结合区、双侧额上回、右舌回和左中央后回可能被激活,这与心理理论的脑区有关(Wu et al., 2011)。

初级视皮质(V1)与额叶眼区(FEF)诱发神经发放潜伏期差异不显著(仅 10 ms 之差);V1 的潜伏期为 40~80 ms,FEF 的潜伏期为 50~90 ms;在选择性注意过程中,V1 和 FEF 之间的潜伏期差异不显著(144 ms 和 147 ms)。这一事实可以解释为大脑额枕叶皮质在自动加工和控制加工过程中存在着大范围信息交流。欺骗过程启动了从后脑到额脑的基本认知过程和从额脑到后脑的理解他人的过程。这两个过程都在 100 ms 左右的范围内自动加工,并且控制加工过程在 200~300 ms 完成。

(三) 抑制过程

在完成了上述基本认知过程和理解他人的心智化之后,一个人必须对他目前所面临的情况有所了解,包括物理环境和人际交往关系。他可能通过内在的自我保护机制产生撒谎的意图(Neuberg, Kenrick, & Schaller, 2011)。在欺骗过程中,真实的记忆及相应反应必须受到欺骗意图的抑制。如图 14-12 所示的跨域抑制回路(Depue, 2012),包括杏仁核-内侧前额叶回路、基底神经节-额下回前区通路和海马-背外侧前额叶回路。

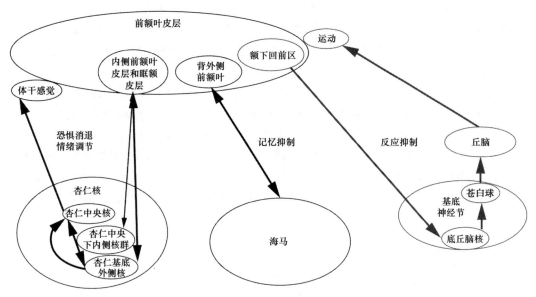

图 14-12　抑制回路参与反应抑制、情绪调节和抑制记忆检索
（引自 Depue,2012）

反应冲突或反应抑制是欺骗和测谎的重要成分,受到一些研究结果的支持(Filevich,Kühn,& Haggard,2012)。右内侧前额叶、额下回前区、体干运动前区、运动区皮质和基底神经节在反应抑制调节中发挥重要作用(Depue,2012)。通过经颅磁刺激技术在操纵运动皮质兴奋水平之前、后记录平均运动诱发电位,可以检测到欺骗意向引发出的真实和欺骗反应之间的竞争现象(Hadar,Makris,& Yarrow,2012)。

额下回和体干运动前区,已被证实与任务中的外部抑制加工有关。有意识地抑制不同于外部触发的抑制,它决定着行为的长期后果。内侧前额叶区域,尤其是背内侧前额叶,与故意抑制有关。行为的自由选择始终激活体干运动区和运动前区,这与故意抑制相关的背内侧前额叶截然不同。与故意抑制相关的激活包括两个相邻区域,BA 9 区和 BA 32 区位于前扣带回和背内侧前额叶的交界处,并延伸至前扣带回。故意抑制机制在社会行为中起着至关重要的作用。在反应-冲突范式下,研究欺骗行为的认知行为是采用熟悉或陌生人脸识别的选择。参与者用右手小指或拇指表示熟悉的面部表情。在执行反应前,用单脉冲经颅磁刺激,结果表明,较大的脑磁诱发电位与说谎反应有关。高度局部运动活动对提示欺骗行为有重要意义。皮质初级运动区的运动诱发电位因欺骗的反应冲突而增加。

（四）情绪调节

欺骗行为有时涉及违反社会道德或违反法律的情况,骗人者在欺骗过程中会产生消极反应。道德或法律冲突通常会引发与杏仁核和舌回激活相关的负性情绪(Wu et al.，2011)。此外,当个体发现自己被欺骗时,杏仁核也会被激活。杏仁核通常是由负性情绪刺激和对威胁的反应激活。人类将欺骗视为一种威胁,但只有当欺骗是针对自己的时候才伴有情感变化,涉及第三者的谎言或讲真话的判断,并不唤起情绪变化,而是理性的处理。

如图 14-13 所示,杏仁核回路与负性情绪有关,并可在情绪调节过程中,调节生理反应。杏仁核参与情感反应的自动加工或前注意加工过程,当启动项比目标项早 500 ms 出现时,启动效应仍然明显。这个事实还表明,启动项是自动加工的(Fan et al.，2011)。因此,情绪的快速自动加工过程通常发生在欺骗的早期,可能早在欺骗的前 100 ms,在杏仁核和前扣带回中就发生反应,但其自主反应将在延迟 1~2 s 内被测量到。延迟反应也可以解释为欺骗过程中情绪调节的早期自动加工和后期控制加工的混合反应。

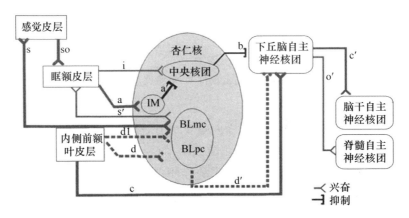

图 14-13　调节杏仁核输出到下丘脑自主神经核团的前额叶通路

(引自 Ray & Zald,2012)

从眶额皮质到间质区(IM)的兴奋性 a 通路导致杏仁核中央核团对下丘脑(b 通路)紧张性抑制的解除。内侧前额叶向下丘脑的直接通路 c 和间接通路 d 通过杏仁基外侧核(BLmc,BLpc)作用于下丘脑自主神经核团。

参 考 文 献

北京教育学院. (2008). 求索:温寒江教育科研三十年. 北京:北京出版社.

陈云林,孙力斌. (2015). 心证之义:多道仪测试技术高级教程. 北京:中国人民公安大学出版社.

杜兰德,巴洛. (2009). 变态心理学纲要:第4版. 王建平,张宁,等,译. 北京:中国人民大学出版社.

方军. (1985). 英汉医疗器材与生物医学工程学词汇. 北京:人民卫生出版社.

兰生. (1958). 神经系统解剖学. 王沪祥,译. 上海:上海科学技术出版社.

美国国家科学院多导生理记录仪测试评估委员会. (2008). 测谎仪与测谎:美国国家科学院多导生理记录仪测试评估报告. 刘歆超,译. 北京:中国人民公安大学出版社.

孟祥芝,周晓林. (2002). 发展性阅读障碍的生理基础. 心理科学进展,10(1),7-14.

沈政. (2015a). 对同性恋和性取向异源性的跨学科观. 科学通报,60(19),1831-1840.

沈政. (2015b). 关于外源性同性性行为和性少数群体的发展观. 科学通报,60(33),3183-3195.

沈政. (2016a). 什么是性倾向的生物学根源?科学通报,61(16),1733-1747.

沈政. (2016b). 关于男同性行为的两个美国判例及其法理学和科学基础. 科学通报,61(33),3521-3531.

沈政. (2017). 脑功能理论的当代发展和前沿研究计划. 科学通报,62(30),3429-3439.

沈政,林庶芝. (1992). 脑模拟与神经计算机. 北京:北京大学出版社.

沈政,林庶芝. (1995). 认知神经科学导论. 呼和浩特:内蒙古教育出版社.

沈政,林庶芝. (2014). 生理心理学. 3版. 北京:北京大学出版社.

王恩国. (2018). 发展性学习障碍的神经机制研究. 北京:科学出版社.

威理格尔. (1954). 脑脊髓切片图谱. 拉斯麻荪,增订. 臧玉淦,译补. 北京:人民卫生出版社.

温寒江,连瑞庆. (2002). 构建中小学创新教育体系. 北京:北京科学技术出版社

谢苗诺夫. (1983). 婚姻家庭的起源. 蔡俊生,译. 北京:中国社会科学出版社.

杨广学,张巧明,王芳. (2017). 特殊儿童心理与教育. 2版. 北京:北京大学出版社.

张武田. (1988). 事件相关脑电位与人类行为活动. 心理学动态,6(3),29-39.

周加仙. (2008). "神经神话"的成因分析. 华东师范大学学报(教育科学版),3,60-64,83.

Abe, N. (2009). The neurobiology of deception: evidence from neuroimaging and loss-of-function studies. Current Opinion in Neurology, 22(6), 594-600.

Abe, N., Okuda, J., Suzuki, M., Sasaki, H., Matsuda, T., Mori, E., Tsukada, M., & Fujii, T. (2008). Neural correlates of true memory, false memory, and deception. Cerebral Cortex, 18(12), 2811-2819.

Abe, N., Suzuki, M., Tsukiura, T., Mori, E., Yamaguchi, K., Itoh, M., & Fujii, T.

(2006). Dissociable roles of prefrontal and anterior cingulate cortices in deception. Cerebral Cortex, 16(2), 192-199.

Abootalebi, V., Moradi, M. H., & Khalilzadeh, M. A. (2006). A comparison of methods for ERP assessment in a P300-based GKT. International Journal of Psychophysiology, 62, 309-320.

Adler, L. E., Waldo, M. C., Tatcher, A., Cawthra, E., Baker, N., & Freedman, R. (1990). Lack of relationship of auditory gating defects to negative symptoms in schizophrenia. Schizophrenia Research, 3(2), 131-138.

Adolphs, R. (2002). Neural systems for recognizing emotion. Current Opinion in Neurology, 12(2), 169-177.

Alessandri, S. M. (1992). Attention, play, and social behavior in ADHD preschoolers. Journal of Abnormal Child Psychology, 20(3), 289-302.

Allen, J. J., Iacono, W. G., & Danielson, K. D. (1992). The identification of concealed memories using the event-related potential and implicit behavioral measures: a methodology for prediction in the face of individual differences. Psychophysiology, 29(5), 504-522.

Ambach, W., Stark, R., Peper, M., & Vaitl, D. (2008). Separating deceptive and orienting components in a concealed information test. International Journal of Psychophysiology, 70(2), 95-104.

Aminoff, E. M., Freeman, S., Clewett, D., Tipper, C., Frithsen, A., Johnson, A., Grafton, S. T., & Miller, M. B. (2015). Maintaining a cautious state of mind during a recognition test: a large-scale fMRI study. Neuropsychologia, 67, 132-147.

Amodio, D. M., & Frith, C. D. (2006). Meeting of minds: the medial frontal cortex and social cognition. Nature Reviews. Neuroscience, 7(4), 268-277.

Anderson, A., Douglas, P. K., Kerr, W. T., Haynes, V. S., Yuille, A. L., Xie, J., Wu, Y. N., Brown, J. A., & Cohen, M. S. (2014). Non-negative matrix factorization of multimodal MRI, fMRI and phenotypic data reveals differential changes in default mode subnetworks in ADHD. NeuroImage, 102, 207-219.

Anderson, N. E., & Kiehl, K. A. (2012). The psychopath magnetized: insights from brain imaging. Trends in Cognitive Sciences, 16(1), 52-60.

Ashwood, P., & Van de Water, J. (2004). A review of autism and the immune response. Clinical & Developmental Immunology, 11(2), 165-174.

Azevedo, F. A. C., Carvalho, L. R. B., Grinberg, L. T., Farfel, J. M., Ferretti, R. E. L., Leite, R. E. P., Filho, W. J., Lent, R., & Herculano-Houzel, S. (2009). Equal numbers of neuronal and nonneuronal cells make the human brain an isometrically scaled-up primate brain. Journal of Comparative Neurology, 513(5), 532-541.

Baars, B. J., & Gage, N. M. (2007). Cognition, Brain and Consciousness. Amsterdam: Academic Press, Elsevier Ltd.

Baddeley, A. (2000). The episodic buffer: a new component of working memory? Trends in Cognitive Sciences, 4(11), 417-423.

Bailey, D. B. (2002). Are critical periods critical for early childhood education? The role of timing in early childhood pedagogy. Early Childhood Research Quarterly, 17(3), 281-294.

Baribeau, D., & Anagnostou, E. (2015). Neuroimaging in Autism Spectrum Disorders. In The Molecular Basis of Autism. New York, NY: Springer.

Barkley, R. A. (1997). Behavioral inhibition, sustained attention, and executive functions: Constructing a unifying theory of ADHD. Psychological Bulletin, 121(1), 65-94

Baron-Cohen, S. (2002). The extreme male brain theory of autism. Trends in Cognitive Sciences, 6(6), 248-254.

Barr, A., & Feigenbaum, E. A. (1981). Handbook of Artificial Intelligence, Volume 1. Stanford, CA: Heuristic Tech Press.

Bayley, P. J., O'Reilly, R. C., Curran, T., & Squire, L. R. (2008). New semantic learning in patients with large medial temporal lobe lesions. Hippocampus, 18(6), 575-583.

Beauchaine, T. P., Zisner, A. R., & Sauder, C. L. (2017). Trait impulsivity and the externalizing spectrum. Annual Review of Clinical Psychology, 13(1), 343-368.

Beebe, N. H. F. (2017). The Mathematical-Function Computation Handbook: Programming Using the MathCW Portable Software Library. Switzerland, Cham: Springer.

Bell, B. G., Kircher, J. C., & Bernhardt, P. C. (2008). New measures improve the accuracy of the directed-lie test when detecting deception using a mock crime. Physiology & Behavior, 94(3), 331-340.

Berger, I., Slobodin, O., Aboud, M., Melamed, J., & Cassuto, H. (2013). Maturational delay in ADHD: evidence from CPT. Frontiers in Human Neuroscience, 7(1), 691-691.

Bi, G., & Poo, M. (2001). Synaptic modification by correlated activity: Hebb's postulate revisited. Annual Review of Neuroscience, 24, 139-166.

Biechele, S., Lin, C., Rinaudo, P. F., & Ramalho-Santos, M. (2015). Unwind and transcribe: chromatin reprogramming in the early mammalian embryo. Current Opinion in Genetics & Development, 34, 17-23.

Blake, R. (2001). A primer on binocular rivalry, including current controversies. Brain and Mind, 2(1), 5-38.

Bliss, T. V., & Lomo, T. (1973). Long-lasting potentiation of synaptic transmission in the dentate area of the anaesthetized rabbit following stimulation of the prefrontal path. The Journal of Physiology, 232(2), 331-356.

Bodner, K. E., Cowan, N., & Christ, S. E. (2019). Contributions of filtering and attentional allocation to working memory performance in individuals with autism spectrum disorder. Journal of Abnormal Psychology, 128(8), 881-891.

Bonfils, N. A., Aubin, H., Benyamina, A., Limosin, F., & Luquiens, A. (2019). Quality of life instruments used in problem gambling studies: a systematic review and a meta-analysis. Neuroscience and Biobehavioral Reviews, 104, 58-72.

Borghini, G., Candini, M., Filannino, C., Hussain, M., Walsh, V., Romei, V., Zokaei,

N., & Cappelletti, M. (2018). Alpha oscillations are causally linked to inhibitory abilities in ageing. The Journal of Neuroscience, 38(18), 4418-4429.

Bouvier, S., & Treisman, A. (2010). Visual feature binding requires reentry. Psychological Science, 21(2), 200-204.

Braamhof, M. (1991). Spatiotemporal correlation in the cerebellum. Proceedings of the 1991 International Conference on Artificial Neural Networks (Icann-91), Espoo, Finland, 24-28 June, 1991, Pages 1739-1742.

Bradshaw, J. L. (1968). Pupillary changes and reaction time with varied stimulus uncertainty. Psychonomic Science 13, 69-70.

Braet, W., & Humphreys, G. W. (2009). The role of reentrant processes in feature binding: Evidence from neuropsychology and TMS on late onset illusory conjunctions. Visual Cognition, 17(1-2), 25-47.

Brewer, J. B., Zhao, Z., Desmond, J. E., Glover, G. H., & Gabrieli, J. D. E. (1998). Making memories: Brain activity that predicts how well visual experience will be remembered. Science, 281(5380), 1185-1187.

Brow, I. D. (1982). Measurement of mental effort: Some theorical and practical issues. In Harrison, G. A., Energy and Effort. Taylor and Francis Ltd, London, pp. 27-38.

Bucci, M. P., Brémond-Gignac, D., & Kapoula, Z. (2008). Latency of saccades and vergence eye movements in dyslexic children. Experimental Brain Research, 188(1), 1-12.

Bullock, S. A., & Potenza, M. N. (2013). Update on the pharmacological treatment of pathological gambling. Current Psychopharmacology, 2(3), 204-211.

Bülthoff, H. H., & Edelman, S. (1992). Psychophysical support for a two-dimensional view interpolation theory of object recognition. Proceedings of the National Academy of Sciences, 89(1), 60-64.

Cadwell, C. R., Bhaduri, A., Mostajo-Radji, M. A., Keefe, M. G., & Nowakowski, T. J. (2019). Development and realization of the cerebral cortex. Neuron, 103(6), 980-1004.

Caianiello, E. R. (1961). Outline of a theory of thought-processes and thinking machines. Journal of Theoretical Biology, 1, 204-235.

Carew, T. J., & Magsamen, S. H. (2010). Neuroscience and education: An ideal partnership for producing evidence-based solutions to guide 21st century learning. Neuron, 67(5), 685-688.

Carlson, N. R. (1986). Physiology of Behavior. 3rd ed. Boston, MA: Allyn and Bacon Inc.

Carlson, N. R. (1998). Physiology of Behavior. 6th ed. Boston, MA: Allyn and Bacon Inc.

Clapcote, S. J., Lipina, T. V., Millar, J. K., Mackie, S., Christie, S., Ogawa, F., Lerch, J. P., Trimble, K., Uchiyama, M., Sakuraba, Y., Kaneda, H., Shiroishi, T., Houslay, M. D., Henkelman, R. M., Sled, J. G., Gondo, Y., Porteous, D. J., & Roder, J. C. (2007). Behavioral phenotypes of Disc1 missense mutations in mice. Neuron, 54(3), 387-402.

Castellanos, F. X., Giedd, J. N., Eckburg, P., Marsh, W. L., Vaituzis, A. C., Kaysen, D., Hamburger, S. D., & Rapoport, J. L. (1994). Quantitative morphology of the caudate nucleus in attention deficit hyperactivity disorder. The American Journal of Psychiatry, 151(12), 1791-1796.

Cecere, R., Rees, G., & Romei, V. (2015). Individual differences in alpha frequency drive crossmodal illusory perception. Current Biology, 25(2), 231-235.

Chen, J., Wang, C., Qu, H., Li, W., Wu, Y., Wu, X., Bruce, A. S., & Li, L. (2004). Perceived spatial separation induced by the precedence effect releases Chinese speech from informational masking. Canadian Acoustics, 32(3), 186-187.

Choi, Y. Y., Shamosh, N. A., Cho, S. H., & Deyoung, C. G. (2008). Multiple bases of human intelligence revealed by cortical thickness and neural activation. Journal of Neuroscience, 28(41), 10323-10329.

Christodoulou, J. A., & Gaab, N. (2009). Using and misusing neuroscience in education-related research. Cortex, 45(4), 555-557.

Chun, M. M., & Phelps, E. A. (1999). Memory deficits for implicit contextual information in amnesic subjects with hippocampal damage. Nature Neuroscience, 2(9), 844-847.

Cilia, R., Siri, C., Marotta, G., Isaias, I. U., De Gaspari, D., Canesi, M., Pezzoli, G., & Antonini, A. (2008). Functional abnormalities underlying pathological gambling in Parkinson disease. Archives of Neurology, 65(12), 1604-1611.

Cipolotti, L., Shallice, T., Chan, D., Fox, N., Scahill, R., Harrison, G., ... Rudge, P. (2001). Long-term retrograde amnesia... the crucial role of the hippocampus. Neuropsychologia, 39(2), 151-172.

Clifford, C. W. G., & Harris, J. A. (2005). Contextual modulation outside of awareness. Current Biology, 15(6), 574-578.

Codispoti, M., Ferrari, V., & Bradley, M. M. (2006). Repetitive picture processing: autonomic and cortical correlates. Brain Research, 1068(1), 213-220.

Coghlan, S., Horder, J., Inkster, B., Mendez, M. A., Murphy, D. G., & Nutt, D. J. (2012). GABA system dysfunction in autism and related disorders: from synapse to symptoms. Neuroscience and Biobehavioral Reviews, 36(9), 2044-2055.

Cohen, P. R. & Feigenbaum, E. A. (1984). Handbook of Artificial Intelligence. Vol. Ⅲ. Stanford, CA: Heuristic Tech Press.

Coles, M. G. H. (1989). Modern mind-brain reading: Psychophysiology, physiology, and cognition. Psychophysiology, 26(3), 251-269.

Coles, M. G. H., Gratton, G., & Donchin, E. (1988). Detecting early communication: Using measures of movement-related potentials to illuminate human information processing. Biological Psychology, 26(1), 69-89.

Corbetta, M., & Shulman, G. L. (2002). Control of goal-directed and stimulus-driven attention in the brain. Nature Reviews. Neuroscience, 3(3), 201-215.

Davachi, L. (2006). Item, context and relational episodic encoding in humans. Current Opinion in Neurobiology, 16(6), 693-700.

Davatzikos, C., Ruparel, K., Fan, Y., Shen, D. G., Acharyya, M., Loughead, J. W., Gur,

R. C., & Langleben, D. D. (2005). Classifying spatial patterns of brain activity with machine learning methods: application to lie detection. NeuroImage, 28(3), 663-668.

De Sa Nogueira, D., Merienne, K., & Befort, K. (2019). Neuroepigenetics and addictive behaviors: Where do we stand? Neuroscience and Biobehavioral Reviews, 106, 58-72.

Depue, B. E. (2012). A neuroanatomical model of prefrontal inhibitory modulation of memory retrieval. Neuroscience and Biobehavioral Reviews, 36(5), 1382-1399.

Defelipe, J. (2011). The evolution of the brain, the human nature of cortical circuits, and intellectual creativity. Frontiers in Neuroanatomy, 5, 29-29.

Derevensky, J. L. (2019). Behavioral addictions: Some developmental considerations. Current Addiction Reports, 6(3), 313-322.

Dienel, S. J., & Lewis, D. A. (2019). Alterations in cortical interneurons and cognitive function in schizophrenia. Neurobiology of Disease, 131, 104208-104208.

Dienel, S. J., Enwright, J. F., Hoftman, G. D., & Lewis, D. A. (2019). Markers of glutamate and GABA neurotransmission in the prefrontal cortex of schizophrenia subjects: Disease effects differ across anatomical levels of resolution. Schizophrenia Research, 217, 86-94.

Donchin, E., & Isreal, J. B. (1980). Event-related potentials: approaches to cognitive psychology. In R. Snow, P. A. Frederico, & W. E. Montague (Eds.). Aptitude. Learning and Instruction, Vol. 2: Cognitive Process Analyses of Learning and Problem Solving, (pp. 47-82). Hillsdale, NJ: Lawrence Erlbaum Associates.

Dorn, L. M., Struck, N., Bitsch, F., Falkenberg, I., Kircher, T., Rief, W., & Mehl, S. (2021). The relationship between different aspects of theory of mind and symptom clusters in psychotic disorders: deconstructing theory of mind into cognitive, affective, and hyper theory of mind. Frontiers in Psychiatry, 12, 607154.

Doyle-Thomas, K. A. R., Duerden, E. G., Taylor, M. J., Lerch, J. P., Soorya, L. V., Wang, A. T., Fan, J., Hollander, E., & Anagnostou, E. (2013). Effects of age and symptomatology on cortical thickness in autism spectrum disorders. Research in Autism Spectrum Disorders, 7(1), 141-150.

Dudai, Y., Karni, A., & Born, J. (2015). The consolidation and transformation of memory. Neuron, 88(1), 20-32.

Durston, S., & Konrad, K. (2007). Integrating genetic, psychopharmacological and neuroimaging studies: A converging methods approach to understanding the neurobiology of ADHD. Developmental Review, 27(3), 374-395.

Duncan-Johnson, C. C., & Donchin, E. (1977). On quantifying surprise: the variation of event-related potentials with subjective probability. Psychophysiology, 14(5), 456-467.

Duncan, J., & Humphreys, G. W. (1989). Visual search and stimulus similarity. Psychological Review, 96(3), 433-458.

Duncan, J., Seitz, R. J., Kolodny, J., Bor, D., Herzog, H., Ahmed, A., Newell, F. N., & Emslie, H. (2000). A neural basis for general intelligence. Science, 289(5478), 457-460.

Eccles, J. C. (1953). The neurophysiological basis of mind. London: Oxford University Press.

Eccles, J. C. (1964). The Physiology of synapses. Berlin Heidelberg: Springer-Verlag.

Eccles, J. C. (1980). The Human Psyche. Berlin-Heidelberg: Springer-Verlag.

Eccles, J. C. (1994). How the self-controls its brain. Berlin-Heidelberg: Springer-Verlag.

Eichenbaum, H., Yonelinas, A. P., & Ranganath, C. (2007). The medial temporal lobe and recognition memory. Annual Review of Neuroscience, 30(1), 123-152.

Ekstrom, L. B., Roelfsema, P. R., Arsenault, J. T., Bonmassar, G., & Vanduffel, W. (2008). Bottom-up dependent gating of frontal signals in early visual cortex. Science, 321(5887), 414-417.

Elaad, E., & Ben-Shakhar, G. (2006). Finger pulse waveform length in the detection of concealed information. International Journal of Psychophysiology, 61(2), 226-234.

Elaad, E., & Ben-Shakhar, G. (2008). Covert respiration measures for the detection of concealed information. Biological Psychology, 77(3), 284-291.

Eldridge, L. L., Knowlton, B. J., Furmanski, C. S., Bookheimer, S. Y., & Engel, S. A. (2000). Remembering episodes: a selective role for the hippocampus during retrieval. Nature Neuroscience, 3(11), 1149-1152.

Eliasmith, C., Stewart, T. C., Choo, X., Bekolay, T., Dewolf, T., Tang, C., & Rasmussen, D. (2012). A large-scale model of the functioning brain. Science, 338(6111), 1202-1205.

Elliott, M. A., & Müller, H. J. (1998). Synchronous information presented in 40-Hz Flicker enhances visual feature binding. Psychological Science, 9(4), 277-283.

Engel, A. K., König, P., Kreiter, A. K., Schillen, T. B., & Singer, W. (1992). Temporal coding in the visual cortex: new vistas on integration in the nervous system. Trends in Neurosciences, 15(6), 218-226.

Eriksen, C. W., & Schultz, D. W. (1979). Information processing in visual search: a continuous flow conception and experimental results. Perception & Psychophysics, 25(4), 249-263.

Ermini, L., Der Sarkissian, C., Willerslev, E., & Orlando, L. (2015). Major transitions in human evolution revisited: A tribute to ancient DNA. Journal of Human Evolution, 79, 4-20.

Esterman, M., Verstynen, T., & Robertson, L. C. (2007). Attenuating illusory binding with TMS of the right parietal cortex. NeuroImage, 35(3), 1247-1255.

Evrard, H. C. (2018). Von Economo and fork neurons in the monkey insula, implications for evolution of cognition. Current Opinion in Behavioral Sciences, 21, 182-190.

Eysenck, M. W., (1982). Attention and Arousal. Springer-Verlag. Berlin, pp. 67-94.

Fan, J., Gu, X., Liu, X., Guise, K. G., Park, Y., Martin, L., De Marchena, A., Tang, C. Y., Minzenberg, M. J., & Hof, P. R. (2011). Involvement of the anterior cingulate and fronto-insular cortices in rapid processing of salient facial emotional information. NeuroImage, 54(3), 2539-2546.

Fang, F., & Shen, Z. (1998). Detection of Deception with P300. In I. Hashimoto and R. Kakigi. Recent Advances in Human Neuro-physiology, New York: Elsevier Science.

Fang, F., Liu, Y., & Shen, Z. (2003). Lie detection with contingent negative variation. International Journal of Psychophysiology, 50(3), 247-255.

Fang, F., & He, S. (2005). Viewer-centered object representation in the human visual system revealed by viewpoint aftereffects. Neuron, 45(5), 793-800.

Farrell, J. S., Nguyen, Q., & Soltesz, I. (2019). Resolving the micro-macro disconnect to address core features of seizure networks. Neuron, 101(6), 1016-1028.

Farwell, L. A., & Donchin, E. (1991). The truth will out: interrogative polygraph ("lie detection") with event-related brain potentials. Psychophysiology, 28(5), 531-547.

Fatemi, S. H., Aldinger, K. A., Ashwood, P., Bauman, M. L., Blaha, C. D., Blatt, G. J., Chauhan, A., Chauhan, V., Dager, S. R., Dickson, P. E., Estes, A. M., Goldowitz, D., Heck, D. H., Kemper, T. L., King, B. H., Martin, L. A., Millen, K. J., Mittleman, G., Mosconi, M. W., Persico, A. M., ⋯ Welsh, J. P. (2012). Consensus paper: pathological role of the cerebellum in autism. Cerebellum, 11(3), 777-807.

Feng, C., Gu, R., Li, T., Wang, L., Zhang, Z., Luo, W., & Eickhoff, S. B. (2021a). Separate neural networks of implicit emotional processing between pictures and words: a coordinate-based meta-analysis of brain imaging studies. Neuroscience and Biobehavioral Reviews, 131, 331-344.

Feng, C., Eickhoff, S. B., Li, T., Wang, L., Becker, B., Camilleri, J. A., Hétu, S., & Luo, Y. (2021b). Common brain networks underlying human social interactions: evidence from large-scale neuroimaging meta-analysis. Neuroscience and Biobehavioral Reviews, 126, 289-303.

Fields, R. D. (2010). Neuroscience: change in the brain's white matter. Science, 330(6005), 768-769.

Filevich, E., Kühn, S., & Haggard, P. (2012). Intentional inhibition in human action: the power of 'no'. Neuroscience and Biobehavioral Reviews, 36(4), 1107-1118.

Fincher, J. (1984). The Brain: Mystery of Matter and Mind. New York: Torstar Books.

Fleischman, D. A., Gabrieli, J. D. E., Rinaldi, J. A., Reminger, S. L., Grinnell, E. R., Lange, K. L., & Shapiro, R. (1997a). Word-stem completion priming for perceptually and conceptually encoded words in patients with Alzheimer's disease. Neuropsychologia, 35(1), 25-35.

Fleischman, D. A., Vaidya, C. J., Lange, K. L., & Gabrieli, J. D. E. (1997b). A dissociation between perceptual explicit and implicit memory processes. Brain and Cognition, 35(1), 42-57.

Fodor, J. A. (1983). The Modularity of Mind. Cambridge, MA: MIT Press.

Ford, E. B. (2006). Lie detection: historical, neuropsychiatric and legal dimensions. International Journal of Law and Psychiatry, 29(3), 159-177.

Fox, M. D., Corbetta, M., Snyder, A. Z., Vincent, J. L., & Raichle, M. E. (2006). Spontaneous neuronal activity distinguishes human dorsal and ventral attention systems. Proceedings of the National Academy of Sciences, 103(26), 10046-10051.

Friederici, A. D. (2012). The cortical language circuit: from auditory perception to sentence comprehension. Trends in Cognitive Sciences, 16(5), 262-268.

Friedrich, F. J., Henik, A., & Tzelgov, J. (1991). Automatic processes in lexical access and spreading activation. Journal of experimental psychology. Human Perception and Performance, 17(3), 792-806.

Frot, M., Mauguière, F., Magnin, M., & Garcia-Larrea, L. (2008). Parallel processing of nociceptive A-δ inputs in SII and midcingulate cortex in humans. The Journal of Neuroscience, 28(4), 944-952.

Fugl-Meyer, A. R., & Fugl-Meyer, K. S. (1999). Sexual disabilities, problems and satisfaction in 18~74 years old Swedes. Scandinavian Journal of Sexology, 2, 83-88.

Fuster, J. M. (1989). The prefrontal cortex: anatomy, physiology, and neuropsychology of the frontal lobe (2nd Ed.). New York: Raven Press.

Fuster, J. M. (1995). Memory and planning: two temporal perspectives of frontal lobe function. In Jasper, H. H., Riggio, S., & Goldmanrakic, P. S. (eds.), Epilepsy and the Functional Anatomy of the Frontal Lobe. New York: Raven Press.

Gabrieli, J. D. E., Keane, M. M., Zarella, M. M., & Poldrack, R. A. (1997). Preservation of implicit memory for new associations in global amnesia. Psychological Science, 8(4), 326-329.

Gadallah, A. A., Ebada, M. A., Gadallah, A., Ahmed, H., Rashad, W., Eid, K. A., Bahbah, E., & Alkanj, S. (2020). Efficacy and safety of N-acetylcysteine as add-on therapy in the treatment of obsessive-compulsive disorder: a systematic review and meta-analysis. Journal of Obsessive-Compulsive and Related Disorders, 25, 100529.

Gaffield, M. A., Bonnan, A., & Christie, J. M. (2019). Conversion of graded presynaptic climbing fiber activity into graded postsynaptic Ca^{2+} signals by Purkinje cell dendrites. Neuron, 102(4), 762-769.

Galaburda, A., & Livingstone, M. (1993). Evidence for a magnocellular defect in developmental dyslexia. Annals of the New York Academy of Sciences, 682(1), 70-82.

Gallagher, H. L., Jack, A. I., Roepstorff, A., & Frith, C. D. (2002). Imaging the intentional stance in a competitive game. NeuroImage, 16(3 Pt 1), 814-821.

Gamer, M., Gödert, H. W., Keth, A., Rill, H. G., & Vossel, G. (2008a). Electrodermal and phasic heart rate responses in the Guilty Actions Test: comparing guilty examinees to informed and uninformed innocents. International Journal of Psychophysiology: Official Journal of the International Organization of Psychophysiology, 69(1), 61-68.

Gamer, M., Verschuere, B., Crombez, G., & Vossel, G. (2008b). Combining physiological measures in the detection of concealed information. Physiology & Behavior, 95(3), 333-340.

Ganis, G., Kosslyn, S. M., Stose, S., Thompson, W. L., & Yurgelun-Todd, D. A. (2003). Neural correlates of different types of deception: an fMRI investigation. Cerebral Cortex, 13(8), 830-836.

García-Martí, G., Aguilar, E. J., Lull, J. J., Martí-Bonmatí, L., Escartí, M. J., Manjón, J. V., Moratal, D., Robles, M., & Sanjuán, J. (2008). Schizophrenia with auditory hallucinations: a voxel-based morphometry study. Progress in Neuro-Psychopharmacology & Biological Psychiatry, 32(1), 72-80.

Garman, M. (1990). Psycholinguistics. Cambridge, Mass.: Cambridge University Press.

Garrett, M. F. (1982). Production of speech: Observations from normal and pathological language use. In Ellis, A. W. (eds.), Normality and Pathology in Cognitive Functions, New York: Academic Press.

Gaub, M., & Carlson, C. L. (1997). Gender differences in ADHD: A meta-analysis and critical review. Journal of the American Academy of Child and Adolescent Psychiatry, 36(8), 1036-1045.

Gazzaniga, M. S., Ivry, R. B., & Mangun, G. R. (2002). Cognitive neuroscience: the biology of the mind. 2nd ed. New York: W. W. Norton & Company.

Gazzaniga, M. S. (2008). The law and neuroscience. Neuron, 60(3), 412-415.

Gefen, T., Papastefan, S. T., Rezvanian, A., Bigio, E. H., Weintraub, S., Rogalski, E., Mesulam, M., & Geula, C. (2018). Von Economo neurons of the anterior cingulate across the lifespan and in Alzheimer's disease. Cortex, 99, 69-77.

Gegenfurtner, K. R., Kiper, D. C., & Fenstemaker, S. B. (1996). Processing of color, form, and motion in macaque area V2. Visual Neuroscience, 13(1), 161-172.

Ghanizadeh, A. (2013). Increased glutamate and homocysteine and decreased glutamine levels in autism: a review and strategies for future studies of amino acids in autism. Disease Markers, 35(5), 281-286.

Gidon, A., Zolnik, T. A., Fidzinski, P., Bolduan, F., Papoutsi, A., Poirazi, P., Holtkamp, M., Vida, I., & Larkum, M. E. (2020). Dendritic action potentials and computation in human layer 2/3 cortical neurons. Science, 367(6473), 83-87.

Gilboa, A. (2004). Autobiographical and episodic memory-one and the same? Evidence from prefrontal activation in neuroimaging studies. Neuropsychologia, 42(10), 1336-1349.

Gillberg, I. C., Bjure, J., Uvebrant, P., Vestergren, E., & Gillberg, C. (1993). SPECT (single photon emission computed tomography) in 31 children and adolescents with autism and autistic-like conditions. European Child & Adolescent Psychiatry, 2(1), 50-59.

Gillberg, C. (1999). Neurodevelopmental processes and psychological functioning in autism. Development and Psychopathology, 11(3), 567-587.

Gilliam, M., Stockman, M., Malek, M., Sharp, W., Greenstein, D., Lalonde, F., Clasen, L., Giedd, J., Rapoport, J., & Shaw, P. (2011). Developmental trajectories of the corpus callosum in attention-Deficit/Hyperactivity disorder. Biological Psychiatry, 69(9), 839-846.

Girgis, R. R., Zoghbi, A. W., Javitt, D. C., & Lieberman, J. A. (2019). The past and future of novel, non-dopamine-2 receptor therapeutics for schizophrenia: A critical and comprehensive review. Journal of Psychiatric Research, 108, 57-83.

Golbabapour, S., Abdulla, M. A., & Hajrezaei, M. (2011). A concise review on epigenetic regulation: Insight into molecular mechanisms. International Journal of Molecular Sciences, 12(12), 8661-8694.

Goldstein, E. B. (2010). Sensation and perception. 8th ed. Belmont, California: Wadsworth

Cengage Learning.

Graham, F. K., & Hackley, S. A. (1991). Passive and active attention to input. In J. R. Jennings & M. G. H. Coles (eds.), Handbook of cognitive psychophysiology: Central and autonomic nervous system approaches (pp. 251-356). New York: John Wiley & Sons.

Grandjean, D., Sander, D., & Scherer, K. R. (2008). Conscious emotional experience emerges as a function of multilevel, appraisal-driven response synchronization. Consciousness and Cognition, 17(2), 484-495.

Gratton, G., Bosco, C. M., Kramer, A. F., Coles, M. G., Wickens, C. D., & Donchin, E. (1990). Event-related brain potentials as indices of information extraction and response priming. Electroencephalography and Clinical Neurophysiology, 75(5), 419-432.

Gratton, G., & Corballis, P. M. (1995). Removing the heart from the brain: Compensation for the pulse artifact in photon migration signal. Psychophysiology, 32, 292-299.

Gregg, C., Zhang, J., Butler, J. E., Haig, D., & Dulac, C. (2010). Sex-specific parent-of-origin allelic expression in the mouse brain. Science, 329(5992), 682-685.

Grèzes, J., Berthoz, S., & Passingham, R. E. (2006). Amygdala activation when one is the target of deceit: did he lie to you or to someone else? NeuroImage, 30(2), 601-608.

Grill-Spector, K., & Malach, R. (2001). fMRI-adaptation: a tool for studying the functional properties of human cortical neurons. Acta Psychologica, 107, 293-321.

Groen, W B., Buitelaar, J. K., Van der Gaag, R J., Groen, W. B., Zwiers, M. P., Buitelaar, J K., 2011. Pervasive microstructural abnormalities in autism: A DTI study. Journal of Psychiatry & Neuroscience, 36(1), 32-40.

Hackley, S. A., Woldorff, M., & Hillyard, S. A. (1990). Cross-modal selective attention effects on retinal, myogenic, brainstem, and cerebral evoked potentials. Psychophysiology, 27(2), 195-208.

Hadar, A. A., Makris, S., & Yarrow, K. (2012). The truth-telling motor cortex: Response competition in M1 discloses deceptive behavior. Biological Psychology, 89(2), 495-502.

Hagmann, P., Cammoun, L., Gigandet, X., Meuli, R., Honey, C. J., Wedeen, V. J., & Sporns, O. (2008). Mapping the structural core of human cerebral cortex. PLoS Biology, 6(7), e159-e159.

Hansen, J. C., & Hillyard, S. A. (1983). Selective attention to multidimensional auditory stimuli. Journal of Experimental Psychology: Human Perception and Performance, 9(1), 1-19.

Happé, F., Cook, J. L., & Bird, G. (2017). The structure of social cognition: In(ter)dependence of sociocognitive processes. Annual Review of Psychology, 68(1), 243-267.

Hare, B. D., Pothula, S., DiLeone, R. J., & Duman, R. S. (2020). Ketamine increases vmPFC activity: Effects of (R)-and (S)-stereoisomers and (2R,6R)-hydroxynorketamine metabolite. Neuropharmacology, 166, 107947-107947.

Hasher, L., & Zacks, R. T. (1979). Automatic and effortful processes in memory. Journal of Experimental Psychology: General, 108(3), 356-388.

Haynes J. D. (2008). Detecting deception from neuroimaging signals—a data-driven perspective. Trends in Cognitive Sciences, 12(4), 126-128.

Haznedar, M. M., Buchsbaum, M. S., Metzger, M., Solimando, A., Spiegel-Cohen, J., & Hollander, E. (1997). Anterior cingulate gyrus volume and glucose metabolism in autistic disorder. The American Journal of Psychiatry, 154(8), 1047-1050.

He, K., Zhang, X., Ren, S., & Sun, J. (2016). Deep residual learning for image recognition: 2016 IEEE Conference on Computer Vision and Pattern Recognition (CVPR), June 27-30, 2016. New York: IEEE Publishing.

He, S., Cavanagh, P., & Intriligator, J. (1996). Attentional resolution and the locus of visual awareness. Nature, 383(6598), 334-337.

Hearing, M. (2019). Prefrontal-accumbens opioid plasticity: implications for relapse and dependence. Pharmacological Research, 139, 158-165.

Hebb, D. O. (1966). A Textbook of Psychology. Philadelphia, PA: W. B. Saunders Co., pp. 264.

Hekma, G. (2014). A Cultural History of Sexuality in the Modern Age. New York: Bloomsbury Publishing.

Henson, R. (2005). A mini-review of fMRI studies of human medial temporal lobe activity associated with recognition memory. The Quarterly Journal of Experimental Psychology. B, Comparative and Physiological Psychology, 58(3-4), 340-360.

Herzfeld, D. J., Kojima, Y., Soetedjo, R., & Shadmehr, R. (2015). Encoding of action by the purkinje cells of the cerebellum. Nature, 526(7573), 439-442.

Hickok, G., & Poeppel, D. (2004). Dorsal and ventral streams: A framework for understanding aspects of the functional anatomy of language. Cognition, 92(1), 67-99.

Hickok, G. (2009). Eight problems for the mirror neuron theory of action understanding in monkeys and humans. Journal of Cognitive Neuroscience, 21(7), 1229-1243.

Hillyard, S. A., & Kutas, M. (1983). Electrophysiology of cognitive processing. Annual Review of Psychology, 34, 33-61.

Hinshaw, S. P. (2018). Attention deficit hyperactivity disorder (ADHD): Controversy, developmental mechanisms, and multiple levels of analysis. Annual Review of Clinical Psychology, 14(1), 291-316.

Hirota, A., Sawada, Y., Tanaka, G., Nagano, Y., Matsuda, I., & Takasawa, N. (2003). A new index for psychophysiological detection of deception: Applicability of normalized pulse volume. Japanese Journal of Physiological Psychology and Psychophysiology, 21(3), 217-230.

Holcombe, A. O., & Cavanagh, P. (2001). Early binding of feature pairs for visual perception. Nature Neuroscience, 4(2), 127-128.

Holden, C. (2001). 'Behavioral' addictions: Do they exist? Science, 294(5544), 980-982.

Holliday, R. (2012). Epigenetics and its historical perspectives. In Appasani, K., & Surani, A. Epigenomics from chromatin biology to therapeutics. Cambridge: Cambridge University Press,

10-29.

Holstege, G. G., Mouton, L. J., & Gerrits, P. O. (2004). Emotional motor system. In Paxinos, G., & Mai, J. K. The human nervous system. 2nd ed. San Diego: Elsevier Academic Press, pp. 1306-1324.

Horn, J. L., & Cattell, R. B. (1966). Refinement and test of the theory of fluid and crystallized general intelligences. Journal of Educational Psychology, 57(5), 253-270.

Høyland, A. L., Øgrim, G., Lydersen, S., Hope, S., Engstrøm, M., Torske, T., Nærland, T., & Andreassen, O. A. (2017). Event-related potentials in a cued Go-NoGo task associated with executive functions in adolescents with autism spectrum disorder: A case-control study. Frontiers in Neuroscience, 11, 393-393.

Hubel, D. H., & Livingstone, M. S. (1991). A comment on "perceptual correlates of magnocellular and parvocellular channels: Seeing form depth in afterimages". Vision Research, 31(9), 1655-1656.

Hubel, D. H., & Wiesel, T. N. (1962). Receptive fields, binocular interaction and functional architecture in the cat's visual cortex. The Journal of Physiology, 160(1), 106-154.

Iani, C., Gopher, D., & Lavie, P. (2004). Effects of task difficulty and invested mental effort on peripheral vasoconstriction. Psychophysiology, 41(5), 789-798.

Ibata, K., Kono, M., Narumi, S., Motohashi, J., Kakegawa, W., Kohda, K., & Yuzaki, M. (2019). Activity-dependent secretion of synaptic organizer Cbln1 from lysosomes in granule cell axons. Neuron, 102(6), 1184-1198.

Isreal, J. B., Chesney, G. L., Wickens, C. D., & Donchin, E. (1980). P300 and tracking difficulty: Evidence for multiple resources in dual-task performance. Psychophysiology, 17(3), 259-273.

Jauhar, S., Veronese, M., Nour, M. M., Rogdaki, M., Hathway, P., Natesan, S., Turkheimer, F., Stone, J., Egerton, A., McGuire, P., Kapur, S., & Howes, O. D. (2019). The effects of antipsychotic treatment on presynaptic dopamine synthesis capacity in first-episode psychosis: A positron emission tomography study. Biological Psychiatry, 85(1), 79-87.

Jayachandran, M., Linley, S. B., Schlecht, M., Mahler, S. V., Vertes, R. P., & Allen, T. A. (2019). Prefrontal pathways provide top-down control of memory for sequences of events. Cell Reports, 28(3), 640-654.

Jenner, A. R., Rosen, G. D., & Galaburda, A. M. (1999). Neuronal asymmetries in primary visual cortex of dyslexic and nondyslexic brains. Annals of Neurology, 46(2), 189-196.

Johannes, C. B., Araujo, A. B., Feldman, H. A., Derby, C. A., Kleinman, K. P., & McKinlay, J. B. (2000). Incidence of erectile dysfunction in men 40 to 69 years old: Longitudinal results from the Massachusetts male aging study. The Journal of Urology, 163(2), 460-463.

Johnson, M. K., & Hasher, L. (1987). Human learning and memory. Annual Review of Psychology, 38, 631-668.

Judge, J., Caravolas, M., & Knox, P. C. (2007). Visual attention in adults with developmental dyslexia: Evidence from manual reaction time and saccade latency. Cognitive Neuropsychology, 24(3), 260-278.

Kahneman, D. (1973). Attention and effort. Englewood Cliffs, NJ: Prentice-Hall.

Kahneman, D., & Treisman, A. (1984). Changing views of attention and automaticity. In R. Parasuraman, D. R. Davies & J. Beatty (Eds.), Variants of attention (pp. 29-61). New York: Academic Press.

Kalivas, P. W., & Volkow, N. D. (2005). The neural basis of addiction: A pathology of motivation and choice. The American Journal of Psychiatry, 162(8), 1403-1413.

Kandel, E. R. (2001). The molecular biology of memory storage: a dialogue between genes and synapses. Science, 294(5544), 1030-1038.

Karatekin, C., & Asarnow, R. F. (1998). Working memory in childhood-onset schizophrenia and attention-deficit/hyperactivity disorder. Psychiatry Research, 80(2), 165-176.

Karila, L., Marillier, M., Chaumette, B., Billieux, J., Franchitto, N., & Benyamina, A. (2019). New synthetic opioids: Part of a new addiction landscape. Neuroscience and Biobehavioral Reviews, 106, 133-140.

Katona, I., & Freund, T. F. (2012). Multiple functions of endocannabinoid signaling in the brain. Annual Review of Neuroscience, 35(1), 529-558.

Keane, M. M., Gabrieli, J. D. E., Mapstone, H. C., Johnson, K. A., & Corkin, S. (1995). Double dissociation of memory capacities after bilateral occipital-lobe or medial temporal-lobe lesions. Brain, 118, 1129-1148.

Khayat, P. S., Pooresmaeili, A., & Roelfsema, P. R. (2009). Time course of attentional modulation in the frontal eye field during curve tracing. Journal of Neurophysiology, 101(4), 1813-1822.

Kim, C., & Blake, R. (2005). Psychophysical magic: Rendering the visible 'invisible'. Trends in Cognitive Sciences, 9(8), 381-388.

Kim, Y., Venkataraju, K., Pradhan, K., Mende, C., Taranda, J., Turaga, S., Arganda-Carreras, I., Ng, L., Hawrylycz, M., Rockland, K., Seung, H., & Osten, P. (2015). Mapping social behavior-induced brain activation at cellular resolution in the mouse. Cell Reports, 10(2), 292-305.

Kimhi, Y. (2014). Theory of mind abilities and deficits in autism spectrum disorders. Topics in Language Disorders, 34(4), 329-343.

Klein, R. G. (2016). Issues in human evolution. Proceedings of the National Academy of Sciences, 113(23), 6345-6396.

Knickmeyer, R. C., & Baron-Cohen, S. (2006). Fetal testosterone and sex differences in typical social development and in autism. Journal of Child Neurology, 21(10), 825-845.

Knowles, W. B. (1963). Operator loading tasks. Human Factors, 5, 151-161.

Kober, H., Barrett, L. F., Joseph, J., Bliss-Moreau, E., Lindquist, K., & Wager, T. D. (2008). Functional grouping and cortical-subcortical interactions in emotion: A meta-analysis of neuroimaging studies. NeuroImage, 42(2), 998-1031.

Koers, G., Gaillard, A. W. K., & Mulder, G. (1997). Evoked heart-rate and blood pressure in an S1-S2 paradigm. Biological Psychology, (46), 247-274.

Kofler, M. J., Rapport, M. D., Bolden, J., Sarver, D. E., & Raiker, J. S. (2010). ADHD and working memory: The impact of central executive deficits and exceeding Storage/Rehearsal capacity on observed inattentive behavior. Journal of Abnormal Child Psychology, 38(2), 149-161.

Kok, A., Vijver, R. V. D., & Douma, A. (1985). Effects of visual-field and matching instruction on event-related potentials and reaction time. Brain and Cognition, 4, 377-387.

Korzyukov, O., Pflieger, M. E., Wagner, M., Bowyer, S. M., Rosburg, T., Sundaresan, K., Elger, C. E., & Boutros, N. N. (2007). Generators of the intracranial P50 response in auditory sensory gating. NeuroImage, 35(2), 814-826.

Koutstaal, W., Verfaellie, M., & Schacter, D. L. (2001). Recognizing identical versus similar categorically related common objects: Further evidence for degraded gist representations in amnesia. Neuropsychology, 15(2), 268-289.

Kozel, F. A., Johnson, K. A., Mu, Q., Grenesko, E. L., Laken, S. J., & George, M. S. (2005). Detecting deception using functional magnetic resonance imaging. Biological psychiatry, 58(8), 605-613.

Krain, A. L., & Castellanos, F. X. (2006). Brain development and ADHD. Clinical Psychology Review, 26(4), 433-444.

Krings, M., Stone, A., Schmitz, R. W., Krainitzki, H., Stoneking, M., & Pääbo, S. (1997). Neandertal DNA sequences and the origin of modern humans. Cell, 90(1), 19-30.

Kuhl, P. K., & Miller, J. D. (1978). Speech perception by the chinchilla: Identification functions for synthetic VOT stimuli. The Journal of the Acoustical Society of America, 63(3), 905-917.

LaBar, K. S., Gatenby, J. C., Gore, J. C., LeDoux, J. E., & Phelps, E. A. (1998). Human amygdala activation during conditioned fear acquisition and extinction: a mixed-trial fMRI study. Neuron, 20(5), 937-945.

Levinthal, C. F. (1990). Introduction to Physiological Psychology. 3rd ed. Englewood Cliffs, New Jersey: Prentice Hall.

Lake, C. R., Ziegler, M. G., & Murphy, D. L. (1977). Increased norepinephrine levels and decreased dopamine-β-hydroxylase activity in primary autism. Archives of General Psychiatry, 34(5), 553-556.

Lamme, V. A. F., & Roelfsema, P. R. (2000). The distinct modes of vision offered by feedforward and recurrent processing. Trends in Neurosciences, 23(11), 571-579.

Langen, M., Schnack, H. G., Nederveen, H., Bos, D., Lahuis, B. E., de Jonge, M. V., van Engeland, H., & Durston, S. (2009). Changes in the developmental trajectories of striatum in autism. Biological Psychiatry, 66(4), 327-333.

Lawrence, K. E., Hernandez, L. M., Bookheimer, S. Y., & Dapretto, M. (2019). Atypical longitudinal development of functional connectivity in adolescents with autism spectrum disorder: Developmental changes in RSNs in ASD. Autism Research, 12(1), 53-65.

Lee, M., Vaughn, B. E., & Kopp, C. B. (1983). Role of self-control in the performance of very young children on a delayed-response memory-for-location task. Developmental Psychology, 19(1), 40-44.

Lee, T. M., Au, R. K., Liu, H. L., Ting, K. H., Huang, C. M., & Chan, C. C. (2009). Are errors differentiable from deceptive responses when feigning memory impairment? An fMRI study. Brain and cognition, 69(2), 406-412.

Lee, T. M., Liu, H. L., Tan, L. H., Chan, C. C., Mahankali, S., Feng, C. M., Hou, J., Fox, P. T., & Gao, J. H. (2002). Lie detection by functional magnetic resonance imaging. Human Brain Mapping, 15(3), 157-164.

Lenroot, R. K., & Giedd, J. N. (2010). Sex differences in the adolescent brain. Brain and Cognition, 72(1), 46-55.

Levitin, D. J. (1994). Absolute memory for musical pitch: Evidence from the production of learned melodies. Perception & Psychophysics, 56(4), 414-423.

Leventhal, A., Thompson, K., Liu, D., Zhou, Y., & Ault, S. (1995). Concomitant sensitivity to orientation, direction, and color of cells in layers 2, 3, and 4 of monkey striate cortex. The Journal of Neuroscience, 15(3), 1808-1818.

Levinthal, C. F. (1990). Introduction to Physiological Psychology. 3rd ed. Englewood Cliffs, New Jersey: Prentice Hall.

Lewis, M. D., & Todd, R. M. (2007). The self-regulating brain: Cortical-subcortical feedback and the development of intelligent action. Cognitive Development, 22(4), 406-430.

Li, X., Chauhan, A., Sheikh, A. M., Patil, S., Chauhan, V., Li, X., Ji, L., Brown, T., & Malik, M. (2009). Elevated immune response in the brain of autistic patients. Journal of Neuroimmunology, 207(1), 111-116.

Liberman, A. M., & Mattingly, I. G. (1985). The motor theory of speech perception revised. Cognition, 21(1), 1-36.

Linsker, R. (1990). Perceptual neural organization: some approaches based on network models and information theory. Annual Review of Neuroscience, 13, 257-281.

Livingstone, M. S., Rosen, G. D., Drislane, F. W., & Galaburda, A. M. (1991). Physiological and anatomical evidence for a magnocellular defect in developmental dyslexia. Proceedings of the National Academy of Sciences of the United States of America, 88(18), 7943-7947.

Lord, C., & Bishop, S. L. (2015). Recent advances in autism research as reflected in DSM-5 criteria for autism spectrum disorder. Annual Review of Clinical Psychology, 11(1), 53-70.

Loth, E., Carvalho, F., & Schumann, G. (2011). The contribution of imaging genetics to the development of predictive markers for addictions. Trends in Cognitive Sciences, 15(9), 436-446.

Lovrich, B., Simson, R., Vaughan, H. G., & Ritter, W. (1986). Topography of visual event-related potentials during geometric and phonetic discriminations. EEG Clin. Neurophysiology, 65, 1-12.

Low, K. A., Leaver, E., Kramer, A. F., Fabiani, M., & Gratton, G., (2006). Fast optical imaging of frontal cortex during active and passive oddball tasks. Psychophysiology, 43, 127-136.

Luck, S. J., Fan, S., & Hillyard, S. A. (1993). Attention-related modulation of sensory-evoked brain activity in a visual search task. Journal of cognitive neuroscience, 5(2), 188-195.

Luquiens, A., Miranda, R., Benyamina, A., Carré, A., & Aubin, H. (2019). Cognitive training: A new avenue in gambling disorder management? Neuroscience and Biobehavioral Reviews, 106, 227-233.

Macklis, J. D., Molyneaux, B. J., Arlotta, P., & Menezes, J. R. L. (2007). Neuronal subtype specification in the cerebral cortex. Nature Reviews. Neuroscience, 8(6), 427-437.

Manns, J. R., & Squire, L. R. (2001). Perceptual learning, awareness, and the hippocampus. Hippocampus, 11(6), 776-782.

Marek, S., Siegel, J. S., Gordon, E. M., Raut, R. V., Gratton, C., Newbold, D. J., Ortega, M., Laumann, T. O., Adeyemo, B., Miller, D. B., Zheng, A., Lopez, K. C., Berg, J. J., Coalson, R. S., Nguyen, A. L., Dierker, D., Van, A. N., Hoyt, C. R., McDermott, K. B., …Dosenbach, N. U. F. (2018). Spatial and temporal organization of the individual human cerebellum. Neuron, 100(4), 977-993.

Maraz, A., van den Brink, W., & Demetrovics, Z. (2015). Prevalence and construct validity of compulsive buying disorder in shopping mall visitors. Psychiatry Research, 228(3), 918-924.

Markovska-Simoska, S., & Pop-Jordanova, N. (2017). Quantitative EEG in children and adults with attention deficit hyperactivity disorder: Comparison of absolute and relative power spectra and Theta/Beta ratio. Clinical EEG and Neuroscience, 48(1), 20-32.

Markram, H. (2006). The Blue Brain project. Nature Reviews. Neuroscience, 7(2), 153-160.

Markram, H., Muller, E., Ramaswamy, S., Reimann, M., Abdellah, M., Sanchez, C., Ailamaki, A., Alonso-Nanclares, L., Antille, N., Arsever, S., Kahou, G., Berger, T., Bilgili, A., Buncic, N., Chalimourda, A., Chindemi, G., Courcol, J., Delalondre, F., Delattre, V., … Schürmann, F. (2015). Reconstruction and simulation of neocortical microcircuitry. Cell, 163(2), 456-492.

Marr, D. (1969). A theory of cerebellar cortex. The Journal of Physiology, 202(2), 437-470.

MacLean, E. L. (2016). Unraveling the evolution of uniquely human cognition. Proceedings of the National Academy of Sciences, 113(23), 6348-6354.

Martos, S. N., Tang, W., & Wang, Z. (2015). Elusive inheritance: Transgenerational effects and epigenetic inheritance in human environmental disease. Progress in Biophysics and Molecular Biology, 118(1-2), 44-54.

Mason, L. (2009). Bridging neuroscience and education: A two-way path is possible. Cortex, 45(4), 548-549.

Massaro, D. W., & Cohen, M. M. (1983). Evaluation and integration of visual and auditory information in speech perception. Journal of Experimental Psychology. Human Perception and Performance, 9(5), 753-771.

McClelland, J. L. (1979). On the time relations of mental processes: An examination of systems of processes in cascade. Psychological Review, 86(4), 287-330.

McDowell, J. E., Dyckman, K. A., Austin, B. P., & Clementz, B. A. (2008). Neurophysiology and neuroanatomy of reflexive and volitional saccades: Evidence from studies of humans. Brain and Cognition, 68(3), 255-270.

Meijer, E. H., Smulders, F. T. Y., Merckelbach, H. L. G. J., & Wolf, A. G. (2007). The P300 is sensitive to concealed face recognition. International Journal of Psychophysiology, 66(3), 231-237.

Mendoza, J. (2019). Food intake and addictive-like eating behaviors: Time to think about the circadian clock(s). Neuroscience and Biobehavioral Reviews, 106, 122-132.

Meyer, D. E., Osman, A. M., Irwin, D., & Yantis, S. (1988). Modern mental chronometry. Biological Psychology, 26(1-3), 3-67.

Michie, P. T., Solowij, N., Crawford, J. M., & Glue, L. C. (1993). The effects of between-source discriminability on attended and unattended auditory ERPs. Psychophysiology, 30(2), 205-220.

Miller, G. (2005). Genes that guide brain development linked to dyslexia. Science, 310(5749), 759-759.

Miller, J. (1982). Discrete versus continuous stage models of human information processing: In search of partial output. Journal of Experimental Psychology: Human Perception and Performance, 8(2), 273-296.

Miller J. (1988). Discrete and continuous models of human information processing: theoretical distinctions and empirical results. Acta Psychologica, 67(3), 191-257.

Miller, P. A., & Eisenberg, N. (1988). The relation of empathy to aggressive and externalizing/antisocial behavior. Psychological Bulletin, 103(3), 324-344.

Middleton, F. A., & Strick, P. L. (2000). Basal ganglia and cerebellar loops: Motor and cognitive circuits. Brain Research Reviews, 31(2), 236-250.

Miyazaki, K. (1988). Musical pitch identification by absolute pitch possessors. Perception & Psychophysics, 44(6), 501-512.

Molina, V., Reig, S., Sanz, J., Palomo, T., Benito, C., Sarramea, F., Pascau, J., Sánchez, J., Martín-Loeches, M., Muñoz, F., & Desco, M. (2008). Differential clinical, structural and P300 parameters in schizophrenia patients resistant to conventional neuroleptics. Progress in Neuro-Psychopharmacology & Biological Psychiatry, 32(1), 257-266.

Molyneaux, B. J., Arlotta, P., Menezes, J. R., & Macklis, J. D. (2007). Neuronal subtype specification in the cerebral cortex. Nature Reviews. Neuroscience, 8(6), 427-437.

Moscovitch, M., Cabeza, R., Winocur, G., & Nadel, L. (2016). Episodic memory and beyond: The hippocampus and neocortex in transformation. Annual Review of Psychology, 67(1), 105-134.

Moustafa, A. A. (2020). Cognitive, clinical, and neural aspects of drug addiction. San Diego,

USA: Elsevier Science & Technology.

Mulligan, A., Gill, M., & Fitzgerald, M. (2008). A case of ADHD and a major Y chromosome abnormality. Journal of Attention Disorders, 12(1), 103-105.

Murdoch, J. D., & State, M. W. (2013). Recent developments in the genetics of autism spectrum disorders. Current Opinion in Genetics & Development, 23(3), 310-315.

Muhle, R. A., Reed, H. E., Stratigos, K. A., & Veenstra-VanderWeele, J. (2018). The emerging clinical neuroscience of autism spectrum disorder: A review. JAMA Psychiatry, 75(5), 514-523.

Nakajima, M., Schmitt, L. I., & Halassa, M. M. (2019). Prefrontal cortex regulates sensory filtering through a basal ganglia-to-thalamus pathway. Neuron, 103(3), 445-458.

Narumoto, J., Yamada, H., Iidaka, T., Sadato, N., Fukui, K., Itoh, H., & Yonekura, Y. (2000). Brain regions involved in verbal or non-verbal aspects of facial emotion recognition. Neuroreport, 11(11), 2571-2576.

Navarro, E. (2022). What is theory of mind? A psychometric study of theory of mind and intelligence. Cognitive Psychology, 136, 101495.

Nestler E. J. (2004). Historical review: Molecular and cellular mechanisms of opiate and cocaine addiction. Trends in Pharmacological Sciences, 25(4), 210-218.

Nestler, E. J. (2014). Epigenetic mechanisms of drug addiction. Neuropharmacology, 76(Part B), 259-268.

Norman, D. A., & Bobrow, D. G. (1975). On data-limited and resource-limited processes. Cognitive Psychology, 7(1), 44-64.

Noskova, E., Stopkova, P., Horacek, J., & Sebela, A. (2019). Augmentation therapy of N-acetylcysteine for OCD: A meta-analysis of double-blind, randomized, placebo-controlled trials. Journal of Obsessive-Compulsive and Related Disorders, 23, 100481.

Neuberg, S. L., Kenrick, D. T., & Schaller, M. (2011). Human threat management systems: Self-protection and disease avoidance. Neuroscience and Biobehavioral Reviews, 35(4), 1042-1051.

Ochsner, K. N. (2008). The social-emotional processing stream: Five core constructs and their translational potential for schizophrenia and beyond. Biological Psychiatry, 64(1), 48-61.

Olds, J., & Milner, P. (1954). Positive reinforcement produced by electrical stimulation of septal area and other regions of rat brain. Journal of Comparative and Physiological Psychology, 47(6), 419-427.

Olofsson, J. K., Nordin, S., Sequeira, H., & Polich, J. (2008). Affective picture processing: An integrative review of ERP findings. Biological Psychology, 77(3), 247-265.

Palagini, L., & Rosenlicht, N. (2011). Sleep, dreaming, and mental health: a review of historical and neurobiological perspectives. Sleep Medicine Reviews, 15(3), 179-186.

Palmer S E, 1995. Vision science: photons to phenomenology. New York: The MIT Press.

Panksepp, J. (2006). Emotional endophenotypes in evolutionary psychiatry. Progress in Neuro-

Psychopharmacology & Biological Psychiatry, 30(5), 774-784.

Pavlov, I. P. (1927). Conditioned Reflexes. New York: Oxford University Press.

Pei, J., Deng, L., Song, S., Zhao, M., Zhang, Y., Wu, S., Wang G., Zou, Z., Wu, Z., He, W., ... Shi, L. (2019). Towards artificial general intelligence with hybrid Tianjic chip architecture. Nature, 572, 106-111.

Pellicano, E. (2010). Individual differences in executive function and central coherence predict developmental changes in theory of mind in autism. Developmental Psychology, 46(2), 530-544.

Peterson, R. L., & Pennington, B. F. (2015). Developmental dyslexia. Annual Review of Clinical Psychology, 11(1), 283-307.

Phan, K. L., Fitzgerald, D. A., Nathan, P. J., Moore, G. J., Uhde, T. W., & Tancer, M. E. (2005). Neural Substrates for Voluntary Suppression of Negative Affect: A Functional Magnetic Resonance Imaging Study. Biological Psychiatry, 57(3), 210-219.

Phelps, E. A., & LeDoux, J. E. (2005). Contributions of the amygdala to emotion processing: from animal models to human behavior. Neuron, 48(2), 175-187.

Picton, T. W., Woods, D. L., & Proulx, G. B. (1978). Human auditory sustained potentials. I. The nature of the response. Electroencephalography and Clinical Neurophysiology, 45(2), 186-197.

Pollmann, S., & Manginelli, A. A. (2009). Anterior prefrontal involvement in implicit contextual change detection. Frontiers in Human Neuroscience, 3, 28-28.

Posner, M. I. (1978). Chronometric explorations of mind. Hillsdale, NJ: Lawrence Erlbaum Associates, Inc..

Posner, M. I., & Snyder, C. R. R. (1975). Facilitation and inhibition in processing of signals. In Rabbitt, P. M. A., and Domic, S., (ed) Attention and Performance. Academic Press, London, pp. 669-682.

Posner, M. I., & Snyder, C. R. R. (2004). Attention and Cognitive Control. In D. A. Balota & E. J. Marsh (Eds.), Cognitive psychology: Key readings (pp. 205-223). Psychology Press.

Powell, A., Shennan, S., & Thomas, M. G. (2009). Late pleistocene demography and the appearance of modern human behavior. Science, 324(5932), 1298-1301.

Prabhakaran, V., Narayanan, K., Zhao, Z., & Gabrieli, J. D. E. (2000). Integration of diverse information in working memory within the frontal lobe. Nature Neuroscience, 3(1), 85-90.

Poo, M., Du, J., Ip, N., Xiong, Z., Xu, B., & Tan, T. (2016). China brain project: Basic neuroscience, brain diseases, and brain-inspired computing. Neuron, 92(3), 591-596.

Prat, C. S., Stocco, A., Neuhaus, E., & Kleinhans, N. M. (2016). Basal ganglia impairments in autism spectrum disorder are related to abnormal signal gating to prefrontal cortex. Neuropsychologia, 91, 268-281.

Price, G. W., Michie, P. T., Johnston, J., Innes-Brown, H., Kent, A., Clissa, P., & Jablensky, A. V. (2006). A multivariate electrophysiological endophenotype, from a unitary cohort, shows greater research utility than any single feature in the western Australian family study of schizophrenia. Biological Psychiatry, 60(1), 1-10.

Purves D, 2008. Principles of cognitive neuroscience. Sunderland, MA: Sinauer Associates Inc.

Radil, T., Radilovs, I., Bohdanecky, Z., & Bozkov, V. (1985). Psychophysiology of unconscious and conscious phenomena during visual perception. In Klix, F., Naatanen, K., and Zimmer, K. (Eds) Psychophysiological Approach to Human Information Process. North-Holland Publishing Companies, Amsterdam, pp. 97-127.

Ragan, T., Kadiri, L. R., Venkataraju, K. U., Bahlmann, K., Sutin, J., Taranda, J., Arganda-Carreras, I., Kim, Y., Seung, H. S., & Osten, P. (2012). Serial two-photon tomography for automated ex vivo mouse brain imaging. Nature Methods, 9(3), 255-258.

Ramirez, S., Liu, X., Lin, P., Uh, J., Pignatelli, M., Redondo, R. L., Ryan, T. J., & Tonegawa, S. (2013). Creating a false memory in the hippocampus. Science, 341(6144), 387-391.

Ranganath, C., Yonelinas, A. P., Cohen, M. X., Dy, C. J., Tom, S. M., & D'Esposito, M. (2004). Dissociable correlates of recollection and familiarity within the medial temporal lobes. Neuropsychologia, 42(1), 2-13.

Ranganath, C., & Ritchey, M. (2012). Two cortical systems for memory-guided behaviour. Nature Reviews. Neuroscience, 13(10), 713-726.

Rao, S. C., Rainer, G., & Miller, E. K. (1997). Integration of what and where in the primate prefrontal cortex. Science, 276(5313), 821-824.

Ray, M. K., Mackay, C. E., Harmer, C. J., & Crow, T. J. (2008). Bilateral generic working memory circuit requires left-lateralized addition for verbal processing. Cerebral Cortex, 18(6), 1421-1428.

Ray, R. D., & Zald, D. H. (2012). Anatomical insights into the interaction of emotion and cognition in the prefrontal cortex. Neuroscience and Biobehavioral Reviews, 36(1), 479-501.

Reber A S, 1992. The cognitive unconscious: An evolutional perspective. Consciousness and Cognition, 1(2): 93-133

Redcay, E., Dodell-Feder, D., Mavros, P. L., Kleiner, M., Pearrow, M. J., Triantafyllou, C., Gabrieli, J. D., & Saxe, R. (2013). Atypical brain activation patterns during a face-to-face joint attention game in adults with autism spectrum disorder. Human Brain Mapping, 34(10), 2511-2523.

Renault, B. (1983). The visual emitted potentials: clues for information processing. Advances in Psychology, 10, 159-175.

Renault, B., & Lesevre, N. A. (1979). Trail-by-trail study of the visual omission response in reaction time situations. In Lehmann, D., and Callaway, E., eds Human Evoked Potentials. New York: Plenum Press, pp. 317-329.

Reverberi, C., Shallice, T., D'Agostini, S., Skrap, M., & Bonatti, L. L. (2009). Cortical bases of elementary deductive reasoning: Inference, memory, and metadeduction. Neuropsychologia, 47(4), 1107-1116.

Richer, F., Silverman, C., & Beatty, J. (1983). Response selection and initiation in speeded reactions: A pupillometric analysis. Journal of Experimental Psychology: Human Perception and Performance, 9(3), 360-370.

Ritter, W., Vaughan, H. G. Jr., & Simon, R. (1983). On relating event-related potential components to stages of information processing. In Tutorials in ERP Research: Endogenous Components. pp. 143-158. Amsterdam: North-Holland Publishing Comp.

Rizzolatti, G., & Fabbri-Destro, M. (2008). The mirror system and its role in social cognition. Current Opinion in Neurobiology, 18(2), 179-184.

Robbins, T. W., Gillan, C. M., Smith, D. G., De Wit, S., & Ersche, K. D. (2012). Neurocognitive endophenotypes of impulsivity and compulsivity: Towards dimensional psychiatry: Cognition in neuropsychiatric disorders. Trends in Cognitive Sciences, 16(1), 81-91.

Rodriguez-Moreno, D., & Hirsch, J. (2009). The dynamics of deductive reasoning: An fMRI investigation. Neuropsychologia, 47(4), 949-961.

Rohrbaugh, J. W., & Gailland, A. W. K. (1983). Sensory and motor aspects of the contingent negative variation. In A. W. K. Gaillard, & W. Ritter. (eds). Tutorials in ERP research: endogenous components. Amsterdam: North-Holland Publishing Co., pp. 289-310.

Rose, D., & Ashwood, P. (2019). Rapid communication: Plasma interleukin-35 in children with autism. Brain Sciences, 9(7), 152-158.

Rosenblatt, F. (1958). The perceptron: A probabilistic model for information storage and organization in the brain. Psychological Review, 65(6), 386-408.

Rosenfeld, J. P. (2002). Event-related potentials in the detection of deception, malingering, and false memories. In Kleiner, M. (Ed.), Handbook of Polygraph Testing. Academic Press, San Diego, CA, pp. 265-286.

Rosenfeld, J. P., Ellwanger, J., & Sweet, J. (1995). Detecting simulated amnesia with event-related brain potentials, International Journal of Psychophysiology, 19, 1-11.

Rosenfeld, J. P., Soskins, M., Bosh, G., & Ryan, A. (2004). Simple, effective countermeasures to P300-based tests of detection of concealed information. Psychophysiology, 41(2), 205-219.

Rourke, B. P., Ahmad, S. A., Collins, D. W., Hayman-Abello, B. A., Hayman-Abello, S. E., & Warriner, E. M. (2002). Child clinical/pediatric neuropsychology: Some recent advances. Annual Review of Psychology, 53(1), 309-339.

Roux, F., & Uhlhaas, P. J. (2014). Working memory and neural oscillations: α-γ versus θ-γ codes for distinct WM information? Trends in Cognitive Sciences, 18(1), 16-25.

Rosenfeld, J. P., Ellwanger, J. W., Nolan, K., Wu, S., Bermann, R. G., & Sweet, J. (1999). P300 scalp amplitude distribution as an index of deception in a simulated cognitive deficit model. International Journal of Psychophysiology, 33(1), 3-19.

Rosenfeld, J. P., Biroschak, J. R., & Furedy, J. J. (2006). P300-based detection of concealed autobiographical versus incidentally acquired information in target and non-target paradigms. International Journal of Psychophysiology, 60(3), 251-259.

Rudoy, J. D., Voss, J. L., Westerberg, C. E., & Paller, K. A. (2009). Strengthening individual memories by reactivating them during sleep. Science, 326(5956), 1079-1079.

Russell, J. A. (2003). Core affect and the psychological construction of emotion. Psychological Review, 110(1), 145-172.

Rushworth, M. F. S., Behrens, T. E. J., Rudebeck, P. H., & Walton, M. E. (2007). Contrasting roles for cingulate and orbitofrontal cortex in decisions and social behaviour. Trends in Cognitive Sciences, 11(4), 168-176.

Sacks, O. (1995). Musical ability. Science, 268(5211), 621-622.

Schacter, D. L. & Buckner, R. L. (1998). Priming and the brain. Neuron, 20(2), 185-195.

Schacter, D. L., Dobbins, I. G., & Schnyer, D. M. (2004). Specificity of priming: A cognitive neuroscience perspective. Nature Reviews Neuroscience, 5(11), 853-862.

Scherer, K. R. (1984). Emotion as a multicomponent process: a model and some cross-cultural data. Review of Personality & Social Psychology, 5, 37-63.

Schlochtermeier, L., Stoy, M., Schlagenhauf, F., Wrase, J., Park, S. Q., Friedel, E., Huss, M., Lehmkuhl, U., Heinz, A., & Ströhle, A. (2011). Childhood methylphenidate treatment of ADHD and response to affective stimuli. European Neuropsychopharmacology, 21(8), 646-654.

Schneider, W., & Damais, S. T. M. (1984). Automatic and control processing and attention. Academic Press Inc. Orlando, Florida.

Schneider, W., & Shiffrin, R. M. (1977). Controlled and automatic human information processing: I. Detection, search, and attention. Psychological Review, 84(1), 1-66.

Scholz, J., Klein, M. C., Behrens, T. E. J., & Johansen-Berg, H. (2009). Training induces changes in white-matter architecture. Nature Neuroscience, 12(11), 1370-1371.

Scott, S. K., & Johnsrude, I. S. (2003). The neuroanatomical and functional organization of speech perception. Trends in Neurosciences, 26(2), 100-107.

Scott, S. K., & Wise, R. J. S. (2004). The functional neuroanatomy of prelexical processing in speech perception. Cognition, 92(1), 13-45.

Seymour, K., Clifford, C. W. G., Logothetis, N. K., & Bartels, A. (2009). The coding of color, motion, and their conjunction in the human visual cortex. Current Biology, 19(3), 177-183.

Shahaf, G., Fisher, T., Aharon-Peretz, J., & Pratt, H. (2015). Comprehensive analysis suggests simple processes underlying EEG/ERP-demonstration with the go/no-go paradigm in ADHD. Journal of Neuroscience Methods, 239, 183-193.

Shamay-Tsoory, S. G., Aharon-Peretz, J., & Perry, D. (2009). Two systems for empathy: A double dissociation between emotional and cognitive empathy in inferior frontal gyrus versus ventromedial prefrontal lesions. Brain, 132(3), 617-627.

Shao, F., & Shen, Z. (2023). How can artificial neural networks approximate the brain? Frontiers in Psychology, 13, 970214.

Shaw, P., Eckstrand, K., Sharp, W., Blumenthal, J., Lerch, J. P., Greenstein, D., Clasen, L., Evans, A., Giedd, J., & Rapoport, J. L. (2007). Attention-Deficit/Hyperactivity disorder is characterized by a delay in cortical maturation. Proceedings of the National Academy of Sciences, 104(49), 19649-19654.

Shen, Z., & Lin, S. Z. (1985). Brain NADH and jumping behavior in the rat. Life Sciences, 37(8), 731-738.

Shen, Z., & Lin, S. Z. (1987). Effects of amphetamine and caffeine on jumping behavior and brain NADH in rats. Acta Pharmacologica Sinica, 8(2):97-100.

Shen, Z., Wang, G., & Lin, S. Z. (1990). Two-way shuttle box avoidance conditioning and brain NADH in rats. Physiology & Behavior, 48(4), 515-517.

Siddle, D. A. T. (1991). Orienting, habituation, and resource allocation: an associative analysis. Psychophysiology, 28(3), 245-259.

Sigman, M., Spence, S. J., & Wang, A. T. (2006). Autism from developmental and neuropsychological perspectives. Annual Review of Clinical Psychology, 2(1), 327-355.

Simson, R., Vaughn, H. G., Jr, & Ritter, W. (1977). The scalp topography of potentials in auditory and visual discrimination tasks. Electroencephalography and clinical neurophysiology, 42(4), 528-535.

Singer, W., & Gray, C. M. (1995). Visual feature integration and the temporal correlation hypothesis. Annual Review of Neuroscience, 18(1), 555-586.

Sip, K. E., Roepstorff, A., McGregor, W., & Frith, C. D. (2008). Detecting deception: The scope and limits. Trends in Cognitive Sciences, 12(2), 48-53.

Skvarc, D. R., Dean, O. M., Byrne, L. K., Gray, L., Lane, S., Lewis, M., Fernandes, B. S., Berk, M., & Marriott, A. (2017). The effect of N-acetylcysteine (NAC) on human cognition—A systematic review. Neuroscience and Biobehavioral Reviews, 78, 44-56.

Snyder, E., Hillyard, S. A., & Garambos, R. (1980). Similarities and differences among the P3 waves to detected signals in three modalities. Psychophysiology, 17, 112-122.

Sörös, P., Sokoloff, L. G., Bose, A., McIntosh, A. R., Graham, S. J., & Stuss, D. T. (2006). Clustered functional MRI of overt speech production. NeuroImage, 32(1), 376-387.

Spence, S. A., Kaylor-Hughes, C., Farrow, T. F. D., & Wilkinson, I. D. (2008a). Speaking of secrets and lies: The contribution of ventrolateral prefrontal cortex to vocal deception. NeuroImage, 40(3), 1411-1418.

Spence, S. A., Kaylor-Hughes, C. J., Brook, M. L., Lankappa, S. T., & Wilkinson, I. D. (2008b). 'Munchausen's syndrome by proxy' or a 'miscarriage of justice'? An initial application of functional neuroimaging to the question of guilt versus innocence. European Psychiatry, 23(4), 309-314.

Squire, L. R., Knowlton, B., & Musen, G. (1993). The structure and organization of memory. Annual Review of Psychology, 44(1), 453-495.

Squire, L. R., & Bayley, P. J. (2007). The neuroscience of remote memory. Current Opinion in Neurobiology, 17(2), 185-196.

Squire, L. R. (2004). Memory systems of the brain: A brief history and current perspective.

Neurobiology of Learning and Memory, 82(3), 171-177.

Stein, J., & Talcott, J. (1999). Impaired neuronal timing in developmental dyslexia—the magnocellular hypothesis. Dyslexia, 5(2), 59-77.

Sternberg, S. (1969). The discovery of processing stages: extensions of Donders' method. Acta Psychologica, 30, 276-315.

Sternberg, R. J. (1985). Beyond IQ: A triarchic theory of human intelligence. New York: Cambridge University Press.

Sternberg, R. J. (2000). Cognition. The holey grail of general intelligence. Science, 289 (5478), 399-401.

Summak, M. S., Summak, A. E. G., & Summak, P. Ş. (2010). Building the connection between mind, brain and educational practice; roadblocks and some prospects. Procedia, Social and Behavioral Sciences, 2(2), 1644-1647.

Sun, Q., Li, X., Ren, M., Zhao, M., Zhong, Q., Ren, Y., Luo, P., Ni, H., Zhang, X., Zhang, C., Yuan, J., Li, A., Luo, M., Gong, H., & Luo, Q. (2019). A whole-brain map of long-range inputs to GABAergic interneurons in the mouse medial prefrontal cortex. Nature Neuroscience, 22(8), 1357-1370.

Supekar, K., Kochalka, J., Schaer, M., Wakeman, H., Qin, S., Padmanabhan, A., & Menon, V. (2018). Deficits in mesolimbic reward pathway underlie social interaction impairments in children with autism. Brain, 141(9), 2795-2805.

Tai, Y., Gallo, N. B., Wang, M., Yu, J., & Van Aelst, L. (2019). Axo-axonic innervation of neocortical pyramidal neurons by GABAergic chandelier cells requires AnkyrinG-associated L1CAM. Neuron, 102(2), 358-372.

Takano, T. (2015). Role of microglia in autism: Recent advances. Developmental Neuroscience, 37(3), 195-202.

Tang, Y., Posner, M. I., Rothbart, M. K., & Volkow, N. D. (2015). Circuitry of self-control and its role in reducing addiction. Trends in Cognitive Sciences, 19(8), 439-444.

Tasic, B., Yao, Z., Graybuck, L. T., Smith, K. A., Nguyen, T. N., Bertagnolli, D., Goldy, J., Garren, E., Economo, M. N., Viswanathan, S., Penn, O., Bakken, T., Menon, V., Miller, J., Fong, O., Hirokawa, K. E., Lathia, K., Rimorin, C., Tieu, M., ... Zeng, H. (2018). Shared and distinct transcriptomic cell types across neocortical areas. Nature, 563(7729), 72-78.

Thier, P., Dicke, P. W., Haas, R., & Barash, S. (2000). Encoding of movement time by populations of cerebellar Purkinje cells. Nature, 405(6782), 72-76.

Thorpe, S. J., & Fabre-Thorpe, M. (2001). Seeking categories in the brain. Science, 291 (5502), 260-263.

Tong, F., Nakayama, K., Vaughan, T. & Kanwisher N. (1998) Binocular rivalry and visual awareness in human extrastriate cortex. Neuron, 21, 753-759.

Treisman, A. M., & Gelade, G. (1980). A feature-integration theory of attention. Cognitive

Psychology, 12(1), 97-136.

Treisman, A., & Schmidt, H. (1982). Illusory conjunctions in the perception of objects. Cognitive Psychology, 14(1), 107-141.

Tse, D., Langston, R. F., Kakeyama, M., Bethus, I., Spooner, P. A., Wood, E. R., Witter, M. P., & Morris, R. G. (2007). Schemas and memory consolidation. Science, 316(5821), 76-82.

Tsotsos, J. K. (1990). Analyzing vision at the complexity level. Behavioral and Brain Sciences, 13(3), 423-469.

Tulving, E., & Schacter, D. L. (1990). Priming and human memory systems. Science, 247(4940), 301-306.

Tupone, D., Madden, C. J., Cano, G., & Morrison, S. F. (2011). An orexinergic projection from peripherical hypothalamus to raphe pallidus increases rat brown adipose tissue thermogenesis. The Journal of Neuroscience, 31(44), 15944-15955.

Ullman, M. T., Earle, F. S., Walenski, M., & Janacsek, K. (2020). The neurocognition of developmental disorders of language. Annual Review Psychology, 4(71), 389-417.

Ullen, F. (2009). Is activity regulation of late myelination a plastic mechanism in the human nervous system? Neuron Glia Biology, 5(1-2), 29-34.

Unterrainer, J. M., & Owen, A. M. (2006). Planning and problem solving: from neuropsychology to functional neuroimaging. Journal of Physiology, 99(4-6), 308-317.

Valenstein, E. S. (1980). The debate: scientific, legal, and ethical perspectives. San Francisco: W. H. Freeman.

Vandermosten, M., Poelmans, H., Sunaert, S., Ghesquière, P., & Wouters, J. (2013). White matter lateralization and interhemispheric coherence to auditory modulations in normal reading and dyslexic adults. Neuropsychologia, 51(11), 2087-2099.

Vandenbosch, K., Verschuere, B., Crombez, G., & De Clercq, A. (2009). The validity of finger pulse line length for the detection of concealed information. International Journal of Psychophysiology, 71(2), 118-123.

Van Neerven, T., Bos, D. J., & Van Haren, N. E. M. (2021). Deficiencies in theory of mind in patients with schizophrenia, bipolar disorder, and major depressive disorder: a systematic review of secondary literature. Neuroscience & Biobehavioral Reviews, 120, 249-261.

Van Overwalle, F., Van de Steen, F., Van Dun, K., & Heleven, E. (2020). Connectivity between the cerebrum and cerebellum during social and non-social sequencing using dynamic causal modelling. NeuroImage, 206, 116326-116326.

Vasey, P. L., Leca, J., Gunst, N., & VanderLaan, D. P. (2014). Female homosexual behavior and inter-sexual mate competition in Japanese macaques: Possible implications for sexual selection theory. Neuroscience and Biobehavioral Reviews, 46(4), 573-578.

Ven der Molen, M. W., Bashore, T. R., Halliday, R., & Callaway, E. (1991). Chronopsychophysiology: mental chronometry augmented by psychophysiological time markers. In J. R. Jennings and M. G. H. Coles (Eds) Handbook of Cognitive Psychophysiology. John Wiley and Sons, Chichester, pp. 1-178.

Von der Malsburg, C., & Willshaw, D. (1981). Cooperatively and brain organization. Trends in Neurosciences, 4, 80-83.

Volkow, N. D., Wang, G. J., Fowler, J. S., Tomasi, D., & Baler, R. (2012). Food and drug reward: Overlapping circuits in human obesity and addiction. Brain imaging in behavioral neuroscience. Berlin Heidelberg: Springer.

Volkow, N. D., Wise, R. A., & Baler, R. (2017). The dopamine motive system: Implications for drug and food addiction. Nature Reviews. Neuroscience, 18(12), 741-752.

Vul, E., & MacLeod, D. I. A. (2006). Contingent aftereffects distinguish conscious and preconscious color processing. Nature Neuroscience, 9(7), 873-874.

Wandell, B. A., Dumoulin, S. O, & Brewer, A. A. (2007). Visual field maps in human cortex. Neuron, 56, 366-383.

Wang, F., & Higgins, J. M. G. (2013). Histone modifications and mitosis: Countermarks, landmarks, and bookmarks. Trends in Cell Biology, 23(4), 175-184.

Wagner, A. D., Schacter, D. L., Rotte, M., Koustaal, W., Maril, A., Dale, A. M., Rosen, B. R., & Buckner, R. L. (1998). Building memories: remembering and forgetting of verbal experiences as predicted by brain activity. Science, 281(5380), 1188-1191.

Wagner, A. D., Shannon, B. J., Kahn, I., & Buckner, R. L. (2005). Parietal lobe contributions to episodic memory retrieval. Trends in Cognitive Sciences, 9(9), 445-453.

Wagner, M. J., Kim, T. H., Kadmon, J., Nguyen, N. D., Ganguli, S., Schnitzer, M. J., & Luo, L. (2019). Shared cortex-cerebellum dynamics in the execution and learning of a motor task. Cell, 177(3), 669-682.

Walter, W. G. (1964). Contingent negative variations or elective sign of sensory-motor association. Nature, 203, 300-304.

Wamsley, E. J., Tucker, M., Payne, J. D., Benavides, J. A., & Stickgold, R. (2010). Dreaming of a learning task is associated with enhanced sleep-dependent memory consolidation. Current Biology, 20(9), 850-855.

Weng, Y., Lin, J., Ahorsu, D. K., & Tsang, H. W. H. (2022). Neuropathways of theory of mind in schizophrenia: a systematic review and meta-analysis. Neuroscience and Biobehavioral Reviews, 137, 104625.

White, J. D. (1999). Personality, temperament and ADHD: a review of the literature. Personality and Individual Differences, 27(4), 589-598.

Wickelgren, I. (2005). Autistic brains out of synch? Science, 308(5730), 1856-1858.

Wickens, C. D. (1984). Processing resources in attention. In R. Parasuraman & R. Davies (Eds.), Varieties of attention (pp. 63-101). New York: Academic Press.

Winocur, G., Moscovitch, M. (2011). Memory transformation and systems consolidation. Journal of the International Neuropsychological Society, 17(5), 766-780.

Wijers, A. A., Okita, T., Mulder, G., Mulder, L. J. M., Lorist, M. M., Poiesz, R., & Scheffers, M. K. (1987). Visual search and spatial attention: ERPs in focused and divided attention conditions. Biological Psychology, 25(1), 33-60.

Wientjes, C. J. (1992). Respiration in psychophysiology: Methods and applications. Biological Psychology, 34(2-3), 179-203.

Wig, G. S., Grafton, S. T., Demos, K. E., & Kelley, W. M. (2005). Reductions in neural activity underlie behavioral components of repetition priming. Nature Neuroscience, 8(9), 1228-1233.

Wolpe, P. R., Foster, K. R., & Langleben, D. D. (2005). Emerging neurotechnologies for lie-detection: Promises and perils. American Journal of Bioethics, 5(2), 39-49.

Wolfe, J. M. (1994). Visual search in continuous, naturalistic stimuli. Vision Research, 34(9), 1187-1195.

Wu, D., Kanai, R., & Shimojo, S. (2004). Vision steady-state misbinding of color and motion. Nature, 429(6989), 262-262.

Wu, D., Loke, I. C., Xu, F., & Lee, K. (2011). Neural correlates of evaluations of lying and truth-telling in different social contexts. Brain Research, 1389(May 10), 115-124.

Yakusheva, T. A., Shaikh, A. G., Green, A. M., Blazquez, P. M., Dickman, J. D., & Angelaki, D. E. (2007). Purkinje cells in posterior cerebellar vermis encode motion in an inertial reference frame. Neuron, 54(6), 973-985.

Yang, J., Meckingler, A., Xu, M., Zhao, Y., & Weng, X. (2008). Decreased parahippocampal activity in associative priming: Evidence from an event-related fMRI study. Learning & Memory, 15(9), 703-710.

Yang, J., Wu, M., & Shen, Z. (2006). Preserved implicit form perception and orientation adaptation in visual form agnosia. Neuropsychologia, 44(10), 1833-1842.

Yang, J. J., Weng, X. C., Guan, L. C., Kuang, P. Z., Zhang, M. Z., Sun, W. J., ... Patterson, K. (2003). Involvement of the medial temporal lobe in priming for new associations. Neuropsychologia, 41(7), 818-829.

Yeo, B. T. T., Krienen, F. M., Sepulcre, J., Sabuncu, M. R., Lashkari, D., Hollinshead, M., Roffman, J. L., Smoller, J. W., Zöllei, L., Polimeni, J. R., Fischl, B., Liu, H., & Buckner, R. L. (2011). The organization of the human cerebral cortex estimated by intrinsic functional connectivity. Journal of Neurophysiology, 106(3), 1125-1165.

Yu, Q., Peng, Y., Kang, H., Peng, Q., Ouyang, M., Slinger, M., Hu, D., Shou, H., Fang, F., & Huang, H. (2020). Differential white matter maturation from birth to 8 years of age. Cerebral Cortex, 30(4), 2673-2689.

Yu, J., Tao, Q., Zhang, R., Chan, C. C. H., & Lee, T. M. C. (2019). Can fMRI discriminate between deception and false memory? A meta-analytic comparison between deception and false memory studies. Neuroscience and Biobehavioral Reviews, 104, 43-55.

Zanon, M., Valentinuz, E., Montanaro, M., Radaelli, D., Consoloni, L., & D'Errico, S.

(2020). Fentanyl transdermal patch: The silent new killer? Forensic Science International. Reports, 2, 100104.

Zatorre, R. J. (2003). Music and the brain. Annals of the New York Academy of Sciences, 999, 4-14.

Zhang, Y., Zhang, Y., Cai, P., Luo, H., & Fang, F. (2019). The causal role of α-oscillations in feature binding. PNAS, 116(34), 17023-17028.

Zhang, Y., Zhang, X., Wang, Y., & Fang, F. (2016). Misbinding of color and motion in human early visual cortex: Evidence from event-related potentials. Vision Research, 122, 51-59.

Zhang, X., Qiu, J., Zhang, Y., Han, S., & Fang, F. (2014). Misbinding of color and motion in human visual cortex. Current Biology, 24(12), 1354-1360.

Zhou, Y., Shi, L., Cui, X., Wang, S., & Luo, X. (2016). Functional connectivity of the caudal anterior cingulate cortex is decreased in autism. PloS One, 11(3), e0151879-e0151879.

Zucker, R. S., & Regehr, W. G. (2002). Short-term synaptic plasticity. Annual Review of Physiology, 64, 355-405.

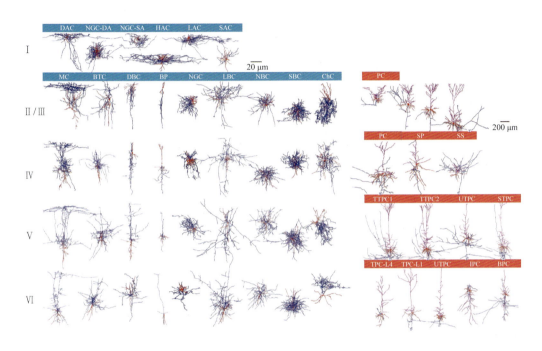

图 2-20　人造大脑组织块内的 55 种细胞及其层次性分布

（经授权，引自 Markram et al.，2015）

左侧罗马数字 Ⅰ～Ⅵ 表示大脑皮质细胞的 6 层分布。图中的缩写字母分别代表：DAC，下行轴突细胞；NGC-DA，具有密集轴突分支的神经胶质细胞；NGC-SA，具有细长轴突分支的神经胶质细胞；HAC，水平轴突细胞；LAC，大轴突细胞；SAC，小轴突细胞；MC，马丁诺提细胞（上行轴突细胞）；BTC，双丛毛细胞；DBC，双花束细胞；BP，双极细胞；NGC，神经胶质细胞；LBC，大篮状细胞；NBC，巢篮状细胞；SBC，小篮状细胞；ChC，吊灯样细胞；PC，锥体细胞；SP，星形锥体细胞；SS，棘突锥体细胞；TTPC1，具有晚分叉顶树突丛的厚丛毛锥体细胞；TTPC2，具有早分叉顶树突丛的厚丛毛锥体细胞；UTPC，无丛毛锥体细胞；STPC，稀疏丛毛的锥体细胞；TPC-L4，具有终止于第 4 层的丛毛锥体细胞；TPC-L1，具有终止于第 1 层的丛毛锥体细胞；IPC，具有倒置顶树突的锥体细胞；BPC，具有双极顶树突的锥体细胞。

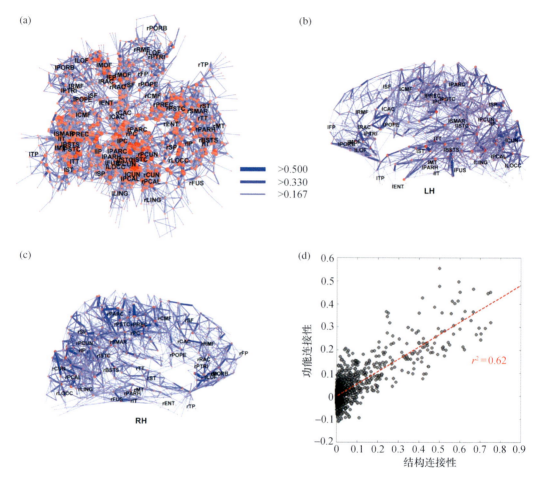

图 3-1 利用脑结构间神经纤维束图和功能性磁共振静态 BOLD
信号波动显示的功能连接图,共同确定的脑连接组

(根据 CC-BY,引自 Hagmann et al.,2008)

(a)998 个节点间连接纤维及其权重分布图,图标中圆点的大小表示节点强度,线段粗细表示连接权重;(b)和(c)是基于 DTI 数据给出的结构连接性骨架图,分别表示左外侧和右外侧大脑皮质各区之间的神经纤维连接性;(d)是结构连接性和功能连接性相关的散点图,全部 5 名被试各脑区两种数据间相关性达十分显著水平。

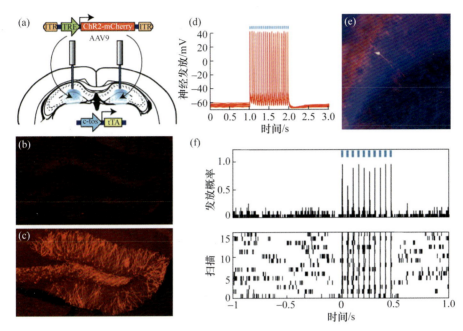

图 3-2　利用光遗传学方法在转基因小鼠脑内，人工制造恐惧经验和记忆的实验流程和结果
(引自 Ramirez et al.，2013)

(a) 表示将一种蛋白质(AAV9-TRE-ChR2-mCherry)注入小鼠海马齿状回细胞内；(b)和(c)是对照组小鼠的结果，分别是食用多西环素的小鼠，即使受到足底电击，也会失去对注入蛋白质的表达(b)，没有食用多西环素的小鼠受到足底电击，对注入齿状回的蛋白质表达出很强的红色荧光效应(c)；在实验组的转基因小鼠内，注入蛋白质 AAV9-TRE-ChR2-mCherry 后，只是通过光导纤维导入特定波长激光，并没有给予足底电击，就可以激活注入的蛋白质，不但诱发海马齿状回细胞的神经发放(f)，还在海马 CA1 区诱发出高频神经发放(d)，以及由生物胞素标记的蛋白质(ChR2-mCherry)的表达(e)，似乎出现了长时程增强效应。

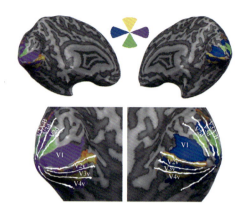

图 4-2　由视野中的圆心角定出的视皮质分区拓扑图
(Hubel & Wiesel，1962)

图上半部分为双侧大脑半球立体的腹后侧观,深灰色为沟,浅灰色为回,其中被彩色部分覆盖并在图下半部分被放大强调的部位就是枕叶。由视野中不同圆心角的楔状刺激定出的各视觉区的边界,进而划分出视皮质功能分区拓扑投射地形图。图中四个楔形刺激图例代表视野中不同位置的刺激激活了视皮质上对应颜色所表示的部位。视野中不同圆心角在视皮质上对应表征部位的激活最强处即为视觉区的分界处,上下视野在 V1 处连续,而在 V2 和 V3 处则分离成位于 V1 上下的两个部分。

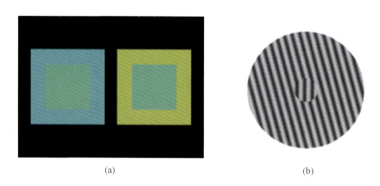

图 4-4　同时对比效应示意
(经授权,引自 Clifford & Harris，2005)

(a) 左右方框内嵌套的小方框颜色相同,但在不同的大方框的对比下,右侧小方框显得更绿。
(b) 中央光栅的真实朝向是竖直的,但在外周向左倾斜的光栅对比下,中央光栅显得稍微向右倾斜。

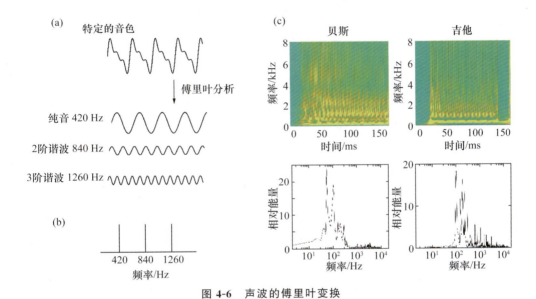

图 4-6 声波的傅里叶变换

（a）该复合音由 3 种不同频率的纯音复合而成，其中谐波频率为基频的整数倍（这里分别为 2 倍和 3 倍）。（b）对该复合音进行傅里叶变换后得到的频谱。（c）不同乐器发出的同一音调的乐音的频谱：不同乐器具有不同音色，它们可能拥有相近的基频和不同的谐波。

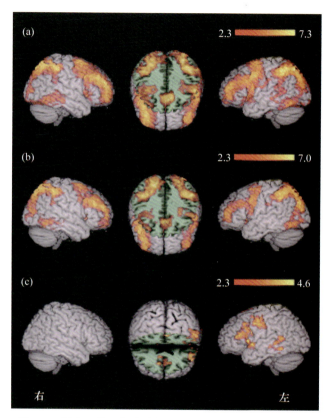

图 7-3 语言工作记忆和空间工作记忆的脑激活区的比较
(引自 Ray et al.,2008)

(a) 语言工作记忆的脑激活区;(b) 空间工作记忆的脑激活区;(c) 两种工作记忆的脑激活区相减之后,可见左半球有明显激活。

(a) 空间问题

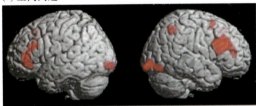

(b) 文字问题

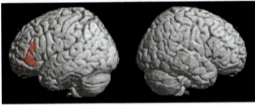

(c) 圆问题

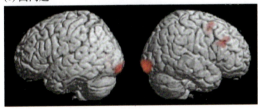

图 7-5　PET 脑局域性血流激活区

（引自 Duncan et al., 2000）

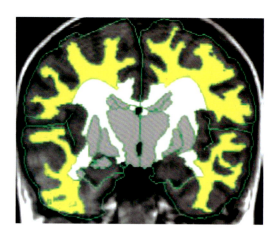

图 9-1　自闭症儿童深层白质发育不足
黄色为浅层白质,白色为深层白质

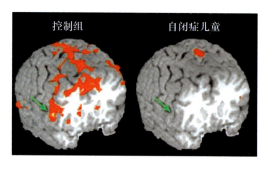

图 9-2　自闭症儿童(右)和正常儿童(左)观察手指运动图片时,脑激活区的差异

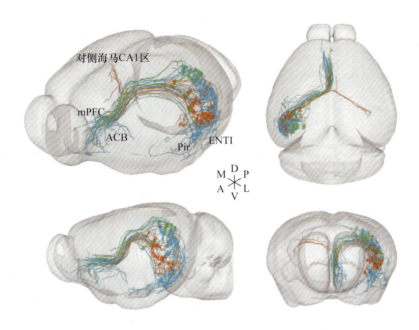

图 9-3　小鼠额叶皮质和海马之间的长距离投射纤维
（经授权，引自 Sun et al.，2019）

从海马发出的 33 条投射纤维，达内侧前额叶皮质（mPFC）的 GABA 能抑制性神经元，其中橙色显示从海马神经元发出纤维投射至 mPFC 内 SST$^+$ 神经元，并且有侧支投射到对侧半球的海马 CA1 区 SST$^+$ 神经元；蓝色显示从海马投射至 mPFC 内的 PV$^+$ 神经元，同时发出侧支投射到伏隔核（ACB）；绿色显示从海马抵达 mPFC 内 VIP$^+$ 神经元的投射。四张图中间给出脑切片的方位，D 为背侧，V 为腹侧，M 为内侧，L 为外侧，A 为前侧，P 为后侧。左上图为背外侧观，右上图为背上平面观，左下图为矢状正中切面，右下图为冠状切面。

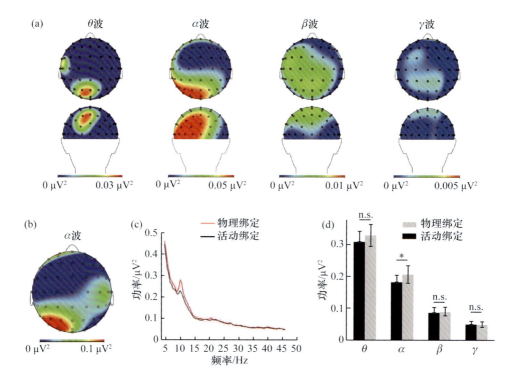

图 9-4 特征绑定的脑电图实验结果
(经授权,引自 Zhang et al.,2019)

(a) 颅顶(上)和后头部(下)的脑电图四个频带功率谱差异的组平均拓扑图,从左到右分别是 θ 波(4～7 Hz)、α 波(7～14 Hz)、β 波(14～30 Hz)和 γ 波(30～60 Hz)。

(b) α 波幅峰值功率谱差异的组平均拓扑图。

(c) 组平均的快速傅里叶变换功率谱比较坐标图。

(d) 四频带脑波组平均功率谱在两状态间差异的直方图,直方柱上的短线表示组内被试间的一个标准误,可见只有 α 波在两状态间的均值差异达到显著性水平($p<0.05$)。

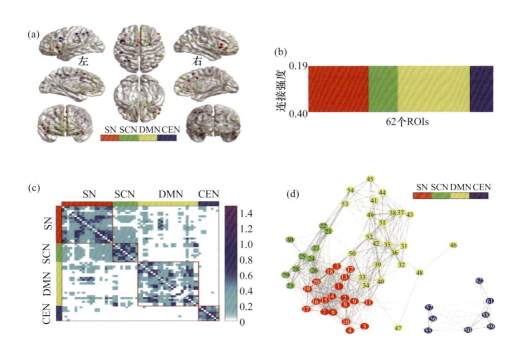

图 9-5　检测社会关系时脑激活的四个网络模块

（引自 Feng et al.，2021a；2021b）

（a）突显网络模块（SN）、皮质下网络模块（SCN）、默认网络模块（DMN）和中央执行网络模块（CEN）。

（b）对 62 个感兴趣区（ROIs）进行的模块分析，确定出三个稳定的模块，其连接强度为 0.19～0.40，并以 0.01 的强度变换。(a)(b)中颜色含义相同。

（c）对 ROIs 按其所属网络模块分类，并对其功能连接性计算，其模块间的结构连接性达到 0.40 并明显强于模块内的连接性，显示出较明显的边界线，对此以连接矩阵图表达。

（d）四个脑网络模块图中数字表达 ROIs 序号。

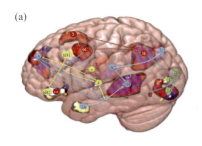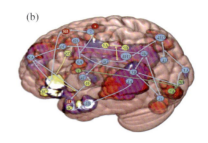

图 9-6 精神分裂症病人组和健康组被试在完成心理理论任务时的脑激活区及其神经通路比较

(引自 Weng et al.,2022)

绿色表示视觉系统的信息加工网络;蓝色表示 ToM 的一般信息加工网络;红色表示 ToM 的认知信息加工网络;黄色表示 ToM 的情感信息加工网络。

(a)精神分裂症病人组被试 ToM 的假设神经网络:1.左距状裂/周围皮质(BA17);2A:左枕下回(BA18)/枕中回(BA19);2B:右枕下回(BA19)/枕中回(BA18/BA19);3A:左颞中回(BA21);3B:左颞中回(BA 22);3C:右颞中回(BA 21);3D:右颞中回(BA 37/BA 39);3E:左楔前叶;4:右旁海马回/海马(BA 34);5:左辅助运动区(BA6);6A:额上回(大脑内侧面,BA 10);6B1:右额下回(BA 44/BA 45);6B2:左额下回(BA 47);6C:左颞中回(BA 8)。

(b)健康对照组被试 ToM 的假设神经网络:1:左侧丘脑前区投射;2A:左下枕回(BA 18);2B:左中枕回(BA 17);3A:右下纵束;3B:左下顶回(BA 39);4A:左颞中回(BA 21);4B:左颞中回(BA 20/BA 21);4C:左颞极(BA 20);4D:左颞极(BA 38);4E:右颞极(BA 38);4F:右颞上回(BA 22);4G:右颞中回(BA21);4H1/4H2:右颞中回(BA 22);4I:右颞中回(BA 37);4J:小脑右半球;4K:左楔前叶;5A:左扣带中回/旁扣带回;5B:右扣带中回/旁扣带回;6A:左中央前回;6B:右中央前回;6C:左额上回(BA 32);7:左辅助运动区;8A:左额上回(BA 10);8B:右额中回(BA 9);8C:左额下回(BA 47);8D:右额下回(BA 45)。

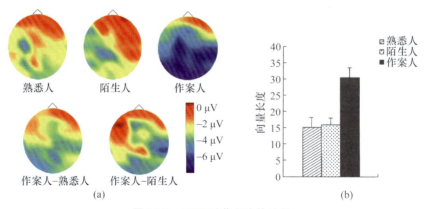

图 14-7 CNV 测谎实验的结果

(引自 Fang,Liu,& Shen,2003)

(a)三类刺激诱发 CNV 在头部的拓扑分布,上排三张小图分别是熟悉人照片、陌生人照片和作案人照片诱发的 CNV 拓扑图,下排两张小图分别是作案人诱发图减去熟悉人诱发图,作案人诱发图减去陌生人诱发图的结果。

(b)三类刺激诱发 CNV 分布的向量长度之差异,作案人诱发的 CNV 向量显著长于陌生人和熟悉人。